지속가능성을 위한

생태복원공학

— 자연재생과 녹화이론을 중심으로

지속가능성을 위한 **생태복원공학**

- 자연재생과 녹화이론을 중심으로

1판 1쇄 인쇄 2018년 9월 15일
1판 1쇄 발행 2018년 9월 20일

지은이 | 김남춘. 이태옥. 전기성. 허영진. 김경훈
발행인 | 김병계
발행처 | 도서출판 보문당
등 록 | 1990년 6월 15일(제 1-1066호)
주 소 | 서울시 마포구 토정로15길 32(신수동)
전 화 | 704-7025 / 704-0635 / 팩 스 | 704-2324
홈페이지 | http://www.bomoondang.co.kr
전자우편 | bmdpub@naver.com

값 30,000원

ISBN : 978-89-8413-225-2(93530)

이 도서의 국립중앙도서관 출판예정도서목록(CIP)은 서지정보유통지원시스템 홈페이지(http://seoji.nl.go.kr)와 국가자료 종합목록시스템(http://www.nl.go.kr/kolisnet)에서 이용하실 수 있습니다. (CIP제어번호 : CIP2018028570)

* 표지사진은 2014 URBIO 한국 총회 포스터를 일부 수정하여 사용하였음.

지속가능성을 위한

생태복원공학

— 자연재생과 녹화이론을 중심으로

김남춘
이태옥
전기성
허영진
김경훈
지음

서문

20세기는 역사상 전례가 없는 자연파괴(自然破壞)의 시대였고, 그 추세는 21세기인 지금에도 끊임없이 이어지고 있다. 특히 2050년까지 지속될 인구증가와 도시화는 기후변화와 생물다양성 감소에 영향을 미치며, 지구환경에 큰 위협이 되고 있다. 소실되거나 훼손된 생태계를 원래의 상태로 회복하는 것을 도와주는 복원(復元, Restoration)은 최근 들어 환경 분야뿐 아니라 국토건설과 산림 분야에서도 그 중요성을 높게 인식하고 있다. 국립공원 등의 원생적인 자연지역에서부터 국토핵심생태축 복원, 도시지역에서의 잃어버린 자연과 생물이동통로의 회복에 이르기까지 광범위하게 복원사업의 필요성이 요구되어진다.

EU에서는 자연재생과 도시의 재자연화(Re-naturing)를 미래 세계를 리더할 전략분야로 설정하고, 유럽 내 많은 도시들이 NBS(Nature Based Solution)를 위한 실천적 노력에 동참하도록 권유하고 있다. 우리나라에서 4차 산업혁명 분야를 중시하는 것과는 많은 차이가 있는데, 유럽의 NBS는 4차 산업혁명과 비교하여 그 중요성이 결코 낮지 않다는 사고에서 비롯되었다. 또한 전 세계적으로는 무분별한 도시화로 지속성이 상실된 회색도시들을 녹색도시로 재생하고, 생물다양성이 풍부한 생명사랑도시(Biophylic City)를 만들어 치유와 건강을 고려하는 사업들이 ICLEI(세계지방정부 생물다양성총회)를 중심으로 다양하게 추진되고 있는 점도 흥미롭다. 이러한 노력들은 여러 도시에서 지속가능성(Sustainability)을 미래 발전의 최우선 핵심전략으로 정한 결과이다.

지속가능발전이 UN에서 정한 새천년발전목표에서 중요하게 다루어진 이후 아이치타겟으로 마련된 실천전략 중 훼손된 생태계의 복원과 보호지역 확대가 국내에서도 부각되었다. 국토의 대부분이 산지로 이루어진 우리나라는 자연재생과 생태복원공학 기술이 적용되어야 할 대상은 다양한데, 도로건설, 신도시 개발, 채석 단지 개발이 대표적 사례이다. 개발사업으로 훼손된 비탈면들은 1차적으로는 안정성을 검토하여야 하지만 이후에는 생물다양성과 경관을 회복할 수 있도록 식생복원에 의한 녹화를 하여야 집중호우로 인한 피해를 줄일 수 있다. 많은 경우 경제성에만 치우친 개발사업으로 생태복원공학 기술들이 사용되지 못한 사례가 빈번하기 때문에 생태복원공학 기술들에 대한 이해를 돕고자 본서를 발간하게 되었다.

과거 자연재생과 생태복원공학은 원생적인 습지나 도시근교의 잡목림, 훼손된 산지비탈면의 녹화를 주 대상으로 하였다. 하지만 최근에는 스마트시티에서도 중요시하는 인공지반 녹화와 식생에 의한 공기정화, LID 기법, 생태계서비스의 증진, 자원 재활용과 자연에너지 활용을 주제로 하는 녹색기술이나 환경신기술들이 새롭게 개발되고 발전하고 있어 본서에서도 일부 내용들을 수록하였다.

지속가능성을 위한 생물다양성설계(URBIO Design)는 개발사업의 설계과정에서부터 적용하면 효과적이다. 생물다양성설계지표(URBIO Index)는 공원녹지뿐 아니라 도시림과 생태계보전협력금 반환사업에 적용하면 훼손된 생태계의 자연성 회복과 도시에서 지속가능성 유지에 도움을 줄 수 있다. 즉, 인간과 자연과의 관계에서 새로운 관계 정립이 필요한 시점에서 각종 복원사업에 대한 평가는 시기적절하다.

자연재생사업을 추진함에 있어 중요한 것은 과학적인 근거에 의해 생태복원기술들 활용하여야 한다는 점이다. 특히 과학적 근거가 없이 자연재생사업이 추진되면 또 다른 자연파괴를 발생시킬 우려가 있다.

인간과 생태계의 공존의 관계를 구축하는 기술학(技術學)인 생태복원공학은, 자연재생을 진행하는 과정에서 중요한 환경임팩트(Environmentally Impact)와 환경포텐셜평가(Environment Potential Assessment) 등의 근거와 그를 기반으로 하는 생태기반환경과 식생 및 생태경관을 복원하는데 기여할 수 있어야 한다. 이러한 점에서 복원 재료 및 녹화공법, 복원기술 등에 대해서 상세한 내용을 수록하였다.

본서는 지속가능발전을 위한 생태복원공학으로, 자연재생과 비탈면녹화이론을 중심으로 기술되었다. 지속가능발전을 최상위 목표로 설정하고, 자연재생을 진행하는 과정에서의 과학적인 방법과 재료사용, 기술 적용을 제시하였다. 제1편 총론을 시작으로 자연재생, 비탈면 생태복원녹화 재료 및 공법, 비탈면 생태복원녹화 계획과 설계, 도로비탈면의 생태복원녹화, 수변비탈면의 생태복원녹화, 산지비탈면의 생태복원녹화, 해안매립지의 생태복원녹화, 특수비탈면의 생태복원녹화, 비탈면 생태복원녹화와 유지관리로 구성하였다, 총론에서는 자연재생의 이념과 원칙, 자연재생의 설계 및 평가, 자연재생의 제도와 사업 등에 대하여 해설하고 있다. 제2편에서 부터는 자연재생이 이루어지는 구체적인 장소, 다시 말해서 훼손된 비탈면과 도시, 습지 및 하천, 산지, 해안, 특수 훼손 비탈로 구분하여 자연재생의 목표 설정과 생태복원공학기술의 적용방안을 사례를 들어 상세하게 설명하였다.

본서는 한국환경복원기술학회 회원들이 주관하여 기획·편집하였다. 지속가능발전에 기여할 수 있는 생태복원기술들을 소개하였고, 환경적으로 건전하고 지속성이 높은 생태계를 조성하는 것을 목적으로 기술되었다. 파괴되고 훼손된 생태계를 복원하고 새로운 생태계를 조성하는 생태복원공학 분야를 새로운 인간과 자연의 관계에서 해석하여 기술하였기 때문에 조경분야 뿐 아니라 자연환경, 도로, 산림, 환경계획, 경관계획 등의 여러 분야에서 중요한 기술서로 활용되기를 희망한다.

훼손된 생태계는 그대로 방치하면 토사유출, 낙석, 오염원 발생, 농경지 침식, 하천침식, 생물다양성 저하 등의 문제점을 발생시킨다. 기후변화로 인한 재해와 재난으로부터 국토환경을 안전하게 조성하고, 지속가능성이 높은 도시로의 발전모델을 제공하고자 본 생태복원공학을 저술하게 되었다는 점을 다시 한 번 강조하고 싶다. 부족하지만 본서가 완성되기까지 도움을 주신 한국환경복원기술학회 여러분과 귀중한 연구자료들을 제공하여 주신 모든 분들에게 감사드린다. 아울러 본서가 완성되기까지 헌신적으로 노력하여 주신 저자 여러분들에게 진심으로 감사드린다.

2018년 8월 대표저자 김남춘

목차

제 1편

I 총론

제 2편

제 1편

CHAPTER I

총론

1. 생태복원공학의 정의

1.1 생태복원에 있어서 녹화와 자연재생

최근 도시화와 인구증가, 산업화로 인해 전 세계는 도시집중과 자연 파괴를 경험하고 있다. 도시화 현상은 2050년까지 지속될 것으로 전망되고 있고, 이때가 되면 우리나라 인구의 대부분은 도시에 거주할 것이다. 도시화와 인구 집중은 우리나라만의 문제가 아닌 전 세계적인 것이며, 이로 인한 자연 훼손과 녹지의 파편화는 심각하다. 미세먼지의 심화, 열섬현상과 생물다양성 저하도는 전세계적인 환경이슈로 등장하고 있다.

개발로 인한 생태계에의 영향을 회피·저감하고, 생태계를 보전·복원하기 위해서는 새로운 환경전략과 정책을 필요로 한다. 이를 위해서는 생물에 대한 지식과 서식환경에 대한 빅데이타가 필요하고, 생태계에 대한 영향 예측도 필요하다. 생태계에 대한 조사나 예측, 생태계 평가, 자연재생을 위한 계획과 설계 등 각종 기술적인 내용을 체계화한 것이 생태공학이다.

생태공학은 두 가지의 학문분야로 구성되어 있다. 하나는 대상인 생물의 생활과 생태계 구조를 해명하고 이에 대한 인위적 영향을 밝히는 생물학이고, 또 하나는 건설사업과 관계되는 기술학으로서의 공학이다. 생태공학(Ecological Engineering)은 생물과의 공존을 목표로 인간과 자연이 건전한 관계를 구축하는 것을 목적으로 하는 최근에 주목을 받기 시작한 새로운 분야이다. 생태공학의 대상은 생물을 위주로 한 자연이며, 이를 생태학의 지식과 방법을 이용하여 과학적으로 다루어 도로

건설, 도시건설, 산업단지건설 등의 각종 건설공사와 생물과의 사이에 지속적이고 건전한 관계를 구축하는데 목적을 두고 있다

생태복원(Ecological restoration)은 저하되었거나, 훼손되었거나, 파괴된 생태계의 회복을 도와주는 과정이다(SER, 2005). 보전의 관점에서 멸종위기에 직면한 생물다양성을 복구시키고, 사회경제적 관점에서 생태계서비스(ecosystem services)를 향상시켜 생태적 건강성을 높이는 것을 목표한다. 생태복원은 지속가능성(sustainability)을 높이는데 기여하며, 미래 세대에게 보다 나은 환경을 물려주기 위한 노력이다. 생태복원 필요성은 생태계와 환경, 지구에 대한 위협의 시급성 때문이고, 지속가능한 발전을 위한 아이치타겟의 전략목표로도 설정되었다.

자연재생(Nature restoration and rehabilitation)은 '과거의 잃어버린 자연을 적극적으로 되돌리는 것을 통해서 생태계의 건전성을 회복하는 것을 직접적인 목적으로 하는 사업'으로, 일본의 자연재생추진법에 의한 사업, 한국의 생태계보전협력금 반환사업, 유럽의 Re-naturing(재자연화) 사업 등이 해당된다. 자연재생은 생태공학 기술을 적용하여 생태계를 보전하고, 멸종위기에 처한 생물다양성을 회복시키며, 지속가능성이 높은 건설사업을 유도하며, 도시에서 생태계 건강성을 회복시키는 노력에 집중하고 있다.

점점 심화되고 있는 미세먼지와 대기오염에 의한 도시건전성 악화, 생물다양성 저하는 4차 산업혁명 시대에 살고 있고, 스마트시티를 건설하려는 다양한 노력을 고려할 때 생태공학적 기술에 바탕을 둔 자연재생과 복원사업은 매우 중요하다. 유럽의 재자연화(Re-naturing) 전략은 도시를 비롯한 훼손된 국토공간을 자연재생하려는 사업으로 4차 산업혁명과 비교하여 그 중요성이 결코 낮지 않다는 사고에서 비롯되었고, 미래 사회에서 유럽이 자연재생사업 모든 분야에서 전 세계 시장을 선점할 목적으로 수행되고 있다.

국토의 대부분이 산지로 이루어진 우리나라는 개발행위로 인하여 생태계 훼손이 극심하고, 이상기후에 따른 자연재해 등의 발생빈도가 높아지면서 훼손된 국토공간이 많이 생겨나고 있다. 본서는 생물학적

관점보다는 심하게 훼손되었거나 훼손될 위험에 처한 국토공간에 대하여 생태공학적 관점에서 자연재생과 복원을 위한 기술과 방법론, 관련 이론을 제공할 목적으로 저술되었다. 특히 도로건설, 주거단지 개발, 토석채취 허가지역, 광산개발 및 산사태 등과 같은 인공적 또는 자연적 비탈은 안정화의 대상일 뿐 아니라, 국토의 효율적인 이용 및 보전의 측면에서 생태적·경관적인 대책수립이 필요한, 생태공학기술이 적용되어야 할 대상이라 할 수 있다.

도시공간의 생태건강성 증진과 삶의 질을 개선하기 위해서는 지속가능한 도시를 만들어야 한다. 지속가능성은 환경적 가치를 최상의 목표로 설정하고, 사회경제적 가치와 문화적 가치를 포용한다. 지속가능성은, 각종 개발로 교란을 당한 경우 온전한 상태로 복구할 수 있는 충분한 회복탄력성을 지니고 있는, 자립적 생태계의 지속성을 의미한다(환경부, 2015). 도시공간에서는 생태계에 피해를 주지 않은 채 지속적으로 생태계서비스를 얻기 위해서 확실한 생태적 원칙을 적용할 때 가능하다. 이를 위해서 도시공간에서 조경녹지와 공원녹지의 지속가능성을 고려한 설계와 생태공학적 기술의 적용이 요구된다.

1.2 생태공학과 녹화

비탈면 녹화란 각종 유형의 토목공사 및 개발행위와 때로는 자연현상 등에 의해 훼손된 조경녹지를 식물을 이용한 인간의 노력으로 자연을 재생 또는 복원하는 일을 말한다. 협의의 개념으로 볼 때 비탈면 녹화는 '대상지를 식물로 피복하여 토사유출을 방지하고 경관을 회복하는 것'으로 볼 수 있으나, 광의의 개념으로 볼 때 '식물의 재생이 곤란한 훼손지역에 대해 식물이 생장할 수 있는 생육환경을 정비함으로써 주변 산림에서 식물이 유입될 수 있도록 하거나, 또는 직접 식물을 도입하여 식생을 재생함으로써 자연의 회복력을 향상시키는 자연재생기술'이라고 볼 수 있다.

- 자연재생과 생태복원은 밀접한 관계를 가지고 있다. 국토의 대부분이 산

지로 이루어진 우리나라는 개발행위로 인하여 다양한 비탈면이 발생하고 있으며, 또한 최근 이상기후에 따른 자연재해 등의 발생빈도가 높아지면서 훼손 비탈면도 많이 생겨나고 있다. 훼손된 비탈면을 자연 경관과 어울리게 녹화하고, 원래 생태계와 유사하게 되돌리는 생태복원에 대한 요구는 당연하다.

- 도로건설, 주거단지 개발, 광산개발 및 산사태 등과 같은 자연재해 등으로 인해 생성되는 각종 인공적 또는 자연적 비탈은 안정화의 대상일 뿐 아니라 국토의 효율적인 이용 및 보전의 측면에서 생태적·경관적인 대책수립이 필요한 대상이라 할 수 있다. 이들 비탈면에 대한 처리 방안으로 1차적으로는 비탈면의 안정성 확보 측면이 검토가 되며, 이후에 식물에 의한 피복녹화를 조기녹화보다는 생태복원의 측면에서 완속녹화의 방향으로 이루어지도록 하여야 한다.
- 녹화도 자연재생의 관점에서 출발하여야 하며, 비탈면이나 훼손지를 대상으로 많은 요소가 복잡한 상호관계를 지니는 자연시스템으로서 생태계의 재구축을 목표로 하는 것이 바람직하다. 또한 생태복원녹화는 야외에서 이루어지는 것이므로 다양한 환경변화 속에서 방향을 설정하고, 그 방향에 가장 적합한 기술을 적용하여야 할 것이다.

[표 1-1] 생태복원녹화기술

생태복원녹화기술이란!
→ 생태계 기반인 토양의 복원
→ 종자를 사용하여 자연 식물군락을 재생 및 창조
→ 자연에서 식물이 천이되는 과정으로 식물군락을 재생 복원
→ 다양하고 풍부한 식물종의 사용으로 종다양성 유도
→ 목본을 적극적으로 사용하여 조기수림화를 유도
→ 기후변화에 대한 대응 및 이산화탄소 저감, 미세먼지 저감
→ 주변경관과의 조화
→ 재해에 대한 회복력 강화

비탈면 녹화는 단순 식생피복이 아니라 동식물의 서식처 및 경관복원의 측면에서 광범위하게 검토할 때 생태공학분야로 해석할 수 있다. 생태적인 녹화기술은 〈생태복원녹화기술의 개발 방향에 관한 세미나, 2001〉에서 언급된 바 있으며, 여기에 최근의 동향을 고려하여 다음과 같이 정리해볼 수 있다.

생태복원녹화에 대한 생각은 산업경제의 발전에 따라 그 목적 및 대상지가 다양하게 변모하여 왔으며, 그에 대한 사고도 「조기에 확실하게 식물에 의해 면 또는 입체적으로 식물군락을 조성하는 것으로부터 자연환경, 생활환경 및 경관을 보전하는 것」으로 변화하여 왔다. 또한 개발행위와 관련하여 「개발행위에 따른 환경영향을 사전 조사나 검토함에 있어서, 환경보존, 자연 보호 등을 위한 생태환경복원 녹화기술」로 인식되어 그 개념이 확대 적용되고 있음을 알 수 있다.

현재는 「토양의 침식이나, 풍화를 방지하는 기술」이라는 인식에서부터 개발이나 재해 등에 의해 변화하는 환경 및 생태계의 회복에 대해 「바람직한 자연환경을 재생하며 창조하는 기술」이라 정의 될 수 있다.

생태복원녹화의 기본적인 입장은 국토의 보전이다. 즉 재해의 원인이 되는 비탈면 침식 방지, 토사유출의 조절, 수질 및 수량 보전 등 국토보전과 관련된 의미를 지닌다. 일반적으로 생태환경복원을 위한 녹화라고 하는 것은 풀이나 나무를 심고 종자를 뿌리는 것이지만 생태복원 녹화기술은 복원녹화가 어려운 장소(강산성토양, 암석 나지, 급경사지, 댐, 채석장, 경석장, 폐석장 등) 및 곤란한 시기(홍수기, 건조기, 한랭기) 등 다양한 악조건을 극복하면서 조기에 바람직한 식물군락을 확실하게 복원하는 기술이고, 스마트시티에서 필요로 하는 입면녹화, 인공지반 녹화 등의 생태공학 기술을 제공한다.

구체적으로는 원하는 식물군락을 복원하는 기본 작업으로서 식물이 발아·생육하는데 적합한 생육환경(생육기반의 안정화 등)을 경제성, 지속성, 효율성의 측면에서 바람직하게 조성하는 기술을 말한다. 그리고 전혀 새로운 식물사회를 조성하는 것이 아니라 자연의 회복력을 기대하고, 생태적 천이와 부합되는 자연 회복을 위해 인위적인 도움을 주는 기술로 생각되어져야 한다.

생태복원녹화의 목적을 달성하기 위해서는 식물군락이 갖는 잠재력을 살리는 기술이 기본이 되어야 하며, 우선적으로 식물이 자랄 수 있는 기반 토양의 중요성과 식물이 천이되어 가는 과정의 중요성이 검토되어야 한다.

이와 같이 비탈면의 생태복원녹화에 있어서 중요하게 고려해야 할 점은 바로 대상지의 환경은 점차로 변화되고, 식물도 이 변화에 부응하여 자연적으로 천이가 진행되면서 스스로 안정화하려고 변화한다는 점이다. 결국 비탈면 생태복원녹화란 현장여건에 부합되는 토양 및 수분조건을 조성해주고, 여기에 식물이 정착될 수 있도록 도와주는 것이며, 이때 다양한 종류의 초본 및 목본을 식재하거나 이들의 종자를 파종하는 것이라고 볼 수 있다.

최근 생태복원녹화를 달성하기 위하여 여러 가지 방안들이 제시되고 있으며, 이 중 몇 가지 핵심적인 방안으로 논의되는 사항들은 다음과 같은 것들이 있다.

- 자연회복을 유도한다.

  식물군락의 재생은 자연 스스로가 진행하기 때문에 그 자연 회복력에 대한 도움을 주는 것이 「생태환경복원 녹화기술」이다. 표토가 없어지고 남은 나지를 방치하면 식물의 침입이나 정착은 진행되지 않으며 표토 이동이 완화되거나 정지하고 난 다음에야 식물 군락이 서서히 성립되기 시작한다. 이러한 경우 식물이 생육하기 쉬운 상태로 나지를 정비하여 주고 이것을 기초로 한 군락의 재생을 생각할 필요가 있다.

- 종자로부터 자연의 군락을 재생·창조한다.

  식물의 침입이나 정착이 용이하지 않은 장소에서는 적극적인 도입을 도모할 필요가 있다. 이러한 경우에 종자로부터 성장한 식물은 그 장소에서 적합한 생육을 하기 때문에 자연에 보다 가까운 상태로 회복이 진행되고, 보전 기능면에서 유효한 군락이 조성되기 쉽다.

- 자연에 가까운 방법으로 군락을 재생한다.

천이란 비교적 광범위한 공간을 개발함에 따라 교란이 발생된 후 생태적 식물군락에서 발견되는 시간에 따른 군집변화를 지칭하는 것으로 일반적인 황무지의 식생천이 과정은 일년생 초본류→이년생 초본류→다년생 초본류→관목류→개척 양수→중성 양수→극성상 음수로 나타난다.

생태복원 녹화기술은 식물 천이의 촉진을 도모한다는 관점으로부터 생각하는 것이 중요하며, 이는 자연의 흐름을 존중한다는 것을 의미한다. 나지에 식생을 도입하는 경우 천이의 흐름을 무시하고 한꺼번에 극상군락을 만드는 것은 불가능하다. 잠재 식생을 도입해도 극상군락은 성립되지 않으며 외관상으로 극상군락으로 보여지더라도 기능 면에서는 전혀 다르기 때문에 언젠가는 자연의 힘에 의해 변화된다. 따라서 자연의 흐름을 존중하며, 흐름에 역행하지 않는 방법으로 군락을 재생하는 것이 필요하다(Connell and Slatyer, 1977).

- 가급적 다양하고 풍부한 종을 사용한다.

생태복원녹화 기술에서는 가급적 다양하고 풍부한 종을 사용한다. 토질적 요인, 입지적 요인, 환경적 요인, 토양 수분의 분포 등 다양한 요인이 작용하기 때문에 가급적 많은 종의 종자를 도입하여 주어진 조건에서 가장 잘 적응하는 식물로 훼손지가 복원되도록 유도한다. 그러나 다른 식물의 생육을 방해하거나 지나치게 우점하는 식물은 사용하지 않도록 한다.

최근 비탈면 녹화의 목표는 단지 훼손지에 식물을 재생하는 것뿐만 아니라, 어떤 목적을 위해서 이에 적합한 기능을 갖는 식물군락을 조성하는 행위까지 포함하고 있으며, 식생복원의 필요성이나 전 지구적 차원에서 동식물 서식지의 복원까지 도모하는 것으로 확대 해석할 필요가 있다. 특히 이상기후에 대응할 수 있는 방안과 함께, 훼손지 복구도 경관을 고려하는 방향으로 녹화의 목표가 발전해 가고 있다. 조기녹화용 외래한지형초종(퍼레니얼 라이 그라스 등)이나 잔존율이 높은 외래난지형초종(위핑러브그라스)의 과다 파종과 자연 천이를 50년 이상 방해하는 등나무 식재 등은 그 사용이 제한되어야 한다(김남춘, 1998; Morrison, 1996).

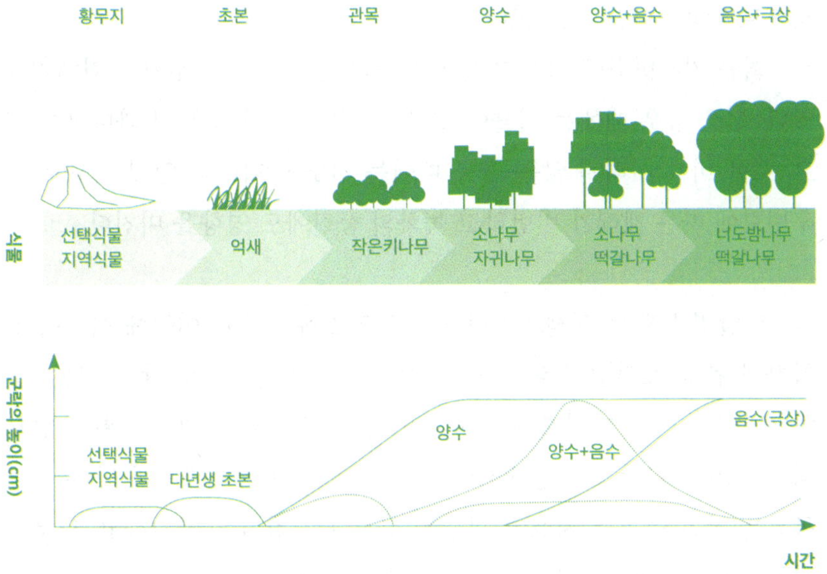

[그림 1-1] 천이의 단계

- ▶ 한 시점에서의 생물상이 시간이 지남에 따라 점차 다른 생물상으로 변화하여 궁극적으로 주위 환경과 조화를 이룸으로써 생물상의 변화가 거의 없어지는 안정 상태로 유도되는 진행과정을 생태천이라 한다(Kimmins, 1997).
- ▶ 비탈면에서의 생태천이는 정상천이와 편향천이로 크게 구분할 수 있는데(龜山, 2002), 초기 침입종으로 망초, 개망초, 쑥, 참억새 등이 침입하고 이후, 싸리류와 소나무 등 2차 식생이 침입하며, 천이의 마지막 단계에서 소나무와 진달래, 참나무류 등 목본식물이 우점하여 비탈면이 안정되는 정상천이와 초기 침입종으로 생육이 왕성하여 다른 종들의 침입을 허용하지 않는 아까시나무나 칡이 우점할 경우, 다른 종으로의 천이가 이루어지지 않고 지속적으로 이들 종이 우점하는 형태의 편향천이가 있다(송호경 등, 2004).

1.3 생태복원녹화의 기능

기후변화에 따른 재해 예방

비탈면에서는 비탈면 형성인자와 환경인자, 식생형, 식생밀도, 지하수분의 동태 등 많은 인자들이 상호 작용하여 토사의 이동이나 침식, 붕괴 등의 현상이 나타난다. 여러 요인들과 침식과의 관련성 연구들에 의하면 토사유출량은 식생형보다는 토질조건이 더욱 큰 영향을 미치고 있으며, 이와 함께 경사조건, 식생피복 상태 등이 서로 독립적이 아닌 복합적으로 작용한다고 보고 있다.

최근 기후변화에 따른 기온의 상승과 함께 집중 강우가 빈번해지고 있다. 집중 강우 때에는 식물이 생육하는데 필요한 수분이 과다하게 되고, 또한 비가 내리지 않는 가뭄 때에는 건조의 피해를 입게 되므로 기후변화에 따른 재해가 빈번하고 녹화의 품질에도 영향을 미친다(Allison, 2012).

비탈면 녹화는 식생기반이 안정적으로 유지되고, 이곳에 식물이 정착하게 될 때 표면침식을 방지하고 비탈면을 안정적으로 잡아주는 기능이 개선된다. 침식방지효과는 지표면 식생피복율이 증가할수록, 수관부의 피도가 증가할수록 증대된다. 지피식물과 더불어 관목과 낮은 소교목류는 낮은 높이의 지표면 식생을 형성하여 침식을 방지하고, 도로에서 발생하는 미세먼지와 이산화탄소 저감에 기여한다.

식물에 의한 침식방지는 식물이 강우를 차단하여 토양입자의 유출을 억제하는 기능과 높은 밀도의 뿌리가 토양을 고정시켜 제자리에 얽어매는 기능에 의해 나타난다.

초본류는 지표면 피복과 뿌리역할로 인해 토양침식과 강우유출억제 효과가 탁월하고, 깊게 뿌리를 내린 목본식물은 비탈면의 파괴위험을 감소시키거나 막는데 더 효과적이다. 따라서 비탈면의 복원계획을 수립할 때 키가 큰 목본류와 더불어 낮은 높이의 초본 식생군락을 같이 조성하는 것이 침식방지에 효과적이다. 또한 초본류로는 외래도입초종보다는 생태적, 방재적 효과를 고려할 때 다양한 자생초본류를 활용하는 것이 바람직하다(김남춘, 1991, 1998; 송호경 등, 2007).

서식처 제공

비탈면은 녹화 식물 피복에 의한 토양 안정성 확보 기능 외에, 녹화 식물이 자라면서 야생동물에게 각종 먹이와 은신처를 제공하는 기능도 갖게 된다. 자연적으로 비탈면에 생성된 소매군락에서는 생물다양성이 높은 것을 볼 수 있다. 특히 식물에 의해 녹화된 비탈면은 주변의 산지 등과 연계되어 다양한 생물의 유입을 조장하는 효과를 나타낸다. 즉, 비탈면은 싱크(sink)이고, 주변 식생은 소스(source)의 역할을 한다. 초본군락, 관목, 다양한 높이와 크기의 목본군락이 있는 식물군락을 조성하면 더욱 다양한 생물을 유인할 수 있으며, 수많은 곤충들이 서식할 수 있는 건강한 식생을 조성할 수 있다. 기왕이면 많은 꽃과 열매가 달리는 식물군락이 주변 산림과 유사하게 조성된다면 주변지역과 연계된 서식처로 활용될 수 있어 풍부한 생물의 유입을 기대할 수 있다. 생태복원녹화기술은 주변식생의 자연침입에 의한 천이를 허용하여 다층구조의 식생군락을 목표로 한다는 점에서 한지형 외래도입초종(양잔디류)에 의한 조기 녹화기술과 확연하게 구분된다.

경관의 향상

비탈면이 녹화가 되지 않고 그대로 방치될 경우 비탈면 침식 및 붕괴의 위험성이 증가되는 점 외에, 불안정성과 같은 시각적 악영향을 가져오게 된다. 방치된 비탈면은 경관의 관점에서 주변 자연지역과 부조화되므로 황량하고 경관미가 파괴된 지역으로 느껴진다.

따라서 녹화를 통해 식생피복도가 높아지고, 비탈면 입지 환경조건에 가장 적합한 식물군락이 다양하게 출현하게 되면 녹화 식물에 의한 크기와 질감, 색채의 다양성이 확보되어 경관의 향상을 도모할 수 있다.

이산화탄소 저감

훼손된 비탈면에 초본과 목본에 의한 식생복원이 이루어지면 도로에서 발생하는 이산화탄소를 저감하는 효과가 높아진다. 특히 초본류보다는 목본류에 의한 이산화탄소 저감 효과가 높기 때문에 목본류의 생육은 이산화탄소를 저감하는데 효과가 있다.

탄소는 지상부 외에도 토양중에 고정이 되는데 얕은 근계층을 형성하는 초본류 보다는 깊고 네트화하는 근계층을 형성할 수 있는 목본류가 상대적으로 이산화탄소 저감능이 우수하다.

따라서 단순한 초본위주의 녹화 보다는 초본과 목본류 등 다양한 식물이 혼합되어 다층구조의 수림화를 이루도록 하는 것이 경관뿐만 아니라 이산화탄소 저감에도 효과적이다.

자생종을 활용한 생물다양성 보존

생태복원의 목표에는 단지 훼손지에 식물을 재생하는 것뿐만 아니라, 어떤 목적을 위해서 이에 적합한 기능을 갖는 식물군락을 조성하는 행위까지 포함하고 있으며, 식생복원의 필요성이나 전 지구적 차원에서 생물서식처의 복원까지 포함한다. 특히 생물다양성보존을 위해 훼손지의 복원도 지역 자생종이나 지역적계통종(Genotype)을 활용하는 방향으로 목표가 발전해가고 있다(고정현 등, 2006).

자연재생이나 생태복원녹화에서는 여러 가지 식물을 사용한다. 조기녹화를 위하여 외래종을 사용하는 경우도 있지만, 생태적인 관점에서는 자생종을 활용하는 것이 바람직하다. 자생종은 그 지역의 환경조건에 적응이 되어 있는 식물로서 자생식물을 이용하여 지역 경관과 조화되는 녹화를 할 수 있다.

녹화에 사용하는 식물종은 특정한 한두 가지의 식물만 사용하는 것이 아니라 다양한 식물종을 혼합하여 사용하며, 식생 구조면에서도 초본류에서부터 관목류, 교목류까지 다양한 식물을 사용하기 때문에 생물다양성 보존의 측면에서도 효과적이다. 또한 나대지로 방치되어 있는 곳에 생태복원녹화를 통하여 식물군락을 조성한다는 것은 식물뿐만 아니라 이곳을 이용하는 다양한 생물종들에게도 서식처를 제공할 수 있기 때문에 생물다양성 측면에서도 바람직하다.

조기 수림화

비탈면에 식물이 정착하게 되면 침식방지 효과와 함께 경관도 향상된다. 특히 한지형 외래도입초종의 단일 초종에 의한 녹화 보다는 다양한 식물종들이 혼합되어 있는 식생구조 조성을 통하여 건강한 식생군락을 조성할 수 있다.

식생구조 면에서 초본류 위주의 단일층으로 조성하는 것보다는 초본류, 목본류 등이 혼합된 다층구조의 수림을 조성하는 것이 식생의 성립뿐만 아니라 경관, 비탈면 표토층 보호의 측면에서도 유리하다.

생태복원녹화는 자생종을 위주로 한 조기수림화를 지향하고 있기 때문에, 이를 통하여 식생피복, 경관증진, 토양표토층 유실방지, 이산화탄소 저장 등의 다양한 효과를 기대할 수 있다. 특히 조기수림화 기술을 통하여 비탈면에 자연식생군락 조성에 필요한 시간을 대폭 줄일 수 있다 (김남춘 등, 2002; 송호경 등, 2005).

1.4 자연재생

자연재생과 자연환경보전업

일본의 자연재생추진법(2003)에서 '건전한 생태계는 시민의 재산이고, 건전한 생태계 안에서 생활하는 것은 시민의 권리이다' 라고 명시된 것을 토대로, 시민을 중심으로, 행정, NPO(Non Profit Organization, 비영리단체), 기업, 연구자 등 다양한 주체가 자신의 능력과 힘을 합쳐 자연재생사업을 추진하고 있다.

우리나라에서도, 일본과 유사한 정책으로, 자연환경의 중요성을 인식하고 생태계 회복을 위해 국가 차원에서 다양한 정책들을 실현해 왔으며, 10년 전 부터는 생태계보전협력금 반환사업을 중심으로 훼손된 생태계를 복원하는 노력을 지속하고 있다.

우리나라 자연환경보전법상의 '자연환경보전'의 개념은 「자연환경을 체계적으로 보존·보호 또는 복원하고 생물다양성을 높이기 위하여 자연을 조성하고 관리하는 것」을 말한다. 정의에서 보듯이 자연환경보전은 자연환경을 있는 그대로 보존·보호할 뿐 아니라, 생물다양성을 높이기 위해 복원, 조성, 관리하는 뜻까지 포함되어 있다. 주로 '생태복원', '자연환경복원'이라는 용어를 많이 사용하고 있으나 '복원'이 「원래의 상태로 되돌리는 것을 도와주는 것」으로 정의되고 있어 실제 현장에서 행해지고 있는 생태계를 보전하고 복원하는 분야를 자연재생으로 정의할 수 있고, 복원은 자연환경의 보전, 복구, 대체, 향상, 저감 등을 모두 포괄하는 개념으로 볼 수 있다.

생태계보전협력금은 자연환경보전법 제46조~제50조에 근거하고 있으며, 각종 개발사업으로 인한 자연환경 훼손을 최소화하기 위하여 원인자 부담 원칙에 따라 도입되었다. 「생태계보전협력금 반환사업」은 개발사업자들에 대한 부담을 완화하기 위하여 협력금을 납부한 사업자가 생태계 보전 및 복원사업을 시행했을 경우, 납부한 금액의 50% 범위 내에서 반환하는 제도이다. 대상면적은 10,000㎡내외로 소규모 생태복원사업으로 구분하고 있다. 생태계 보전 협력군 부과는 환경영향평가 대상으로, 최근에는 그 대상범위를 모든 환경영향평가 사업으로 확대하는 추세이다(한은미, 2013).

자연환경보전법에 규정되어 있는 자연환경보전사업의 범위는 소생태계, 생태통로, 대체자연의 조성사업, 자연환경보전·이용시설 설치, 기타 훼손된 생태계의 복원사업이 있고, 이를 근거로 현재 시행되고 있는 사업에는 생태계보전협력금 반환사업, 자연마당, 생태놀이터, 도시소생태계 조성사업 등의 유형이 있다.

2012년부터 추진된 「자연마당 조성사업」은 50,000㎡내외의 대상지를 기준으로 하고 있어, 중·대규모로 구분한다. 2015년까지는 반환사업 방식으로 추진되었고, 2016년도부터는 국고보조사업으로 추진되고 있다. 도입 목적은 도시지역의 기후변화 적응, 도시생태계 건전성 확보를 위해 기존 공원과 차별화된 생물서식 중심의 생태공간을 조성하기 위함이다. 조성방향은 사업대상지별 생물다양성 증진 및 서식 안정성 확보(핵심·완충·전이지역), 주변 자연환경과 연계, 도시생태축의 거점역할 수행, 자연재해 예방 등 기후변화 적응 및 도시온난화 완화, 복원 신기술 및 기후변화 연구·모니터링(EI개발사업 연계), 도시민 체감 및 참여

기회 등 생태휴식공간 제공, 지역주민·전문가 등이 참여하는 지역 커뮤니티 구성·운영 등이다.

자연환경보전업의 영역

2014년에 제정된 국가직무능력표준(NCS, National Competency Standards)은 산업현장에서 직무를 수행하기 위해 요구되는 지식·기술·소양 등의 내용을 국가가 산업부문별·수준별로 체계화한 것으로, 산업현장의 직무를 성공적으로 수행하기 위해 필요한 능력(지식, 기술, 태도)을 국가적 차원에서 표준화한 것이다. 현재 업종이 없는 상황에서 NCS가 제정된 일은 상당히 고무적이나, 관련 업종 신설이 시급하다. 자연환경보전·복원 사업현황과 제도적 기반을 바탕으로 자연환경보전·복원분야 전문업종이 필요한 시점이다(김혜선, 2016).

[표 1-2] 자연환경보전업 NCS 분류체계

구분	대분류	중분류	소분류	세분류
자연환경보전	23. 환경·에너지 안전	03. 자연환경	01. 생태복원·관리	01. 생태복원 02. 생태관리

자연환경보전·복원은 토목, 조경, 임학, 원예, 생물, 화학, 건축 등 다양한 분야의 전문지식을 복합적, 체계적으로 운용하는 능력과 지속적인 모니터링을 필수적으로 요구한다. 생물다양성 보전과 지속가능한 발전을 도모하기 위해서는 생태복원기술의 체계화와 일반화가 필요하다. 설계 및 시공기술과 현장 운영 측면에서 생태복원전문가에 의한 시행이 미흡하고, 설사 설계가 완벽하게 이루어지더라도 생태복원 식물과 생태기반에 대한 이해가 부족한 분야에서 주관하여 시행됨으로써 경제성의 이유로 설계변경이 쉽게 이루어지고 있어 결과적으로 생태복원이라기보다는 시설의 복구, 시각적 차폐, 경관 조성의 수준에서 시행되고 있다(홍태식, 2006; 김혜선, 2016).

2015년 6월에 고시된 건설기술자 등급 인정 및 교육·훈련 등에 관한 기준에 환경직무분야에 [표 1-3]과 같이 여러 학과가 인정 범위에 있다.

[표 1-3] 건설기술관련 학과 범위(제3조 제2항 관련)

직무분야	학과
환 경	환경관련학과, 대기관련학과, 해양관련학과, 생물관련학과, 생명공학부(환경공학전공), 해양환경관련학과, 조경관련학과, 자연관련학과, 생태관련학과

자연환경보전·복원 사업현황과 제도적 기반을 바탕으로 자연환경보전·복원분야 전문업종이 요구된다. 생태계에 대한 이해와 생태공학기술에 바탕을 둔 자연환경보전·복원 사업의 전문화가 요구되기 때문이다.

자연환경보전업이 활성화되기 위한 향후 방향으로 자연환경보전·복원의 전문성 확립은 최적의 환경관리 전략이다. [그림 1-2]에서와 같이 21세기 생태모델링을 이용한 최적의 환경관리전략은 인간에 의해 전 지구적 환경문제가 발생하고, 생태계에 악영향을 미치고 있어 이를 해결

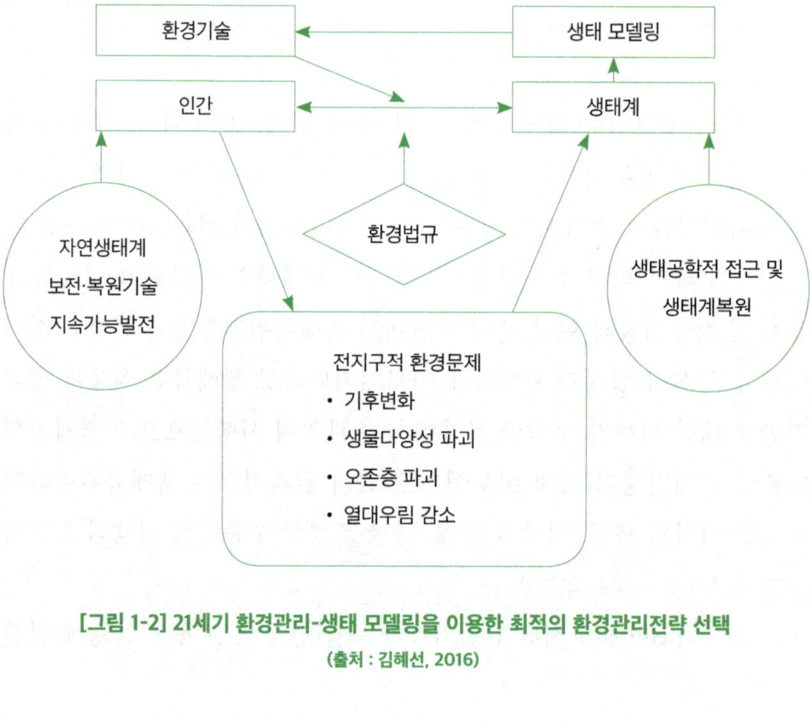

[그림 1-2] 21세기 환경관리-생태 모델링을 이용한 최적의 환경관리전략 선택
(출처 : 김혜선, 2016)

하기 위해 생태공학적 방식으로 생태계 복원, 지속가능발전을 위한 자연생태계 보전·복원기술을 개발하는 것이다. 환경기술과 생태 모델링을 이용하면 최적의 환경관리전략을 도출해 낼 수 있다.

자연생태계 보전 및 복원기술의 육성 및 지원으로 환경산업으로의 정착이 필요하다. 2014년도 미래창조과학부에서 120개 국가전략기술을 평가한 결과, 우리나라 환경기술 수준은 최고 기술 보유국 대비 77.9% 수준이며, 기술격차는 미국과 5.0년, EU와 4.6년, 일본과는 3.7년 뒤져 있다. 특히 자연생태계 보전 및 복원기술은 최고 기술국인 미국 수준의 66.5%, 9.5년 격차로 타분야 환경기술과 비교해 가장 낮은 수준이다. 따라서 자연생태계 보전 및 복원기술의 육성 및 지원을 통한 기술개발이 필요한 시점이다(한은미, 2013; 김혜선, 2016)

[표 1-4] 자연생태계 보전 및 복원기술의 수준

전략기술	최고기술국	기술 수준(%)	기술격차(년)
81. 환경 통합 모니터링 및 관리기술	미국	73.3	6.2
82. 오염물질 제어 및 처리기술(수질, 대기 등)	미국	75.5	5.4
83. 환경·인체 위해성 평가기술	미국	72.4	6.5
84. 수자원 통합관리 시스템기술	미국	76.4	5.3
85. 폐기물 감량 및 처리기술	일본	82.7	4.1
86. 유용 폐자원 재활용기술	일본	81.8	4.0
87. 자연생태계 보전 및 복원기술	미국	66.5	9.5
88. 기후변화 감시·예측·적용기술	미국	72.2	8.3
89. 이산화탄소 포집·저장·이용기술	미국	81.6	3.8
90. Non-CO_2 온실가스 저감기술	EU(독일)	76.8	4.6
91. 온실가스 감축 통합관리기술	EU(독일)	77.4	5.2

자연환경보전사업의 발전 방향

자연재생사업 즉, 자연환경보전사업은 사업 기획부터 조성, 사업 후 단계까지 다양한 가치를 창출해 낼 수 있다. 사업자 위주가 아닌 기초자치단체, 지역 전문가, 지역 주민과 거버넌스를 구축하여 사업이 완료된 이후에도 모니터링, 환경교육, 생태학습 등을 통해 지속적으로 생태계서비스를 제공할 수 있다. 2010년 제10차 생물다양성협약 당사국총회(CBD COP10)의 결의안에서 지방정부의 생물다양성전략 및 이행계획수립(LBSAB)이 공식적으로 채택되었듯이 지역에서의 생물다양성 관리의 중요성이 부각되고 있어 자연환경보전사업의 역할이 확대되고 있다.

전 세계 지표면의 상당 부분을 지방정부가 관리하므로 지역의 특성과 부합되는 개발 여부와 방법을 결정할 수 있고, 주민을 상대로 보다 더 생태감성적인(ecological-sensitive) 사회를 조성할 수 있기 때문에 자연환경보전사업은 발전 가능성이 높다(박현심, 2016).

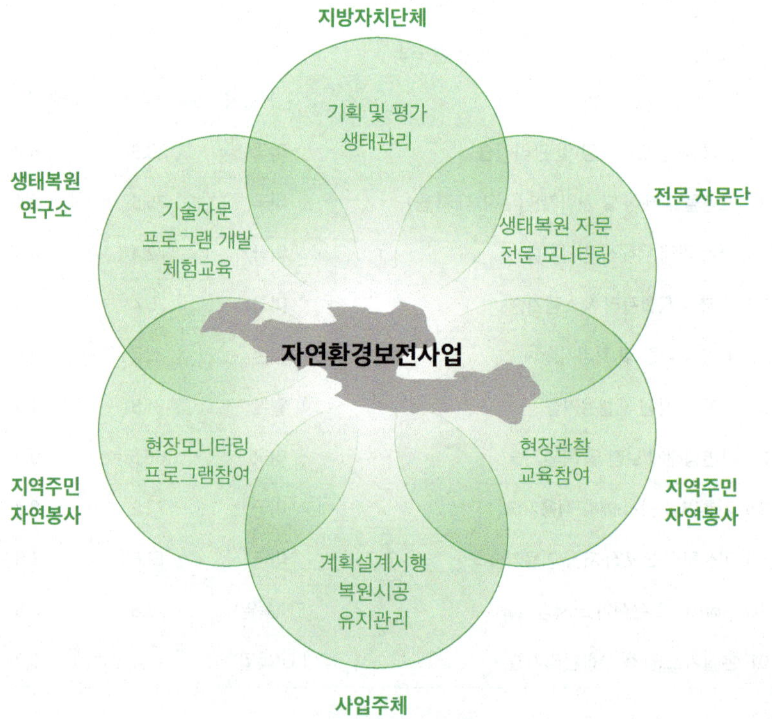

[그림 1-3] 자연환경보전사업 수행방식

(출처 : 송림원, 2015)

자연환경보전·복원분야는 생태계 원리의 이해를 바탕으로 공학적 접근을 토대로 한 생태적 디자인을 요구한다.

생태계는 자기설계 시스템을 갖고 있고, 자기설계능력을 유지 시키는 데에는 생물종다양성이 가장 중요하다. 생태계의 물리적이고 생물학적 상호작용을 이해하고 해석하여 자연생태계에서 볼 수 있는 패턴과 변화를 고려한 디자인 원리가 계획·설계·조성 시 고려되어야 한다. 즉 목표종의 설정이 필요하고, 서식처 생태계 원리를 바탕으로 물리, 화학적 특성을 감안한 생태공학적 접근이 토대가 되어야 하고, 생물종다양성과 함께 생태계서비스의 향상을 통한 삶의 질 개선에 기여하여야 한다. 2014년 한국에서 개최된 URBIO(도시생물다양성과 설계)세계 총회를 통해 도시 녹지공간의 지속성을 유지하기 위한 생물다양성의 중요성이 부각되면서 정주공간과 사람을 고려한 생태적 디자인이 거듭 요구되어진다.

안산금개구리서식처 복원사업(한국수자원공사, 2014)

부평 생태놀이터(한국도시녹화, 2015)

곤충호텔 조성사례

[그림 1-4] 자연환경보전사업 현장 사례

우리나라는 국토가 한정되어 있고 도시화와 산업화는 지속된다. 앞으로 생활공간에서 생태계서비스의 확충을 통한 삶의 질 향상 요구는 더 커질 것이다. 기후변화와 생물다양성 보존의 중요성이 크게 인식되고 있는 시대적 상황을 감안할 때 도시녹지공간의 생태적 건전성 향상과 지속성 증진이 필요하다. 이를 위해서는 자연환경보전·복원 분야의 활성화와 자연환경관리기술사, 자연생태복원기사의 업역 확대를 위한 관련분야와의 협력을 통한 통합적인 상생노력이 요망된다.

[그림 1-5] 세계지방정부 생물다양성(ICLEI) 평창 2014 총회

1.5 용어의 정의

본 교재에서 사용되는 자연재생 및 생태복원녹화공사와 관련된 용어에 대한 정의는 다음과 같다.

〈자연재생〉

목표종(target species)

생태복원지역에서 서식하기를 기대하는 생물종으로써, 생태복원의 목표를 달성하기 위한 중요한 수단이 된다. 목표종의 유형으로는 생태적 지표종, 희소종, 상징종, 우산종, 중심종이 있다.

(1) 생태적 지표종(ecological indicators) : 유사한 서식지나 환경조건에 발생하는 군락을 대표하는 종으로서 특정한 토지이용 행위에 민감하다고 알려지고 영향을 받는 야생생물

군집의 초기 경보나 지표종

(2) 희소종(rare species) : red data book에 등재된 종이나, 멸종위기종. 자연재생사업으로 희소종이 목표종일 경우에는 2개의 방법이 있음. 그 하나는 해당부지에 아직 그 종이 생존하고 있을 경우로, 그 개체군의 확대를 도모함. 다른 하나는 이미 해당사업부지에서 소멸한 종으로 다른 지방에 생존하는 종을 목표종으로 하는 경우로 도입에 있어서 유전적 교란을 피하기 위한 사전평가가 요구됨

(3) 상징종(flagship species) : 아름다운 꽃이나 귀여운 자태의 동물 등 친근하고 환경보전의 의의를 일반인에게 어필하기 쉬운 종. 이러한 종은 상징성이 있어 채택하면 자연재생의 의의와 목적을 대중에게 전달하기 쉽게 하는 역할이 기대됨

(4) 우산종(umbrella species) : 먹이사슬의 상위에 위치하여 서식에 넓은 면적을 필요로 하거나 복수의 다른 환경을 필요로 하는 종. 이러한 종을 목표로 자연재생을 실천하는 것에 의해 필연적으로 넓은 면적의 자연환경이 조성되고, 경관레벨에서의 자연재생을 의도할 수 있게 됨

(5) 중심종(keystone species) : 생물군집 안에서 다른 구성종의 존재에 커다란 영향을 주고, 종의 조성, 에너지의 흐름 등 군집특징의 결정에 현저한 역할을 하는 종. 중심종은 자연재생에 있어서 목표생태계 그 자체에 크게 관여하기 때문에 개체수와 분포를 포함한 정량적인 목표설정이 요구됨

생물다양성(biodiversity)

생물의 종류마다 독특한 유전적 조성을 갖고 있으므로 다른 종류와는 교배가 되지 못하여 생식적 격리상태에 놓여 있을 때 이를 '생물학적인 종'이라 하고, 이러한 종들의 다양한 정도를 생물다양성이라 한다. 생물다양성은 유전자레벨, 종의 레벨, 생태계의 레벨, 경관의 레벨에서 구분하여 설명된다.

생태계보전협력금 반환사업

생태계보전협력금 반환사업은 '자연환경보전법'에 근거한 생태계보전협력금 납부자 또는 자연환경보전사업 대행자가 환경부장관의 승인을 얻어 대체자연의 조성, 생태계의 복원 등 대통령령이 정하는 자연환경보전 사업을 일정 기준과 순서에 따라 수행하고, 평가 후 생태계보전협력금 중 대통령령이 정하는 일부 금액을 반환받는 사업이다. 생태계보전협력금 반환사업은 개발 사업에 의해서 훼손된 생태계를 생태적으로 복원하기 위한 기본적 취지를 가지고 있다.

생태놀이터

생태놀이터란 도시의 어린이들이 부모와 함께 집 가까이에서 자연생태를 접할 수 있도록 흙, 물, 풀, 나무, 동식물 등 다양한 자연적 요소와 자연재료를 활용하여 놀이와 생태학습 체험과 휴식을 취할 수 있도록 조성한 자연생태공간을 말한다.

생태계 서비스(ecosystem service)

생태계의 다양성이 인류에게 직접적 혹은 간접적으로 제공하는 유형적 또는 무형적 혜택인 부양서비스, 공급서비스, 조절서비스 및 문화서비스와 아울러 국민들이 일상생활을 통해 생태계 서비스를 체험할 수 있도록 제공하기 위한 행정서비스를 포함한다.

식생천이(plant succession)

천이라는 것은 시간 경과에 따른 생물군집의 종조성과 생태계 구조와 기능이 변화는 것을 말하며, 천이는 크게 1차 천이와 2차 천이로 나뉜다. 1차 천이는 새로 형성된 지역(용암대지)이나 이전에 생물이 없었던 교란지(사구)에서 천이의 시작을 말하며, 2차 천이는 교란 이후 생물이 남아 있는 곳에서 천이의 시작을 말하며, 도로비탈면이 여기에 해당한다.

자연마당 조성사업

자연마당 조성사업은 개발로 도시의 생물다양성 증진으로 도시생태계의 건전성을 향상시키고 생태계서비스의 이용 확대 및 도시생태 복원모델로 활용하고 도시내의 유휴·방치된 공간을 복원하여 생태휴식공간으로 조성함으로써 도시민의 쾌적한 삶의 질 향상을 도모하는 사업이다.

자연재생(nature restoration and rehabilitation)

과거의 잃어버린 자연을 적극적으로 되돌리는 것을 통해서 생태계의 건전성을 회복하는 것을 직접적인 목적으로 하는 사업이다.

자연환경보전업

자연환경보전업은 '자연환경보전법'을 토대로 생태계보전협력금 반환사업을 중심으로 시행돼 오고 있으며, 각종 개발 행위로 국토 자연환경의 보전·복원 필요성에 대한 인식 증가와 함께 생태공간 조성 등을 시행하는 사업이다. 이 사업은 자연환경을 체계적으로 보존·보호 또는 복원하고 생물다양성을 높이기 위하여 자연환경보전법에 의해 자연을 조성하고 관리하는 것이다.

자연환경보전·이용시설

자연환경보전·이용시설은 '자연환경보전법'에 근거 자연환경보전 및 자연환경의 건전한 이용을 위한 시설로, 우수한 생태계를 체계적으로 보전·관리하여 생물다양성을 보전·증진시키고, 동시에 국민들의 환경보전의식 함양을 위해 생태탐방이나 자연학습 등의 기회를 제공하는 친환경적이 건전한 시설이다. 여기에는 순수관찰시설, 이용·편의시설, 자연보전시설, 전시·연구시설, 체험·학습시설 등이 있다.

〈복원 계획 및 설계 단계〉

경관(landscape)

눈으로 보았을 때 한 번의 조망으로 이해될 수 있는 모든 사물을 뜻하는 것으로, 여기에는 자연적 요소와 인공적 요소가 있다. 생명이 없는 흙, 돌, 물 등과 생명력을 지닌 것들은 자연적 요소에 속하고, 시멘트나 콘크리트, 벽돌 등 옥외 인공시설용 재료는 인공적 요소에 속한다.

국토환경성평가도(환경부제작)

국토의 다양한 환경정보를 종합적으로 평가하여 환경적 가치에 따라 전국을 5개 등급으로 구분한 지도이다.

귀화식물(naturalized plant)

본래의 식물상을 구성하고 있던 기존식물에 새로 도래한 식물이 같은 환경 하에서 공존하여 생활하며, 그 양자가 어느 정도의 안정된 상태를 유지할 수 있는 단계에 이른 것을 귀화식물이라고 한다.

난지형초종(warm-season grass)

여름철이 생육 적온기인 초종을 말하며, 한국잔디, 버뮤다그래스, 하이브리드 버뮤다그래스, 위핑러브그라스 등이 있다. 위핑러브그라스는 척박지에서 생육이 왕성하지만 주변으로 확산되어 주변 생태계에 미치는 영향이 크다. 농경지와 농가로 확산할 경우 큰 피해도 우려된다.

내음성수종(shade tolerent species)

식물이 교목 등의 아래 그늘에서 생육을 잘하는 식물 종류를 말한다. 지피류, 관목류, 소관목류에서 많으며, 낮은 광량에서 잘 자라는 식물을 총칭한다.

녹지자연도(환경부 제작)

녹지자연도는 인간에 의한 인위적 개변상황을 파악하기 위하여 식물군락의 종조성을 기반으로 녹지성과 자연성을 고려하여, 육지지역을 10개 등급으로 나누어서 표시하는 지표이다.

[표 1-5] 녹지자연도 관련 기본 관리방향

구분	녹지자연도	대표지역	관리방침	비율
보전지역	8~10등급	장령림, 원시림, 고산초원	보전위주관리	13.3%
완충지역	4~7등급	잔디, 갈대조림 등의 초원, 조림지, 유령림	개발과 보전의 조화	53.0%
개발지역	1~3등급	시가지 농경지	개발이용	33.7%

녹화식물(plant for revegetation)

녹화공사에 쓰이는 식물로서, 비탈면, 황폐지 등에 침식방지와 식생조성 혹은 경관조성, 조경 등 녹색의 식생을 조성할 목적으로 파종, 식재, 기타 방법에 의하여 도입되는 식물의 총칭이다. 녹화용 식물은 녹화할 대상지의 환경조건, 공간특성에 적합하고 녹화공사를 시행할 때 요구하는 각종 녹화기능을 충족할 수 있어야 한다.

도입식물(introduced plant)

자연 혹은 인위적으로 이루어진 훼손지나 나지에 식생을 개선할 목적으로 파종, 식재 등 여러 가지 방법으로 들여온 식물을 말한다.

땅깎기부(cutting slopes)

원지반부터 노상면까지 원지반의 흙을 굴착한 부분을 말한다.

발아실험(germination experiments)

종자에서 식물의 싹이 나는 것을 조사하는 실험을 말한다. 발아상 내에서의 발아율 결과와 포장 발아율은 다를 수 있으며, 파종량 계산에서는 발아상 발아율의 결과를 적용한다.

배수로(drainage)

비탈면에 흘러내리거나 고인 물을 빼내거나 배출시키기 위해 조성한 물길을 말한다.

보전종(supplementary species)

주구성종의 성장을 도와 토양 및 주변 식물을 보전하기 위하여 혼파 또는 혼식하는 식물을 총칭하여 보전종이라 한다. 보통 비료목초와 선구식물을 사용한다.

복구(rehabilitation)

복구 혹은 회복의 개념도 복원과 유사하게 이전의 상태로 되돌리는 것을 의미하며, 교란된 토지를 유용하게 하는 것이다. 복구에서는 원래의 혹은 건강한 상태라는 개념을 포함하고 있지는 않으며, 훼손되기 이전의 상태와 가급적 가깝게 접근하는 것으로서, 다분히 시각적인 측면에서의 향상이라고 볼 수 있다.

복원녹화 목표

비탈면의 녹화에 있어서 궁극적으로 식물군락을 복원하고자 하는 형태를 말하며, 복원 목표는 식물군락을 주체로 한 유형별로 분류하면 다음과 같이 초본이 주체인 군락(초본형), 관목 및 초본의 혼합군락(초본관목혼합형), 자연경관 및 생태계에 가까운 군락(수림형) 등 크게 3가지 유형으로 나누어 볼 수 있다.

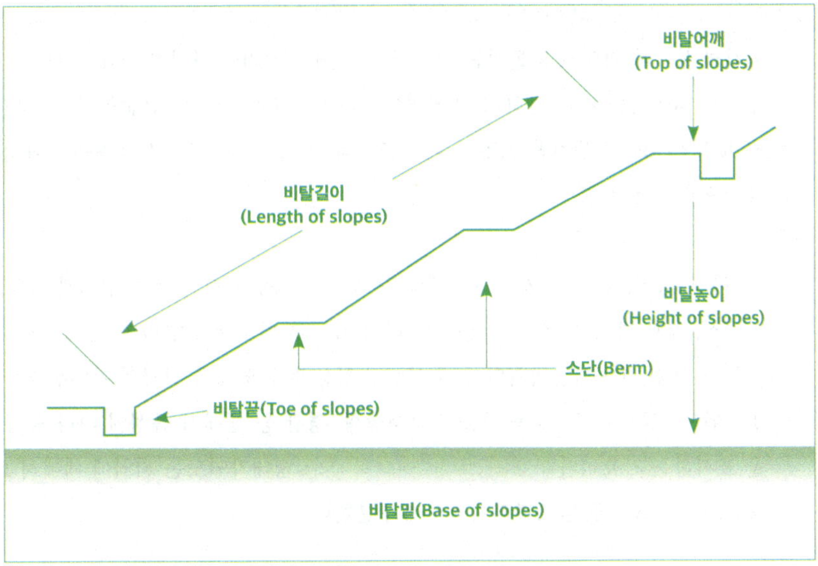

[그림 1-6] 도로비탈면의 구조와 명칭

비탈면 경사도(inclination of slopes; °)

비탈상부(비탈어깨)에서 비탈하부(비탈끝)까지의 기울어진 정도를 말하여 경사계(Clinometer)로 측정한다.

비탈면 길이(length of slopes; m)

비탈상부(비탈어깨)에서 비탈하부(비탈끝)까지의 경사거리를 말하며 줄자 또는 보측을 이용하여 실측한다.

비탈면 너비(width of slopes; m)

절개비탈면의 하단부 좌우간의 길이를 말하며, 줄자 또는 보측을 이용하여 실측한다.

비탈면 방위(direction of slopes; °)

비탈면의 동서남북의 향을 말하며, 방위계(Compass)를 이용하여 측정한다.

비탈면소단(bern)

비탈면에서 땅깎기 및 흙쌓기 높이가 높은 구간의 비탈면 안정을 위해 단을 주는 것을 말한다.

비탈면(slope)

흙쌓기 및 땅깎기에 의해서 형성되는 비탈면을 각각 흙쌓기 및 땅깎기 비탈면이라 한다. 비탈면에는 필요에 따라 소단을 설치하며, 비탈면의 상단을 비탈어깨, 하단을 비탈끝이라 한다.

생태복원(ecological restoration)

이전의 상태나 위치로 되돌리는 것 혹은 훼손되지 않거나 완전한 상태로 기능과 구조로 되돌리는 것을 말하며, 비탈면에서는 식생피복 위주의 단순녹화가 아니라 토양안정화, 식생기반층 조성, 다층구조의 식생조성 등 생태적인 복원녹화의 개념으로 사용한다.

생태자연도(환경부 제작)

산, 하천, 습지, 호소, 농지, 도시, 해양 등에 대해 자연환경 전체를 생태적 가치, 자연성, 경관 가치 등에 따라 등급화 하여 작성한 지도를 말한다(자연환경보전법 제23조). 또한 각종개발계획의 수립·시행에 활용할 수 있도록 전국의 자연환경을 멸종위기 또는 보호야생동·식물의 분포상황, 경관 등 생태적 특성에 따라 등급을 표시하는 지표이다(자연환경보전법 제34조 근거). 생태자연도는 지역에 대해서 1등급, 2등급, 3등급, 별도관리지역으로 구분한다.

[표 1-6] 생태자연도 등급별 구분기준

생태자연도 등급	내용
1등급 지역	① 멸종위기 야생동·식물 또는 보호야생동·식물의 주된 서식지, 도래지 및 주요이동 통로가 되는 지역
	② 생태계가 특히 우수하거나 경관이 특히 수려한 지역
	③ 생물의 지리적 분포한계에 위치하는 생태계지역 또는 주요 식생의 유형을 대표하는 지역
	④ 생물다양성이 풍부한 지역
	⑤ 자연원시림 또는 이에 가까운 산림 및 고산 초원
	⑥ 자연생태 또는 이에 가까운 하천·호소·강하구·갯벌 및 해양
2등급 지역	1등급에 준하는 지역으로서 장차 보전의 가치가 있는 지역 또는 1등급 전역의 외부지역
3등급 지역	1등·2등급 전역 및 별도 관리지역으로 분류된 지역외의 지역으로서 개발 또는 이용의 대상이 되는 지역
별도관리지역	다른 법률의 규정에 의하여 보전되는 지역중 역사적·문화적·경관적 가치가 있는 지역이거나 도시의 녹지보전 등을 위하여 관리하고 있는 지역 (자연보호림, 자연공원, 천연기념물보호구역, 조수보호구역 등)

선구식물(pioneer species)

맨 땅에 침입해서 정착하여 천이를 시작하는 식물로서 건생 천이에는 지의류와 선류, 습생 천이에는 남세균 등이 있다. 비탈면 녹화에서는 녹화초기에 피복 및 토양안정을 위하여 도입하는 식물이나 초기단계에 이입되는 종들을 말한다.

외래식물(exotic plant)

외국으로부터 도래된 식물의 총칭으로 귀화식물도 포함된다. 그리고 귀화식물은 인위적으로 자생지로부터 다른 지역으로 이동된 식물이 그 토지에서 왕성하게 적응하여 야생화된 식물이다.

우점종(dominant species)

생물군집에서 그 군집의 성격을 결정하고, 군집을 대표하는 종류를 가리킨다. 이것은 식물군락에서 피복도와 개체수를 고려하여 정한다. 우점종은 군락의 형태에 가장 강한 영향을 준다.

재래목본(native woody plants)

어느 지방에서 오랜 세월에 걸쳐 다른 품종과 교배되지 않고 재배되거나 길러 오던 목본(나무)을 말한다.

재래식물(native species)

외래식물에 반대되는 개념으로 어느 지역에 자생하는 식물로서 외래종과 귀화종을 제외한다.

재래초본(native herbaceous)

어느 지방에서 오랜 세월에 걸쳐 다른 품종과 교배되지 않고 재배되거나 길러 오던 초종(풀)을 말한다.

주변임상

조사대상 비탈 주변 산림의 식생구성 상태를 말한다. 주변임상은 비탈면의 복원 잠재력을 평가하는데 많은 영향을 미친다.

지피류(ground cover plant)

땅에 밀착하여 자라고 바람이나 비에 의한 피해를 방지해 주는 식물로서 지표면의 피복과 미화를 목적으로 집단 식재하는 일년초, 숙근초 등을 말한다. 한국잔디와 한지형 초종, 야생화류를 포함한다.

침식(erosion)

지표의 토양이나 토사, 암편의 비, 유수, 눈, 바람 등의 힘에 의해서 깎이는 현상으로, 넓은 의미에서는 중력에 의해서 생기는 붕괴나 사태 등도 포함하며 토사이동현상의 총칭으로 사용되고 있다.

토심 (soil depth)

표토에서 암석층이나 풍화암층 상단부 토양층이 있는 부분까지의 깊이를 나타내는 것으로 전토심은 하층토(토양 B층) 까지 깊이를 말하며, 층위별로 깊이를 cm로 표시하여 조사한다. 또한 유효토심은 일반적으로 수목이 성장하는데 중요한 영향을 주는 깊이까지 즉, 식물뿌리가 가장 많이 분포되어 있는 부분의 하단까지를 말하며 깊이를 cm로 표시한다.

한지형초종(cool-season grass)

지상부의 생육적온이 서늘한 환경인 15~24°C의 온도조건에서 잘 자라는 초종이다. 온대 북부지역, 아한대 및 한대기후대 지역에서 잘 자라는 초종을 말하며, 우리나라에서는 봄과 가을이 생육적기이다(tall fescue, perennial ryegrass, kentucky bluegrass 등)

향토식물(native plant)

명확한 정의는 곤란하지만 일반적으로 오랜 기간 자연도태에 의해서 그 지방의 기후와 입지환경에 잘 적응해서 자연 상태로 널리 분포하고 있는 식물을 그 지역의 향토식물이라 한다.

환경포텐셜(environmental potential)

포텐셜(potential)은 잠재력이라고 하며, 환경포텐셜은 특정 장소에 있어서 종의 서식이나 생태계 성립의 잠재적 가능성을 나타내는 개념인 것이다. 환경포텐셜에는 1) 입지의 포텐셜, 2) 종의 공급 포텐셜, 3) 종간 관계 포텐셜, 4) 천이의 포텐셜이 있다.

환경녹화지역의 구분

(1) 국토핵심생태녹지축지역

우리나라의 1개의 백두대간과 9개의 정맥 지역을 말한다.

① 대간: 백두대간

백두대간은 능선으로부터 좌우로 각각 5km의 거리 내부에 있는 지역을 국토핵심생태녹지축지역으로 설정하였다(5km 기준은 현재의 백두대간보호지역을 거의 포함하는 면적임).

② 정맥: 금남정맥, 호남정맥, 금남호남정맥, 한남정맥, 금북정맥, 한남금북정맥, 한북정맥, 낙동정맥, 낙남정맥.

정맥은 아직까지 확실한 보호구역이 설정되어 있지는 않은 상태이나 백두대간과 함께 우리나라의 산림생태녹지축으로서 중요한 지역이므로 도로건설로 인한 환경훼손을 줄이기 위한 생태 관리가 요구되는 지역이다. '도로비탈면 녹화공사의 설계 및 시공 지침(2009)'에서는 한국환경정책·평가연구원(KEI)에서 구축 중인 정맥 자료를 기준으로 좌우 각각 2.5km의 거리 내부에 있는 지역을 국토핵심생태녹지축으로 설정하였다.

(2) 해안생태계지역

우리나라는 3면이 바다로 둘러싸여 있으므로 행정구역도를 통해 해안과 인접한 지역을 의미한다. 해안선으로부터 내륙지역으로 5km의 거리 내부에 있는 지역은 해안생태계의 독특한 특성이 나타나는 지역이므로 이 범위안의 지역을 해안생태계지역으로 설정하였다.

(3) 내륙생태계지역

우리나라 국토에서 국토핵심생태녹지축지역과 해안생태계지역을 제외한 내륙지역이 내륙생태계지역에 해당된다.

흙쌓기부(banking slopes)

원지반부터 노상면까지 흙을 쌓아올린 부분을 말한다.

〈복원·녹화 시공 단계〉

개량시드스프레이공법

개량시드스프레이 공법은 다기능성 멀칭 fiber류를 사용하는 공법을 지칭한다. 일반 종자뿜어붙이기공법보다 멀칭 두께가 두껍고, 분사 기계도 압송방식이 다르다.

견질토사

견고한 모래, 진흙이나 점토로서 괭이나 곡괭이를 사용할 정도의 토질(체중을 이용하여 2~3회 동작을 요할 정도)을 말한다.

고분자화합물(high molecular compound)

일반적으로 화합물 중에서 분자량이 대단히 큰 화합물(분자량이 약 10,000 이상의 화합물)을 통칭한다. 고분자화합물은 천연 고분자화합물과 합성고분자화합물로 분류하며, 천연고분자화합물에는 운모, 석면, 다이아몬드 세라믹 등의 무기고분자화합물과, 셀룰로오스, 녹말, 단백질, 천연고무 등의 유기고분자화합물이 있다.

낙석방지망(roakfall prevention network)

비탈면에 불안정한 암괴나 돌 등이 떨어지는 것을 방지하기 위하여 비탈면에 설치하는 망으로서, 떨어진 암괴나 돌이 망사이로 미끄러지도록 하거나 뜬 돌을 눌러주어 식물의 생육기반이 보전되도록 시공한다.

네일(nailing)

네일은 금속재, 합성섬유 등의 보강재를 비교적 촘촘한 간격으로 가상파괴면 보다 깊게 원 지반에 삽입하여 원지반의 전체적인 전단강도를 증대시키며, 예상되는 지반의 변형을 억제하는 공법이다.

녹화기초공사

도입하는 식물이 지속적으로 건강하게 생육할 수 있도록 식생기반 환경을 조성해주는 방법으로서, 여기에는 생육기반의 안정, 생육기반의 개선, 기상조건의 완화 등을 목표로 한다.

다기능성 멀칭재(multi functional mulching material)

우드락 BFH, Flexterra등과 같이 멀칭제(fiber류)가 연결고리로 얽히어 토양 침식을 방지하는 멀칭재

단립화제(soil aggregate)

녹화용 식생기반재의 토양 입단화를 시키는 재료로서, 주로 토양 입자간의 결합을 통해 입단화를 유도한다.

돌망태(gabion)

돌망태는 철망으로 만든 상자나 원형, 타원형 등의 통에 돌을 채운 것으로, 호안, 수제공, 물받이, 바닥보호공 등에 사용한다.

록볼트(rock-bolt)

비탈면에 활동 가능한 소규모 암반블록이나 뜬 돌에 강봉을 관입시켜 견고한 암반에 정착시켜 암반의 전단강도를 증가시키는 보강공법이다.

매토종자(seed bank)

지상개체군인 식물체에서 비산된 종자가 토양표면의 위와 아래에 존재하면서 발아 포텐셜을 가진 종자를 일컫는다. 그리고 토양시드뱅크(soil seed bank)는 각각의 매토종자의 집단을 가리키는 용어로서, 토양 내에 존재하는 종자의 저장고(은행)라는 의미로 토양으로 공급되는 종자를 은행에 입금하는 것에, 토양 내에서 발아되어 지상개체군으로 되는 것을 은행에서 출금하는 것에 비유하여 나타낸 개념이다.

멀칭재(mulching materials)

건설현장 발생하는 나무 뿌리와 같은 임목폐기물을 적절한 크기로 파쇄하여 토양에 피복하여 식재수종이나 경사면의 토양을 피복하는 것을 말한다.

방풍림(wind protection forest)

농경지·과수원·목장·가옥 등을 강풍으로부터 보호하기 위하여 조성한 산림으로, 방풍림의 너비는 20~40m가 안전하며, 풍향의 직각 방향으로 설치한다.

보강공법(reinforcement construction method)

불안정한 비탈면에 지반의 저항력을 증대시켜 변형을 최소화하여 안정성을 높이기 위한 공법으로 비탈면 토체의 저항력을 증가시키는 공법(앵커, 록볼트, 버트리스, 억지말뚝 등)과 비탈면의 활동력를 감소시키는 공법(절취, 위험 암블럭 제거 등)이 있다.

보호공법(slop protection method)

비탈면 표면의 유실이나 세굴 방지 및 풍화방지를 목적으로 시행하는 공법으로서, 낙석방지망, 낙석방지울타리, 돌망태, 식생공, 돌붙임공, 블록공, 배수시설 등이 있다

생육기반(root growth media)

식물이 뿌리를 내리고 자랄 수 있는 토양을 말한다. 토사비탈면 조건에서는 원지반의 토양이 생육기반이 되며, 인공지반이나 무토양지 등에서는 인위적으로 생육기반을 조성해주는데 이 때 인위적으로 조성해주는 재료를 식생기반재라고 한다.

숏크리트(shot concreate)

압축공기를 사용하여 모르타르를 흙깎기 비탈면 표면부에 피복시켜 불연속면에 대한 접착을 유도하고 구속 압을 일정하게 유지시켜 흙깎기 비탈면의 안정성을 확보하는 공법을 말한다.

수목식재공법(tree planting method)

수목식재공법으로 묘목식재, 차폐식재, 소단상객토식수공법, 새집 공법 등을 말한다. 비탈면에서는 수목의 뿌리생육이 느리게 진행되어 도복할 위험이 있으므로 활착하기까지 철저한 관리가 요망된다.

수분조절재(moisture regulation agent)

수분조절재는 뿜어붙이기용 재료에 혼합하여 보수성을 높이는 물질로 화이버, 수피제품 등이 있는데 이 재료는 주로 시공 후에 녹화공법의 수분유지 역할을 담당하여 종자의 발아 생육을 돕는 역할을 한다.

식물발생재(plant waiste material)

주로 산림의 벌채, 하예작업 등에 의하여 발생하는 나무의 줄기, 가지 등으로서 이것을 분쇄하여 녹화공법의 유기질재료로 재활용할 수 있다. 여기에는 수목의 지엽부, 목질부, 근계부 및 잔디, 초화류 등 다양한 성상의 재료가 포함된다.

식생공사(revegetation method)

녹화대상 비탈면에 식물을 도입하는 방법으로서 종자파종에 의한 방법, 식물 식재에 의한 방법이 있으며, 직접 식물을 도입하지는 않지만 향후 식물이 들어올 수 있도록 유도해주는 방법도 포함된다.

식생기반재뿜어붙이기공법(hydroseeding with soil media)

비탈면녹화를 위해 식생기반재와 함께 종자, 비료 등을 뿜어 붙이는 공법을 말한다. 작업효율이 우수하여 대면적 시공에 유리하지만 식생기반재의 물성에 따라 녹화식물의 생육경향이 다르게 나타날 수 있다. 비탈면의 경사나 토질조건에 따라서 뿜어붙이는 두께를 달리하며, 암반 비탈면으로 갈수록 뿜어붙이는 두께를 두껍게 한다.

식생매트(종자매트)(vegetation mat)

면상의 매트에 종자를 붙여 비탈면에 포설, 부착하여 일시적인 조기녹화를 도모하는 방식이다.

암반상태

비탈면을 구성하고 있는 암반의 종류를 조사하고 암반의 절리, 층리 등의 발달 상태를 조사한다. 그리고 토사와 암반의 혼합비를 조사한다.

암의 종류(rocks)

(1) 리핑암: 불도저에 장착된 리퍼에 의해 굴착이 가능한 암질

(2) 발파암: 불도저에 장착된 리퍼에 의해 굴착이 불가능하고 굴착 또는 절취에는 화약을 사용해야하는 암질

(3) 풍화암: 일부는 곡괭이를 사용할 수 있으나 암질이 부식되고 균열이 1~100cm 정도로서 굴착 또는 절취에는 약간의 화약을 사용해야 할 암질

(4) 산성암: 규산함유량이 65% 이상의 화성암으로 화강암, 화강반암, 유문암 등이 이에 속함. 석영이 부피로 30%를 차지하여 흰빛을 띠고 있는 암질

(5) 이암: 이암은 일반적으로 실트와 점토를 주성분으로 하는 불규칙한 혼합물을 함유하여 연약한 것을 진흙이라 하는데, 이것이 굳어져 생긴 암석

(6) 셰일(혈암): 점토 또는 실트로 구성된 퇴적암으로 층리에 평행하게 잘 쪼개지는 성질이 있으며 골재로 적합하지 않음

앵커(anchor)

앵커는 소정의 인위적 하중을 지반에 전달하여 활동면의 연직응력을 증가시킴으로써 전단활동력을 감소시키는 방법으로 불안정한 비탈면의 안정성을 높여주는 공법이다.

옹벽공법(retaining wall)

옹벽자체의 중량 혹은 옹벽상 토사의 중량으로 측방토압에 저항하여 쌓기비탈면의 부지절약 및 깎기비탈면의 토공량 감소목적으로 적용하는 공법이다.

유기질비료(organic fertilizer)

퇴비, 부엽토, 부숙왕겨 또는 톱밥 등의 부산물을 완전히 부숙한 부산물 비료로, 악취를 방지하거나 물리적 성상을 변화시키기 위하여 첨가제를 혼합하여 제조할 수 있다.

유기질토 스프레이공법

1cm이하의 얇은 속성기반적 뿜어붙이기 공법을 지칭하며 코코넛피트 등의 유기질을 주성분으로 한다. 일반 종자뿜어붙이기 및 거적시드 공법의 낮은 발아율과 생육부진을 개사한다.

임목폐기물(tree root waist)

건설공사현장에서 벌목, 벌근 등에 의해 발생되는 나무 중 현재 재활용이 어려워 폐기물로 반출되는 뿌리, 가지, 줄기 등을 말하며, 건설폐기물에서 일반폐기물로

전환되었으므로 앞으로는 멀칭재 혹은 식생기반재로 현장 내에서 재활용하는 방안이 적극적으로 검토되어야 한다.

종자뿜어붙이기공법(hydroseeding method)

주로 토사비탈면을 대상으로 종자와 화이버류, 접착제 등을 혼합하여 얇게 뿌려주는 녹화방식으로서, 볏짚거적이나 각종 네트류와 병행하여 시공한다.

초본류 식재(herbaceous planting)

초본류 식재에는 줄떼심기, 평떼붙이기, 새심기, 야생화 포트묘 식재 등을 말한다. 확실하게 식재효과를 기대할 수 있으나 유지관리가 어려운 단점이 있다.

침식방지제(합성접착제)(soil conditioner for erosion control)

피복재를 토양과 결집시켜 피복을 형성하는 접착제로 파종한 종자, 비료 및 피복보호재의 유실 방지, 객토의 유출 및 침식방지, 토양수분의 증발 완화 및 표면건조 방지, 보온 효과 등의 효과가 있으며 종자가 발아, 성장해서 전면피복이 되어 그 기능이 충분히 발휘될 때까지의 기간 동안 침식방지를 도모할 목적으로 사용한다.

토사(soil)

보통 상태의 실트 및 점토, 모래질 흙 및 이들의 혼합물로서 삽이나 괭이를 사용할 정도의 토질(삽 작업을 위하여 상체를 약간 구부릴 정도)을 말한다.

토양개량재(soil amendments)

생육이 불량한 토양에 대하여 통기성, 보수성, 통수성 등의 토양의 물리성을 개량하고, 보비성 등의 화학성의 개선을 도모하기 위하여 토양에 첨가하는 자재로 토양안정제라고도 한다. 토양개량재는 크게 유기질계와 무기질계로 분류할 수 있다.

파종공법(hydroseeding method)

파종공법에는 고압취부기로 파종하는 방법과 인력파종으로 점파공법, 조파공법, 산파공법 등이 있다. 최근에는 기계분사파종이 널리 활용되고 있다.

표면침식(surface erosion)

표면침식이란 비탈면 표면이 강우나 바람 등의 요인에 의하여 토괴가 교란되고 유실되는 형태를 말하며, 주로 떨어지는 빗방울의 작용에 의해서 지표면을 통한 수분침투 능력의 감소, 지표면에서의 빗물흐름 발생, 빗물의 흐름에 의한 토양입자의 이탈, 운반의 과정으로 이루어진다.

피복재(mulching material)

침식방지안정제와 함께 토양을 결집시켜 자재의 유실을 방지하고, 식물의 착생이 용이하게 되도록 첨가하는 자재로서 토양표면을 피복하는 재료의 총칭이다. 피복재는 피막을 형성하여 종자의 피복, 보습, 보비 및 보온효과를 갖추어야하며 종자, 비료, 물 등과 함께 혼합하여 살포하는 방법으로 사용되며, 각종 네트류나 볏짚거적 등이 주로 사용된다.

호안 공작물(revetment structure)

하안(河岸) 또는 제방을 유수에 의한 침식으로부터 보호하기 위하여 그들의 경사면이나 밑부분 표면에 시공하는 공작물로서, 고수 때의 흐름에 대한 고수 호안과 저수로 연안에 시공하는 저수호안으로 나뉜다.

화이버(fiber)

녹화용 재료로 식물로 만든 천연 섬유나 고분자 화합물로 만든 인공 섬유가 사용되며, 녹화 표면을 피복시키거나 재료간의 결속력을 높이고, 보습력을 높이는 용도로 사용한다.

〈평가 단계〉

개체수(number of plants)

방형구(1m×1m)내에 출현하는 수종 및 초종 하나하나의 독립적인 식물의 숫자를 말한다.

발생기대본수(number of expected plants)

종자를 묘포 및 비탈면 등에 파종하여 초기에 발아가 예상되는 단위면적당 식물 개체수를 말한다. 발생기대본수는 파종량과 파종식물의 발아율, 1g당 종자립수, 종자의 순도에 영향을 받는다.

방형구법(quadrat method)

정방형의 모양을 기본으로 하여 작은 방형구를 이용한 방법으로 방형구의 크기는 각 군락의 최소면적에서 가장 적당한 넓이에서 취하는 것이 일반적이다. 또한 하나의 방형구내에 작은 서브 방형구를 설치하여 조사하는 경우도 있다. 시험시공지 평가에서는 1m × 1m의 방형구가 활용되며, 1년이 경과된 후에는 방형구의 면적이 충분한 크기로 확대 되어야 한다.

벨트트랜섹트법(belt transect method)

방형구법의 변형된 형태로서 기준선을 따라 일정한 폭을 지닌 띠 형태의 조사구를 설정하고 그것을 일정한 간격으로 조사하는 것으로 방형구를 일정한 방향으로 연속되게 이어 놓은 것이라 할 수 있다. 이 방법은 입지조건이 계속적으로 변화하는 것에 따른 식생변화를 조사하는데 적합하다.

분얼수(number of tiller)

토양 속 줄기 인접부의 마디에서 새로운 포기 또는 줄기가 나오는 수를 말한다. 잔디류는 일정 생육기간이 지나면서 분얼수가 급격하게 증가하는 경향을 보인다.

생육판정시기

비탈면 녹화공사 이후 녹화효과를 평가하기 위한 시기로서, 시공시기에 따라 식물의 생육특성이 다르기 때문에, 춘기, 하기, 추기 및 동기의 시공에 큰 차이가 발생한다. 춘기 시공일 경우에는 시공 6개월(180일) 후에 최종 판정하며, 시공시기가 다를 경우에는 현장의 여건을 고려하여 별도로 정한다.

성립본수

성립본수는 단위면적당 발아가 되어 성립된 식물의 개체수를 말하며, 성립본수의 판정은 1m²를 기준으로 하며, 측정시 측정용 격자틀(20cm×20cm)을 활용할 수 있다.

수고 및 초장

방형구내에 출현하는 수고 및 초종의 지면으로부터의 높이를 말한다.

수종 및 초종

비탈면에서 자라는 나무와 초본의 종류를 말한다.

순응적 관리(adaptive management)

생태계의 동적인 성질에 입각한 유연성 있는 관리방법을 순응적 관리라고 한다. 순응적 관리에서는 지역개발이나 생태계의 관리는 실험으로 간주하고 모니터링에 의해 실험의 영향이나 효과를 검증하게 된다.

식물피복도(vegetation coverage rate)

방형구내에 출현하는 수종 및 초종의 점유비율(%)을 말하며, 녹화공사가 시공된 비탈면의 전체적인 식생피복도는 3개소 이상의 측정치를 평균하여 산정한다.

식생생육량(growth weight of plants)

녹화에 의해 성립된 모든 식물종이 성장한 정도를 말하며, 식물의 높이, 폭 등의 개별 항목을 측정할 수 있다. 일반적으로 식생생육량의 판정은 방형구(1m²)내에 출현한 목본 및 초종의 샘플을 채취하여 생육량(건중량 및 생중량)을 조사한다.

염기치환용량(cation exchange capacity)

염기치환용량(CEC, cation exchange capacity)은 양이온치환용량이라고도 하며, 일정량의 토양이 보유하고 있는 치환성 이온의 총량을 당량으로 표시한 것이다. 즉 토양 100g 속에 있는 음전하의 수와 같으며 mg당량(me, mille equivalent)으로 표시한다. 1mg당량은 원자량을 원자가로 나눈 값이다. Ca, Mg, K, Na를 말하며, 이것은 토양 내에서 흡수되어 식물의 양분역할을 해 준다.

염분농도(salinity)

염분의 측정은 초기에 채수병에 바닷물을 담아 와서 실험실에서 분석하는 Knudsen 적정법에 의한 염소이온농도 측정 방법으로 구하였으나, 최근에는 바닷물 속에 녹아 있는 이온 양에 비례하는 전기전도도의 성질을 이용한 CTD를 활용하여 현장에서 직접 수심에 따른 염분도를 관측할 수 있게 되었다. 토양의 염분농도가 높으면 식물의 수분 이동통로를 막아 식물이 고사할 수 있다.

자연생태복원전문가

자연생태복원전문가는 아래에서 정한 기술자격 및 학위가 있는 자 또는 아래 자로 구성되어 있는 자연생태복원전문가기관을 말한다.

(1) 조경학, 임학, 원예학 등에서 관련분야로 박사학위 취득 후 비탈면 녹화 계획, 설계 및 시공 관련 분야 3년 이상 종사한 경력이 있는 자

(2) 조경학, 임학, 원예학 등에서 관련분야로 석사학위 취득 후 비탈면 녹화 계획, 설계 및 시공 관련된 분야 5년 이상 종사한 경력이 있는 자

(3) 비탈면 녹화 계획, 설계 및 시공경험이 3년 이상인 자연환경기술사 및 조경기술사

(4) 자연생태복원기사 또는 조경기사 자격을 취득하고 비탈면 녹화 계획, 설계 및 시공 등 관련된 분야 10년 이상 종사한 자

(5) 자연생태복원산업기사 또는 조경산업기사 자격을 취득하고 비탈면 녹화 계획, 설계 및 시공 등 관련된 분야 13년 이상 종사한 자

전기전도도(electrical conductivity)

전기전도도(dS/m)는 단면적 1cm²인 전극이 1cm 떨어져 있을 때 전극간의 전기저항의 역수를 말한다. 전기는 이온의 이동에 의해서 흐르게 되는데 보통 +에서 -로 흐른다. 토양중의 용액에 전기가 흐르면 물은 H와 OH로 분리되며, 소금의 경우 Na와 Cl로 분리가 된다. 이와 같이 토양 내부에서 물이 분해되고 염기가 분해되어 식물의 영양분으로 흡수가 되게 한다.

전질소량(total nitrogen)

토양내 전질소량(T-N)은 낙엽의 분해와 축적이 계속되면서 평형상태에 이르며, 기후환경의 영향을 받는다. 질소는 단백질원으로 엽록소를 만들기 때문에 질소가 공급되면 식물생장이 촉진되고 녹색이 짙어진다.

토성(soil texture)

토양은 세토, 자갈, 뿌리 등이 있는 고체(고상)와 이 사이의 물(액상)과 공기(기상)로 구성되며, 이 고상 중에서 광물입자의 직경분포에 따른 토양의 분류를 토성이라 하는데 토양학에서는 입경 2mm 이상의 입자를 자갈, 2mm 이하는 세토로 구분한다. 세토는 다시 구성광물의 입경에 의하여 모래, 미사, 점토로 나뉜다.

토양 3상(soil three phase)

흙은 여러 가지 크기의 토입자로 형성되어 있고, 토입자로 된 흙덩이를 세분하여 보면 흙은 고상(solid phase), 액상(liquid phase) 및 기상(vapor phase)의 3가지 상태의

혼합물로 구성되어 있다. 이와 같은 고상, 액상 및 기상을 토양 3상이라고 한다.

토양경도(soil hardness; kg/cm², mm)

토양의 굳기를 표현한 용어로서, 녹화에서는 식물 뿌리의 생장에 영향을 주는지 여부를 파악하기 위하여 사용한다. 현장에서는 토양경도계(山中式)를 이용하여 비탈면 상부, 중부, 하부를 각 10회씩 측정하여 평균하며, 토양경도지수(mm)단위로 환산하여 나타낸다.

토양공극(soil porosity)

토양에서 고체입자를 제외한 부분으로, 공기와 물이 채워져 있는 곳을 공극(孔隙, pore volume)이라 한다. 공기와 물의 구성비는 항상 변하여 건조토양 내에서는 공기가 대부분이고 습한 토양에서는 물이 많다.

토양산습도(soil acidity and humidity)

원지반 또는 식생기반층의 토양 산도 및 습도를 나타낸다. 간이 토양산습도계를 이용하여 현장에서 측정하여 구한다. 토양산도는 미생물 활동과 양료 이용에 간접적으로 관여한다. 붕소, 구리, 망간, 철과 같은 미량원소는 pH가 낮을 때 이용도가 높으며, pH가 급격히 높아지면 이용도가 감소한다. 토양 습도는 식물이 생장하는데 필수적인 물과 관련된 기준으로, 토양 내에 수분이 함유되어 있는 정도를 나타낸다.

토양의 밀도(soil density)

자연 상태의 토양의 밀도는 일정 용적의 건조토양의 무게를 부피로 나눈 값으로서 무기질 입자 및 부식 외에 토양수분의 무게를 합한다.

2. 생태복원녹화의 발전과정

2.1 비탈면 녹화공사의 태동

국토의 65%가 산지로 이루어진 우리나라에서 도로건설, 단지건설, 댐건설 등 각종 대규모 개발로 인한 건설공사로 전국적으로 인공적인 비탈면이 많이 형성되고 있으며, 이와 함께 이들 비탈면을 식생으로 녹화하기 위한 노력들이 다양하게 이루어지고 있다.

비탈면 녹화는 1960년대까지는 황폐한 산지의 복구 녹화가 주축이 되어 주로 사방구조물을 설치하거나 비탈면의 안정성 유지에 큰 비중을 두어왔으나, 1970년대부터 비탈면에 식생을 도입하기 시작했으며 원 지반에 식물을 직접 도입하는 방법과 함께 점차 비탈면 자체에 식물이 생육할 수 있는 인공적인 식생기반을 조성하는 녹화기술로 발전하고 있다.

국내 비탈면에 식생을 도입하는 초기에는 조기녹화에 치중하여 외래초종(한지형 초종)위주로 시공하여 왔으며, 공법 적용에 있어서도 훼손지 비탈의 환경에 대한 식생기반환경으로서의 분석이 부족한 채 무분별하게 공법을 적용함으로써 녹화된 식생이 쇠퇴하는 문제점이 발생하기도 하였다.

1992년 〈유엔환경개발회의〉에서 생물다양성협약(Convention on Biological Diversity)이 채택된 이래 비탈면 녹화에 있어서도 훼손된 비탈면을 친환경적으로 복원하고 상실된 지역의 생물다양성을 조기에 회복시키기 위해 생태복원녹화의 개념이 도입되었다. 또한 종래의 외래초종 위주의 녹화공법에서 자생종을 많이 사용하며, 대상지역의 식생, 기후, 해발고도를 비롯한 해당지역의 특성을 고려한 녹화식물의 배합방법이 새로운 녹화방안으로 제안되어, 훼손된 비탈면을 생태복원하기 위한 녹화용 식생의 개발과 식생기반재의 조성 및 시공기술의 개발이 활발하게 이루어지고 있다.

정부에서는 훼손된 비탈면에 대하여 지역의 특성에 맞는 친환경적이고 생태적인 복원을 할 수 있도록 하기 위하여 비탈면의 설계와 시공에 대한 각종 기준을 마련하여 시행하고 있는데, 『건설공사 비탈면 설계 기준』, 『조경공사 설계기준』, 『도로비탈면 녹화 공사의 설계 및 시공 지침』, 『비탈면 표준시방서』, 『조경공사 표준시방서』를 제·개정하여 운영하고 있으나, 설계기준만으로는 실무자들이 비탈면 녹화에 대한 기초지식과 전문성이 부족하여 설계와 시공, 관리 과정에서 제대로 활용되지 못하고 있는 실정이다.

경부고속도로를 건설할 당시 우리나라에서는 고속도로경역 혹은 연도경역에 대하여 오늘날과 같은 광범위한 고려 없이 고속도로 연변식재, 중앙분리대 식재, 법면의 붕괴방지식재 등에 주력하였다. 그 후 고속도로를 일반국민이 많이 이용하게 되면서 새로운 식재에 의한 계획, 안전성의 확보, 주위와의 경관적 조화 등 문제가 제기되었다.

한국에서 고속도로 녹화에 대한 사항이 언급된 것은 영동고속도로(신갈-새말) 개통 무렵인 1971년 무렵이었다. 이전까지만 하여도 비탈면을 사방기술로 녹화하고, 가로수를 식재하는 정도의 수준이었다.

1972년도에는 인터체인지, 버스정류장 등에 대대적인 녹화사업을 실시하여 이용고객들의 편의와 안락한 경관을 제공하기 위해 관심을 본격적으로 가지게 되었다.

1973년도에는 경부선, 경인선, 영동선 등 기존노선에, 호남 남해신설노선(회덕-광주-순천-부산)중 전주-부산 간을 대상으로 녹화사업이 실시되었으며, 점차 고속도로 전 구간에 걸쳐 실시되기 시작하였다.

1974년에는 고속도로 장기식재계획에 의거 식재하였으며, 정부에서 새마을 사업으로 채종한 들잔디 씨앗을 약제 처리 후 인터체인지, 토사비탈 등에 파종을 시행하여 녹화사업이 본 궤도에 오르게 되었다.

2.2 생태복원녹화공사의 변천

인력녹화 단계

우리나라 비탈면 녹화의 역사를 보면 1960년대 이전의 치산사방녹화의 개념에서 출발하여 최근의 생태적인 식생복원녹화의 개념으로까지 발전되어 왔다. 근대시대에 있어서 비탈면 녹화의 역사는 치산사방녹화의 역사와 맥락을 같이한다고 볼 수 있다. 우리나라는 산림의 개발 및 전쟁 등에 의한 산지의 황폐화로 한발 및 홍수와 토사유출 재해가 빈번하였기 때문에, 정책 방향으로 벌채를 제한하고 조림을 장려하였으며, 또한 황폐지 복구공사를 지속적으로 시행하여 왔다. 1960년대까지는 산지사방녹화기술, 즉 황폐산지의 복구녹화가 주축이 되어 황폐한 산지에서의 토사유출이나 산사태 방지를 위한 녹화공법으로서 이른바 응급녹화가 주된 방향이었다.

이 시기에는 비탈면에서의 토사유출을 방지하기 위한 산복사방 공작물의 조성과 함께 식생의 복구를 위하여 종자를 파종하는 방법과 속성수를 식재하는 방법을 주로 사용하였다. 당시에는 대부분 인력시공 위주로 공사가 진행되었는데, 현재의 관점에서 볼 때는 시공효율은 낮았지만 상대적으로 자연친화적인 소재와 방법을 사용한 것이라고 평가할 수 있다. 주로 절토 및 성토부 녹화를 주로 시행하였으며, 여기에 사용된 속성수에는 오리나무, 아까시나무, 족제비싸리, 리기다소나무 등이 있었다.

[그림 1-7] 비탈면 녹화의 변천단계

기계화에 의한 조기녹화 단계

1970년대부터 경제가 급성장하고 활성화됨에 따라 고속도로 등 각종 도로건설과 대규모 개발 사업이 전국적으로 시행되었다. 이때부터 대규모의 비탈면도 발생하게 되었으며, 이로 인하여 산림의 파괴, 지표 환경의 훼손 현상이 문제로 나타났다.

당시에는 급속도로 발전하는 건설기술에 부응하는 새로운 녹화기술의 개발이 필요하여 기계화 시공을 중심으로 하는 비탈면 녹화공법이 개발되었는데, 이것이 비탈면 녹화분야에 큰 전환점이 되었다.

1970년대 후반~1980년대 전반기에는 일본의 고속도로 기능식재를 그대로 도입하였으며, 비탈면 녹화를 위한 기술도 종자뿜어붙이기, 절성토부 떼붙이기 등이 활발히 이루어졌다.

과거에 인력 위주로 시행하던 사방공사에서 발전하여 기계화 시공이 가능하게 되었으며, 주로 발아속도가 빠르고 지피 피복력이 뛰어난 외래종 중심의 녹화기술이 개발되었다. 이때 도입된 기술이 seed spray라고 하는 종자뿜어붙이기(분사파종공)공법이다.

이 기술은 원지반의 식물생육 조건이 비교적 양호한 토사비탈면이나 나지를 대상으로 적용하는 방법으로 침식 방지를 위한 재료와 조기녹화용 종자를 혼합하여 뿜어붙임으로서 인력시공 방법을 획기적으로 개선할 수 있었으며, 대규모 건설 현장이나 고속도로 비탈면 등에 효과적으로 적용할 수가 있었다.

기술개발 단계

1980년대 후반~1990년대 후반의 단계로서 선진국의 기술을 도입하여 국산화하거나 국내에서 기술개발을 하여 특허, 신기술 등을 등록하는 등 비탈면 녹화공법 개발이 가장 활발한 시기라고 할 수 있다. 1980년대에는 각종 토지개발 행위로 인한 자연경관의 훼손 및 환경오염, 생태계의 교란 등이 문제점으로 대두되었는데, 이때부터 녹화기술은 자연경관복원기술로서 중요한 역할을 담당하게 되었다.

비탈면 녹화공법은 비탈면 침식에 의한 토사유출방지 및 식생녹화를 목적으로 하기 때문에 주로 초본류 종자의 파종에 의한 기술이 주류를 이루고 있었으나, 여러 가지 토질조건의 비탈면을 대상으로 조속히 식물을 피복시키기 위하여 보다 다양한 시공기술이 개발되었다. 특히 올림픽 등의 대규모 국제행사를 개최하게 됨에 따라 도로 비탈면 경관 조성의 목적으로 기존의 피복 위주의 녹화에서 녹화 후 경관을 고려하여 다양한 야생초화류를 혼합하는 방향으로 기술개발 방향이 권장되기도 하였다.

시공기술의 측면에서는 종자뿜어붙이기공법만으로는 녹화가 불가능하였던 암반 비탈면을 대상으로 하는 두꺼운층 식생기반재뿜어붙이기공법(종비토뿜어붙이기)이 적용되기 시작하였으며, 이 기술의 개발로 비탈면 녹화의 대상은 비탈면의 토질조건에 제한을 받지 않고 토사(얇은층 식생기반재뿜어붙이기)에서 암반부(두꺼운층 식생기반재뿜어붙이기)까지 확대되는 계기가 되었다.

또한 단순히 식물종의 선별이나 배합 측면뿐만 아니라 녹화용 재료, 즉 뿜어붙여지는 식생기반에 대한 연구 및 기술도입이 매우 활발히 이루어지게 되어 다양한 녹화기술과 공법들이 개발되었다.

생태복원 단계

이 시기에는 급속성장에 따른 여파로 환경 악화, 오염 현상이 심각하게 나타났다. 특히 대규모 개발 사업에 대한 부작용이 서서히 나타나기 시작하였으며, 전 세계적으로는 자국의 유전자원의 확보 및 이를 이용한 산업화의 필요성이 본격적으로 대두되던 시기와 맥락을 같이하고 있다.

2000년대~2010년대 후반 단계로서 사회적으로는 도시화가 급속히 진행되면서 인구의 도시유입이 늘어나고, 농촌인구의 탈 농촌화와 인력에 의한 노동생산성의 저하, 단순 노동력의 확보 어려움 등으로 그동안 조성 관리해 오던 조경지의 수목, 녹지관리가 기계화, 약제화 관리로 전환되고, 조경기법도 도로기능을 살리면서 관리가 용이한 자연생태적인 설계로 점차 변화하기 시작하였다. 비탈면 녹화도 주변 환경과 조화를 이룰 수 있는 친환경적인 녹화공법의 개발과 적용이 활발하였다.

녹화분야에서는 과거 급속녹화 위주로 진행되었던 녹화방식이 시간이 지남에 따라서 식물이 쇠퇴하고, 또한 주변에서 식물이 2차적으로 침입하여 식생구조가 변화되어가는 등 비탈면에서 녹화식물의 영속성에 대한 검토가 시작되었다.

결국 시공 후 시간이 지남에 따라서 초기에 도입하였던 식물군락이 점차로 변화되어가는 '식생천이'의 관계가 중요하게 여겨지게 되어 우리나라에서도 환경에 적응력이 높은 자생종을 점차 선호하는 추세로 변화되면서, 비탈면에서 생물다양성을 고려한 생태복원에 대한 개념이 적용되기 시작하였다.

그 당시까지 사용하여 왔던 식물종은 조기 녹화를 위주로 도입하였던 외래종과 사방용 식물이 대부분이었기 때문에 자생종의 적용문제는 국내에서 종자의 수급문제와 맞물리면서 녹화분야에서 새로운 과제로 떠오르게 되었다.

그러나 시공 현장에서 자생종 위주로 녹화를 한다는 점은 시공시기에 따른 녹화속도 및 품질의 차이, 조기 녹화에 대한 높은 요구도 등으로 인하여 쉽게 해결될 수 있는 문제가 아니었기 때문에, 현실적으로 자생종 중에서도 초본류 위주에 몇몇 종의 관목류 종자만을 혼합하여 사용하는 형태가 대부분이었다.

현지자원 리사이클 및 경관도입 단계

외국에서는 지구온난화의 문제가 오래전부터 논의되었지만, 우리나라에서는 이 문제가 사회 전반적으로 반드시 해결해야만 하는 과제로 논의되기까지는 오랜 시간이 필요하였다. 또한 한정되어 있는 자원의 활용에 대한 고민도 비교적 최근의 일이라고 볼 수 있다.

비탈면의 궁극적인 녹화 목표는 조기 식생피복보다는 비탈면을 훼손되기 이전의 식생구성 상태로 되돌리는 것으로서, 이를 위한 초본류 위주의 단순한 식생조성만으로는 한계를 가지고 있다. 결국 식생복원의 방향은 초본과 목본이 어우러진, 즉 종다양성이 높은 다층구조의 산림을 복원하는 것이 궁극적인 목표가 될 수 있다.

비탈면 녹화에 있어서 목본류를 도입한다는 측면은 시공 이후 목본이 어느 정도 성장하였을 때 강풍 등에 의해 전도되어 오히려 문제를 일으킬 수 있다는 점이 논란이 되고 있지만, 학자들 사이에서는 종자파종에 의하여 자생적으로 비탈에 목본류가 정착될 경우 오히려 비탈면을 안정화시키는 데 도움을 준다고 하는 견해가 더 많은 상태이다. 또한 영속적인 식물군락을 복원하는데 있어서 초본류가 가지고 있는 한계점을 극복하기 위하여 초본과 목본이 어우러지는 다층구조의 식물을 복원하는 것이 훨씬 더 경제적이고 효과적이라는 데에는 공감하고 있다.

특히 국토해양부(2009)의 "도로비탈면 녹화공사의 설계 및 시공지침"이 제정되면서 종다양성 및 목본류에 의한 수림화가 가장 중요한 평가 항목으로 인식되고 있는 점도 시사하는 바가 크다.

이와 함께 최근에는 건설현장에서 발생하는 다양한 자원(건설현장 발생토양, 임목폐기물 등)을 현장 내에서 재활용하는 방법은 자원의 불필요한 이동을 줄이고 또한 현장 환경에 적응성이 높은 식생군락 조성이 가능하기 때문에 경제성 및 생태성 측면에서 재활용방법이 검토되고 있다. 국토교통부에서는 임목폐기물의 현장 내 활용을 적극 권장하고 있으며, 자원의 재활용 측면은 eco recycle이라는 개념으로 녹화용 소재(식생기반 재료) 분야에서 새로운 대안으로 떠오르고 있다.

또한 도로 주변의 우수한 자연경관과 조화된 조경이 이루어지도록 하고 있으며, 비탈면의 녹화도 단순히 훼손된 지역을 미화하는 차원에서 한 단계 발전하여 폐도로와 같은 훼손된 자연환경을 경관적으로 디자인하고 식생으로 복원하는 단계로 발전하고 있다(민영욱, 2014).

생물다양성 고려와 기후변화 대응 단계

훼손지 생태복원녹화공사는 생태적 가치가 높은 보호지역에서 이루어지기도 하며, 백두대간 인접지역의 경우 자연경관 복원형의 복원목표가 설정되기도 한다. 생물다양성에 대한 고려는 무분별한 외래초종에 의한 조기녹화공사 보다는 식생천이가 용이한 식생구조나 조기에 자생종을 확실하게 성립하자는 인식이다.

기후변화는 집중 호우와 강설, 바람을 동반한다. 집중호우에 의한 비탈면 침식과 붕괴는 심각하며, 집중강우에 대한 내침식성이 우수한 녹화물질을 적용한 다층구조의 수림화 기술을 성립시키거나 초기 홍수 조절을 위한 인공지반녹화와 LID기법 도입은 기후변화에 적응하고 대응하기 위한 노력이다. 지진 피해에 대비한 비탈면 녹화공사, 현지 자생종에 의한 수림화 및 다층구조의 식생군락 조성은 앞으로 트랜드의 변화에 부합되어 지속적으로 발전해야 할 생태공학기술분야이다.

관련 연구 자료

▷ 일본에서 비탈면 녹화공법 발전과정을 보면, 과거 치산공사에서 발전된 파종공이 현재 조기수림화 방식으로 변화되어 재래 및 향토목본류에 의한 수림화를 목표로 진행되고 있다고 하였다.

[표 1-7] 일본에서의 비탈면 녹화공법 발전과정

	연대	공법	도입식물	녹화의 특징
제1기	파종공사 태동 1927-1948	인력시공 사면혼파법	사방오리 산오리나무 아까시나무	치산공사에서 발전된 파종공으로서 1927년에 한국에서 처음으로 실시되었으며, 1939년에 사면혼파법이 실시되어 선적인 녹화에서 면적인 녹화로 전환점이 됨
제2기	근대 녹화공사 보급기 1949-1958	인력시공 외래초본의 혼파법	외래초본	1949년에 weeping lovegrass와 tall fescue가 도입되었으며, 1951년에 처음으로 녹화공사에 외래초본이 사용됨

	연대	공법	도입식물	녹화의 특징
제3기	급속녹화 보급기 1959-1985	조기전면녹화방식 종자살포공 객토취부공 후층기재취부공 (전기)	외래목초에 의한 급속녹화 및 재래초본류의 도입으로 변환하는 단계	시멘트 건을 이용한 기계화 시공법과 무토양 암석지의 녹화를 가능하게 한 후층기재취부공의 개발로 대면적의 녹화대상지를 기계시공으로 급속녹화 및 피복을 통한 법면의 침식방지를 도모하고, 발아 및 성장이 빠른 목초계에 의해 저가에 법면보호가 가능하였으나, 전국에 목초로만 피복된 획일적인 법면이 출현
제4기	콩과관목림 보급기 1986-1995	조기수림화 방식 후층기재취부공 (후기)	목본 싸리	파종공에 의한 조기수림화 방식과 후층기재취부공에 의한 상록활엽수의 도입 시도가 행해지고, 경질 및 급경사 법면에도 녹화가 가능해져 경관의 개선이 이루어짐. 전국에 싸리류에 의한 단순식생이 출현
제5기	자연회복 녹화 발전 도상기 1996-	조기수림화 방식	재래 향토목본류에 의한 수림화 이행	파종공에 의한 복층구조의 식물군락 형성, 경관과 함께 녹화의 질을 향상, 생태계의 다양성까지 배려한 법면녹화로 천이 중후기-극상종의 도입 시도, 식물재료의 입수가 어렵고, 완속녹화에 대한 이해 부족에 의해 녹화목적의 달성이 곤란

(출처 : 고정현 등. 2006. 일본의 비탈면 녹화공법 발전과정과 전망)

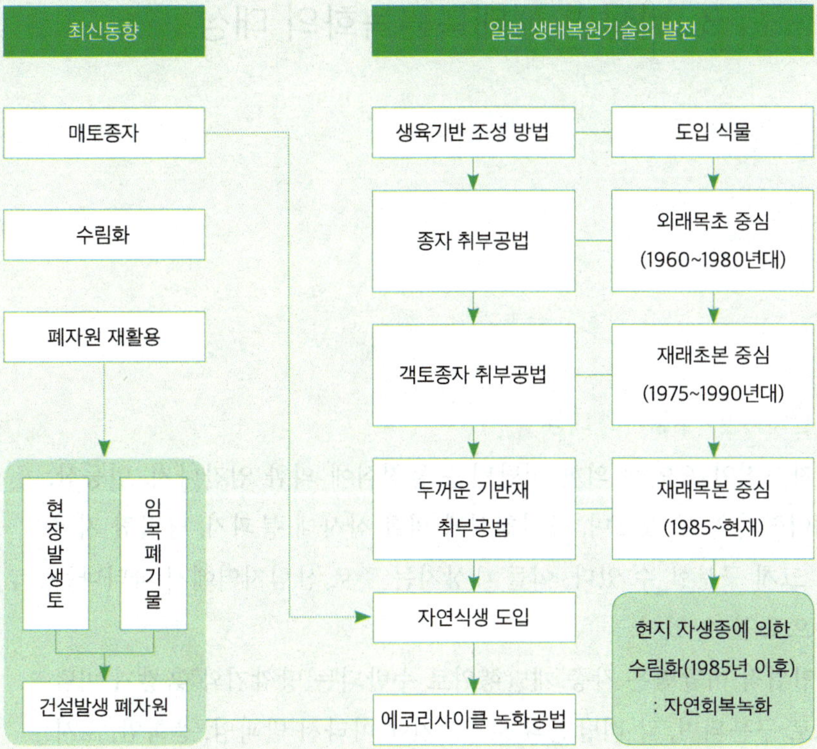

일본의 녹화기술 발전 및 최신 동향

3. 비탈면 생태복원녹화의 대상

3.1 생태복원녹화공사의 대상

자연적인 요인에 의한 비탈면은 물침식에 의한 임간나지, 민둥산, 황폐이행지 등이 있으며, 중력침식에 의한 산사태 붕괴지, 땅밀림 지역으로 크게 구분할 수 있다. 이들 대상지는 주로 산림지역에서 나타나는 유형으로 볼 수 있다.

인위적 비탈면은 각종 개발행위로 수반되는 땅깎기와 흙쌓기 비탈면으로 구분되며, 각 비탈면의 토질조건에 따라서 발파암, 풍화암, 토사 등으로 구분된다. 주로 도로나 대규모 택지개발 지역 토석채취허가에서 볼 수 있는 비탈면이라고 할 수 있다. 또한 채광 및 채석장 등에서도 대규모의 급경사 비탈면에 많이 발생하고 있다.

녹화를 시행하는 대상지를 기준으로 볼 때 도로나 산지의 비탈면이 주 대상이라고 할 수 있으며, 경사조건 상의 비탈면 외에 산림지역, 해안사구지역, 사막지역, 매립지나 오염지 등도 포함된다. 최근에는 도로 주변 옹벽이나 방음벽, 건물 실내, 건물외벽이나 옥상 등의 인공지반도 녹화의 대상에 포함시키고 있다. 이들 대상지에 종자의 파종 및 식물의 식재를 통하여 녹(綠)을 창조한다는 측면에서 녹화(綠化)의 범위는 매우 넓다고 볼 수 있다.

[그림 1-8] 비탈면 녹화의 대상지

3.2 생태복원녹화공사의 분류

개요

녹화공사는 식물을 도입하는 방식에 따라서 분류할 수 있는데, 종자의 파종이나 식재에 의한 식물 도입을 가장 기본적인 생태복원녹화공사라고 할 수 있으며, 식물을 직접 도입하지는 않지만 식물이 정착될 수 있도록 유도해주는 것도 생태복원녹화공사에 포함된다. 또한 대상지에 식물이 잘 정착될 수 있도록 녹화기반을 정비하는 녹화기초공사도 포함되며, 녹화공사 이후 식생을 관리하는 식생유지관리공사도 광의의 개념으로 녹화공사에 포함시킬 수 있다.

일반적인 녹화공사는 파종공사와 식재공사로 크게 구분할 수 있다. 파종공사에는 종자뿜어붙이기, 식생기반재뿜어붙이기 등이 있으며, 녹화하는 장비의 방식에 따라 건식 형태와 습식 형태로, 식생기반재의 조성 두께에 따라서 두꺼운층 식생기반재뿜어붙이기와 얇은층 식생기반재뿜어붙이기로 구분된다.

식재공법에는 전면식재와 부분식재로 구분이 되고, 뗏장을 이용하는 방법과 묘목 및 수목을 직접 식재하는 방법으로 구분이 가능하다. 최근에는 이들 방법이 어느 한 가지만 적용되는 것이 아니라 여러 가지 방법이 복합적으로 적용되는 기술도 많이 상용화되어 있다.

- 녹화공사
  - 녹화기초공사
  - 식생공사
    - 파종공사
    - 식재공사
    - 식생유도공사
  - 식생유지관리공사

[그림 1-9] 녹화공사의 분류

[그림 1-10] 파종과 식재를 병행한 다양한 녹화 사례

녹화기초공사

도입식물이 지속적으로 건강하게 생육할 수 있도록 식생기반 환경을 조성하는 방법으로 우선 비탈면에서 침식 및 붕괴에 대한 안정성을 높여서 생육기반을 안정화시키는 기능을 하며, 토양경도, 토양산도의 완화 및 배수시설 설치, 각종 네트류의 설치 등으로 생육기반을 개선시키는 기능을 한다. 또한 식물이 발아하고 생육할 수 있도록 녹화대상지의 미기후 개선을 통한 기상 조건을 완화시키는 것도 녹화기초공사로 볼 수 있다.

녹화기초공사는 이와 같이 식물을 직접 도입하기 전 또는 식물도입과 병행하여 생육기반의 안정화 및 개선 등을 도모하여 식생이 잘 정착

경관개선을 위하여 격자틀 내에 식생을 도입한 사례

콘크리트 식생옹벽 녹화 사례

콘크리트격자틀앵커공법의 경관개선을 위하여 격자틀 내에 식생을 도입한 사례

[그림 1-11] 녹화기초공사를 적용한 비탈면의 식생녹화

될 수 있도록 하는 것이다. 이를 위해 각종 철망, 천연섬유네트 및 매트류(Jute, Core, 볏짚), 자연석, 실, 격자블럭류(PC CON´C, PE, PY 등), 힘줄박기, 편책, 보강토공, 각종 사방공법 등이 적용되고 있다.

식생공사

녹화대상 비탈면에 식물을 도입하는 방법으로서 종자파종에 의한 방법, 식물 식재에 의한 방법이 있으며, 직접 식물을 도입하지는 않지만 향후 식물이 들어올 수 있도록 유도해주는 방법도 포함된다.

종자파종에 의한 방법에는 종자살포(기계/인력), 객토종자 뿜어붙이기, 종자네트, 종자매트, 종자대(자루형, 띠형) 등의 방법이 있으며, 식물을 식재하는 방법에는 수목식재, 잔디식재, 초본(야생화류)식재, 식생반공, 식생자루, 식생혈공, 새집공법 등이 있다.

또한 식생을 직접 도입하지는 않지만 잠재종자 활용 및 주변식생 종자의 자연 침투를 촉진하는 것으로 식생을 유도해 주는 방법이 있는데, 여기에는 산림표토(잠재종자) 뿜어붙이기, 무종자 식생기반재뿜어붙이기 등이 있다.

식생유지관리공사

비탈면에는 식물이 정착된 이후 점차적으로 개선되기도 하고 악화되기도 한다. 따라서 복원목표에 확실히 근접시키기 위해 적절히 관리를 해주는 것이다. 녹화는 주변에서의 식물천이를 통한 안정적인 식물환경의 조성을 기본목표로 추구하는 것이므로 시공 후 비탈면 식생관리는 적절한 시기에 수행되어야 하며, 점검, 유지관리 등의 일련의 작업과정이 적절하게 진행되어야 한다.

식생구조 육성관리에는 식생복원녹화 목표에 도달하기 위한 방법으로 종자를 추가파종 하거나, 식물 일부를 보완 식재하는 방법이 있으며, 도입된 식물이 양호한 식생 상태를 유지하기 위하여 시비, 관수, 제초 등의 방법을 이용하기도 한다. 또한 각종 병충해 및 동물의 피해를 방지하기 위한 보호관리 차원에서 예방약제, 생육증진처리 등을 실시한다.

[그림 1-12] 파종공사와 식재공사의 유형

4. 비탈면 생태복원녹화의 방향

4.1 식생천이와 생태복원

천이 모형

천이란 비교적 광범위한 공간을 개발함에 따라 교란이 발생된 후 생태적 식물군락에서 발견되는 시간에 따른 군집변화를 지칭한다. 천이와 관련된 이론으로 Clements(1916)의 초기 이론 이후 많은 학자들에 의해 천이를 추진하는 힘에 대한 많은 의문이 제기되었다. Connell과 Slatyer(1977)는 천이를 추진하는 힘에 대해 3가지 이론적 모형을 제시하였다.

모형 1은 촉진조절모형(facilitation model)으로 불리는데, 어떤 종이 뒤이어 오는 종들의 정착을 수월하게 하는 역할을 한다고 볼 수 있다. 이 모형에 의하면 많은 종자량을 갖고 있으면서 넓은 지역에 확산되는 성질이 있고, 특정 지역에서 휴면상태로 오랜 기간 동안 남아 있으면서 종자발아능력을 유지하거나, 훼손지역에서 빨리 발아하고 생육할 수 있고, 빨리 자라면서 극상에 이를 수 있는 식물종들이 첫 번째로 나타난다. 이들 개척자 식물들은 나중에 들어오는 식물들의 생육에 적합한 환경을 개선하는 역할을 한다. 즉 토양조건이나 미기상 등을 개선하여 처음에 나타나지 못한 식물들에게 유리한 생육환경을 제공해주고, 더 이상 환경을 개선할 여지가 없게 되면 나중에 들어오는 식물에 의해 양보되고 나중에 들어온 식물이 그 지역을 우점한다. 비탈면에 파종하는 참싸리, 비수리, 낭아초, 자귀나무 등은 이러한 기능을 수행하는데 적합하다.

모형 2는 내성조절모형(tolerance model)이라 한다. 어떤 군집에서 행해진 2차 천이의 연구는 개척자 식물들이 어떤 경우 비개척 식물을 돕

지도 방해하지도 않는다고 보고되고 있다. 이 모형에 따르면, 개척식물과 비개척식물간의 생장률과 경쟁능력 차이 때문에 천이가 일어난다. 즉, 개척자는 더욱 빨리 생장하고, 천이 초기단계를 차지한다. 그러나 개척자는 자원이용에는 덜 효과적이기 때문에 결국 느린 성장을 하나 아주 효과적으로 자원을 이용하는 비개척자들에 의해 재배치된다는 이론이다. 천이가 진행되면서 각 종들에 의해 그늘이 생기고, 수관층이 두터워지면 비개척자들은 더욱 잘 자라게 되고 이들로 인해 극성상이 형성된다. 일반적으로 비탈면에 파종하는 야생화류와 자생초목류들은 파종직후 발아하여 토양층을 보호하지만 수년이 경과하면서 파종한 목본이나 주변식생의 침입이 활발해지면 일부는 사라지고 일부 식물들은 생존하여 특정시기에 출현하여 꽃을 피우는 것을 볼 수 있다. 이러한 파종식물들은 내성조절모형에 속한 식물군으로 볼 수 있다.

모형 3은 억제조절모형(inhibition model)이라 불린다. 개척자 식물들을 제거한 작은 구역에서 비개척자 식물들이 매우 잘 자라는 것을 볼 수 있는데, 이 결과는 정착한 식물들이 실질적으로 다른 식물의 침입이나 생장을 촉진하기보다는 방해한다는 사실을 암시한다. 일년생 초본류들은 결국 다년생 초본류로 교체되지만 상당히 오랜 기간이 소요되었다. 다년생 초본류는 절대로 급격히 증가되지 않고 일년생 초본류가 도태되거나 세력이 약해지길 기다린다. 교체도 정착식물이 죽거나 피해를 당한 이후에만 나타난다. 위핑러브그라스나 톨페스큐 우점지역에서 이러한 현상이 관찰된다.

이상 3가지 천이를 추진하는 모형 중에서 인간에 의해 교란된 훼손지의 생태복원에는 천이모형 1과 2가 적용되어야 하며, 천이모형 3이 적용되면 정착식물이 죽거나 피해를 입기까지 천이가 진행되지 못할 수가 있다(Morrison, 1996). 위핑러브그라스와 톨페스큐 과다파종지역에서는 주변 이차식생의 정상천이가 방해받는 것을 볼 수 있다(김남춘 등, 2007).

천이모델은 이론적으로 넓은 지역에 교란이 일어났을 때를 가정하고 있지만, 여러 가지 실험과 사례조사결과 국부적인 지역에도 이러한 모형들이 적용될 수 있음을 보여 주고 있다.

식생천이와 녹화목표

식생이 없는 나지로부터의 천이는 선구적 초본류의 정착으로 시작된다. 초본식생 성립 후에는 선구적인 목본류가 침입·정착하면서 초기의 수림이 형성된다. 단순한 구조의 초기 수림은 점차 다양한 종 구성과 구조로 발달되어가며 최종적으로 안정적인 극상림이 된다. 이와 같이 천이가 발달해 가는 과정에서 기반토양도 발달되어 간다.

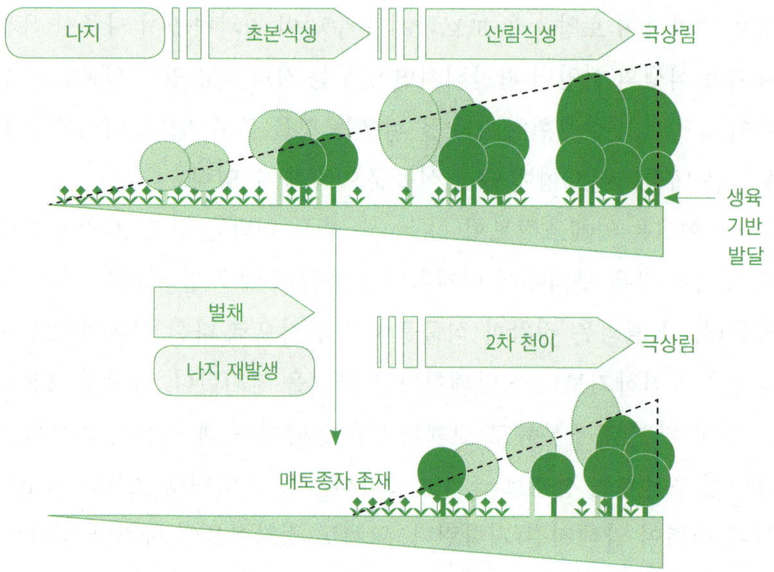

[그림 1-13] 식생천이 개념도

위와 같은 천이과정에서 벌채나 산불로 식생이 사라지면, 다시 나지에서 극상림으로 천이가 시작된다. 이 경우에는 이미 어느 정도의 생육기반이 만들어져 있는 상태이고 기반토양에 매토종자가 포함되어 있어 당초와는 다른 천이과정을 거치게 된다. 이와 같은 천이를 2차천이라고 하며, 이 과정을 통해 조성된 수림을 2차림이라고 부른다. 토석채취로 드러난 비탈면에 대해 어떠한 공종의 녹화공을 시공하더라도 단번에 수림을 만드는 것은 불가능한 일로 자연의 힘에 의한 천이를 이용하지 않으면 안 된다.

비탈면 녹화공이란 식생천이가 일어나게끔 기반토양과 종자·묘목을 도입하는 행위이기 때문에 시공 후에 당장 모든 것을 기대해서는 안 된다. 즉 비탈면 녹화공사에 의해 직접적으로 조성 가능한 식생은 기본적으로 천이의 초기단계에 불과하고 지향하는 목표수림의 모습은 천이가 충분히 진행된 상태이다. 따라서 녹화공의 목표는 조기달성 목표와 장기적 목표로 구분하여 설정할 필요가 있다.

초기 녹화목표와 녹화공법

초기 녹화목표는 비탈면 녹화공사에 의해 짧은 기간 동안 형성되는 식물군락으로서 이는 식생천이 발달이 이루어지게 하는 기반으로 기능하는 것이며, 외관상으로 초본형, 저목림형, 중·고목림형으로 분류할 수 있다.

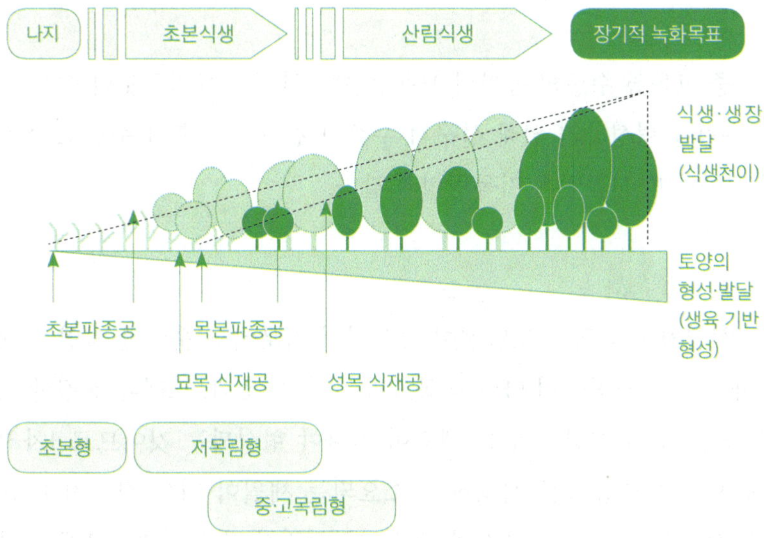

[그림 1-14] 초기 녹화목표와 비탈면녹화공법 선택

초본형

초본식물로 피복을 조기에 형성하여 외부로부터의 종자침입을 기다리는 단계로 시간이 문제가 되지 않는 경우, 그리고 부근에 종자 공급원인 산림이 존재하는 경우에 선택한다. 적용공법은 각종의 초본류 파종공법이다.

저목림형

선구적인 저목류 수종을 위주로 종자와 묘목을 도입하여 조기에 덤불 상태의 저목림을 형성함으로써 외부로부터 중·고목류 수종의 침입을 기다리는 단계의 수림이라고 할 수 있다. 중·고목류의 침입을 용이하게 하기 위해서는 저목류의 밀도가 어느 정도 소개된 상태이어야 하며, 새들이 좋아하는 열매가 열리는 나무를 식재하여 조류에 의한 종자산포가 촉진 되도록 해주면 천이가 더욱 빨라지게 된다. 적용공법은 식생기반재 뿜어붙이기, 묘목식재공, 병행공법 등이 있다. 일반적으로 수목에 의한 비탈면 피복은 초본류에 비하여 긴 세월을 요구하므로 초기의 침식방지를 위하여 초본종자를 섞어 파종해야 한다.

중·고목림형

중·고목류 수종의 종자나 묘목을 도입하여 저목림형보다 더욱 빠르게 수림을 형성하기 위해 선구적 수종에 천이진행 후기 수종도 추가하여 시공하며, 시공법은 저목림형과 같다.

장기적 녹화목표

식생천이의 최종 도달점이 극상림인 경우에도 순수한 자연을 재생한다고 하는 관점에서 타당한 목표라고 할 수 있다. 그러나 진정한 의미의 극상림은 100년도 넘는 세월이 지나야 형성되는 것이므로 1차천이 수준으로 녹화공사를 시행하면 소요되는 세월이 너무 길어지게 된다. 따라서 비탈면 녹화의 장기적 목표는 극상림과 같은 최종목표를 지향해 발달해가는 천이 계열상의 식물군락을 설정하는 것이 현실적이므로 인위적인 생육기반 조성 시에는 2차천이 계열상의 2차림을 목표로 하는 것이 바람직하다.

녹화공사를 시공함에 있어 주변 산림과의 조화를 중시하여 경관이나 생물 생육(서식)공간과의 일체성, 연속성을 확보하고자 하는 것도 목표를 설정하는 하나의 방안이 된다. 이와 같은 경우 비탈면 녹화의 최종 도달점은 인접한 수림이나 해당 지역을 대표하는 전형적인 수림형을 설정하면 되며, 중·장기 목표는 해당 목표수림의 천이계열상 식물군락으로 한다.

4.2 생물다양성

국내에서는 1992년 리우 지구정상회의를 계기로 이전까지 간헐적으로 이루어져 오던 환경문제를 보다 체계화하기 위한 다양한 노력들이 시도되고 있다. 그에 대한 대응방안의 하나로서 도시지역의 서식처 보전과 복원, 창출에 대한 연구와 실험적인 사업들이 추진되고 있다. 외국에서는 최근 생물다양성을 고려하는 대규모 훼손지의 생태복원 방법에 대해서 관심을 가지고 연구하는 것을 볼 수 있는데 우리나라에서는 최근에 생물다양성을 보존하기 위하여 국내 유전자원에 대한 조사연구가 활발하게 진행되고 있다.

아울러 국내외적으로는 환경에 미치는 영향이 큰 사업에 대해서 환경복원을 위한 복구비를 예치토록 의무화하여 생태계가 잘 보존되어 있는 곳에서의 건설사업에 환경복원 비용으로 많은 대가를 지불하도록 함으로써 무분별한 개발사업의 추진을 곤란하게 하는 방안이 강구되고 있다. 국내의 경우 최근 국토계획과 환경계획을 잘 연계시켜 무분별한 국토개발을 방지하고 합리적인 이용을 도모하고자 하는 제도적인 노력을 기울이고 있다. 또한 백두대간 보호를 위한 관련 법령의 정비와 야생동식물의 무분별한 훼손을 방지하는 노력이 이루어지고 있으며, 환경친화적인 건설을 위한 지침이나 요령, 설계기준의 보완이 대대적으로 이루어지고 있다.

이러한 다양한 노력에도 불구하고 아직 생물다양성을 고려하는 구체적인 복원방법이 적용되고 있지 못한 실정이다. 2009년에 작성된 국토해양부의 "도로비탈면 녹화공사의 설계 및 시공 지침"에서 생태자연도 1등급 지역이나 국토환경성평가 1등급 지역에는 생물다양성 복원을 훼손지 복원목표로 설정하도록 유도하고 있다. 백두대간 등 중요한 지역에는 외래종의 사용을 제한하도록 하여 건설공사에서 생물종의 무분별한 사용을 방지하도록 규정하고 있다. 이러한 규정은 생물다양성을 고려한 훼손지 복원의 필요성을 강조하는 것이며, 앞으로 건설공사시 훼손된 생태계의 종다양성을 조기에 회복하는 방안을 염두에 두고 복원방법을 검토하여야 할 것이다.

급격한 산업화와 도시화로 사람들이 살아가는 생활환경은 점점 악화되고 있다. 새로운 산업단지와 택지개발로 인한 대규모 경관 훼손지들이 곳곳에 형성되면서 생물들의 서식처는 훼손되거나 소실되기도 하며, 우리 주변에서 흔하게 볼 수 있었던 많은 생물종들이 다른 곳으로 이주해 가거나 아예 멸종되기도 한다. 지금과 같은 개발행위가 지속되면 결과적으로 사람과 함께 생물도 지탱하기 힘든 공간 구조로 국토가 변하게 될 것이다.

생태공학의 기술에 의해 만들어지거나 유지되는 시스템은 생물다양성의 보전을 목적으로 한 것이 많다. 생물다양성은 생물생활의 생태학적인 계층성에 대응하여 종내 유전자의 다양성, 생태계에서의 종다양성, 경관에 있어서의 생태계의 다양성, 국토에 있어서의 경관의 다양성이라는 계층성을 가지고 있다.

많은 생태계가 모여서 만들어지는 생태계 복합은 경관 혹은 지역으로서 파악되고, 그곳에서는 생태계의 다양성이 중시된다. 또 국토에 있어서의 경관의 다양성은 지역의 다양성과 같은 의미이며, 생태공학에서의 보전목표 설정 등에 있어서는 이들 각 계층의 생물다양성이 중요한 역할을 한다. 생물다양성에 대해서는 개념적으로 다양하다는 것 자체에 가치가 있으며 각각의 계층에서 다양하다는 것이 지구전체의 생물의 다양성 유지에 있어 중요하다고 생각되고 있다.

생태계에 있어서의 종다양성은 생물간 상호작용에 의해 종의 존속을 가능하게 하며 건전한 물질순환을 통해 종의 존속을 가능하게 한다. 경관의 다양성은 생태계의 배치를 통하여, 그 배치에 적응한 종의 존속을 가능하게 한다.

비탈면 녹화에서도 가급적 생물다양성이 높은 방향이 바람직하다. 비탈면의 환경조건이 매우 다양하기 때문에 여기에 적응할 수 있는 다양한 식물종을 사용하는 것이 좋고, 또 이를 통해 생물적 다양성과 경관적 다양성을 동시에 달성할 수 있기 때문이다.

또한 생태적인 녹화를 위해서는 환경포텐셜의 이해가 필요하다. 환경포텐셜의 평가란 종의 서식이나 성립 가능성을 진단하여 예측하는 것이다. 환경포텐셜은 입지, 천이 등 각각의 포텐셜을 조사 자료에 의거하여 검토하여 평가한다.

4.3 생물다양성협약(CBD : Convention on Biological Diversity)과 아이치타겟

생물다양성 협약은 생물다양성의 보전·생물자원의 지속가능한 이용·생물자원을 이용하여 얻어지는 이익을 공정하고 공평하게 공유할 것을 목적으로 1992년 6월 리우회의에서 158개국 대표가 서명함으로써 채택되었으며, 특정 생물종이나 서식지 보전을 목적으로 하는 협약에서 더 나아가 생물다양성 자체의 보전에 중점을 두고 있다.

지구의 생물군계를 기준으로 농업·건조지·산림·육수·도서·해양·산악지로 구분하여 접근한 주제별 프로그램과 협약 당사국들에게 공통적으로 적용되는 유전자원에 대한 접근 및 이익공유, 원주민의 전통지식, 토착지역 사회의 혁신과 활동, 생물다양성과 생태관광, 기후변화와 생물다양성, 경제, 무역 그리고 유인 조치, 생태학적 접근, 식물보전을 위한 국제전략, 전 지구적 분류사업, 영향평가, 침입외래종, 책임과 복구, 보호지역, 교육 및 공공인식, 생물다양성의 지속가능한 이용, 기술이전 및 협력 등의 이슈가 주된 관심사이다.

생물다양성협약의 국내적 의무로는 생물다양성의 보전과 지속가능한 이용을 위한 국가전략의 수립, 생물다양성 구성요소의 조사 및 감시, 보호지역의 설정 등 현지 내 보전조치와 종자은행 설립 등 현지 외 보전

조치 시행, 생물다양성 보전을 고려한 환경영향평가 수행 등이 있다.

당사국회의 결정문 X/22 조항은 지방정부의 역할과 중요성을 강조하고 있으며, 광역지방정부 차원에서의 생물다양성 관리전략 및 실행계획 등의 노력을 통해 아이치 타겟의 목표 달성과 필요성에 대해 기술하고 있다.

생물다양성 협약의 향후 10년간의 목적을 달성하기 위해 수립된 '2011~2020 생물다양성 전략계획(Aichi Tatget)'에서 나타난 공통된 이슈에는 유전자원에 대한 접근 및 이익 공유, 원주민의 전통지식, 토착지역 사회의 혁신과 활동, 생물다양성과 생태관광, 기후변화와 생물다양성, 경제, 무역 그리고 유인 조치, 생태학적 접근, 식물보전을 위한 국제전략, 전 지구적 분류사업, 영향평가, 침입외래종, 책임과 복구, 보호지역, 의사교환과 교육 및 공공인식, 생물다양성의 지속가능한 이용, 기술이전 및 협력 등이 있다.

[표 1-8] CBD 생물다양성협약 2011-2020 전략 및 목표

전략 목적 및 목표(2011-2020)	주요이슈
전략 목적 1: 정부 및 사회 전반에 생물다양성을 주류화 함으로써, 생물다양성 손실의 주요 원인들을 다뤄야 함.	
목표 1: 늦어도 2020년까지, 사람들이 생물다양성의 가치, 보전, 지속가능 이용에 대해 인지	인식 증진
목표 2: 늦어도 2020년까지, 생물다양성의 가치가 국가·지역 개발 및 빈곤 저감 전략·계획과정에 포함되어야 하며, 국가 회계 및 보고 시스템에 적합하게 통합	국가/지역 계획 반영
목표 3: 늦어도 2020년까지, 생물다양성을 저해하는 부정적 인센티브 제도의 저감 또는 완전제거, 생물다양성 보전과 지속 가능한 이용에 긍정적인 인센티브제도 개발·적용	인센티브제도
목표 4: 늦어도 2020년까지, 정부/산업계/이해관계자가 모든 레벨에서 지속 가능한 생산 및 소비를 위한 계획을 실행 또는 이의 성취를 위한 조치, 자연자원의 이용 영향이 생태한계 내에서 안정적 관리	지속가능한 생산/소비

전략 목적 및 목표(2011-2020)	주요이슈
전략 목적 2: 생물다양성 보전과 지속가능 이용 촉진에 대한 직접적 압력 저감	
목표 5: 2020년까지, 숲을 포함한 모든 자연서식지 손실률을 적어도 50% 저감(가능한 곳은 손실률 0%화)	훼손/파편화 저감
목표 6: 2020년까지, 어류/무척추동물계/수상식물이 지속가능하고 제도적이며, 생태계접근법 적용을 통해 관리되고 수확	생태계접근법(어업)
목표 7: 2020년까지, 농업/양식업/임업이 생물다양성 보전을 보증할 수 있도록 지속 가능하게 관리	농업/양식업/임업
목표 8: 2020년까지, 부영양화를 포함한 오염이 생태계 기능 및 생물다양성에 유해하지 않은 수준으로 감소	오염 저감
목표 9: 2020년까지, 침입외래종과 그 유입경로를 밝히고, 우선순위가 높은 종들은 제거되거나 조절되어야 하며, 유입 및 정착의 방지를 위한 경로 관리 수단이 이행되어야 함	외래종 관리 강화
목표10: 2015년까지, 생태계의 온전성과 기능을 유지하기 위해, 산호초에 대한 다양한 인위적 변화 압력, 기후변화와 해양산성화로 인해 영향을 받는 기타 취약 생태계 최소화	산호초 관리 강화
전략 목적 3: 생태계, 종, 유전자원 다양성 보호를 통해 생물다양성 상태 개선	
목표11: 2020년까지, 적어도 17%의 육상/육수 생태계, 10%의 연안/해양 생태계를 보전하고 광역적인 경관 및 해양경관으로 통합 관리	보호지역 확대
목표12: 2020년까지, 알려진 위기종의 절멸 방지, 이의 보전 상태 특히 감소 상태가 개선되고 유지	멸종위기종관리
목표13: 2020년까지, 사회·경제적·문화적 가치가 있는 종을 포함하여, 경작식물 및 가축화된 야생 동물들의 유전자 다양성 유지, 유전자 침식의 최소화, 유전자 다양성 보호를 위한 전략이 개발·적용	경작식물/가축화 동물의 유전 다양성
전략 목적 4: 생물다양성 및 생태계 서비스로부터의 모든 혜택의 강화	
목표14: 2020년까지, 물 공급과 건강에 대한 기여, 삶의 기반 및 복지를 포함한 기본서비스를 제공하는 생태계를 복원·보호(여성, 원주민과 지역사회, 가난한 사람들과 취약계층의 필요성 고려)	생태계 서비스 보호/복원
목표15: 2020년까지, 훼손 지역의 적어도 15% 복원을 포함한 보전 및 복원 활동을 통해, 생태계 회복력과 생물다양성의 탄소 저장에의 기여 강화	훼손지 복원

전략 목적 및 목표(2011-2020)	주요이슈
목표16: 2015년까지, ABS에 관한 Nagoya 프로토콜이 국가별 법률에 따라 효력을 발휘하고 운영	ABS 적용
전략 목적 5: 참여형 계획, 지식 관리, 역량 강화를 통한 적용 강화	
목표17: 2015년까지, 각 당사국이 정책적 도구를 개발 적용하고, 효과적이며 참여적인 방법으로 개선된 생물다양성 전략 및 이행 계획을 적용하기 시작	참여형 생물다양성 전략 및 이행계획 적용
목표18: 2020년까지, 생물다양성 보전 및 지속 가능한 이용과 관련된 원주민과 지역사회의 전통지식, 경험과 생물다양성 자원에 대한 관습적 이용이 존중되어야 하며, 국가 법률 및 관련 국제 규정에 반영 또한 전적이고 효과적인 참여와 함께 위 사항이 협약의 이행에 반영되고 통합	지역사회, 전통지식
목표19: 2020년까지, 생물다양성, 이의 가치, 기능, 상태 및 경향, 상실의 결과와 관련된 기술 및 과학에 기반한 지식이 개선되고, 폭넓게 공유 및 이전되어야 하며, 적용되어야 함	과학지식 개선 및 공유
목표20: 늦어도 2020년까지, 재정자원의 운영이 자원운영 전략의 합의된 과정에 따라 효과적인 2011~2020 전략계획 이행을 위해 현 상태에서 상당한 증가가 있어야 함	재정확보

(출처: CBD)

2010년 일본 나고야 COP10(제 10차 세계생물다양성총회)에서 채택된 아이치타겟에서는 이러한 생물다양성의 저하를 예방하고 훼손된 생태계를 복원시키기 위한 전략이 제시되었다. 아이치타겟 (2011-2020)에서는 생물다양성 정책의 주류화, 생태계 생물다양성 손실 직접적 원인 감소, 생태계현황개선, 자연으로부터 오는 혜택 증진, 이행수단의 강화의 5가지 전략계획과 20가지 목표를 설정하였다. 이 중 외래종 관리강화(전략목표 9)와 육상 17%, 연안 해양 10%까지 보호지역 확대(전략목표 11)와 생태계 서비스의 이용증진(전략목표 14), 생태계복원 15% 이상(전략목표 15)은 자연재생과 직접적으로 관련되는 분야이다. 아이치타겟과 지방정부생물다양성총회(ICLEI)에서의 의결에 의해 도시공간의 지속가능한 발전방안 수립이 권장되었다. 국가생물다양성계획(NBSAB) 수립(전력목표 17)이 우리나라에서도 추진되었고, 서울시, 강원도, 안산시 등은 지방

생물다양성계획(LBSAB)을 수립하여 자연환경의 보전과 복원을 위한 전략과 정책들이 계획되었다.

4.4 기후변화 대응

급속한 산업발전과 인구의 증가는 생활터전의 확보나 자원의 생산을 위하여 인간을 포함한 다양한 생물들의 서식환경인 자연환경을 파괴하고 있으며, 도시생태계는 환경오염의 축적, 도시생태계의 기후변화로 동식물 서식공간 감소, 열섬현상 등의 문제가 발생되고 있다. 특히 지구온난화로 기온의 상승, 겨울의 폭설과 한파 등으로 생태계는 몸살을 앓고 있다.

기후변화는 21세기에 벌어지고 있는 생물다양성 위기를 초래하는 주요 원인 중 하나이며, 이산화탄소 농도의 증가, 온도와 강수량의 변화, 극단기후 등 지구온난화에 따른 변화는 다양한 측면에서 생물에 영향을 주고 있다. 특히 생물상은 기후대의 특성에 의해 나타나기 때문에 지구온난화에 의한 기후변화는 동식물상에 지속적인 영향을 주고 있으며, 이로 인한 자연생태계의 교란과 파괴는 국제적인 문제로 나타나고 있다.

국립기상연구소의 균형적 발전(A1B) 시나리오에 따른 한반도 장기미래 전망에 따르면 평년(1971년-2000년)에 대해 21세기말(2071년-2100년) 우리나라의 기온은 약 4℃ 상승하며, 특히 겨울에 변화가 두드러질 전망이다. 일 최고기온보다 일 최저기온의 상승이 뚜렷하여 기온 연교차는 현재보다 감소할 것으로 전망되었다. 강수량은 17% 증가할 것으로 전망되며, 8월과 9월의 강수량 증가가 클 것으로 예상된다. 또한 강수량의 시공간 변동성은 더 커질 것으로 예상되어 지역에 따라 가뭄 및 호우현상과 같은 서로 상반된 강수현상이 심화될 가능성이 높을 것으로 전망된다.

20세기말 대비 21세기말 한반도 기온이 4℃ 상승할 경우 산지를 제외한 남한지역 대부분이 난대기후대로 변화하고, 남해안과 제주 저지대는 아열대기후대로 변할 가능성이 제기되고 있다. 그리고 봄과 여름의 시작일이 빨라지고, 가을과 겨울의 시작은 늦어져 위도가 낮은 제주도의 경우 여름 지속기간이 6개월 이상이 되고, 제주도, 울릉도, 동해안, 남해안지역의 경우 겨울이 사라질 가능성이 있는 것으로 나타났다.

기후변화를 대비한 녹화를 위해서는 식생조성의 측면에서 볼 때 녹화에 의해 비탈면 식생군락은 다층구조로 조성하며, 가급적 높은 종다양성을 가지는 것이 유리하다. 다양한 유형의 숲 중에서 탄소저장 능력이 우수한 식생구조를 분석해 보면 초본류보다는 목본류가 탄소흡수능이 뛰어난 것을 알 수 있으며, 종다양성이 높은 식생구조일 때 탄소흡수능이 뛰어나다.

또한 토양유기탄소(SOC) 저장능력을 높이기 위한 식생기반 조성이 필요하다. 숲이 탄소를 저장하는 곳은 식물체 외에도 식물 뿌리가 있는 토양 내에도 탄소가 축적된다. 일반적으로 초본으로 구성된 유형보다 혼효림으로 구성된 유형이 더욱 높은 토양 유기탄소 함량을 보이고 있다. SOC와 관련하여 낙엽층의 탄소 저장 기여율은 4%, 뿌리의 기여율은 10% 이내이며, 토양의 20cm 내에 SOC 함량 80~90%가 존재하고 20~30cm내에 20%가 존재하는 것을 알 수 있다(Zhang 등, 2010).

따라서 건설로 훼손된 비탈면은 주변 식생과 조화되는 군락으로 조기에 피복하는 것이 바람직하다. 이때 다층구조의 식생을 조성하는 것이 중요한데 비탈면 상단부는 목본으로, 하단부는 초본 위주의 군락으로 조성하는 것이 경관복원에 효과적이다. 비탈면에 목본류가 많으면 이산화탄소 저감에도 유리하다.

또한 최근에는 지구온도 상승으로 인한 기상이변으로 여름철 고온현상이 나타나고 봄철과 가을철에 비가 내리지 않는 가뭄이 오래 지속되는 현상도 나타나고 있다. 결국 현재의 녹화기준과 같이 토질조건에 따라서 일률적으로 시공두께를 결정하고, 발아세가 빠른 일부 종을 혼합하여 조기 피복을 도모하는 녹화기술들은 앞으로 변화하게 될 미래의 환경변화에 대처할 능력이 점점 더 낮아지게 될 것이다.

따라서 이러한 환경의 변화에 적응할 수 있는 보다 효과적인 녹화기술의 개발은 선택이 아닌 필수조건이 되었다. 이를 위해서는 환경변화에 대처 능력이 뛰어난 녹화용 재료의 개발, 이를 이용한 식생기반의 조성, 환경여건에 부합할 수 있는 식물종의 선정 및 처리방법, 또한 단순히 녹화만의 측면이 아니라 훼손된 지형 자체를 복구하면서 녹화를 동시에 달성할 수 있는 복합기술, 한정되어 있는 자원을 이용하기 위한 재활용 기술 등이 미래를 대비하는 기술개발의 방향이 될 것이다.

4.5 식생교란 및 외래종 관리

종의 보전은 생태공학의 중요한 기술적 과제다. 멸종위기종의 리스트나 멸종위기종의 상황을 기록한 red data book을 작성하게 되어, 전국판 외에 지방자치단체의 지방판도 작성되었다.

종이 쇠퇴하여 소실되는 원인은 생육·서식지의 소실과 분단화 고립화 및 생육·서식환경의 질적 저하 등이 있으며, 또 이입종에 의한 포식이나 경쟁, 사람에 의한 난획 등이 있다.

생물학적 침입에 의한 식생교란에는 다음과 같은 대책을 생각할 수 있다(문석기 등, 2004).

첫째는 이입의 기회를 줄이는 것이다. 이를 위해 녹화공사에서는 재래종의 사용을 원칙으로 함과 동시에, 이입종의 사용이 장래에 문제를 일으킬 우려는 없는가를 사전에 평가하는 종합평가를 실시하여 이에 합격한 종만을 반입 허가하도록 하는 제도가 필요하다. 이제까지 녹화재료로 이용되어온 식물 중에는 시공 장소를 일탈하여 분포를 확대한 것이 있다.

둘째는 이입종과 정착하기 쉬운 환경을 만들지 않도록 하는 것이다. 특히 농촌과 같은 반자연경관 내에 조성지 등이 생기면 그 곳이 침입의 거점이 될 경우가 많다. 또 이입종의 분포확대를 방지하기 위한 수림대의 조성이 효과적이라고 하는 주장도 있다.

셋째는 이미 생물학적 침입이 일어나고 있는 경우에 침입종을 효과적으로 제거하는 것이다. 식물의 경우에는 원인이 되는 개체군을 없애는 것과, 매토종자 집단을 고갈시키는 것에 중점을 두어야 한다는 것이 지적되고 있다. 이때 귀화종의 번식생태를 잘 조사하여 번식을 상회하는 페이스로 철저하게 제거할 필요가 있다. 특히 경쟁력이 강하고 재래종에 악영향이 예상되는 종에 대해서는 빠른 제거가 필요하다.

〈생물다양성 보전 및 이용에 관한 법률〉 제2조에 따른 생태계교란 생물은 다음 각 목의 어느 하나에 해당하는 생물로서 제23조에 따른 위해성평가 결과 생태계 등에 미치는 위해가 큰 것으로 판단되어 환경부장관이 지정·고시하는 것을 말한다. 여기에는 1) 외래생물 중 생태계의 균형을 교란하거나 교란할 우려가 있는 생물, 2) 외래생물에 해당하지 아니하는 생물 중 특정 지역에서 생태계의 균형을 교란하거나 교란할 우려가 있는 생물, 3) 유전자의 변형을 통하여 생산된 유전자변형 생물체 중 생태계의 균형을 교란하거나 교란할 우려가 있는 생물을 말한다.

현재 생태계교란 생물로 지정된(환경부고시 제2017-265호, 2018.1.3., 일부개정) 생태계교란 생물은 2017년 기준으로 총 21종이며, 이 중 동물은 7종이며, 식물은 14종이다. 생태계 교란 생물로서 포유류, 양서류·파충류, 어류, 곤충류는 살아 있는 생물체와 그 알을 포함하며, 식물은 살아 있는 생물체와 그 부속체(종자, 구근, 인경, 주아, 덩이줄기, 뿌리) 및 표본을 포함한다.

[표 1-9] 생태계 교란 생물

구분	종명
포유류	뉴트리아 *Myocastor coypus*
양서류·파충류	가. 황소개구리 *Rana catesbeiana*
	나. 붉은귀거북속 전종 *Trachemys* spp.
어류	가. 파랑볼우럭(블루길) *Lepomis macrochirus*
	나. 큰입배스 *Micropterus salmoides*
곤충류	가. 꽃매미 *Lycorma delicatula*
	나. 붉은불개미 *Solenopsis invicta*

구분	종명
식물	가. 돼지풀 *Ambrosia artemisiaefolia* var. *elatior*
	나. 단풍잎돼지풀 *Ambrosia trifida*
	다. 서양등골나물 *Eupatorium rugosum*
	라. 털물참새피 *Paspalum distichum* var. *indutum*
	마. 물참새피 *Paspalum distichum* var. *distichum*
	바. 도깨비가지 *Solanum carolinense*
	사. 애기수영 *Rumex acetosella*
	아. 가시박 *Sicyos angulatus*
	자. 서양금혼초 *Hypochoeris radicata*
	차. 미국쑥부쟁이 *Aster pilosus*
	카. 양미역취 *Solidago altissima*
	타. 가시상추 *Lactuca scariola*
	파. 갯줄풀 *Spartina alterniflora*
	하. 영국갯끈풀 *Spartina anglica*

(출처: 환경부, 2018)

비탈면에서 건강한 녹화용 식생을 유지하기 위해서는 외래식물은 지속적으로 구제하는 것이 필요한데, 특히 미국자리공, 망초류, 환삼덩굴 등 빠른 성장 및 확산력을 바탕으로 식재된 자생종을 피압시킬 가능성이 있으므로 다양한 방법으로 관리를 시행하도록 한다.

귀화생물의 제거방법 개발은 앞으로의 과제이다. 무엇보다도 생물학적 침입을 예방한다는 원칙을 철저히 지키는 것이 중요하다.

4.6 향후 전망

주변생태계와 조화되는 복원녹화 목표 설정

지금까지의 녹화는 조기 식생피복을 목표로 단기간내에 발아가 되는 종을 주로 이용하였다. 그러나 녹화에 사용되는 조기발아 식물종은 대부분 외래종 위주이며, 자생종이라 하더라도 외국에서 수입한 종들이 대부분으로, 자생종을 국내에서 수급하기가 어려운 것이 현실이므로 결국 외국에서 반입하는 식물종을 어떻게 효과적으로 사용하는지가 중요하다.

그러나 장기적인 관점에서 우리나라의 자연환경을 생태적으로 복원하기 위해서는 초기 공사비의 차원을 넘어서 시공지 주변에서 얻을 수 있는 식물자원을 이용하여 녹화공사를 수행하는 것이 가장 바람직할 것이다. 또한 종자 채취시기와 종자를 이용한 녹화공사의 시기적 차이점이 있기 때문에, 종자의 채취 및 선별, 또한 종자의 활력도가 저하되지 않도록 보관하는 기술, 파종의 방법 외에 묘목의 식재방법과의 병행도 충분히 검토할 가치가 있다.

일본에서는 도로의 개설 전에 그 지역에서 얻을 수 있는 종자를 미리 확보하고, 이를 이용한 묘목을 양성한 후에 녹화공사에 적용하는 사례가 있다. 이 방법은 그 지역의 식물자원을 활용하기 때문에 유전자원의 교란이 없고, 지역 환경에 적응력이 뛰어나다는 장점을 가지고 있는 반면, 도로 설계단계에서부터 생태복원을 고려한 설계 및 사전준비가 필요하다는 어려움을 동시에 가지고 있다.

[그림 1-15] 일본 녹화기술센터의 자생종 묘목 생산 모습

최근에는 비탈면 녹화용 식물로 초본종과 목본종이 같이 사용되고 있는 추세이다. 현재 목본종 중에서는 비탈면과 같이 척박한 조건에서 생육이 가능하고 조기발아가 되는 몇 가지 식물종(싸리류, 낭아초, 자귀나무, 붉나무 등)이 사용되지만, 종다양성 증진 및 시공 후 주변 산림과의 조

화를 위해서는 이들 종 외에 좀 더 다양한 자생종을 발굴할 필요가 있다.

목본류의 사용은 식물뿌리가 네트층을 형성하면서 비탈면 표층부의 침식을 억지하는 능력이 높아질 뿐 아니라, 다층군락을 조성해줄 수 있는 장점을 가지고 있다. 목본류는 주로 파종에 의해서 도입되는데 같이 파종되는 초본류와의 경쟁을 고려해야 하기 때문에 목본류의 묘목을 식재하는 방법이 응용되고 있다. 백두대간보호지역이나 환경적으로 중요하고 생태적으로 민감한 지역 등에서는 가급적 외국에서 수입된 종보다는 그 지역에서 얻을 수 있는 식물종과 함께 수림화를 위해 파종과 식재를 병행하는 방법이 바람직할 것이다.

식물의 배합에 있어서도 각기 다른 비탈면을 동일한 종자배합에 의해 녹화시키는 것이 아니라, 지역적, 환경적 특성에 따라서 종자배합을 이질적으로 하여 식생복원의 다양한 효과를 도모하는 것도 미래에 추구해야 할 녹화의 방향이라고 생각된다.

도로 비탈면은 주변 자연환경과의 연계성을 가지고 있으며, 자연적인 생태천이를 유도하고, 도로와 주변 자연환경과의 완충지대로서의 역할을 담당할 수 있도록 다양한 목본과 초본이 생육할 수 있는 생육환경을 제공하여야 한다.

또한 생태계 전체를 중시하고 생물다양성을 보전하는 등 생태계에 대한 전반적인 이해를 해야 하며, 비탈면 녹화를 설계할 때부터 지역 환경 특성을 중시하고 지역의 고유 식물을 활용하며, 에코톤 지역으로 생물종의 서식공간이 되는 망토 군락 조성이 요구된다. 즉 도로 건설로 인한 비탈면은 도로와 비탈면 주변과의 전이대 역할을 하는데 비탈면은 계획, 설계 단계에서 하나의 선으로 표현되고 있으나, 실제로는 폭을 지닌 공간이므로 소홀히 취급되지 않도록 하여야 한다.

사용재료와 기준에 대한 엄격한 적용

식생기반재 조성과 사용재료에 대한 설계 기준이 정립되고, 시공시 이에 대한 준수를 요구해야 한다. 아직도 시험시공시에는 조기녹화를 달성하기 위해서 많은 양의 종자를 파종하고, 식생기반재로 양질의 것을 사용한 다음 본 공사에서는 이를 지키지 않는 경우가 간혹 발견되고 있다. 앞으로는 생육 기반이 되는 인공 토양의 제조와 관련하여 환경친화적인 녹화 소재의 개발을 촉진하고, 인공 토양의 양분 지속성에 대한 신뢰도가 높아질 전망이다.

땅깎기 비탈면 부분을 포함하여 도로 주변에 본래의 모습에 가까운 안정된 생태계가 형성되기 위해서는 식생관리에서 자연의 천이를 염두에 두고 수행하는 것이 바람직하다. 초본 식생군락은 비탈면 하단부에 조성하고, 중단부와 상단부는 저목형 목본 군락이 바람직하다는 관리방식의 변화가 요구된다.

환경에 대응하는 식생기반 환경 조성

식생기반에 대해서는 국토해양부(2009년)의 녹화지침에 언급되어 있지만 토양경도 등의 물리적 요인과 유기물 함량 등의 몇 가지 화학적 요인만 평가하는 단계에 머물러 있다. 그러나 식물이 살아가는데 있어서 중요한 토양내 미생물이라던가, 변화되는 환경에 적응할 수 있는 수준으로 수분보습력을 유지하는 기술 등은 아직 크게 부각되지 않고 있다.

토양미생물에 대한 연구로서 강원도 폐광산 지역의 산림복구를 위하여 토양균근균을 접종하였을 때 식생복구 효과가 있다는 연구결과가 발표된 바 있으며, 일본에서는 토양균근균을 접종한 담체를 이용한 녹화기술이 개발되어 일부 현장에서 시도된 바가 있다. 이 기술은 적용효과는 높지만 사업성 측면에서 해결해야 할 사항이 많다.

이와 함께 녹화를 위하여 조성해 준 식생기반(토양) 내의 수분조건이 미래의 녹화에서는 중요한 요인이 될 것으로 보인다. 토양수분은 토양 내에 포함되어 있는 물로서 조성해 준 식생기반의 두께보다는 식생기반 자체에 있는 수분 중 식물이 이용할 수 있는 범위가 얼마인지, 또 언제까지 유지될 수 있는지의 여부가 관건이 될 것이다.

비탈면에서는 인위적인 관수에 의해 물을 공급하기가 어렵기 때문에 식물이 이용할 수 있는 물은 자연강수에 의존할 수밖에 없다. 그러나 최근의 기상이변에 따른 강우 패턴이 매우 불규칙하여 집중강우나 장기간의 가뭄이 반복적으로 나타나고 있기 때문에, 이러한 조건에서 식생기반 내에 강우에 의해 공급된 수분이 얼마나 효율적으로 함유될 수 있도록 하는 가가 중요할 것이다.

결국 강수를 많이 함유할 수 있는 식생기반 내의 토양구조와 함께, 시간이 지나면서 강수가 유출되거나 증발되게 되는데 있어서 식물이 마르지 않을 정도로 수분이 유지되는 지속시간이 녹화의 성패를 좌우하는 중요한 요인이 된다. 즉 식생기반이 함유할 수 있는 수분의 총량, 특히 건조압을 견딜 수 있도록 수분을 유지하고 또 쉽게 말라버리지 않을 정도의 식생기반을 조성해 주어야 할 것이다.

녹화의 다기능성

녹화라고 하면 단순히 비탈면에 종자를 파종하거나 식재하여 식물을 피복시키는 방법이라고 여겨지고 있다. 또한 개발로 훼손된 지형 자체를 복원하면서 녹화를 한다는 것은 현실적으로 쉬운 일은 아니다. 특히 불안정 비탈면의 경우 록볼트나 소일네일링 등으로 비탈면을 안정화하고 그 위에 녹화공사를 추가적으로 적용하는 것이 일반적인 방법이다.

이렇게 별개의 공종을 복합적으로 적용하여 지형복원과 녹화를 동시에 수행한 사례가 있는데, 몇 년 전 대규모 수해로 인명 및 재산피해가 컸던 강원도 지역 중에서, 한계령으로 연결되는 인제-양양간 도로구간의 수해복구 현장에서는 일부 산사태구간에서 함몰된 도로 비탈면의 복구와 함께 녹화공사가 동시에 진행된 바가 있다. 또한 생태적인 측면에서는 "녹화용 소재 중 환경위해물질의 사용을 줄이고, 가급적 시멘트 등의 인공적 재질이나 외래식물종을 사용하지 않고, 기존에 남아 있는 수목을 살리면서 녹화한다"라는 기준에 따라 공사가 진행되었다. 즉 백두대간핵심생태축에 연결되며, 국립공원으로 지정된 이 지역에서는 위와 같은 매우 까다롭지만 지극히 당연한 조건을 부여하여 생태복원녹화를 시도한 사례가 있다.

표층부 슬라이딩 발생　　기반조성 및 녹화 초기　　녹화 2년 후

[그림 1-16] 수해복구 현장에서 지형복구와 식생녹화를 병행한 사례

앞으로는 지역적인 특성을 충분히 고려하여 토질조건이나 경사조건 외에 녹화 대상지가 가지고 있는 지리적인 특성을 함께 고려하여야 할 것이며, 단순 녹화의 목적뿐만 아니라 지형복구 및 식생복원의 목적을 동시에 달성하는 다기능적 녹화 기술의 개발 및 보급이 필요할 것으로 생각된다.

다양한 복원녹화 기술의 개발

인공적인 환경 속에서 생물의 서식이 가능한 공간을 창출하기 위하여 다양한 복원 기술들이 개발되고 있다. 보다 정량화되고, 얇게 식생기반을 조성하거나, 배수 처리가 되는 안정된 식생기반을 조성하는 기술이 발전될 것이다. 복원녹화 기술들은 도로 비탈면뿐만 아니라 하천, 도시, 습지에도 활용될 것이며, 과거 녹화가 불가능했거나 소홀히 여겨왔던 공간들을 녹색으로 변모시키는 일에 일익을 담당할 것이다.

수림화나 벽면녹화, 옹벽녹화, 수변녹화를 성공적으로 수행하기 위해서는 종자로부터 시작한 인공 토양의 제조, 시공기술, 관리기술 등이 종합적으로 연구되어야 한다.

선진국에 비해 낙후되어 있는 생태계 복원, 회복 기술을 발전시켜 한정된 국토 공간을 보전하고 무분별한 자원개발로 인한 훼손을 방치하지 않음으로써 아름다운 국토를 후손에게 건강한 상태로 물려주는데 일익을 담당하여야 할 것이다.

이를 위해서 다음과 같은 환경복원녹화기술의 개발이 시급하다.

- 새로운 생태환경복원녹화용 식물의 개발

  외래종이 아닌 우리나라 자생식물 중에서 다양한 토질과 기후 조건을 갖는 비탈면을 복원 녹화하는데 사용 가능한 초목본 식물과 야생화 등을 조사하고, 이들의 침식보전기능, 경관기능, 비탈면안정기능 등을 파악하며, 종자 채집과 보관, 종자 발아, 파종시기 등 생리, 생태적인 특성을 파악한다.

- 도로 비탈면 뿐만 아니라 채광, 채석장, 댐, 인공 구조물 등에 적합한 다양한 복구 모형의 개발

  현재까지는 채광, 채석장, 댐의 수위변동구간, 인공구조물, 자연붕괴지 등에 적용한 복원 모델의 개발이 미진하였다. 새로운 생태환경복원녹화기술을 적용하여 훼손된 생태계를 장기적인 안목으로 복원하는 복구 모형을 다양하게 개발할 필요가 있다.

- 다양한 생태복원시공 기술의 개발

  인간에 의해 생성되는 비탈의 유형은 다양하다. 면적도 다양하며, 그 위치와 해발 고도 등의 입지요인과 기후요인, 토질 등도 다양하다. 다양한 토질과 입지 요인에 적용될 수 있도록 가급적 다양한 녹화기술들이 새롭게 개발되거나 기존 기술의 획기적인 기술 진보를 이루도록 촉진하여야 한다.

- 자연친화적인 식생구조로의 복원기술 개발

  종자를 통해 초본층과 관목, 목본층이 고르게 분포하는 식생구조로의 복원기술을 개발한다. 종자배합, 종자유실 방지, 식생 이입과 천이의 전개 등을 고려하고 자연의 재생력을 이용한 복원녹화기술의 연구가 필요하다. 또 비탈면의 수림화에 대한 지속적인 연구가 필요하다.

- **자연토양의 복원을 위한 토양의 제조기술 개발**

  유실된 자연 토양을 복원하기 위한 토양단면 복원 기술을 개발하고, 토질별 적용기준을 확립한다. 또한 도로개설시 발생되는 자연표토를 사용하는 연구가 필요하다. 자연표토는 식물과 토양 동물 및 토양 미생물의 역할에 의해 유기물이 분해되어 축적된 재료이며, 녹화 재료로서 자생식물의 천이와 생육을 기대할 수 있으며, 주변 조건과 동일한 환경 조건을 만들 수 있는 방법이다. 또한 건설현장에서 발생하는 임목폐기물의 현장 재활용을 적극 권장하여야 한다.

- **경관을 고려한 복원녹화 기술의 개발**

  비탈면 녹화 및 안정을 위해서 녹화공법과 안정공법이 적용되고 있는데, 경관선호도를 분석해보면 안정공법보다는 녹화공법의 경관

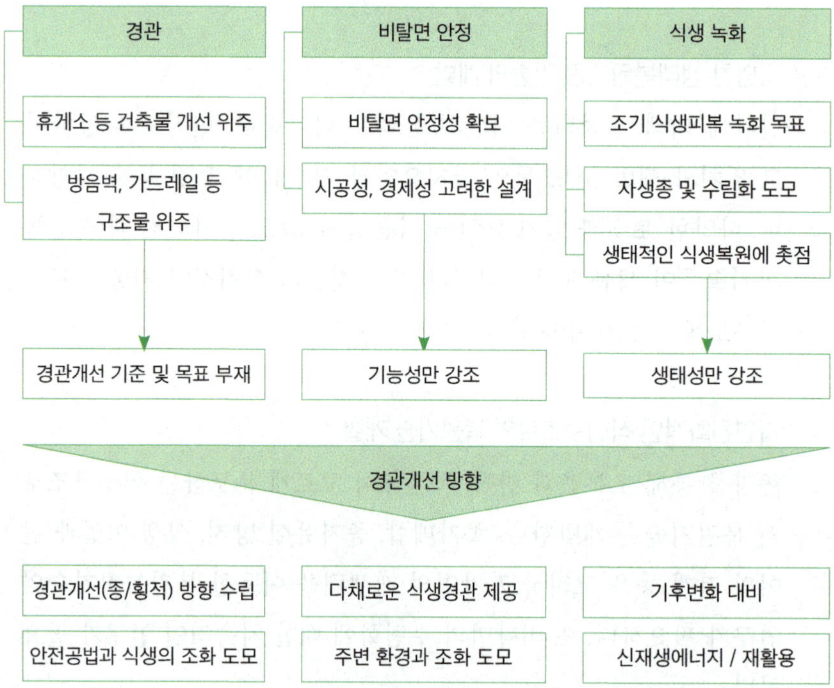

[그림 1-17] 비탈면 경관개선 방향

선호도가 상대적으로 높은 것으로 나타나고 있다. 또한 녹화공법도 주변과 조화로운 경관이 조성되는 것이 중요하기 때문에, 향후 녹화에서는 녹화 초기 및 후기의 경관변화 및 조화를 동시에 고려하는 것이 바람직할 것이다.

생태복원사업지 평가

성공적인 자연환경복원사업을 진행하기 위해서는 복원 계획 및 설계에 대한 평가체계가 도입되어야 한다. 복원사업 계획·구상의 단계에서부터 지속가능성을 염두에 두고 평가하는 방안이 모색되어야 한다. 현재 만들어진 자연환경보전사업 설계기준이나 지침들은 큰 방향을 제시하고 있지만 계획·구상의 단계, 시공단계, 유지관리 단계를 망라한 평가체계를 도입하면 자연환경보전사업추진을 위한 의사결정에 중요한 정보가 제공될 수 있다. 2008년 독일 에르푸트대학에서 도시공간내 생물다양성 증진을 위한 녹지공간 설계지표(URBIO, Urban Biodiversity and Design)를 개발한 것은 이러한 필요성에 의한 것이며, 생물다양성 협약과 아이치타겟을 실현하고자 하는 지속가능발전을 위한 노력이며, 생물다양성의 저하가 심각한 도시내 공원 및 건물 주변 녹지의 자연재생사업에 활용될 수 있다.

URBIO 지표는 전 세계 각 지자체 레벨에서, 생물다양성 전략 및 이행계획을 수립하는 과정에서, 도시생물다양성 보전 및 증진 노력을 직관적으로 이해하기 위한 평가지수 개발의 필요성이 대두되어 개발되었다(Müler등, 2014). 싱가폴에서 개발한 도시생물다양성 평가지표인 CBI 지수는 실질적인 관리단위인 공원이나 단지규모에서의 녹지, 자연보전사업지 등을 평가하고 구체적인 개선안을 제시하는데 적합하지 않다. 생물다양성증진 노력이 실제적인 가시화로 이어질 수 있는 지표로는 URBIO 지표가 적합하다. URBIO 지표는 계획 및 설계단계, 사용재료의 친환경성, 이용의 편의성, 생태계서비스 기능에 대한 고려, 유지관리 단계로 구성되었다. 자연환경보전사업지나 자연재생사업을 URBIO 지표를 활용한 자가진단을 통해 평가하고, 일정 수준 이상의 지속가능

계획안이 마련되도록 유도한다면 생태복원사업은 성공적일 수 있다 (URBIO 2014 한국총회 자료집, 2014)

[그림 1-18] URBIO 2014 한국총회

[표 1-10] URBIO 평가분야 및 지표

평가분야	지 표
계획과 설계	1) 계획과 설계의 수준　2) 계획 목표로서 지속가능성 적용 3) 계획과정 상에서 시민과 이용자의 참여　4) 이전 용도와의 비교
사용재료	5) 지역자생종 사용(교목, 관목)　6) 지역자생종 사용(허브, 지피, 초화류) 7) 발생재 활용　8)자재의 재이용 및 재활용(친환경재료의 이용)
이용편의성	9) 무장애　10) 접근성　11) 이용의 다양성　12) 이용자 편의성
생물다양성	13) 서식지 다양성　14) 핵심종 및 깃대종 출현　15) 생태계 교란종 관리 16) 비오톱 연결성　17) 천이 공간
생태계 기능	18) 기후 조절 기능　19) 토양 및 지하수 오염 관리　20) 수원 함양 21) 토양보전
유지 관리	22) 부지환경에 적합한 식물종 사용　23) 우수의 이용　24) 조명 25) 모니터링 및 적응 관리

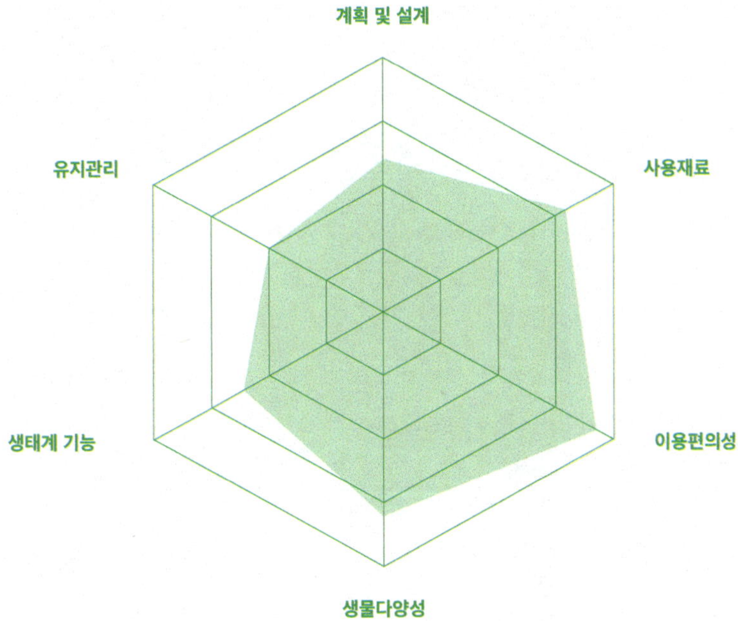

[그림 1-19] URBIO 평가사례

CHAPTER II

자연재생

1. 자연재생 개요

1.1 자연재생의 이념과 원칙

건전한 생태계는 시민의 재산이고 건전한 생태계 안에서 생활하는 것은 시민의 권리이다. 지역에 있어서 생태계의 집합을 경관이라 하면 건전한 경관은 국민의 자산이고 건전한 경관 하에 생활하는 것은 국민의 권리와 직결된다. 건전한 생태계를 시민의 재산으로 만들고 지속가능발전을 도모하기 위해서는 행정뿐만 아니라 시민, 기관, 생태복원 전문가를 포함한 모든 관련자가 자신의 힘과 능력에 부합되게 협동하여 생태계를 보전·복원하는 것이 요구되어진다. 자연재생(Nature restoration and rehabilitation)은 '과거의 잃어버린 자연을 적극적으로 되돌리는 것을 도와주는 노력을 통해서 생태계의 건전성을 회복하는 것을 직접적인 목적으로 행하는 사업'으로 정의될 수 있다.

자연재생은 저하되는 생물다양성 손실에 대한 대응이다. 현대사회는 생물종의 대량멸종을 야기하고 있고, 앞으로 더욱 심화될 것이라는 우려의 목소리가 크다. 2050년까지 전 세계적으로 진행될 급격한 도시화와 산업화는 지구환경의 변화와 국지적으로는 녹지의 파편화를 촉진시켜 야생동식물의 생육·서식지의 감소로 이어져 자연환경의 보전에 대한 국가적인 노력이 요구된다(Elmgrist 등, 2007).

자연재생은 자연복원에 가까운 개념이지만 자연은 과거에서 현재에 이르기까지 커다란 변화를 이루었다는 점을 고려하면, 과거의 자연을 복원한다는 사고와는 달리 현재의 가능성(Potential)을 기준으로 하여 성립시킬 수 있는 최적의 자연을 창출하려는 사고가 중요하다. 또한 우리주변에는 이차적 자연이 많이 존재한다는 것을 반영하려면, 인위적인 것을 모두 배제한 자연에 국한시키지 말고, 적절한 인위성 위에서 성립되는 이차적인 자연을 목표로 하는 것도 중요하다. 자연재생의 유사한 개념에는 복원(復元, Restoration), 복구(復舊, Rehabilitation), 개선(改善, Reclamation) 등이 있다.

생물다양성 이행계획에 의하면 2020년도까지 훼손지 복원을 육상면적의 17%까지 요구하고 있다. 훼손지 복원 사업은 자연재생사업으로 국가생물다양성 계획(NBSAB)과 지방정부의 생물다양성 이행계획(LBSAB)에서 목표를 세우고 성과를 촉구하고 있다. 보호지역의 영역에 생태계보전협력금반환사업지가 포함되어 있지 않지만 생활환경의 삶의 질 개선과 생태계서비스 향상기능 측면에서 중요하다. 환경적 가치는 경제적 가치와 사회적 요구를 포용하는 상위개념이며, 지속가능성을 추구하는 MDG's(새천년발전목표, Millenium Development Goal's)의 목표에 속한다. 2015년 9월 26일 유엔에서 정한 '지속가능한 발전 목표'(Sustainable Development Goal's, SDG's)는 새천년발전목표를 후속하는 성격으로서 post-MDG1's라고도 불린다. 이번 SDG's에서는 17개 대목표아래 169개의 이행목표가 있고, 정상회의에서 이에 대한 이행정도를 점검하고 있다. SDG's의 17개 대목표 중에서 목표 15는 자연환경의 지속가능성을 보장하기 위해 '육지생태계의 지속가능성 보호, 복원 및 증진'을 정하고 있다. 이는 생물다양성 전략계획 및 목표(Aichi Targets, 2011-2020)에 반영되었다.

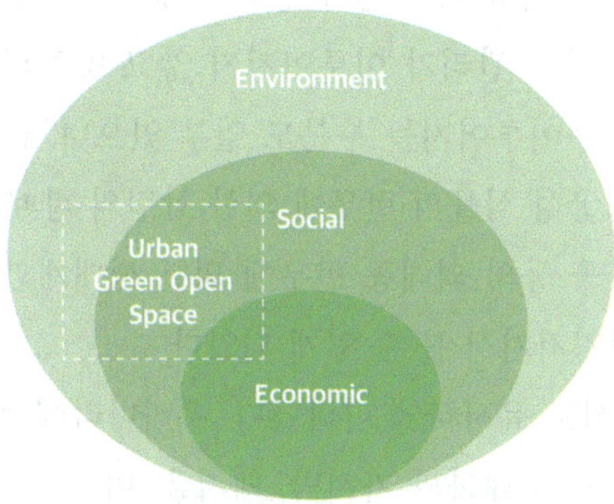

[그림 2-1] 환경적 가치와 사회적, 경제적 가치의 관계

* 도시공원과 녹지 등 생활전반에 걸쳐 환경적 가치가 우선함

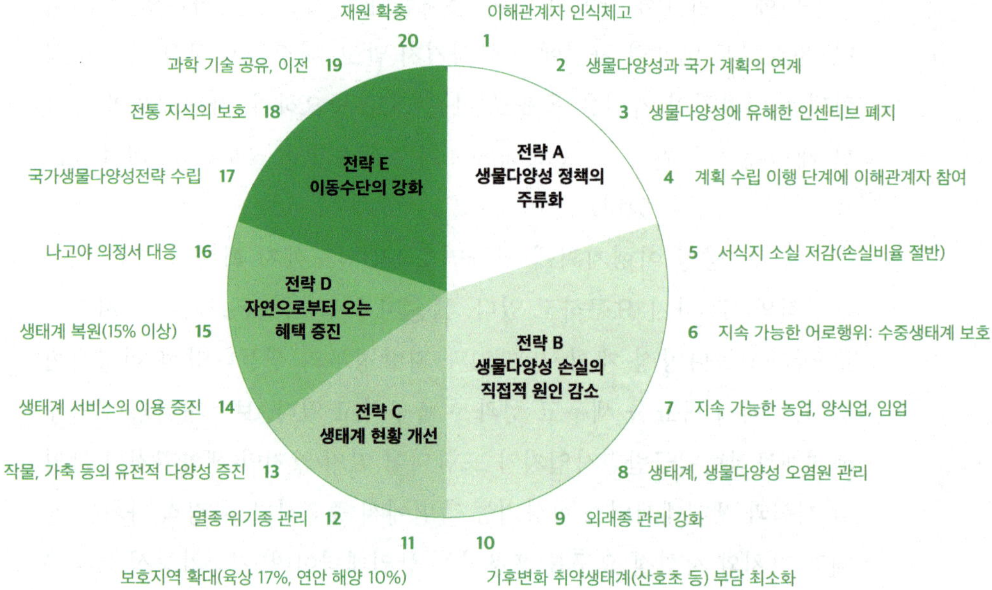

[그림 2-2] 생물다양성 전략계획 및 목표(Aichi Targets, 2011-2020)

(출처: 환경부 CBD-CCP12 준비위원회)

자연재생은 인간과 자연과의 관계에 있어서의 변화에 대응하는 것임에 주목하여야 한다. 예를 들어 도시와 인접한 숲들은 과거 땔감 등을 얻기 위해 인위적 관리에 의해 이루어진 생태계였고, 중규모 교란설로 설명될 수 있는 생물종의 다양성이 지속적으로 유지되어온 항상적(恒常的, Homeostatic) 자연이었다. 일본의 경우 현재는 이러한 마을숲 생태계 대부분은 과거와 같은 관리가 이루어지지 않고 방치되고 있어 야생의 자연으로의 천이가 이루어지는 부분도 일부 있으나, 많은 곳이 칡이나 등나무와 같은 덩굴성 식물의 번무에 의한 삼림의 황폐화와 가시박, 돼지풀, 미국등골나물 등의 외래종 번무에 의한 생태계파괴 등 녹색공간의 병리현상을 여기저기서 볼 수 있게 되었다(김남춘 등, 2010). 이러한 현상은 우리나라에서도 유사하게 나타난다. 우리나라에서는 칡이나 환삼덩굴에 의한 녹화지 황폐화와 가시박, 돼지풀, 미국등골나물, 미국자리공 등의 외래종과 교란종 번무에 의한 훼손이 나타난다.

가까운 일본의 경우(김남춘 등, 2010) 더욱이 2002년 3월에 정부의 '지역환경보전에 관한 관계각료회의'에서 결정된 '신·생물다양성 국가전략'에서, ①보전의 강화, ②자연재생, ③지속가능한 이용의 세 가지를 들어 중점을 두어야 할 시책의 방향을 설정하고, 주요 테마별 취급방침의 하나로서 자연재생사업을 적극 추진하고 있다. 2002년 예산에서부터, 각종의 자연재생형 사업이 기획되어 실행에 옮겨지기 시작했다. 북해도 쿠시로 습원의 자연재생사업에서는 환경성, 국토교통성, 농림수산성이 공동·연계하여 건조화가 급속히 진행되는 습원식생을 복원하는 사업이 추진되었고, 사이타마현의 '상수리나무림 자연재생사업'에서는 3개 시와 하나의 마을에 걸쳐서 연면적 약154ha의 구역에 대해, (최근 산업폐기물관련시설이나 쓰레기 투기 등이 입지화 하면서 환경문제화 되고 있었던 곳) 자연재생사업을 통해 황폐화한 자연을 다시 재생하고자 하였다.

국내에서는 환경영향평가법에 의해 각종의 개발행위에 의한 영향이 발생하는 자연에 대해서, 그 영향을 완화하려고 하는 저감 방안이 실시되게 되어있지만, 자연재생은 개발행위에 부가적으로 실시하는 것이 아니라 자연을 재생하는 것, 그 자체를 목적으로 한 사업인 점이 높게 평가되고 있고, 그 필요성이 인정되고 있다.

지속가능발전을 위한 기타 국내 관련법과 제도로써 우리나라 자연환경보전법 제 2조 2호, 제 43조 제 2항, 제 50조 1항 및 동법시행령 제 46조에서는 자연환경을 보전·보호 또는 복원하고 생물다양성을 높이기 위하여 자연을 조성하고 관리하기 위한 자연환경보존사업의 적용을 규정하고 있다. 이 외에도 4대강유역 토지매수와 복원, 멸종위기에 있는 야생동식물의 보존, 환경영향평가법, 특정외래생물에 의한 생태계 등에 관계하는 피해방지 등의 법제도와 각종 시책들이 전개되고 있다.

버려진 땅이나 생태적 기능이 저하된 곳을 주변의 녹음·자연이나, 생물이 살기 좋은 환경의 재생을 목적으로 행하는 생태계보전협력금 반환사업은 자연재생사업의 대표적 예이다. 또한, 자연환경보전사업으로 시행되고 있는 수생태계조성사업, 생태통로사업, 대체자연 조성사업, 자연환경보전·이용시설의 설치사업, 그 밖의 훼손된 생태계의 복원을 위한 사업들도 자연재생사업의 유형이라 할 수 있다. 아울러 우리나라 4대강 유역에서 이루어지는 매수토지의 생태복원사업, 직강화 된 하천의 자연형하천조성사업, 국토 생태축 복원사업, 백두대간 훼손지 복원사업, 연안생태계 복원사업, 생태경관보전지역 관리 등도 자연재생사업의 범주에 속한다. 외래종관리사업, 위해종 제거사업은 아이치타겟의 목표로 추진되는 생태계의 보전과 관리 업무이기도 하다.

생태계보전협력금 반환사업은 계속 예산이 확대되고 있고, 부과 대상도 환경영향평가 대상사업 전체로 확대되고 있다. 도심지에 생태놀이터를 조성하고 옥상녹화를 강화하거나 생태통로, 자연환경보전이용시설 설치, 4대강 비점오염원 관리를 위한 매수토지 복원사업도 활발하게 전개되고 있어 자연재생사업은 규모와 사업 대상지도 더욱 확대될 것으로 전망된다. 앞으로 환경부 자연환경정책으로 추진되고 있는 자연환경복원업이 가시화되면 자연환경관리 분야의 생태복원기사 및 자연환경관리기술사의 역할이 확대되고, 자연재생사업이 더욱 활성화될 전망이다. 자연재생사업이 적절하게 수행되기 위해서는 아래 사항에 대해서 철저한 검토가 있어야 한다(한은미, 2013; 김혜선, 2016).

자연재생의 주체

자연재생사업은 '건전한 생태계는 시민의 재산이고, 건전한 생태계 안에서 생활하는 것은 시민의 권리이다'라는 원칙을 세우고 진행시키는 것이 중요하다. 양호한 자연환경 내에서 생활하는 권리를 보장하기 위해서는 지역의 자연환경의 주체로 볼 수 있는 시민을 중심으로, 행정, NPO(Non Profit Organization, 비영리단체), 기업, 생태환경복원전문가, 자연환경보전사업 대행자(자연환경관리기술사가 주최가 되는 자연환경복원 사업체) 등 다양한 주체가 분담하여 거버넌스를 구축하여 사업을 추진하는 것이 바람직하다. 거버넌스란 전략을 제시하고, 우선 순위를 정하고, 자원을 할당하고, 사업을 감독하는 일 전반을 말한다(김남춘 등, 2010).

조사의 중요성

자연재생사업은 조사를 근간으로 하여 계획적인 대응을 하는 것을 필요로 한다. 잃어버린 자연은 많지만 그 중에 최적의 자연환경보전사업 대상지를 선별하기 위해서는, 지역에 있어서 자연의 실체를 충분히 파악한 다음에, 지역 자연의 총체적 그림을 그려내고 그것을 기준으로 한 대상사업을 결정하는 계획적 대응이 필요하다. 즉 생태축의 연계 가능성, 목표종의 도입 가능성, 생물서식공간의 확충 가능성 등을 성공적으로 추진할 수 있는 대상지 선정이 요망된다. 특히 환경부가 주관하는 생태계보전협력금 반환사업 대상지는 국공유지에 한정하고 있어 사업대상지를 발굴하기가 매우 어렵다.

좋은 사업대상지를 선정하기 위해서는 자연환경의 현황을 종합적으로 파악하여야 하며, 다양한 조사기록 자료를 우선 정리하고, 생물다양성에 관여하는 생태계유형, 생물종 서식, 유전자적 가치 등에 관한 정보와 참조생태계의 구조와 기능을 우선적으로 조사할 필요가 있다(Perrow 등, 2004; 박소현 등, 2016; Howell 등, 2011). 이러한 것들을 종합적으로 표현하는 비오톱 지도가 존재한다면 사업대상지 선정을 위한 기반정보로서 이용하는 것도 바람직하다.

비오톱 지도를 기반으로 추출된 사업대상지에 대해서는 구체적으로는 생물종군별로 정밀한 현지조사를 실시하고, 생물종리스트 등 생물의 기초적 정보를 수집하면서 자연환경복원을 위한 방향을 정하고, 참조생태계 정보를 바탕으로 한 환경포텐셜의 평가와 병행하여 자연재생사업의 실시에 뒤따르는 생태계 영향의 유무 등 장래예측에 관한 정보도 함께 수집·정리하여 분석·평가 할 필요가 있다. 동식물이나 생태계의 조사를 실시할 때는 자연에는 미지의 부분이 한 없이 존재한다는 점(미지성)을 고려하여 조사를 세밀하게 하여야 한다.

과거의 토지이용은 자연재생사업의 방향을 설정하는데 매우 중요하다. 많은 변화가 수반되었던 토지라고 하더라도 과거의 흔적을 남기고, 전통지식을 존중하는 방향으로 자연재생사업이 추진되어야 한다. 전통지식의 보호는 아이치타겟 전략목표 19에 해당한다.

정보공개와 주민 참여

자연재생사업에 있어서 조사에 의해 얻어진 지역의 자연정보와 사업의 내용과 진행방법에 관한 정보를 주민에게 공개하고, 실명 책임을 지는 것도 검토하여야 한다. 정보공개가 진행되면 자연재생사업에 대해서 주민은 참가의식을 가지게 되고, 그 후의 관리단계에 있어서도 주체적으로 참여하는 것이 기대되기 때문이다. 자연의 재생은 통상적인 건설사업과는 달리 공사종료시점이 재생의 종료가 아니고 그 후의 기나긴 세월에 걸쳐 육성되면서 재생되어가는 것이므로, 관리단계가 특히 중요하다. 복원사업장에서의 생태정보를 지속적으로 구축하고, 도입하려는 목표종과 생물서식환경을 보전하면서 주민 삶의 질을 개선하기 위해서는 적절한 주민의 참가 기회가 제공되어야 한다. 복원의 소재를 주민참여에 의해 조달하고(참나무 종자로부터 묘목 기르기), 복원사업지에서 BioBlitz[1] 행사와 같은 것을 주기적으로 실행하고, 자원재활용, 생태교육, 생태관찰 기능을 다양한 방법으로 강화하는 것은 주민참여를 실천하는 방안이 된다.

인간과 자연과의 관계 재구축

자연재생사업을 진행할 때는 인간과 자연에 관한 관계를 재구축 할 필요가 있다. 우리주변 산의 잡목림은 일찍이 인간에 의해 지속적으로 관리되어 온 자연이었지만, 땔감수요가 없어짐과 동시에 방치되어 이차적으로 자연환경에 적응되었던 동식물의 다양성이 상실되었다. 임업에서는 외국산 목재의 수입증가가 원인으로 간벌이 이루어지지 않는 인공림이 증가하면서 풍성했던 산림이 쇠퇴하고 있다. 지속가능한 미래를 위해서, 기존의 마을산과 그 생산방식을 대신하는 새로운 자연과의 관계 재구축이 필요하다. 방치된 도시숲, 손질이 이루어지지 않고 있는 인

---

1) BioBlitz는 24시간 동안 생물전문가와 일반인들이 함께 행사지역의 모든 생물종을 찾아 목록을 만드는 과학 참여 활동이다. 지구온난화와 환경오염 등과 같은 이유로 급속히 감소하는 생물다양성을 보전하기위해서는 과학자들의 노력과 함께 일반인들의 관심과 참여가 필요하다(출처 : http://bioblitz.or.kr, 바이오블리츠 코리아 홈페이지).

공림, 교란되는 내수면 개발사업으로 조성되는 조경녹지, 도시림 등에 있어서, 적절한 자연재생사업을 계획하고 실천하는 것이 효과적일 수 있다(김남춘 등, 2010).

자연재생사업이 대규모 토목공사를 수반하는 경우도 상정하여, 지형이나 수환경, 외래종 유입 등을 비롯한 주변 생태계와 환경에 미치는 영향에 대해서도 생각해야 한다. 자연의 시스템, 그 자체에 개입하는 자연재생사업에서는 마이너스의 영향이 발생하지 않는다고 단언하기 어렵다.

자연재생기술의 개발과 활용

자연재생을 촉진시키기 위해서는, 생태공학적 기술의 개발과 적용 노력이 필요하다(Mitsch·Jorgemsen, 2004). 과거의 개발행위에 있어서 사업에 의해서 자연에 미치는 영향을 경감시키는 사고방식의 기술이 적용되어 왔지만, 자연재생은 이러한 자연에 미치는 영향에 대한 대응책으로서의 기술뿐만 아니라, 다양한 수단으로 잃어버린 자연을 재구축 하는 새로운 독자적인 생태공학적 기술의 개발과 적용을 요구한다. 인공지반, 특수토양, 급경사지, 벽면, 매립장 등 동식물 생육에 악조건을 가진 대상지에 자연재생사업이 전개될 수 있도록 특수 토양기반을 제공하는 생태공학적 기술 적용이 광범위하게 요구된다.

[그림 2-3] 인공지반 녹화사례

자연재생 계획 및 설계에 대한 평가

성공적인 자연재생사업을 진행하기 위해 자연재생사업의 계획 및 설계내용에 대한 평가체계를 도입할 필요가 있다(Müller, 2014). 환경에 미치는 마이너스의 영향을 최소화하기 위해 제정된 환경영향평가제도로는 환경에 플러스효과를 부여하고자 하는 자연재생사업의 내용을 판정하기 어렵다. 더욱이 환경에 플러스효과를 목적으로 하는 이상, 그것이 진정 플러스효과가 있는가에 대한 사업의 필요성을 판단하기 위해서라도 새롭게 자연재생사업 계획 및 설계내용에 대한 평가가 실시되어야 한다. 아울러 사업 시공과정과 유지관리 단계에서의 영향에 대해서도 함께 평가한다.

자연재생사업 계획·구상의 단계에서는 지속가능성을 염두에 둔 전략영향평가와 같은 계획·설계·시공·유지관리의 전 과정에 대한 평가를 한다. 현재 만들어진 자연환경보전사업 설계기준이나 지침들은 큰 방향을 제시하고 있지만 다루는 범위가 제한적이어서 계획·구상의 단계, 시공단계, 유지관리 단계를 망라한 평가에 적용하기 어렵다. 2008년 독일 에르푸트대학에서 도시공간내 생물다양성 증진을 위한 녹지공간 설계지표(URBIO, Urban Biodiversity and Design)를 개발한 것은 공공녹지나 건물주변 녹지를 포함한 자연환경보전사업의 지속가능한 개발의 의사결정에 도움을 주고자 하는데 목적을 두었다. 특히 본 지표는 생물다양성 협약과 아이치타겟을 실현하고자 하는 지속가능발전을 위한 노력으로 개발되었으며, 생물다양성의 저하가 심각한 도시에서 공원 및 공공건물 녹지의 건설 사업에 활용될 수 있다(최미연, 2016; 손희정, 2017).

URBIO 지표는 전 세계 각 지자체 레벨에서 생물다양성 전략 및 이행계획(LBSAB)을 수립하는 과정에서 도시생물다양성 보전 및 증진 노력을 직관적으로 이해하기 위한 평가지수 개발의 필요성이 대두되어 개발되었다. UNCBD는 유사한 기능의 평가도구로써 도시 생물다양성 지표(예를 들어 CBI 등)를 도시에 활용하도록 권고하고 있지만 지표 체계가 광범위하여 국지적인 자연재생사업에 적용하는데 한계가 있다. CBI(City

Biodiversity Index)지표는 2008년 COP9 각료급회합에서 싱가폴 정부가 구상안을 제안하였고, 이후 싱가폴 국립공원국을 사무국으로 하여 검토 작업에 착수하고 수차례 워크샵과 몇몇 도시 테스트를 거쳐 공표하였다. 2010년 나고야 COP10에서 정식 제안하였고, 전 세계 20여개 도시의 적용사례가 있으며, 현재도 UNCBD 주관 하에 지속적인 수정과 각 국가별 현지화를 위한 연구가 진행 중이다.

하지만 CBI 지수는 실질적인 관리단위인 공원이나 단지규모에서의 녹지, 자연보전사업지 등을 평가하고 구체적인 개선안을 제시하는데 적합하지 않다. 이에 따라 생물다양성증진 노력이 실제적인 가시화로 이어질 수 있는 지표가 필요하여 URBIO 지표가 개발되었다. URBIO 지표를 활용하여 생태보전사업지나 자연재생사업지를 자가진단을 통해 평가하고, 6개 그룹 25개 지표에 의한 평가를 통해 일정 수준 이상의 점수로 평가된 계획안이 마련된다면 자연재생사업의 성공을 기대할 수 있겠다(서울시, 2016, 생물다양성 이행계획).

순응적인 관리의 중요성

자연재생사업에 있어서 공사의 준공은 생태계가 완성되는 것이 아니고, 준공과 함께 생물의 성장과 번식이 시작된다. 그러기 때문에 자연재생사업은 정비뿐만이 아닌 관리가 매우 중요한 역할을 하게 된다(박소현 등, 2016). 관리에 대한 체제, 예산, 인재 등을 적절히 투입할 필요성이 있다. 앞으로 자연환경 재생사업의 관리를 전문화하고 체계화하는 제도 및 방안이 시급하게 마련되어야 사업의 성공을 보장할 수 있다. 예를 들어 국내에서 문화재를 가꾸고 돌보는 문화재 돌봄사업단을 참고할 필요가 있다.

관리의 단계에서는 생태계의 상태를 관찰·조사 하면서, 그 상태에 따라 대응하는 순응적 관리(Adaptive management)를 필요로 한다. 자연재생 사업지 관리를 위한 기술축적이 아직은 충분하지 않기 때문에 관리기술을 적극적으로 연구하고 개발해 가는 것이 요구된다. 관리의 진행에는 관리예산 책정이 필요불가결이다. 관리기록과 모니터링의 결과로부터 관리 기법의 개선이 가능하므로, 순응적인 관리의 프로세스 정보를 집적하고, 이후의 관리계획의 수립에 이용하는 것도 바람직하다(김남춘 등, 2010; 조동길, 2017).

1.2 자연재생의 방법

자연재생사업은 ① 목표설정, ② 계획과 설계, ③ 시공(사업실시), ④ 모니터링과 관리의 프로세스로 진행된다. 자연재생사업은 현지조사와 참조 생태계 정보를 토대로 목표종을 설정하고, 다양한 생물서식공간 조성을 설계 시공하는 순으로 추진된다.

1) 목표의 설정

(1) 목표설정의 방법

자연재생 사업은 목표 설정, 계획 및 설계, 실시, 모니터링 및 관리 등의 프로세스로 진행된다. 일련의 프로세스 상에서 필요에 따라 각종 조사가 이루어지며, 그 중에서도 복원사업 대상지의 현재 상태를 파악하기 위한 조사가 중요하다. 자연재생에 있어서는 목표를 명확하게 설정하는 것이 중요하다. 목표를 수립할 때에는 모델의 설정과 환경포텐셜을 동시에 고려하여야 한다(김남춘 등, 2010).

모델은 자연재생의 지침 및 기준이 된다. 모델을 설정할 때에는 과거 생태계가 건전한 상태에 있었을 때의 생태계의 특성 및 상태를 파악하여야 한다. 여기에 필요한 정보로는 지형, 식생, 토지이용에 대해서 과거의 항공사진 지도 등을 활용하도록 하며, 생물상에 있어서도 과거의 문헌자료에 대한 파악이 필요하다(조동길, 2011).

다음으로는 복원대상의 현재 상태이다. 이 방법은 복원대상지 부지에서 가능한 가까운 곳에 존재하고 있으며, 복원사업 대상지의 생태계를 대표할 수 있는 유사한 곳에서 선정하는 것이 좋다. 주변의 모델을 참조하는 것을 참조 생태계라고 할 수 있다. 목표를 설정할 때에는 잠재자연을 활용하는 방법도 있다. 이것은 '인위적인 교란이 중단되었을 때 그 장소에 성립되는 가장 자연성이 높은 생태계'라고 할 수 있다. 즉 복원대상지의 부지 특성을 기본으로 하고, 주변의 참조 생태계와 잠재자연식생을 활용하여 목표를 수립한다.

목표를 수립할 때 너무 이상적인 식생복원 모델을 수립하는 것은 바람직하지 않다. 따라서 복원대상 부지가 가지고 있는 환경포텐셜을 평가하는 것이 좋다.

A. 모델의 설정

모델은 알기 쉽게 말하면 자연재생의 가이드라인이라 할 수 있다. 단지 이 가이드라인은 꼭 인위적인 관여가 전혀 없는 상태의 생태계에 국한되지는 않는다.

모델의 설정에는 아래와 같은 정보를 응용할 필요가 있다.

첫째, 건전한 상태의 시대에 있어서의 과거의 생태계가 자연재생사업부지에 어떻게 존재하였는가 하는 점이다. 이것은 역사적 접근을 중시하는 방법으로 과거에 있어서 생태계의 상태를 정보적으로 복원하는 것을 목표로 하는 방법이다. 역사적 접근을 취하려면, 과거의 생태계나 경관의 상태에 관한 데이터를 필요로 한다. 지형, 식생, 토지이용에 대해서는, 항공사진, 고지도, 인공위성 영상, 화분의 조사 및 분석, 지역 주민의 의견 및 조사 및 분석 등을 활용하는 것으로, 전국에서 동일한 과거의 상태를 알 수 있다(조동길, 2017). 또한 생물상에 있어서도 과거의 문헌수집, 고령자에 대한 청취와 같은 방법이 동원된다. 하지만 과거의 생물상에 대한 정확한 데이터를 얻는 것은 극히 한정된 경우일 뿐이다.

둘째, 잔존하고 있는 건전한 생태계의 현황이다. 이것은 살아있는 모델이 되는 것으로 목표설정의 공간적 접근이라 할 수 있는 방법이다(국립공주대학교, 2011). 이 모델은 자연재생의 부지에서 가능한 가까운 장소에 존재하며, 될 수 있으면 사업이 구상하는 생태계에 유사한 것이 바람직하다. 이러한 참조 모델은, 자연재생에 필요한 생물재료의 공급원(소스)으로서 이용하는 것이 가능하다.

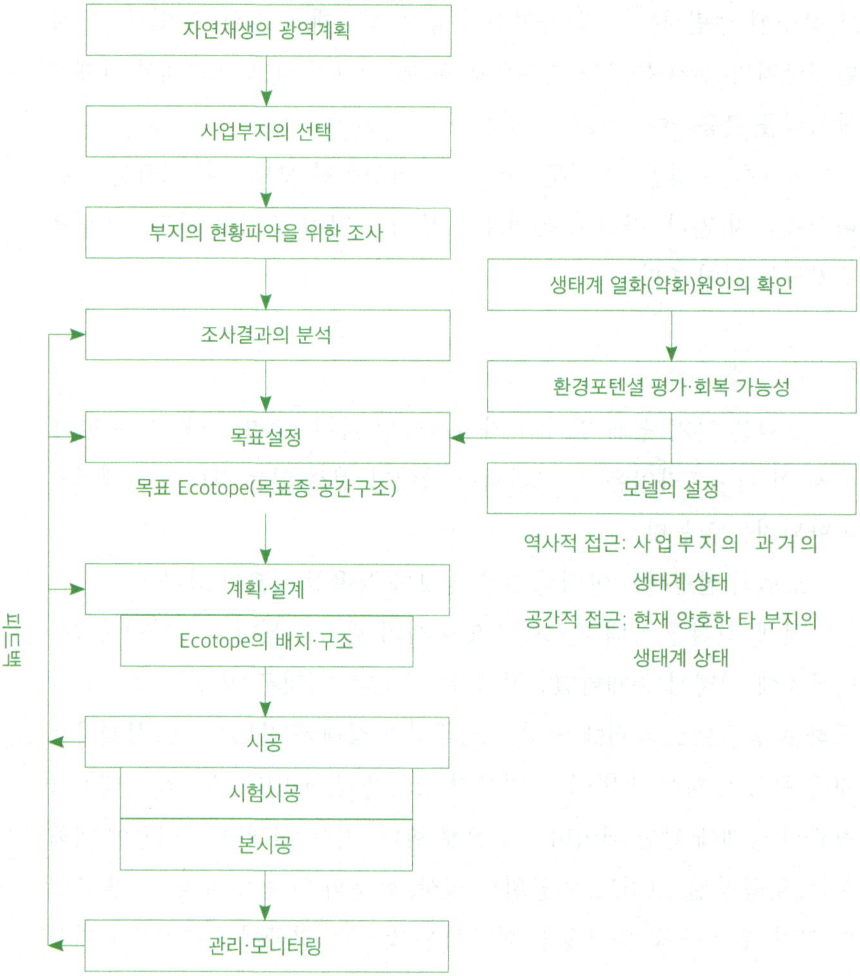

[그림 2-4] 자연재생 사업 추진 프로세스

(출처 : 김남춘 등, 2010, 자연재생 내용을 일부 수정)

B. 환경포텐셜 평가

모델이란 자연재생의 이상형이지만, 그것이 뜻대로 실현된다는 보장은 없다. 모델의 명확화가 이루어지면 그 다음에는 그 실현가능성을 평가할 필요성이 있다. 실현가능성은 환경포텐셜 평가에 의해 이루어진다. 환경포텐셜 평가란 생태계의 성립이나 종의 서식·생육의 잠재적인 가능성을 말한다(김남춘 등, 2010). 환경포텐셜은 다음의 내용으로 구성한다(문석기 등, 2003).

첫째는, 입지 포텐셜로, 기후, 지형, 토양, 수환경 등의 토지적인 조건이, 어느 생태계의 성립을 허용 하는가의 가부로 표현된다. 예를 들면 식생군락의 성립가능성은 온도지수 등으로 표현되는 기후적인 포텐셜과 지형, 토양, 수환경 등의 토지적인 포텐셜, 그리고 인위적 교란의 정도에 따라 결정된다. 식생은 동물생육기반이 되므로 식물군락의 성립가능성은 동물군집의 성립가능성을 규정하는 것이 된다.

둘째는, 종의 공급 포텐셜로, 식물의 종자나 동물의 개체의 분산가능성을 말한다. 이것은 개개의 종의 분산·이동능력과 서식지 간의 거리와 연속성에 의해 결정된다. 셋째는, 종간관계의 포텐셜로, '먹고, 먹히는' 포식관계, 자원을 쟁취하는 경쟁관계, 생물간의 상호작용에 의한 공생관계 등이 있다. 이것은 종의 수적 확대이며, 그것들은 서로 얽힌 관계에 있으므로 평가하는 것이 매우 어렵다.

넷째는, 천이의 포텐셜로, 생태계의 시간적 변화가 어떠한 길을 따라서, 어느 정도의 빠르기로 진행하여, 최종적으로 어떠한 형태를 보이는가의 가능성이다. 이것은 상기의 세 개의 항목에 의해 결정된다.

환경포텐셜을 평가하면 생태계의 성립가능성과 특정의 종·종군의 서식가능성을 개략적으로 알 수 있다.

(2) 목표의 제시방법

자연재생의 목표는 생태계의 구조, 기능, 성립과 유지의 프로세스 등에 의하여 제시된다. 생태계의 구조는, ① 생태계의 구조요소인 생물종군, ② 지형, 토양, 표층지질, 수문환경과 같은 기반환경, ③ 상관, 우점종, 군락의 높이 등 식물군락의 구조를 내포하고, 재생 목표는 이 셋의 조합으로 제시된다. 영문표현으로는 ①을 target species, ②와 ③을 합쳐서 target type이라고 표현한다(김남춘 등, 2010).

목표종군은 과거의 자연재생사업의 부지나, 그 근방에 서식하였던 종 안에서 선택되어야만 한다. 목표종군의 선택에 있어서는, 과거의 생물상데이터가 중요한 자료가 되지만, 이미 기술한 것과 같이 과거의 생물상의 전모를 명확히 하는 것은 용이하지 만은 않다. 그러므로 공간적 접근도 병행하여 유사하면서 양호한 생태계를 참고 하여, 먼저, 목표종군의 후보를 선택하여, 전문가나 시민의 의견을 청취하여 선정한다. 목표종군으로 자주 선택되는 것은 희소종, 상징종, 우산종, 중심종 등이 있다.

[표 2-1] 자연재생에 있어서 목표종의 분류

분류	설명
희소종 rare species	red data book에 등재된 종 등, 멸종위기종, 자연재생사업으로 희소종이 목표종일 경우에는 2개의 방법이 있다. 그 하나는 해당부지에 아직 그 종이 생존하고 있을 경우로, 이 경우에는 그 개체군의 확대를 도모한다. 다른 하나는 이미 해당사업부지에서 소멸한 종으로 다른 지방에 생존하는 종을 목표종으로 하는 경우이다. 이 경우는 도입에 있어서 유전적 교란을 피하기 위한 사전평가가 요구된다.
상징종 flagship species	아름다운 꽃이나 귀여운 자태의 동물 등, 친근하고 환경보전의 의의를 일반인에게 어필하기 쉬운 종, 이러한 종은 상징성이 있어 채택하면 자연재생의 의의와 목적을 대중에게 전달하기 쉽게 하는 역할이 기대된다.
우산종 umbrella species	먹이사슬의 상위에 위치하여 서식에 넓은 면적을 필요로 하거나 복수의 다른 환경을 필요로 하는 종. 이러한 종을 목표로 자연재생을 실천하는 것에 의해 필연적으로 넓은 면적의 자연환경이 조성되고, 경관레벨에서의 자연재생을 의도할 수 있게 된다.
중심종 keystone species	생물군집 안에서 다른 구성종의 존재에 커다란 영향을 주고, 종의 조성, 에너지의 흐름 등 군집특징의 결정에 현저한 역할을 하는 종, 중심종은 자연재생에 있어서 목표생태계 그 자체에 크게 관여하기 때문에 개체수와 분포를 포함한 정량적인 목표설정이 요구된다.

[그림 2-5] 다층구조숲 조성모델 참조사진

2) 설계

(1) On Site와 Off Site

자연재생은 기존에 목표로 하는 생태계가 존재했던 장소에서 이루어지는 On Site를 원칙으로 하지만, 해당지점의 토지개변이 현저한 경우이거나 토지취득이 곤란한 경우에는 원래와 다른 장소에서 사업을 행하는 Off Site형의 자연재생을 해야 할 경우도 상정된다. 또한, 부지가 원래의 장소와 그렇지 않은 장소에 걸쳐있는 중간적인 경우도 있다(조동길, 2004).

일반적으로 On Site인 경우에는 목표생태계와 같은 물리적 환경을 얻기 쉽다고 생각하기 쉬우나, 필히 그렇게 된다는 보장은 없다. 토지조성, 매립, 간척 등에 의해 토지적인 환경포텐셜이 현저하게 떨어진 경우는 On Site의 자연재생이 곤란하다. 이러한 경우에는 역으로 Off Site에서 목표생태계로서 적당한 환경포텐셜을 유지하고 있는 장소를 찾는 것이 생태계재생의 성공가능성이 클 수도 있다. 만약 On Site에 구애된다면, 그것은 '토지의 기억'이라 언급할 수 있는 무언가가 사람들의 무의식 중에 존재하기 때문이다. '이곳에 있었던 습지는 역시 이곳에 재생하고 싶다'라는 의지가 있을 경우에는 다양한 물리적 수단을 동원해서라도 On Site에 자연재생을 실시할 필연성은 있다고 본다.

(2) 수동적 복원과 능동적 복원

자연재생은 능동적 복원과 수동적 복원의 사고방식이 적용된다. 능동적 복원(Active restoration)이란 생태계재생 프로세스에 적극적으로 인간이 관여하면서 자연재생을 진행하는 방법으로 지형조성이나 토지개량 등에 더해 식재기반을 정비하여, 그 위에 식물을 식재하는 것과 같은 일련의 장치가 조합되어 실행된다. 이에 반하여 수동적 복원(Passive restoration)이란 어느 정도의 환경정비는 인간이 행하지만 이후는 식생의 천이 등, 생태계가 자율적으로 재생하는 것을 기다리는 방법이다. 예를 들면, 지형조성만을 행하고 식생의 성립은 천이에 맡기는 것이 수동적 재생이다. 또한 오염물질의 존재 등의 재생을 방해하는 요인이 있을 경우, 그 영향을 제거하는 것에 의해서 재생을 촉진하는 것도 수동적 재생이다(조동길, 2011).

능동적 복원의 일반적 사항은 목표생태계로의 유도가 강하게 작용하여 빠른 시일 내에 목표로 하는 생태계를 재생할 수 있지만, 비용이 많아진다. 또한 '더 빨리'하면 좋을 것이라는 사고로 행하면 식재공사의 경우를 예로 보면, 다른 지역에서 도입한 묘목에 의해 발생하는 유전적 교란과 같이 마이너스로 작용하는 경우도 적지 않다. 한편 수동적 복원은 비용은 절감되지만 목표생태계에의 도달까지 많은 시간을 필요로 한다. 시간적 제약이 적다면 수동적 복원이 생태계의 '자연스러운'형성이라는 면에서도 비용 면에서도 바람직하다.

하지만 능동적 복원과 수동적 복원은 어디까지나 방법의 선택 일뿐, 어느 쪽을 선택해야 한다는 성질의 것은 아니다. 상황에 따라서 그 둘을 혼용하는 것이 요구된다. 특히 종의 공급 포텐셜이 낮게 나타나는 재생부지에서는 능동적 복원에 의해 어느 정도 이상으로 높여야 하는 필요성이 있고, 성목의 식재나 동물개체의 인위적 이입이 행해지는 경우도 있다.

(3) 준공형과 완성형 설계

자연재생사업에 있어서 설계 대상은 지형조작, 재생하는 생태계 및 시설의 세 가지로 대별된다. 설계에 있어서 중요한 두 가지는 준공형과 완성형이 다르다는 것을 인식해 두는 것과, 자연의 힘에 의해 만들어지는 디자인에 위탁하는 부분을 가능한 많도록 하는 점이다(김남춘 등, 2010).

일반적으로 설계란 완성형의 3차원적인 구성을 도면 등에 표현하는 것이다. 하지만 자연재생사업은 공사의 준공형과 완성형에 따라 크게 달라진다. 자연재생사업에 있어서 완성형이란 목표로 하는 에코톱의 구조에 대한 것으로, 이것이 실현되기 까지는 공사완료후의 일정한 시간이 흘러 식재한 식물의 성장과 천이가 진행된 후를 말하는 것이다. 그러므로 자연재생사업에 있어서 설계는 준공형과 완성형의 두 가지 측면을 고려해야 할 필요가 있으며, 될 수 있으면 완성형에 이르는 과정에 대해서도 설정해 두는 것이 바람직하다. 공사발주에 필요한 것은 준공형이지만 사업의 합의형성이나 인지도의 면에서는 완성형을 배재할 수 없다.

자연에 의한 디자인에 위탁하는 사고방식은 자연재생에 있어서 대단히 중요하다. 자연에 의한 디자인이란 침식·운반·퇴적에 의한 지형변화와 생태천이에 의한 식물군락과 동물군집의 시간적인 변천 등에 의하여 생태계가 형성되거나 변화되는 것을 전제로 한다. 이러한 자연의 힘은 때로는 입지 그 자체를 변화시켜, 발생한 입지에 새로운 생물군집을 성립시킨다. 이러한 자연의 동태에 의해서 '더욱 자연스러운 자연'이 조성되어 간다. 설계에서는 시간적인 변화와 공간적인 유연성을 고려사항으로 도입하여 어느 정도의 변화를 허용한 구조의 설정이 바람직하다.

3) 시공

(1) 시공에 의한 영향 저감

자연재생사업에서는 사업부지내나 그 근방에 목표로 하는 생물이 서식하는 경우가 많다. 번식기의 공사는 피하고 피난처나 완충지대를 설치하는 등 현재 존재하는 생물에 대한 영향을 최소한으로 억제하는 것이 요구된다.

(2) 친환경적 재료의 선택

유전적 교란을 방지하기 위해서는 외래종이나 국내 외래종의 사용을 피한다. 생물재료는 현지조달을 원칙으로 한다. 현장인근에서 생물

[그림 2-6] 공사현장에서 체취한 종자로 육묘한 자생종 사진(일본녹화기술센터)

재료를 조달하기 위해서 계획적으로 표토를 채취하거나, 지역에 자생하는 종묘를 육성하기도 한다.

(3) 발주와 검사

자연재생사업에 관계하는 공사의 검사는 통상적인 조경·토목공사 등에서 중시되는 마감처리나 형상치수 등에 있어서의 약간의 차이는 그다지 중요하지 않다. 오히려 그러한 관점에서의 세세한 감리보다는 생물의 서식지로서 기능을 하고 있는가 또는 장래에 기능을 할 수 있는가의 측면이 더욱 중요하다. 또한 기존의 암석이나 수목을 살려두면서 시공하는 것이 요구됨으로 설계변경은 필수적 요소라 할 수 있다. 그러므로 실시상세도를 다수 작성하는 것 보다 개략적인 형상과 수량으로 발주하여 준공 시에 청산하는 것이 좋다. 즉 조경분야에서 하자공사 하는 것과는 다르다는 점이 인정되어야 한다(김남춘 등, 2010).

4) 모니터링과 관리

자연재생사업에 있어서 모니터링과 관리는 하나로 통합 되어야한다. 모니터링의 주요목적은 자연재생사업의 평가와 관리로의 반영(Feed back)에 있다.

(1) 모니터링

모니터링의 디자인으로 BARCI(Before-After-Reference-Control-Impact) Design이 제창되고 있다. 여기에 추가하여 사업실시부지에 있어서의 과거의 상태(P, Past)를 추가하면 도면에 제시된 모니터링 디자인이 된다.

자연재생사업 그 자체는 BARCI Design에 있어서는 Impact에 해당하고 그 Impact를 가하기 직전의 사업부지의 상태는 Before에 해당하며, 사업종료후의 상태는 After에 해당한다. 여기서 주의해야 할 사항은 Impact가 '자연재생을 실행 함'이라는 좋은 뜻으로 사용된다는 점이다. After에 대해서는 공사완료 직후부터 가능한 한 장기에 걸쳐 모니터링을 실시하고 재생된 생태계의 상태를 감시해 나갈 필요가 있다. 모니터링은 공사종료 직후는 빈번하게 실시하고 점점 그 실시빈도의 간격을 넓히도록 한다. 일반적으로는 시공직후, 1년후, 3년후, 5년후, 10년후와 같은 간격으로 실시한다.

Control은 대조구를 의미한다. 대조구를 설정해 두는 것으로 '적어도 자연재생을 실시하지 않은 경우와 비교해서 어느 정도 자연환경이 재생되었는가를 평가할 수 있다.

모니터링 항목은 생물에 대해서는 식물군락의 조성과 구조, 분류군별의 종수, 주요종, 특히 목표종의 개체수, 분포, 개체의 크기 등을, 또한, 물리화학적 환경에 대해서는 기상, 지형, 토양, 수문, 일조 등을 조사한다. 조사항목은 될 수 있으면 BARCI로 통일하여 상호비교가 가능하도록 한다. 또 중요한 목표종에 대해서는 필요에 따라 조사항목을 증가시켜 목적에 맞추는 섬세한 모니터링을 한다.

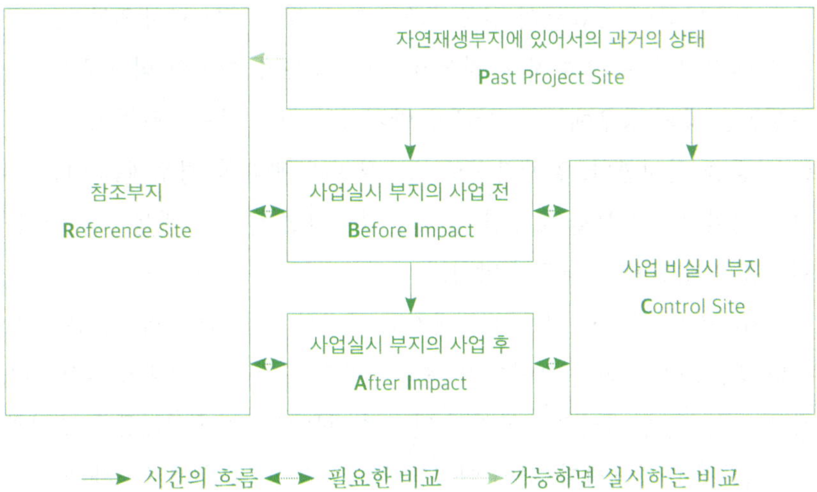

[그림 2-7] 자연재생 실행을 위한 모니터링

(출처 : 김남춘 등, 2010)

(2) 관리

재생부지의 관리는 모니터링 데이터를 근간으로 하여 상황의 변화에 유연한 대응을 하면서 실시한다. 이는 재생된 생태계는 불확실성이 높은 시스템이라는 것을 전제로 한 관리로서 순응적 관리(adaptive management)라 불려진다.

재생을 의도한 생태계는 시간과 함께 천이하여 간다. 그러므로 설정한 목표에 접근해 가면서 편향천이가 일어나고 있는가에 대한 판단이 중요하며, 편향천이가 발생한 경우에는 편향천이의 원인이 되는 식물을 제거 하고 정상적인 천이를 촉진시킬 필요가 있다(문석기 등, 2004).

또한 이차초원이나 이차림이 목표일 경우에는 목표에 도달한 후에 그를 지속시키기 위한 제초와 정기적인 벌채갱신 등의 관리를 실시한다.

태풍에 의한 홍수나 강풍이 있을 경우에는 자연에 있어서 플러스로 작용하는 경우와 마이너스로 작용하는 경우가 있다. 그 예로 홍수에 의한 범람과 같은 자연교란에 의해서 퇴행천이가 발생하고, 나대지를 선호하는 종의 서식적지가 출현하는 경우에는 나지선호종이 목표일 경우는 플러스가 되므로 모니터링을 지속하면서 그 결과를 관찰하면 된다.

이에 반하여 소규모의 연못이나 수로는 홍수시의 토사유입으로 단번에 매립되고, 육역화 하는 경우가 있다. 목표가 수변의 식물군락이나 수생곤충 등의 경우에는 그 상태로 방치하는 것은 바람직하지 않으므로 준설 등을 실시한다. 일반적으로 재생부지가 광대한 경우에는 변화 후에도 인위적인 회복을 도모할 필요가 없으며 소규모의 재생부지에서는 회복을 필요로 하는 경우가 많다.

외래종의 침입의 예방이나 제거도 관리상 중요하다. 외래종은 목표종의 생존을 위협하는 요인이며 특히 침략적 외래종은 경계가 필요하다. 예방조치로는 위에서 언급하였던 것처럼 생물재료로서 외래종을 도입하지 않는 것이 중요하다. 단지 아무리 주의해도 표토의 매토종자나 인근의 군락에서 종자산포 등에 의해 침입하는 경우가 있어, 완전한 침입방지는 기대하기 어렵다. 재래종이나 목표종의 생존에 관계하는 위험한 종에 대해서는 선택적인 제초나 포획에 의해 철저한 제거를 하지 않으면 안 된다. 외래종의 침입이 발생한 경우에는 조기대응이 가장 효과적이다.

[그림 2-8] 복원지 목표종 관리가 잘 된 모습(경포대 습지)과 로드킬 수거용 차량(독일) 사진

1.3 자연재생의 재료와 시공

자연재생은 생물학과 생태학의 지식을 기반으로 하여 과학적·기술적인 프로세스에 의해 진행될 필요가 있으며, 자연재생에 사용되는 재료는 인공적인 재료를 될 수 있으면 줄이고 생물이나 토양 등의 유기적 요소를 많이 활용하는 것이 바람직하다. 자연재생을 행함에 있어서는 이러한 재료의 특수성과 시공 시의 배려사항에 대해서 충분히 이해할 필요가 있다.

1) 자연재생의 재료

(1) 식물재료

식물재료는 대상지역이나 주변지역에서 채취한 재래종을 활용하는 것을 원칙으로 한다. 재래종은 그 지역의 자연과 생태계를 구성하는 것으로서 생태적 침입이나 생태적 교란을 발생시키지 않음으로 자연재생에서는 재래종을 활용한다(조동길 등, 2015).

하지만 이러한 재료는 시장성이 작아 생산량이 적고 생산되었다 해도 필요한 수량을 확보할 수 없는 경우가 많다. 그러므로 사전에 종자로부터의 육묘 등의 대응을 필요로 한다. 또한 계획이나 설계에 있어서 한 가지 개체종이나 치수규격이 아닌 다양한 종과 다양한 규격의 식물재료를 도입한 디자인 기술을 검토하는 것도 필요하다. 4대강 유역 수변구역 복원공사시 사용하는 자생종 색물재료는 용기재배 식물을 사용하면 잡초와의 경쟁에서 유리하고 목표하는 자생식생 군락을 효과적으로 재생할 수 있다.

재래의 식물을 활용하는 방법에는 개체를 그대로 이식하는 방법에서부터, 종자채취에 의한 재배법, 매토종자의 발아를 기대하며 표토를 산포하는 등의 다양한 방법이 있다(고정현 등, 2006; 김남춘 등, 2004).

(2) 동물류의 도입

동물류의 도입은 원칙으로서 자연이입에 의한 방법으로 한다. 단지, 수생생물이나 토양동물 등은 자연이입이 불가능 하므로 인위적 도입을 추진한다. 자연마당 조성사업에 물장군이 도입된 사례가 있다.

인위적으로 종을 도입하는 경우에는 ① 도입된 지역의 생물적 침입이나 유전적 교란의 발생을 피할 것, ② 그에 의해서 생태계에 다양성이 발생하는 종에 해당할 것, ③ 도입을 위해서 채집된 지역의 개체군이 멸종하지 않을 것 등에 배려할 필요가 있다.

(3) 표토

표토는 물리적으로는 생물의 생육·서식에 필요한 통기성과 보수성을 유지하고, 화학적으로는 성장에 필요한 영양염과 유기물을 포함하며, 생물적으로는 식물의 종자나 근부, 지하경, 곤충의 알이나 유충, 토양동물, 미생물 등 그 지역의 생물상 및 생태계를 형성하는 기반이 되는 생물이 포함되는 귀중한 자연자원이다(고정현 등, 2006; 김남춘 등, 2015). 그러므로 자연재생에서는 표토를 보전하여 이용하는 것이 바람직하다.

표토에 대해서는 ① 침략성이 높은 외래종의 종자나 뿌리의 혼입이 없을 것, ② 가식지의 용지를 확보하기 위해, 새로운 벌채나 토지의 개변이 이루어지지 않도록 하려면 사전에 확인해 둘 필요가 있다.

(4) 현장발생재

자연재생의 대상지에 생육하고 있는 식물과 공사에 의해 발생하는 암석과 조각돌은 그 지역을 형성하는 자원임으로, 될 수 있으면 재이용(Reuse)이나 재활용(Recycle)한다. 나무의 뿌리는 멀칭재로 혹은 토양기반재로 활용성이 높기 때문에 적치한 다음 재활용하여야 한다. 정기적으로 예취하는 풀은 퇴비화과정을 거쳐 재이용되기도 한다(김남춘 등, 2005).

(5) 신소재

최근에 녹화재료로서 다양한 신소재가 개발되고 있다. 자연재생에 있어서도 자연분해플라스틱이나 탄소섬유 등을 이용하는 실험이 이루어지고 있다.

그러나 자연재생의 재료는 외래종의 도입에 수반되는 생물적 교란, 타 지역으로부터의 재료에 혼입되는 식물 및 동물에 의한 유전적 교란, 현장발생재의 폐기물화의 방지 등의 관점에서 대상지역 혹은 그 주변에 있는 것을 도입하는 것을 원칙으로 한다.

[표 2-2] 기존 수목의 유효한 이용 사례

구분	주요내용
용재	간재(幹材)를 이용한다. 목책, 나무말뚝, 벤치, 차음벽 등의 표층재료로 사용
가지역기용 재료	나뭇가지를 가지역기용 재료로 사용
칩(chip)	뿌리와 줄기, 가지 등을 분쇄한 칩을 원료로 멀칭, 토양개량재 등에 사용
배양토(Compost)	나무줄기, 가지, 잎 등을 잘게 썰어 배양토 재료로 이용. 배양토로 사용 후, 토양개량제나 퇴비 등으로 활용
활성탄(活性炭, 숯)	나무줄기와 가지를 탄화 처리하여 숯을 제조. 목초액이 생성됨 숯은 토양개량제, 목초액은 소독제로 대용되고 있음
자연분해 플라스틱	미생물합성계·화학합성계·천연물계 및 그것들의 복합물에 의하여 생성되는 플라스틱은 토양중의 미생물에 의해 분해되어, 최종적으로는 수분과 이산화탄소로 분해됨 멀칭용재, 육묘포트, 보수시트, 흙 부대, 토목공사의 거푸집, 토류재 등으로 사용되며, 그 외에 철사나 철망 등에 피복하여, 수간이나 근계의 침식방지 등의 이용을 고려할 수 있음
탄소섬유	탄소섬유는, 생물친화성이 우수하고, 미생물이나 활성오니 등을 강력하게 고착시키는 기능을 소유함 그러므로 연못이나 하천의 수질정화, 정화장치의 접촉재, 인공해조류 서식처나 인공어초 조성, 조류의 산란처 등에 이용이 가능함

(출처 : 김남춘 등, 2010, 자연재생 내용을 일부 수정)

(6) 우수(雨水, 빗물) 등의 이용

부지 내에 내린 비는 부지 외부로 흘려보내지 않고, 관거나 집수정 등에 저류하여 식생 등에 의한 수질정화를 실행하고, 저류지 또는 침사지에 도입하여 생물의 생육·서식환경으로 이용하는 것을 검토한다. 신도시에서 저영향개발(LID) 기술을 적용하여 물순환과정의 왜곡(빗물침투 저하, 수분함량녹지 감소 등)을 최소화하고 도시홍수 저감, 도시하천 유량 확보 등 기술적 편익을 얻을 수 있다. LID는 도시환경에 적용하는 생태기술이다.

2) 외래종에 대한 고려

지역의 경관이나 문화는 기나긴 시간에 걸쳐 인간과 자연과의 상호관계에 의하여 성립되어 왔다. 자연재생을 행하는 경우에는 지역의 경관과 문화를 파괴하거나 변질시킬 수 있는 외래종에 대처해나가야 할 필요가 있다(김남춘 등, 2010; 박소현 등, 2016).

종은 상호가 교배하여 자손을 남기는 집단으로서 다른 집단과는 교배하지 않는 생물의 집합체이다. 하지만 동일종이라도 지역에 따라서는 개체의 크기나 체외부의 색이 다를 경우는 유전자의 레벨에서 다른 것으로 판단하고 있다. 또한 근친의 이종 간 교배에서는 쌍방의 형질이 나타나는 잡종이 형성된다. 유전적 교란이나 잡종의 형성은 종의 고유성을 잃기 때문에 생물다양성이 감소하는 원인이 된다.

종은 자연분포로서 생육·서식하는 종, 아종, 또는 그 이외의 분류군을 지칭하여 자생종 혹은 재래종이라 한다. 이에 반하여 과거나 현재의 자연분포지역외의 지역에 인위적으로 도입된 종, 아종, 또는 그 이외의 분류군을 통칭하여 외래종 또는 이입종이라 한다. 외래종에는 생존하고 번식이 가능한 모든 기관, 배우자(세포), 종자, 알, 무성적번식자 등을 포함한다.

종의 도입에는 직접적인 도입과 간접적 도입이 있다. 직접적 도입에는 감상이나 애완, 원예나 녹화, 생물농약 등으로 의도적으로 도입되는 것과, 의복에 부착하거나 수입된 물품에 혼입되는 등의 비의도적으로 도입되는 것이 있다. 그리고 간접적 도입에는 도시화에 의한 기후변화 등에 의해 말매미가 그 분포지역을 확대하는 것과 같은 사례가 있다.

자연재생에 있어서 외래종 문제에 대한 기본적 고려사항은 ①외래종 침략의 위험성에 대한 평가를 할 것, 다음으로, ②침략적 외래종의 침략을 예방할 것, ③이미 침략한 침략적 외래종을 근절하거나 다른 지역으로 확대되지 않도록 봉쇄하거나 대책을 강구하는 것이다(김남춘 등, 2010; 문석기 등, 2004).

외래종 문제는 그 대부분이 명확하게 밝혀지지 않은 관계로 예방원칙에 준하여 대응한다. 그러기 위해서는 처음에 현상을 파악하기 위한 조사를 실시하고 각종 정보 등을 활용하여 외래종에 의한 영향의 정도와 정착가능성을 판단한다.

외래종의 침략성에 대해서는 종의 특성뿐만 아니라 도입된 지역에 있어서 생물다양성의 특성이나 생태계의 취약성에 따라서 다르다. 그 예로 외래종이 차지하는 비율이 낮은 지역에서는 외래종의 발현가능성이 크다고 볼 수 있기 때문에 가능하면 외래종을 도입하지 않는 것이 바람직하다. 또한 다수의 멸종위기종 등이 생육·서식하는 지역에서는, 보전상의 중요성이 높으므로, 외래종은 제외시켜야 한다.

2. 자연재생의 설계 전략

자연재생사업지에 대한 설계는 생태계의 구조와 기능에 대한 이해를 바탕으로 이루어져야 한다. 지역의 경관이나 문화는 기나긴 시간에 걸쳐 인간과 자연과의 상호관계에 의하여 성립되어 왔으므로 자연재생을 행하는 경우에는 지역의 생태계의 구조와 기능을 존중하면서 생물과 인간과의 관례를 중시하는 방향으로 설계가 진행되어야 한다.

생태복원은 생태적 복원과 유사하지만 다르다. 생태적 복원은 시행착오적인 접근이 많고, 생태공학적 기술을 바탕으로 한다. 하지만 두 분야는 상호 의존적이다. 생태계와 인간 모두에게 이익이 되며 생물다양성을 보존하고 복원하는데 공동의 목표를 두고 정보를 교환하며 적합한 목표종을 수립하고 다양한 생물서식환경을 제공함으로써 지속가능한 발전을 도모하여야 한다.

2.1 생태계를 고려한 자연재생 설계의 원칙

인간계와 생태계를 고려하고 유지관리에 적합한 자연재생 전략을 수립하고 계획, 설계과정을 성공시키기 위해서는 아래와 같은 개념을 바탕으로 한 18가지의 자연재생 설계원칙을 반영하여야 한다(Mitch and Jorgensen, 2004).

원칙 1. 생태계 구조와 기능은 시스템의 주도적 기능에 의해 결정된다.

생태계는 질량과 에너지를 환경과 교환하며 이 과정에서 생태계는 개방되어 있어 교환으로 인한 인접 생태계에 영향을 미친다. 그 예시로 일반적인 농업은 잉여 영양분과 살충제를 인접 생태계로 배수시키며, 이를 통해 수질오염, 녹조 등을 발생시켜 생태계에 영향을 준다. 이러할 경우 오염을 경감시키기 위한 비점오염원 관리와 생태적 정화가 요구된다. 그 방법으로 습지, 저수지 등을 통하여 시스템의 생태적 원리에 의한 생태적 기능을 적용 시켜 양분 부하 및 부영양화 감소가 이뤄져야 한다. 이러하듯 생태계의 전박적인 궤도가 궁극적으로 강제력에 의해 결정될 수 있다는 점을 간과하지 말아야 한다.

원칙 2. 생태계에 대한 에너지 투입 및 물질의 저장은 제한적이다.

이 원칙은 물질과 에너지의 보전에 기초한다. 생태계에 지배적인 에너지 투입은 태양 에너지이며, 지속가능한 유일한 에너지원이기도 하다. 다른 형태의 에너지(예 : 화석연료)로 에너지원을 보충 할 수 있으나, 대체 에너지원을 사용하면 생태계 예측은 가능하지만 에너지 투입은 지속가능하지 않을 수 있다는 문제점을 가지고 있다. 만약 영양분 제거를 위해 습지조성을 할 경우, 토양의 영양문제를 해결하기 위한 비료가 사용되어 영양분이 지속적으로 증가하다면, '과연 그 습지가 영양분을 제거할 목적으로 조성되어야 하는가?' 라는 의문점을 가질 수 있다.

원칙 3. 생태계는 개방적이고, 소산적인 시스템이다.

생태계는 외부로부터의 지속적인 에너지 투입에 의존하며 이 원리는 열역학 제 2법칙의 생태계에 대한 적용이다. 유입된 에너지는 유지 보존, 호흡 및 증발산 등을 위해 필요한 에너지를 충당하기 위해 사용된다.

원칙 4. 제한 요인들에 대한 주의는 오염을 예방하거나 생태계를 복원하는데 가장 전략적이다.

이 원칙의 적용은 생태계를 통한 질량 흐름이 생화학적 화학양론에 의하여 적용되었다. 일반적으로 레드필드 비율 적용 시 평균 41:7:1의 비율을 적용하여 습지가 10g의 인을 흡수할 것으로 기대한다면, 410g의 탄소를 준비하고 만약 준비가 어려울 경우 여분 요소들을 인접생태계로 유출한다. 이 경우 습지는 자연스러운 균형 과정에 도달하게 되며, 그 예시로 잘 관리된 덴마크 농장에 대한 조사결과 농장의 완전한 자재 흐름 분석을 통해 공해를 줄이고 자원을 절약할 수 있다는 것을 보여주었으며, 이 결과는 오염물질 배출수준의 감소 및 비용절감을 의미한다. 이러한 방법은 복원사업 및 오염예방에 적용이 가능하며, 생태복원 시에는 가장 중요한 작용 요인에 집중해야 한다. 광산복원시에는 가장 중요한 제한 요인으로 복원에 필요한 유용한 종자 소스가 작용한다. 토지복원 시에는 가장 중요한 제한요인으로 수문학적 요소가 작용한다.

원칙 5. 생태계는 강력한 변수의 영향을 완화하고, 충격을 줄이고자 하는 약간의 항상성 기능을 가지고 있다.

생태계는 일정한 상태를 유지하려는 속성으로, 조화와 균형을 이루는, 항상성 능력을 제한적으로 가지고 있다. 만약 생태계가 가지고 있는 항상성의 능력을 초과할 경우 시스템의 고장이 유발된다. 이러한 점을 고려하여 자연환경관리 시 완충능력적인 측면을 고려하는 것이 중요하다. 만약 완충능력을 고려하지 않을 시 생태계의 근본적 변환 및 붕괴의 위험 가능성을 가지게 된다.

원칙 6. 오염의 영향을 저감하기 위해 재활용 경로를 생태계의 비율에 적용한다.

이 원칙은 원칙 2와 관련된 내용이며 재활용 경로를 생태계 비율과 대응하여 볼 필요가 있다. 그 예시로 농업에서 슬러지 재사용을 들 수 있다. 슬러지 재사용 시 영양염의 양을 고려하여 슬러지에 포함된 영양분을 식물이 수용 할 수 있는 시간 보다 빨리 도포할 경우 수용되지 못한 상당량의 영양분이 농업생태계와 인접한 하천, 호수 및 지하수로로 유출되어 오염을 유발하게 된다. 그러나 질소의 제거 및 탈질에 대한 온도의 영향, 토양의 수리 전도도, 경사 및 식물 성장률이 모두 분뇨의 적용 계획에서 고려된다면 환경영향은 매우 낮고, 환경이 수용 가능한 수준으로 유지할 수 있게 된다.

원칙 7. 가능한 경우 펄싱 시스템(pursing system)을 고려한 설계를 한다.

생태계의 경우 본질적으로 펄싱 패러다임이라는 원리를 가지고 있으며, 해안 습지의 경우 하루 두 번 조수를 흘리지만 생산적이며 안정적이다. 이 경우 펄싱 패턴이 있는 생태계는 상대적으로 일정한 패턴을 가진 시스템보다 생산성, 생물학적 활성도 및 화학적 사이클링이 우수하다. 그 예시로 Cannan에 있는 강어귀는 펄싱 시스템의 인식과 생태 공학에서 어떻게 활용 될 수 있는지를 보여주며, 강어귀와 해안을 따라있는 섬의 해안은 매우 생산적인 맹그로브 습지대이며, 전체 강어귀는 물고기와 새우의 중요한 둥지 역할을 한다. 또한 생산적인 농경지가 있는 상류로 범람하는 것을 피하기 위해 통로를 조성하고, 수로의 폐쇄는 강어귀에서의 염분 감소로 인해 수로를 열어 놓고 싶은 어민과 닫히기를 원하는 어부 사이에서 갈등이 발생하게 되는데 펄싱 힘(조류)을 이용하는 생태 공학적 접근 방법을 사용하여 해결 할 수 있다.

원칙 8. 생태계는 자체 설계 시스템이다.

자연의 자체 설계 능력이 많을수록 그 시스템을 유지하는데 드는 에너지 비용은 감소하게 된다. 또한 자기 설계의 경우 생태계 차원에서의 적응을 의미하기 때문에 잘 작동하는 자연적 규제 메커니즘을 제거하지 말아야 한다. 호수 복원에 건설된 습지를 사용하는 것은 수생 생태계에서 취한 자기 설계 원칙을 적용한 한 예로 습지대를 설계하여 호수에 유입되는 물에서 영양분을 부분적으로 제거한다면, 호수 자체가 스스로 설계하여 부영양화 수준을 감소시킨다. 또한 건설된 습지의 경우도 자체 설계를 계속적으로 유지하게 된다. 습지가 과잉 관리되지 않고, 생태적으로 설계된다면 다양성(복잡성)과 영양물 제거 효율은 점진적으로 증가하게 된다.

원칙 9. 생태계의 과정은 환경 관리에서 설명되어야 하는 특징적인 시간과 공간의 척도를 가진다.

습지와 삼림은 높은 토양 습도를 유지하고 강수량을 조절하는 역할을 한다. 만약 식물이 제거되면 토양은 직사광선에 직접 노출되어 건조가 진행될 경우 유기물이 타 버리게 된다. 또한 지나치게 큰 밭의 조성은 야생동식물이 농업의 패턴에서 중요한 요소로써 생태학적인 틈새를 찾는 것을 방해하며, 이의 해결책은 농경지와 목초지를 경관의 통로 또는 농업과 다른 생태계 사이의 생태계로 연결하여 유지하여야 한다. 즉 환경 관리는 생물 다양성 유지를 위한 특정 공간 패턴의 역할을 고려하여야 한다. 해양의 경우 가능한 신속히 신선한 물을 바다로 운송하기 위한 조수의 사용에 관한 예는 생태 공학에서 적절한 시간과 공간을 사용하는 원리를 설명하기 위해 사용된다.

원칙 10. 생물다양성은 생태계의 자기설계적 용량을 유지할 수 있도록 옹호되어야 한다.

화학적, 생물학적 다양성은 생태계의 자기설계적 능력과 용량을 완충하는데 기여한다. 생물다양성은 생태계가 지닌 자기설계적 능력으로 어떤 변화나 교란에 대응할 수 있는 힘을 향상시킨다. 광산지역이 주변의 다양한 종자 소스에 의해 복원되어 지거나, 습지에 다양한 식물유형으로 종자가 파종되어도 나중에는 한두 가지 종으로 우점되어 지는 현상이 나타나고, 생물학적 처리에 의한 호수 복원 시 통상 생물다양성이 높아지고 완충능력이 향상되는 현상을 볼 수 있다.

원칙 11. 에코톤(ecotone), 전이구역(transition zone)은 세포의 세포막처럼 생태계에서 중요하다.

생태 공학은 전이 영역의 중요성을 고려해야하며 에코톤의 경우 인접한 생태계의 생태계에 부과 된 바람직하지 않은 변화를 흡수 할 수 있는 완충지대로써 강 저지대의 습지와 강기슭 숲에서는 농업에서 나온 질산염을 흡착하는 것이 해안선 보호를 위한 환경 관리의 주요 쟁점이다. 또한 대형식물로 조밀 한 초목을 가진 건강한 해안 지역은 호수에 도달하기 전에 오염을 흡수 할 수 있으며 세포막처럼 호수에 있게 된다.

원칙 12. 생태계 간의 결합은 가능한 한 활용되어야 한다.

생태계는 고립 될 수 없으며 시스템을 유지하기 위해 에너지의 입력이 필요하기 때문에 개방형 시스템이어야 한다. 또한 생태학적 관리는 항상 모든 생태계를 고립 된 서브시스템이 아닌 상호 연결된 시스템으로 간주되어야 하며, 지역뿐만 아니라 지역 및 세계적인 영향을 고려해야 한다.

원칙 13. 생태계의 구성요소는 상호 연관되어 있고, 네트워크를 형성하고 있으며, 생태계 개발의 간접적인 영향을 고려할 필요가 있음을 암시한다.

생태계는 모든 것이 모든 것에 연결되어 있는 개체로써 생태계내의 모든 구성요소에 대한 영향은 생태계의 모든 구성요소에 직접 또는 간접적으로 영향을 미친다. 이때 직접효과 보다 간접효과(영향)가 더 중요하며, 그 예로 육식성 곤충에 대한 살충제 사용의 경우 육식성 곤충에 현저한 영향을 줄 수 있다. 또한 의도 한 것보다 초식성 곤충에도 영향을 주게 된다. 또 다른 예시로 도시 폐수 또는 농업 유출수를 청소하기 위해 습지를 조성할 경우 사향 쥐 및 기타 동물의 유입이 우려된다.

원칙 14. 생태계는 발전의 역사를 가지고 있다.

오래된 생태계는 미숙한 생태계와 비교하여 높은 생물다양성을 갖는 원리의 또 다른 중요한 특징으로 오랜 역사를 지닌 생태계는 역사가 없는 생태계보다 자연 환경의 배출량에 더 잘 대처하며, 생태계는 하룻밤 사이에 발생하지 않는다는 것을 이해할 필요가 있다. 생태계가 발전하는데 시간이 걸리므로, 생태계 복원 및 창출에 성공하기 위해서는 많은 시간이 필요로 한다.

원칙 15. 생태계와 종은 지리적인 측면에서 가장 취약하다.

생태계 생성 또는 복원을 포함 할 때, 종은 환경적 허용 범위의 중간 범위에 있으며 완충 능력을 향상시키기 때문에 생태계 조작 시 이 원칙에 따라 관련된 종들을 신중하게 선택하는 것을 고려해야한다. 생태학적으로 건전한 계획은 이 원칙을 적용하여야 하며, 지리적인 측면에서 생물학적 구성 요소의 미사용을 피해야 한다.

원칙 16. 생태계는 계급 체계이며, 보다 큰 경관의 일부이다.

헤지스, 습지, 해안선, 에코톤 및 생태학적 틈새와 같이 전체 경관의 건강에 기여하는 요소들을 관리하여 경관 다양성을 유지하는 것이 중요하다. 또한 통합 농업의 경우 계층적 구조의 건설에 더 많은 요소들이 사용되기 때문에 산업화 된 농업보다 더 쉽게 원칙을 따를 수 있다. 수생육지 경관의 경우 얕은 해안 지역, 저서 생물 지역, 표토 및 표토를 포함한 다양한 서식지의 생지 화학 및 먹이 사슬의 역할이 각각 다르기 때문에 각각의 산소, pH, 영양소 및 온도와 관련하여 적절한 조건을 개발하여 구역에 맞는 다양한 유기체를 유지해야 한다.

원칙 17. 물리적 및 생물학적 과정은 상호 작용한다. 물리적 상호작용과 생물학적 상호 작용을 모두 인식하고 적절하게 해석하는 것이 중요하다.

이 원칙은 새로운 수문 전략을 달성하기 위해 세 가지 수문학적 과정이 생물 역학과 통합 된 생태 수문학(ecohydrology)에서 시작 되며, 원칙의 활용에 대한 예로 어란 산란 기간의 수위 조절시 어린 어류의 과도한 밀도를 줄이고, 고농축 동물성 플랑크톤을 유지하는 효과를 볼 수 있다.

원칙 18. 생태기술은 상호작용하는 부분과 공정을 가능한 통합하는 총체적 접근법을 필요로 한다.

이 원칙은 생태계에 대한 전체적인 관점과 일치하며, 산소농도와 조류 연속은 수력 역학적 과정과 저수지의 해면 기상 조건에 의존하기 때문에 유체 역학과 생태학적 과정의 역동성 사이의 상호작용을 통해 시간의 함수로서 수질을 최적화하는 것이 가능하다는 점을 보아 생태공학의 적절한 사용은 생태계를 전체적으로 고찰하는 것을 필요로 하다는 것을 알 수 있다.

원칙 19. 생태계에 있는 정보는 구조물에 저장된다.

구조물은 엔트로피로부터 벗어나는데 활용 되는 에너지 입력의 결과이며, 이러한 구조물에는 유기체뿐만 아니라 지형의 물리적 구조도 포함되어있다. 또한 크기는 구조물의 중요한 특징이다. 생명체의 크기는 발달 속도, 이동 속도, 그들이 거주하는 지역의 범위와 같은 삶의 많은 중요한 특징을 결정하고 유기체를 둘러싼 구조의 최소 크기는 그들의 필요를 충족시키기 위해 필요하다.

2.2 자연재생설계 이론

특정 지역에 분포하는 자연식생군락은 유사한 환경조건을 지닌 인근 지역의 생태적 복원의 모델이 될 수 있다. 그 지역 고유의 자연 생태계와 유사한 구조를 지닌 식생군락을 복원하기 위해서는 자연식생군락에 대한 단순화(simplicification), 추상화(abstraction) 또는 본질화(destiliation) 작업을 하여 군락의 주요종들을 선별해 내는 과정이 우선되어야 한다 (Morrison, 1996; 김남춘, 1998).

자연식생군락을 대표하는 우점종, 출현빈도가 많은 종 시각적 우세종 위주의 복원설계를 하고, 이들이 생육하기에 적합한 토성, 토양수분, 광조건 등을 고려해 주며, 초기 도입종들이 생태적으로 안정될 때까지의 시간을 고려해 준다면 작은 공간일지라도 자연재생사업을 성공적으로 완성시킬 수 있다.

자연식생군락의 재현은 자연식생군락의 유형화된 추상적 재구성 과정으로 볼 수 있다. 자연재생 사업 후 점진적 변화현상(drift)을 고려하여야 하는데, 자연에서는 대부분 여러 가지 식물들이 혼식되어 존재하고 그 속에서 어떤 특이한 식물구성으로 몰입되는 경향(pattern)이 나타난다. 이러한 특이한 구성으로 서서히 변해가면서 생기는 질서를 발견할 수 있다. 이러한 질서는 자연경관에서 느껴지는 아름다움의 원천이 되기도 하는데, 그것은 많은 경우 인간에게 동일요소의 집단화된 형태로 인식되고 복원설계의 모델이 된다(Morrison, 1985). 자연식생 위주의 생태복원 설계에서 이러한 패턴을 조성하는 것이 최후의 목표이며, 변화를 용인하기 어려운 전통적인 조경식재 설계기법과는 뚜렷한 차이가 있다.

변화현상(drift)과 패턴(pattern)은 자연재생사업 설계에서 구현하는 목표상이며, 습지조성, 초지조성, 생태숲을 조성하고자 하는 경우 이러한 현상이 나타나야 원하는 목표군락이 조성되고, 자연의 미를 느끼며, 유지관리가 용이한 생태계임을 인정하여야한다.

[그림 2-9] 변화현상과 패턴을 잘 보여주는 복원지 모습

완공 후에는 외래종과 교란종에 대한 순응적 관리시스템이 적용될 때 자연재생사업의 성공 가능성은 높아진다. 천이를 추진하는 힘은 촉진조절모형(facilitation model)과 내성조절모형(tolerance model), 억제조절모형(inhibition model)의 3가지 유형이 적용될 수 있으므로 자연재생사업지는 촉진조절모형이나 내성조절모형을 따를 수 있도록 유념하여 설계와 관리가 이루어져야 한다(Morrison, 1996).

습지, 하천, 생태숲, 생태공원, 인공지반, 비탈면 등 다양한 공간 유형별 자연재생 계획 및 설계, 시공과 유지관리에 대한 자세한 내용은 이들 공간별 설계기준이나 요령, 시방서 등을 참조한다.

다음은 택지개발사업지내 조성하여야 하는 근린공원을 생태형공원으로 조성 시 URBIO 지표에 의한 평가 시 높은 점수를 얻기 위해서는 아래와 같은 계획 및 설계와 시공, 유지관리와 관련된 원리들이 적용될 수 있다(경기도시공사, 2018).

기존 토양 및 식물 유지

- 공사 시 최대한 기존 토양을 유지하고 교란을 최소화 하도록 진행하며, 표토를 보전하고 오염시 개량 후 재사용하여 기존 토양을 보전함으로써 지역에 적합한 식물이 잘 자라도록 토양 관리를 실시한다.
- 기존 토양과 식물을 최대한 유지하고 이용재료를 현지로부터 조달함으로써 토양교란을 최소화시키고 공사비용을 절감할 수 있다. 또한 추가적인 자재 활용을 줄임으로써 에너지 보전을 한다.
- 토양개량을 할 수 있는 녹비작물을 식재하여 내부에서 토양의 비옥도 관리를 도모한다.

친환경 재료 사용

- 부지 내 다양한 시설물 설치 시, 나무와 돌 등의 자연의 재료를 사용하여 친환경 시설물로 구성되도록 계획 한다.
- 대상지 관리 시 발생하는 나뭇가지 등을 우드칩으로 만드는 등 재활용하여 사용하는 것을 장려한다.
- 석재, 토양, 식재는 현장에 있던 자연재료나 지역에서 생산된 재료를 사용하는 것을 원칙으로 한다.
- 재료는 인근지역에 버려졌거나 시민들이 사용하지 않는 목재 재사용을 장려하고 재활용 인증된 재료의 활용 비율을 높여 자원을 절약하고 비용을 절감한다.
- 동선 포장은 생태흙길 포장을 도입한다. 투수성이 높은 생태흙길포장은 걷기에 편하고, 강도에 따라 다양한 이용이 가능하다.

자생식물종 위주의 설계

- 자생식물 식재를 통해 관수 및 관리 필요성을 줄여 관리 부담을 최

소화시키고 자생 식물군집의 보전과 복원 목표를 추구한다.

- 오랜 세월동안 기후풍토에 생리·생태적으로 적응한 자생종을 이용하면 경관에 잘 조화되고 도입수종보다 유전적 변이도 적고, 지역 적응성도 우수하며 관리하기에도 용이하다(Morrison, 1996).
- 황벽나무나 마가목, 누리장나무 등과 같이 자생식물 중 야생동물의 먹이를 제공할 수 있는 식물 식재를 통해 생물이 서식할 수 있는 환경을 마련한다.
- 양치식물, 허브식물, 옥잠화 등 지피식물, 구절초 등 야생화 식재를 하여 다양한 식생경관을 조성한다.

천이를 고려한 식재 방식

- 적절한 식재 방식을 통해 현재의 과도한 사후 식재 관리 부담을 줄이고 자연 천이가 정상적으로 진행될 수 있도록 장려한다.
- 천이가 자연스럽게 진행될 수 있도록 사람들이 접근하기 힘든 저관리 공간을 구체적으로 계획한다.
- 심는 지역에 따라 자연림형태에 적합한 배식 계획을 수립한다.
- 조성단계에서 생태적 배식체계를 제대로 고려하지 못해 조성 완료 후 식재수목이 고사하고 생태적 구조를 갖추지 못하는 등의 문제가 있기 때문에 다양한 식재모델 연구 분석을 통해 적합한 식재 방식을 선정한다.

서식지 유형의 다양화

- 서식지유형 다양화를 통해 다양한 생물 종 다양성을 높이도록 유도한다.
- 습지 공간: 물웅덩이, 연못, 습지와 같은 정수공간과 수로를 통한 유수 공간 등 수공간도 다양하게 조성하여 생물의 서식 공간이자 생물의 필수요소인 물을 제공하는 공간
- 산림 공간: 숲의 천이과정에 따라 자연스럽게 지역의 극상림으로의 천이가 진행되는 공간으로 대교목을 보전하고 다층구조 조성,

잔존물 방치 등을 통해 다양한 생물이 살아갈 수 있는 공간
- 초지 공간: 자연적으로 방치되는 공간으로 식물이 자연스럽게 천이하는 과정을 관찰 할 수 있는 공간
- 건생비오톱: 건조한 환경에서 생육이 가능한 식물들 위주로 조성된 공간
- 나비비오톱; 나비류의 유인에 효과적인 현화식물들 위주로 식재된 공간
- 양치식물 공간; 영구 그늘지역에 조성한 다양한 양치식물 식재공간

연결성 증대

- 공원 내부 녹지와 외부 녹지를 연결함으로써 하나의 큰 녹지로써 기능할 수 있도록 계획한다.
- 식재를 통해 직접적으로 연결하는 것이 좋지만 어려운 경우 도로 조경 및 가로수 식재 등을 통한 연결을 시도한다.

물순환 기능 강화

- 생태적 물순환 네트워크를 구축하기 위해 우수의 집수 시설과 물이 저류될 수 있는 레인가든 등을 비롯하여, 생태수로 등을 조성하여 물을 저장하고 습지와 연결되도록 조성한다.

에너지 저감을 위한 설계

- 건물이 있을 경우 옥상 또는 벽면 녹화를 통해 냉난방 에너지를 절감한다.
- 에너지 소비가 적은 LED 조명 등의 시설물 이용, 태양광 패널과 같은 재생에너지를 적극적 활용한다.
- 자가발전 운동기구 등 시민들이 직접 이용하는 시설물에 에너지 저감 시설을 이용하여, 실제로 에너지를 저감하면서 시민들에게 절약에 대한 교육을 진행한다.

주민들의 삶의 질 향상

- 생태공원으로 이용되기 위해서는 시민들이 쉽게 접근할 수 있는 필요성이 있지만, 생태공원으로서의 특징과 생물 서식지가 유지되기 위해서는 어느 정도 출입이 제한받는 공간도 조성하여야 한다.
- 생태공원에서는 관람객 수를 제한하지만 도심지내 생태형 공원은 인위적인 제약이 어렵기 때문에 동선계획과 공간계획을 통해 생물 서식처 보전계획을 마련하여야 한다.

적응적 식재 관리

- 식재 시 주변의 식생을 분석하고 자연적으로 발생하는 지역 기반 식생을 대상지에 식재함으로써 부지의 토양, 기후와 적합한 것을 식재하도록 계획한다. 이를 통해 관수 부담을 줄일 수 있고 식재 시 양호하게 성장할 가능성이 높여 유지관리비를 효율적으로 감축한다.
- 식재 병해충 관리 시 유기물로 구성된 제품의 사용이 가장 좋으며 친환경적 생물학적 관리 방식을 도입하여 불필요한 화악약품 사용을 줄인다.
- 식재 전정 및 관리 시 배출되는 나뭇가지나 낙엽 등의 발생 유기물은 대상지 내에 존치해 자연스럽게 땅의 비옥도를 높이고 생물을 위한 서식처 조성에 활용한다.
- 초지공간은 연간 깎기 횟수를 정하여 체계적으로 관리한다. 제초제 사용은 금지하며, 깎기 횟수와 추가 파종으로 목표군락을 유지한다.

적응적 우수 관리

- 빗물의 조경용수 활용, 적극적인 빗물 저장 활용을 통해 수돗물 의존을 낮추고 부지 외부로의 유출수를 최소화하는 목표를 수립한다. 이를 통해 관리 비용을 낮추고 에너지를 절약할 수 있으며 추가적인 비점오염 원인도 제거 가능하다.
- 투수성 포장을 통한 자연적인 수원함양을 추구한다.
- 빗물흐름을 이용한 자연적인 폭포 경관이나 수로 등을 통해 미적요소로 활용한다.

- 인근 도로의 우수가 흘러가도록 설계하여 식생수로를 통해 자연정화하고 재활용한다.
- 건물 지붕의 빗물은 집수 및 저류시스템을 이용하여 조경용 수로로 사용한다. 효율적인 드립(drip)관수시스템, 관수우물 등으로 관수로 인한 물 낭비를 줄인다.
- 대상지 곳곳에 침투 저류지, 빗물정원, 식생수로를 통해 녹지공간에 의한 유출저감, 침투에 의한 수자원 보호, 식생 토양에 의한 자연적인 수질정화 및 생태경관 개선을 추구한다.
- 연계처리효과(treatment train concept)을 이용하여 여러 가지 빗물처리 기술을 조합하여 효과의 증진을 기대한다.

적응적 에너지 관리

- 에너지 자립적인 공원을 만들기 위하여 태양광을 사용하는 가로등과 태양광판 등의 설치를 점차적으로 늘려간다.
- 에너지 절약 방안에 대한 교육과 생태발자국과 같은 자원 소비적 측면에 관한 교육도 진행한다.

2.3 자연재생을 위한 도시녹지공간의 설계 지표

미국 조경가협회(American Society of Landscape Architects)와 레이디 버드 존슨 야생화 센터(Lady Bird Johnson Wildflower Center), 미국 식물원(US Botanic Garden)에 의해 개발된 SITES(SUSTAINABLE SITES INITIATIVE)는 개발자, 부동산 소유주, 조경가, 엔지니어, 기획자, 건축가 및 기타 사람들이 생태계 서비스를 보호하고 복원, 향상시키는 방법을 보여주는 포괄적 가이드라인 및 평가시스템으로 대학 캠퍼스, 큰 구역, 쇼핑몰, 공원, 상업 센터 또는 주택과 같은 모든 프로젝트에 적용가능하다.

SITES는 대상지 배경(Site Context), 설계 전 평가와 계획(Pre-designassessment + Planning), 대상지 디자인-물(Site design-Water), 대상지 디자인-토양+식물(Site design-Soil+Vegetation), 대상지 디자인-재료 선정(Sitedesign-Materials Selection), 대상지 디자인-건강증진과 생활복지(Site

[그림 2-10] 자연체험이 가능한 자연놀이시설(독일사례)

design-Human Health+Well-Being), 건설(Construction), 운영과 유지(Operations+Maintenance), 교육과 활동 모니터링(Education+Performance monitoring), 혁신 또는 모범적인 성과(Innovation or Exemplary Performance)등 10개의 분야로 구성되었다. 공간의 지속가능성을 달성하기 위해서는 적절한 부지 선정 및 부지평가부터 설계 시공까지 그 개념이 이어져야 하고, 이후 적절한 운영 및 유지 보수가 이루어지고, 지속가능성에 대한 지식 기반을 높이기 위한 교육 및 모니터링이 계획되었다(손희정, 2017).

도시녹지공간의 지속가능 생물다양성 설계지표(URBIO INDEX)는 도시에서 지속가능성을 높혀 생물다양성을 보존하고 복원하기 위해서는 실제적으로 공간을 계획하고 설계하고 유지 관리하는 과정이 도시 전체의 생물다양성 증진에 중요한 요소라고 판단하여, 계획과 설계, 사용 재료, 이용편의성, 생물다양성, 생태계 기능, 유지 관리의 여섯 카테고리로 평가를 실시하고자 하였다. 이 지표는 도시 내 공원 및 녹지공간 설계에 적용하기 위해 만들어졌으며, 총 25개의 지표로 이루어져 있으며 총 점수 100점으로 환산되어 평가된다.

URBIO 지수는 1) 적용하기 쉽고, 2)과학적으로 신뢰할 수 있으며 가능한 객관적이고 공정하고 실질적인 의사 결정을 위한 데이터 제공을 목표로 하였다(Müller, 2014). 다른 지표들과 달리 인증제로 활용되기보다는 자가 평가의 결과를 다이어그램으로 나타내 부족한 분야를 판단하고, 기술된 내용에 맞춰 설계 내용 및 조성계획을 조정함으로써 지속가능성을 추구하는 것이 가능하다. 아래 표는 2009년부터 유럽에 적용된 것을 2017년 서울시 생물다양성 전략의 일환으로 일부 수정된 내용으로 작성되었다.

[표 2-3] URBIO INDEX의 구성항목과 평가지표

카테고리	지표	평가 내용
계획과 설계	계획과 설계의 수준	전문가 참여 정도
	계획 목표로서 지속가능성 적용	지속가능성 목표 제시와 구체적 적용
	계획과정 상에서 시민과 이용자의 참여	시민참여 반영 정도
	이전 용도와의 비교	대상지의 질 향상
사용 재료	지역자생종 사용 (교목, 관목)	지역자생종 비율
	지역자생종 사용 (초본, 지피 초화류)	지역자생종 비율
	발생재 활용	발생하는 유기물 처분 방법 실행 개수
	자재의 재이용 및 재활용	자료 존재 - 친환경 재료, 재료 및 재활용 비율, 현장 점검 - 발견된 재이용 및 재활용 개수

카테고리	지표	평가 내용
이용편의성	무장애	무장애 친화공원 최소 기준 달성 여부
	접근성	접근 편의성
	이용다양성	연령대와 활동내용 다양성
	이용친화성	시설물 및 공간의 적절한 기능
생물다양성	서식지 다양성	다양한 서식지 유형 조성
	핵심종 및 깃대종 출현	목표종 출현 여부
	생태계 교란종 관리	총 출현종 수
	비오톱 네트워크	주변 녹지와의 연결 거리
	저관리 공간	저관리 공간 존재 유무
생태계 기능	기후 조절 기능	기후 조절을 고려한 설계
	지하수 오염 관리	화학 비료 사용량
	수원 함양 기능	불투수면 비율
	토양 보전	토양보전 노력
유지관리	대상지에 적합한 식물 종 사용	관리에 양호한 식물종 사용
	우수의 이용	우수 재이용 관련시설의 설치여부
	조명	친환경적 조명 사용
	모니터링 및 적응 관리	모니터링 및 적응 관리 시책 시행

(출처 : 경기도시공사, 2018, 광주역세권개발 사업 생태형 공원 조성 모델연구)

2.4 도시내 생태형공원 생물다양성 설계

개발사업의 일환으로 신규로 조성되는 공원녹지의 경우 주로 미적인 관점에서 조성되며 기존의 생물상에 대한 고려와 생태적 가치 증진을 위한 노력이 부족하다. 생태적 특징을 고려하지 않은 공원의 경우 유지관리 비용 및 인력이 많이 소요되는 것으로 나타나며 식생 및 관리의 측면에서 지속적인 관리의 요구도가 높아 생태적 특징이 반영된 저관리형 공원 모델의 도입도 필요한 시기이다.

도시 녹지 공간의 지속가능성을 추구하기 위해서는 환경적 가치를 최상위 목표로 설정하고 생태환경 및 기존 생물상, 생태네트워크에 기반을 둔 지속가능한 디자인을 도입할 필요가 있다. 공원 녹지의 생태적 가치와 기능을 유지하기 위해서는 목표종과 다양한 생물종을 위한 서식처 조성, 주변녹지와의 연계성 강화, 생태숲과 습지를 이용한 생태체험 프로그램 운영, 현지발생 자원의 재활용과 친환경 포장, 자연놀이 공간이 요구된다.

실제 대상지인 광주시 역세권 개발사업 부지의 현황과 문제점, 입지적 잠재성 등을 분석하고 목표종과 다양한 생물서식공간을 제공하고자 한 것은 시설위주의 획일적인 근린공원 조성방식에서 벗어나 자연성이 높은 공간계획을 함으로써 시민의 삶의 질을 높이고 도시의 생태적 건전성을 높이는 데 기여하고자 하였다.

아래 표는 이러한 목표를 달성하고자 도시내 택지개발지역내 근린공원에 대하여 유지관리비 저감 및 도시민에게 새로운 자연 및 놀이 체험을 제공하고, 치유할 수 있도록 생태적인 순환기능을 고려하여 지속가능성이 높은 생태형 공원을 조성할 목적으로 개발한 스스로 평가할 수 있는 틀이다. 근린공원의 지속가능성을 도모함과 동시에 생물과 보다 친근하게 접촉할 수 있는 공간을 조성하기 위해 계획과 설계, 재료, 이용편의성, 생물다양성, 생태계 기능, 유지관리의 여섯 가지 분야로 구분하여 조성 모델을 제안하였다.

실제 대상지인 광주시 역세권 개발사업 부지의 현황과 문제점, 입지적 잠재성 등을 분석하고 지속가능 목표들을 달성하고 시민의 삶의 질을 높이고 생태적 가치를 높이는 데 목표를 두고 있다.

[표 2-4] 광주역세권 생태형공원 설계의 지속가능성에 대한 평가의 기본 사고

평가항목		근거
계획과 설계	이전 용도와의 비교	조성 이전 혹은 최근으로부터 5년 전과 비교하여 생태/사회/유지관리적 측면에서 지속적으로 대상지 질이 향상되고 있는지 평가할 필요가 있음
	지역자생종 사용 (교목, 관목)	향토종, 토착종, 자생종 등 생물다양성 보전에 기여할 수 있는 식물소재의 사용은 지역의 고유생태계를 유지 및 보전하는 근간이 됨

평가항목		근거
재료	발생재 활용	조성녹지는 전정, 풀베기, 낙엽회수 간벌 등의 유지관리가 실시되는데, 이 때 발생하는 유기물 발생재를 외부로 처분하기보다 대상지 내에 활용함으로써 운송 및 처분비용 절감, 환경부하 감소 등의 이점을 볼 수 있음
이용 편의성	이용다양성	다양한 사회구성원들이 다양한 활동을 향유할 수 있는지 그 질을 평가
	이용친화성	대상지 이용에 있어 각 공간 및 시설물이 적절하게 기능하고 있는지 평가
생태계 기능	서식지다양성	도시 내 조성된 생물 서식공간은 계획/설계, 이용유형, 유지관리 등 여러 요소에 의해 영향을 받음 다양한 생물의 서식공간이 보전되도록 유지관리에 힘써야 함
	목표종 출현	대상지 계획 시 유치하려고 했던 목표종 등이 실제 얼마나 출현하고 있는지 평가
	생태계 교란종 관리	대상지 내에 출현하는 생태계 교란종 비율을 평가함으로써 효과적인 생태계교란종 관리가 시행되도록 함
	비오톱 네트워크	녹지간의 연결은 더 많은 생물종 출현 가능성을 제공하므로 도시 내 녹지 파편화를 방지하기 위해 이웃한 녹지와의 연결 증대, 주변 녹지와 연계한 새로운 녹지 조성 등이 요구됨
	기후 조절기능	수목은 증발산을 통한 수분배출, 그늘 조성으로 주변의 온도를 낮추는 역할을 하므로 미기후 조절 및 기후변화 이슈와 관련된 사항들을 기준 이상 만족하는지 종합적으로 고려해야 함
	지하수 오염 관리	비료, 농약 등 과다사용을 방지하기 위한 항목으로, 공원 내 녹지에 투입되는 화학비료 및 농약 사용량을 평가
	조명	에너지 효율이 높은 조명기기를 활용하여 에너지나 비용 등 절감할 수 있음 조명기기의 에너지 효율, 재생에너지 사용(태양전지 등), 감응형 조명, 빛의 강도, 곤충 친화성 등 평가
유지관리	모니터링 및 적응관리	장기적인 대상지의 생물다양성 증진 및 지속가능성 달성을 위해서는 정기적인 모니터링과 피드백을 통한 유지관리 대책의 점검 및 수정이 필요함

(출처 : 경기도시공사, 2018, 광주역세권개발 사업 생태형 공원 조성 모델연구)

평가 시에는 복수의 담당자 및 전문가들로 구성된 그룹이 각각의 평가항목에 대해 의견교환을 하며 점수를 부여하는 것을 원칙으로 한다. 즉 평가자에 의해 결과가 왜곡되는 것을 최소화하도록 권고하고, 해당 실무자가 제공된 지표의 평가결과를 근거로 유지관리 및 시공시 빠른 진단을 내릴 수 있도록 도움을 주고자 한다. 분야별, 항목별로 낮은 점수가 나온 결과를 우선 검토하고, 전체적으로 80점 이상의 점수로 평가될 수 있도록 6개 분야별로 설계 및 계획 내용을 조정할 것을 제시한다.

CHAPTER III

비탈면 생태복원 녹화 재료 및 공법

1. 비탈안정 공사용 재료

III

1.1 시멘트, 골재, 콘크리트 및 콘크리트 제품

시멘트

각종 건축·토목공사나 비탈면의 안정을 위해 광범위하게 사용되고 있는 시멘트는 물과 반응하여 경화하는 광물질의 미세한 분말로서, 그 성질과 용도에 따라 종류가 다양하며 최근에도 새로운 계통의 시멘트가 계속 개발되고 있다.

가장 일반적으로 사용되고 있는 포틀랜드 시멘트는 석회질 원료(석회석, 고로 슬래그)와 점토질 원료(연질점토, 혈암)를 혼합하여 이것을 거의 용융상태까지 소성하여 얻어지는 클링커에 응결조절제(완결제)로 적당량의 석고를 첨가한 후 분쇄하여 분말로 만든 것이다. 이렇게 제조된 포틀랜드 시멘트는 사용목적에 따라서 원료, 배합, 소성방법, 분말도 등을 조정하는 것이다.

시멘트의 강도는 시멘트의 조성, 물·시멘트 비, 재령 및 양생조건 등에 따라서 다르지만, 얻을 수 있는 최대 강도는 시멘트 페이스트의 경우 2,800kgf/㎠, 모르타르 및 콘크리트로 1,400kgf/㎠ 정도이다. 시멘트의 비중은 시멘트의 종류에 따라 다르나, 보통 시멘트가 3.15 정도, 조강 시멘트가 3.13 정도, 초조강 시멘트는 2.10 정도이다.

시멘트는 물과 접하면 시멘트 중의 수경성 화합물이 물과 화학반응을 일으키는데 이것을 수화반응 또는 수화라 한다. 수화반응은 시멘트의 분말도, 수량, 온도, 혼화재료의 사용유무 등 많은 요인들의 영향을 받는다.

시멘트에 적당량의 물을 가해 혼합한 시멘트 풀, 시멘트 페이스트는 수화반응을 일으키고 시간이 경과함에 따라 굳어지게 되는데, 이 현상을 응결이라 한다. 또 응결이 끝난 시멘트 경화체는 시간이 경과하면 시멘트 입자간의 조직이 치밀하게 메워지고 경화가 진행된다. 포틀랜드 시멘트(KS L 5201)는 특성 및 용도에 따라 구분되며, 일반적으로 사용되어지고 있는 시멘트가 바로 1종 보통포틀랜드 시멘트이다.

혼합 시멘트는 포틀랜드 시멘트 클링커에 적당한 급랭 고로 슬래그 및 포졸란 재료를 조합하여 분쇄한 것으로서, 포틀랜드 시멘트의 결점을 보강하여 특유의 성질을 부여한 것이며, 고로 시멘트, 실리카 시멘트, 플라이애시 시멘트 등이 있다.

혼화재료라는 것은 굳지 않은 콘크리트나 굳은 콘크리트의 물성을 개선하기 위해 콘크리트 제조 시에 시멘트, 물, 골재 이외에 추가로 넣는 재료를 말한다.

골재

골재(aggregate)란 모르타르 또는 콘크리트를 만들기 위해 시멘트 및 물과 함께 혼합하는 모래, 부순모래, 자갈, 부순자갈, 바다모래, 고로 슬래그 잔골재, 고로 슬래그 굵은 골재 및 기타 이와 비슷한 재료이다.

골재는 콘크리트 용적의 약 65~80%를 차지하므로 골재의 종류나 성질에 따라서 콘크리트의 성질이 크게 좌우된다. 골재의 재질은 단단하고, 내구적인 성질을 가져야 하며, 양질의 골재는 골재 자체의 강도가 시멘트 페이스트의 강도보다 크기 때문에 콘크리트의 강도는 주로 시멘트 페이스트의 강도에 지배된다.

골재는 입경(5mm 기준)에 의하여 잔골재와 굵은골재로 분류하며, 생산지에 의해 천연골재, 인공골재, 인공경량골재로 분류한다. 천연골재에는 생산지에 관계없이 자연작용에 의해 만들어진 골재로서 강모래, 강자갈, 바다모래(해사), 바다 자갈, 육상모래, 육상자갈, 산모래, 산자갈 등이 있다. 인공골재(부순돌 및 부순모래)는 암석을 파쇄하여 인공적으로 만들어진 골재이며, 인공경량골재에는 혈암, 점토, 석탄재 등을 주원료로 하여 인공적으로 제조한 팽창혈암, 소성플라이애시, 펄라이트, 버미큘라이트 등이 있다.

III

또한 골재는 중량에 의해 분류(골재표준비중 : 2.60)하는데, 보통골재는 비중 2.50~2.65로서 보통의 토목, 건축구조물에 이용되는 일반적인 골재이며, 경량골재는 비중 2.50 이하로 천연경량골재와 인공경량골재로 구분된다. 중량골재는 비중 2.70 이상으로 중정석, 갈철광, 자철광 등의 비중이 보통 골재보다 큰 골재를 말한다.

콘크리트

콘크리트는 시멘트(결합재), 물, 잔골재, 굵은골재 및 필요에 따라 혼화재료를 혼합하여 만들어지며, 시멘트와 물을 혼합한 것을 시멘트풀(시멘트 페이스트, cement paste)이라 하고, 시멘트풀에 잔골재를 혼합한 것을 시멘트 모르타르(모르터, cement mortar)라고 한다.

일반적으로 사용되는 콘크리트의 조성은 용적으로 약 70(65~80)%가 골재이고, 나머지 약 30%가 시멘트풀이다. 시멘트풀은 골재 사이의 공극을 채우고 굳지 않은 콘크리트에 유동성을 주며, 수화한 후에는 골재를 결합시켜 강도를 발휘한다.

콘크리트의 배합이란 콘크리트를 만드는 각 재료의 비율 또는 사용량을 말하며, 배합설계란 물, 시멘트, 잔골재, 굵은골재 및 혼화재료를 가장 경제적으로 이용해서 소요의 강도, 내구성, 수밀성 및 작업에 적합한 워커빌리티를 얻을 수 있도록 그 혼합비율을 선정하는 것이다. 콘크리트 구조물의 설계 및 해석에서는 강도 및 변형특성 등의 역학적 성질이 가장 중요시된다.

콘크리트의 중량은 골재의 종류, 굵은골재의 최대치수, 콘크리트의 배합, 건습의 정도에 따라서도 다르다. 철근콘크리트의 계산에 이용하는 단위중량은 일반적으로 2,400kg/㎥으로 한다.

콘크리트의 강도는 보통 압축강도를 가리킨다. 철근콘크리트 부재의 설계에서도 압축강도만을 활용하는 경우가 많으며, 압축강도로부터 다른 강도와 콘크리트의 품질을 추정할 수 있다.

[그림 3-1] 시멘트 재료를 사용한 비탈안정공사(숏크리트 시공)

콘크리트를 비탈면 안정에 사용하는 방법으로서 섬유보강콘크리트와 숏크리트 등이 있다. 섬유보강콘크리트는 콘크리트에 각종 섬유(화이버)를 넣어서 콘크리트의 인장강도 및 신장능력을 증가시킨 것으로서 휨강도, 균열내력, 인성, 내충격성, 내동해성 및 내마모성 등을 증대시킨다.

숏크리트(shotcrete)는 압축공기로 콘크리트 또는 모르타르를 시공면에 뿜어붙이는 공법으로서, 이렇게 만든 층을 숏크리트 또는 뿜어붙이기콘크리트라 한다. 숏크리트는 압축공기를 사용하여 모르타르를 깎기비탈면 표면부에 피복시켜 안정성을 확보하여 준다. 숏크리트는 각종 비탈면의 표면에 그 형상 등에 관계없이 쉽게 시공할 수 있고, 또 시공면에 잘 부착하고 큰 강도, 수밀성을 기대할 수 있기 때문에 풍화가 예상되는 비탈면의 보호 등에 사용된다.

콘크리트 제품

시멘트콘크리트 주요 제품은 그 모양에 따라 관 종류, 기둥 종류, 타일 종류, 기와 종류, 인조석 및 블록 종류, 벽돌 종류 등으로 구분할 수 있다.

- 콘크리트 관 : 무근콘크리트관과 철근콘크리트관이 있으며, 주로 철근관이 많이 사용된다.
- 콘크리트 말뚝(concrete pile) : 주로 비탈안정 기초공사 및 하안·호안공사의 말뚝용으로 사용된다.

- 콘크리트 블록(concrete block) : 일반적으로 시멘트블록이라고도 하며, 각종 비탈 안정공사에서 주로 쌓기용, 붙이기용, 연결용, 비탈틀 구성용 등으로 사용된다. 최근에는 식물뿌리의 침투가 가능한 다공질콘크리트 등이 개발되어 사용되고 있다.
- PNC판 블록(pipe net concrete block) : 산지비탈의 흙막이공사용이나 또는 각종 훼손지 비탈에서의 붕괴방지 및 흙막이공사용으로 사용된다.
- 콘크리트 의목, 인조목 및 인조암 : 콘크리트 의목은 필요한 모양을 콘크리트 및 모르타르를 주재료로 하여 만든 일종의 인조목으로 표면은 자연스러운 목재 분위기를 연출할 수 있도록 나무껍질의 모양과 색깔로 만든다. 콘크리트 인조암은 주변의 경관을 고려하여 시각적으로 조화되는 형상으로 설계하여야 하며, 공기 중이나 물속에서 변색되거나 구조적 안정성에 문제가 발생하지 않도록 견고하게 제작되어야 한다.

[그림 3-2] 콘크리트 및 석재 구조물에 의한 비탈안정 공사

[그림 3-3] 콘크리트 의목

1.2 철재, 목재, 석재 및 고분자 재료

철재

철금속 또는 철강재료는 주철, 가단철, 강 및 기타로 분류하는데, 이들은 일반적으로 선철로부터 제조된다. 철강의 탄소함유량 1.7%까지를 강(鋼)(이 중에서 0.04% 이하를 연철), 이보다 많은 것을 선철(pig iron), 주철(cast iron)이라 한다.

철재를 사용한 제품은 다음과 같은 것들이 있다.

- 철근 : 철근은 봉강이라고도 하는데, 철근에는 원형철근과 이형철근이 있다. 이형철근은 부착강도를 높이기 위하여 표면을 요철형으로 만든 철근이다. 일반적으로 사용하는 철근으로 원형철근에는 지름 6, 9 및 12mm의 것이 있고, 이형철근에는 지름 10, 13, 16, 19, 22, 25, 29, 32, 36 및 38mm의 것이 있으며, 길이는 9m를 표준으로 한다.
- PC강선 및 스트랜드 : 프리스트레스트(prestressed) 콘크리트의 긴장재료로 이용되는 PC강선 및 PC스트랜드는 철근콘크리트용 철근에 비하여 3~5배 강도를 가진 고인장 강재이다.
- 철선 : 철선은 보통 철사라고도 하는데, 연강선을 아연도금한 것이다. 이것은 철망, 가설재, 못 등의 재료로 사용된다. 철선의 지름은 보통 mm 단위로 표시하거나 번수의 표준에 따라 표시하는데, 이 2가지 표시법을 비교해보면 #6(4.8mm), #8(4.0mm), #10(3.2mm), 312(2.6mm), #14(2.0mm), #16(1.6mm) 등과 같다.
- 강철말뚝 : 강철말뚝은 지반이 무른 곳에서 흙파기를 할 때 지반의 붕괴를 방지하기 위한 기초공사에 사용된다.
- 철망 : 급경사지 비탈, 특히 파쇄 암비탈면에 낙석방지용 피복망으로 널리 사용되고, 또한 낙석저지책 시공, 두꺼운층뿜어붙이기 시공시에 식생기반재의 고정용으로도 사용된다. PVC코팅 또는 아연도금망이 사용된다.
- 철선돌망태 : 철사로 얽어 만든 망태로서, 그 속에 굵은 자갈이나 잡석을 넣어 사방공사 또는 비탈면 안정공사에 많이 사용된다.

III

철선을 이용한 낙석저지책 공사

낙석방지철망 설치 공사

눈사태방지책 및 낙석방지 구조물(철재 및 와이어)

[그림 3-4] 철재를 이용한 시공사례

목재

목재는 나무를 벌채하여 용도에 적합하게 제재한 것으로, 석재나 강재에 비하여 가벼워서 운반, 가공 및 취급이 용이하고, 공작에 필요한 설비가 간단할 뿐만 아니라 온도에 따른 변화도 적으며, 충격이나 진동 등을 잘 흡수하는 등의 장점이 있다. 반면 내화성이 약하며 부패하기 쉽고, 충해나 풍해로 부식되기 쉬우며, 건조할 때 수축 변형이 생겨 치수나 형태에 변형이 생기기 쉬운 단점이 있다.

목재의 비중은 수종에 따라 다르지만 보통 침엽수는 0.3~0.5, 활엽수는 0.5~0.9 정도이며, 일반적으로 침엽수보다 활엽수의 비중이 크다.

주요 국산 목재로는 낙엽송, 잣나무, 소나무, 삼나무, 전나무, 편백나무 등이 이용되고 있다. 목재는 석재나 콘크리트 재료에 비하여 자연성이 높고, 환경친화적 재료이므로 그 용도가 매우 다양하다.

비탈 안정공사용 재료로는 주로 통나무, 제재목이나 가공재가 사용되기도 한다. 목재뿐만 아니라 가지와 우죽도 시공재료로 사용될 수 있다.

- 통나무, 원목 : 통나무는 박피해서 사용하지만 때로는 그대로 사용하기도 하며, 그 용도가 매우 다양하다. 통나무는 거친 질감을 가지고 있으면서도 가공되지 않은 원목이라는 점에서 자연스러움의 표현이 가능하다. 또한 흙막이 공사나 연약지반의 지지력 확보를 위하여 기초말뚝으로 사용하기도 한다.
- 제재목 : 원목을 충분히 건조시킨 다음 소요 치수로 절단하고 제재한 공장제품으로 각재, 판재 등이 있다. 각재는 구조재, 판재는 주로 면의 마감재로 사용된다.
- 가공재 : 가공재에는 합판, 집성재 등이 있고, 그 밖에도 다양하게 개발되고 있다.
- 대나무 : 조경공사에 사용되는 대나무에는 죽순대, 이대, 솜대, 왕대 등이 있다. 대나무 제품의 품질은 벌채연령과 생산지에 큰 영향을 받는다. 근래에는 죽재의 대용재가 개발되고 대체되기도 한다.

석재

석재란 각종 비탈면 녹화공사용 재료로 사용되는 가공된 암석을 말하지만, 자연적으로 산간 계천에 있는 돌이라도 그것이 돌쌓기공사에 사용될 때에는 석재로 본다. 석재는 내화성, 내구성, 내마모성이 우수하고, 외관이 아름다운 특징을 가지고 있으므로 예부터 토목, 건축, 조경 등의 구조 및 외장재료로 널리 사용되어 왔다.

암석은 성인(지질학적)에 의하여 화성암, 퇴적암(수성암) 및 변성암으로, 압축강도에 의하여 경석, 준경석 및 연석으로, 그리고 용도에 따라 구조용, 장식용 및 골재용 등으로 나눌 수 있다. 압축강도에 따라서 500kgf/㎠ 이상인 것을 경석(경암), 100~500kgf/㎠ 인 것을 준경석, 그리고 100kgf/㎠ 이하인 것은 연석(연암)으로 구분한다.

화성암에는 화강암, 섬록안, 감람석, 안산암, 현무암, 사문암 등이 있으며, 수성암(퇴적암)에는 응회암, 사암, 석회암, 점판암, 역암, 혈암 등이

이다. 또한 변성암에는 편마암, 편암, 대리석 등이 있다. 석재는 형태나 용도에 다음과 같이 분류한다.

- 각석 및 판석 : 각석은 너비가 두께의 3배 이하이고, 너비보다 길이가 긴 직육면체의 석재이며, 주로 구조용으로 사용한다. 판석은 두께가 15cm 이하이고, 너비가 두께의 3배 이상인 판 모양의 석재이며, 궤도용 등에 쓰인다.
- 마름돌 : 채석장에서 떼어낸 돌을 소요 치수에 따라 대체로 긴 면에서 직사각형 육면체가 되도록 각 면을 잘라서 다듬은 석재로서 다듬돌이라고도 한다.
- 견치돌 : 채석장에서 돌을 뜰 때 앞면, 길이, 뒷면, 접촉면, 허리치기의 치수를 특별한 규격에 맞도록 지정하여 다듬어 만든 쌓기용 석재이다.
- 막깬돌 : 견치돌보다 치수가 불규칙하고 일반적으로 앞면은 정사각형이고, 뒷면이 거의 없는 깬돌이다.
- 야면석 : 표면을 가공하지 않은 자연석으로 운반이 가능하고 공사용으로 사용될 수 있는 비교적 큰 괴석이다
- 자연석, 정원석 : 자연석 및 정원석은 미적인 가치를 지닌 경질의 돌로서 채집 장소에 따라 산석, 강석, 해석으로 나누며, 자연의 힘에 의해 풍화 또는 마모되어 종류별 특성이 잘 나타나는 것이어야 한다.
- 호박돌 : 지름 20~40cm 정도 되는 큰 호박 모양의 둥글고 갸름한 자연석재로서 시공지 부근의 산지나 계천에서 채취하여 이용한다.
- 잡석 : 산지나 계곡에 산재해 있는 모양과 크기가 일정하지 않고, 크기가 막깬돌이나 호박돌보다 다소 작은 돌이다. 또한 채석장에서 치수가 지정된 규격품의 석재를 채취할 때 생기는 막깬돌과 비슷한 작은 돌을 잡석으로 이용하기도 한다.
- 뒷채움돌 : 주로 메쌓기 공법에서 돌쌓기의 뒷부분을 채우기 위하여 이용하고, 계곡이나 산지에 자연적으로 산재해 있는 작은 돌이나 또는 채석 시에 생기는 작은 깬돌 등을 이용한다.

[그림 3-5] 돌쌓기 구조물 및 구조물 위를 토목섬유를 이용하여 녹화한 사례

고분자 재료

일반적으로 화합물 중에서 분자량이 대단히 큰 화합물(분자량이 약 10,000 이상의 화합물)을 통칭하여 고분자화합물 또는 플라스틱이라 한다. 고분자화합물은 천연 고분자화합물과 합성 고분자화합물로 분류한다.

합성 고분자화합물인 합성섬유는 고분자간의 인장력이 강하고, 결정이 나란히 배열되어 있다. 합성섬유 중에서 나일론, 폴리에스테르, 아크릴, 비닐론 섬유를 4대 섬유라고 한다.

- 토목섬유(geosynthetics)는 폴리프로필렌, 폴리에스터, 폴리에틸렌, 나일론 등의 고분자합성섬유를 제조하여 형성된 건설공사용 재료로서, 다공성 제품인 지오텍스타일과 하수용 지오멤브레인, 고강도 제품인 지오그리드 및 지오텍스타일 관련 제품이 있다.
- 지오텍스타일·직포(woven geotextile) : 장섬유사, 평사 등을 사용하여 날줄과 씨줄을 직각으로 교차하여 엮어서 짠 형태이다. 주요 소재는 PET, PP이며, 주요 기능으로는 분리, 보강, 필터 등이 있다.
- 지오텍스타일·부직포(non-woven geotextile) : 장섬유와 단섬유를 일정한 방향 없이 배열시켜 놓고 평면적으로 함께 결합시킨 형태이다. 주요 소재는 PET, PP이며, 주요 기능으로는 분리, 보강, 필터 등이 있다.
- 지오그리드(geogrid) : 폴리머를 상판으로 압축시키면서 격자 모양의 그리드 형태로 구멍을 내어 특수하게 만든 후 여러 모양으로 성

형한 형태이다. 주요 소재는 PET, PP이며, 주요 기능으로는 분리, 보강 등이다.

- 지오네트(geonets) : 일정한 각도(보통 60-90도)로 교차하는 2세트의 평행한 거친 가닥들로 구성되며, 교차점의 가닥들은 용해, 접착된 형태이다. 주요 소재는 PP, Vinyl 등이며, 주요 기능은 배수, 필터 등이다.
- 웨빙(webbings) : 넓은 폭(보통 3~6cm)의 대상으로 된 매우 거친 직포의 형태로, 주요 소재는 HDPE이며, 주요 기능은 침식방지, 보강 등이다.
- 지오멤브레인(geomenbranes) : 용융된 폴리머를 밀어 내어 정형시키거나, 폴리머합성물로 fabric을 코팅하거나, 폴리머 합성물을 압착시켜 형성된 판상의 형태로 고무합성판 등이 있다. 주요 소재는 HDPE, PVC, VLDPE, CSPE, CPE, Urethane 등이며, 주요 기능은 치수이다.
- 복합포(geocomposites) : 2종류 이상의 토목섬유가 중첩되어 사용된 형태이다.

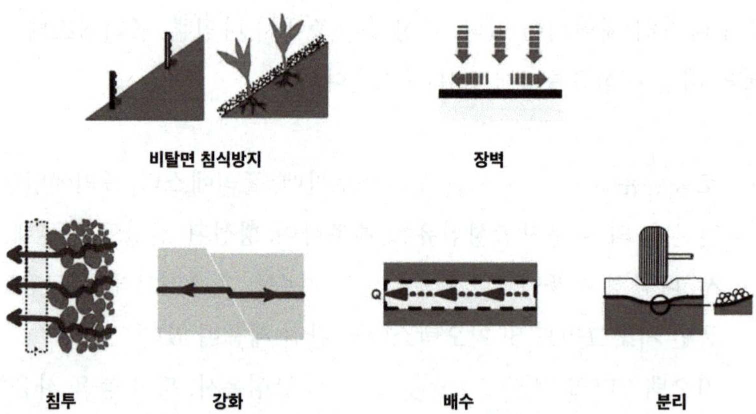

[그림 3-6] 토목섬유의 다양한 용도

플라스틱은 첨가재료, 온도 및 그 밖의 조건에 따라 성질이 크게 다르며, 우수한 특성의 하나는 내식성이다. 평균적인 비중은 1.45 정도이다. 플라스틱을 강화재로 하여 수지 속에 유기 또는 무기재료로 만든 섬유를 넣어 만든 강화플라스틱(FRP : fiber reinforced plastic)은 기계적 성질이 우수한 구조재료로서 이용된다.

플라스틱 제품은 상하수도관, 배수관, 하수공사 등에 주로 사용되며, 비탈안정 및 침식방지용으로 비탈격자틀붙이기 공사에 사용하는 콘크리트격자틀은 무거워서 시공이 쉽지 않으므로, 다소 무게를 가볍게 만들어 시공에 편리하게 하기 위하여 FRP를 소재로 한 PY법면보호블록, PY반원형배수로(HDPE), PY조립식 배수로(PYS concrete), PY토사유실방지블록(HDPE), PE 비탈면보호블럭 등이 있다.

[그림 3-7] EPS 계단식 옹벽위에 토목섬유를 이용한 보강토 축조 작업

2. 식생조성 공사용 재료

III

2.1 식생조성 공사용 재료 개요

비탈면 식생조성 공사에 사용되는 재료는 식물에서부터 비료까지 매우 다양한 재료들이 사용되고 있다. 이중 비탈면 녹화는 기본적으로 식물에 의한 피복이 목적이므로 주재료는 종자 및 묘목 등의 식물재료로 볼 수 있다.

또한 식물이 뿌리를 내리고 정착하기 위한 기반으로 식물 생육기반이 필요한데, 원지반이 토사로 이루어진 경우에는 비탈면에 직접 종자를 파종하는 방법을 사용하지만 암반이나 무토양지일 경우에는 인위적으로 식물 생육기반을 조성해 주게 된다. 생육기반재로는 퇴비와 같은 유기질계와 인공토양 같은 무기질계가 있으며, 표토나 임목칩 등의 재료가 사용된다.

비탈면에는 경사 조건에서 인위적으로 생육기반을 붙여야 하기 때문에 생육기반을 안정적으로 조성하기 위해서는 보조자재가 필요하다. 보조자재에는 침식방지제, 토양개량재, 피복재 등이 있다. 또한 식물의 생육을 원활하게 하기위한 비료 등의 첨가제가 있다.

비탈면 식생조성 공사에는 식물재료 외에 생육기반과 각종 보조자재가 혼합되어 사용되며, 이들 재료들이 적절하게 조합되어야 비탈면 생태복원 녹화가 성공할 수 있다.

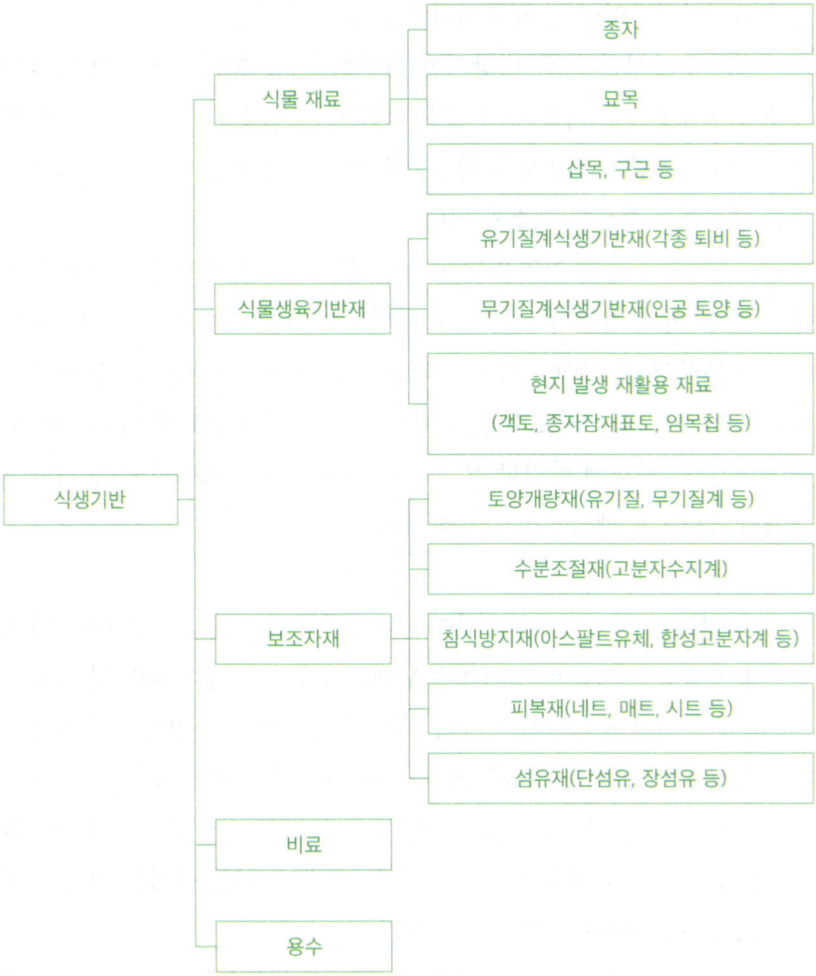

[그림 3-8] 비탈면 녹화용 식생기반재료의 분류

2.2 식물 재료

녹화식물 개요

비탈면 녹화공사에서는 우선 녹화공사 대상지의 각종 환경조건에 적합한 녹화용 식물종을 선정하는 일이 중요하며, 비탈면이 무너지지 않도록 조치를 취한 곳에서 파종 또는 식재한 식물이 건전한 생육을 이룰 수 있도록 식물 생육기반이 잘 조성되어야 하며, 녹화공사 이후에 필요한 유지관리방안이 잘 계획되어야 한다.

최근에 와서는 녹화 대상지가 다양화되고, 환경의 변화에 따라서 식물의 생육조건은 더욱 좋지 않은 상태에 놓이게 되었다. 따라서 녹화 대상지에서 기반의 정비와 녹화용 식물의 선택은 비탈면 녹화의 성공여부를 결정하는 중요한 요소가 된다.

일반적으로 어떤 지역을 많이 점유하는 식물의 전체를 식생이라 한다. 식생은 어느 지역의 식물 전체를 막연히 표현하는 것으로 식물군락과는 구분하여 사용한다. 식생에 의한 녹화를 계획할 때에는 먼저 자생식물 또는 재래식물, 향토식물, 도입식물 등에 대한 검토가 필요하다. 또한 각 종자는 현장에 반입한 후 감독원 입회하에 현지에서 품종 확인을 거쳐서 중량비로 배합하여 사용하여야 한다.

- 재래식물(native species) : 외래식물에 반대되는 개념으로, 어느 지역에 자생하는 식물로서 외래종과 귀화종을 제외한다. 비탈면 녹화용 식물 중에서 국내에서 조달이 어려운 것은 보통 수입해서 사용한다. 이 경우 대상 식물이 한국 및 구·아대륙까지 분포된 종(재래종과 동일한 종·아종·품종)은 식물분류학상으로는 동일종으로 취급되더라도 유전적인 특성이 다를 것이라고 생각되므로 도입할 때에는 식물의 생리, 생태를 충분히 검토하여야 한다.
- 향토식물(native plant) : 명확한 정의는 곤란하지만 일반적으로 오랜 기간 자연도태에 의해서 그 지방의 기후와 입지환경에 잘 적응해서 자연 상태로 널리 분포하고 있는 식물을 그 지역의 향토식물이라 한다. 그러므로 동일종일지라도 환경조건이 다른 지역에 파종, 식재하는 경우(예 : 한국과 비슷한 위도의 중국에서 채종한 것)는 엄밀하게는 향토식물이라 할 수 없다.
- 도입식물(introduced plant) : 자연 혹은 인위적으로 이루어진 훼손지나 나지에 식생을 개선할 목적으로 파종, 식재 등 여러 가지 방법으로 들여온 식물을 말한다. 도입식물에는 외래식물, 향토식물의 초본, 목본, 덩굴식물 등이 포함된다.

- 외래식물(exotic plant) : 외국으로부터 도래된 식물의 총칭으로 귀화식물도 포함된다. 그리고 귀화식물은 인위적으로 자생지로부터 다른 지역으로 이동된 식물이 그 토지에서 왕성하게 적응하여 야생화된 식물이다.
- 녹화식물(plant for revegetation) : 녹화공사에 쓰이는 식물로서 비탈면, 황폐지 등에 침식방지와 식생조성, 혹은 경관조성, 조경 등 녹색의 식생을 조성할 목적으로 파종, 식재, 기타 방법에 의하여 도입되는 식물의 총칭이다. 녹화용 식물은 녹화 대상지의 환경조건, 공간특성에 적합하고 녹화공사를 시행할 때 요구하는 각종 녹화기능을 충족할 수 있어야 한다.

비탈면 녹화용 식물의 선정

식물선택의 기본적 요인

비탈면 녹화공사는 훼손된 비탈면을 식물로 피복하여 토양의 침식과 비탈면의 붕괴를 방지하고 훼손된 자연경관을 회복하고자 시공하는 일로서, 녹화식물을 파종하거나 식재하는 점이 특색이 있다.

인공재료를 사용하는 토목공학적 공법에 비하여 시공비가 저렴하고 미관상 자연성이 높은 장점이 있으나, 살아 있는 식물을 사용하므로 시공 시기와 장소에 제약을 받고, 또 시공 후 유지관리가 필요한 것이다.

비탈면에서 녹화식생들은 비탈면 안정과 침식조절 및 경관의 복원이라는 측면에서 매우 중요한 역할을 한다. 그러나 일반적으로 비탈면의 토양은 척박하기 때문에 녹화용 식생은 무엇보다도 척박지에서 견디는 수종이어야 하고, 조기녹화를 이룰 수 있어야 한다.

식물의 선택에 있어서는 우선 시공지의 여러 가지 환경요인에 대한 적응성과 식물의 생육특성, 발아, 생육 등의 제반 성질을 충분히 조사해야 한다. 특히 내한성이 강한 식물, 형태적으로 근계 신장이 좋은 식물, 토양보전효과가 높은 식물 등과 같은 특징을 잘 파악하여야 한다.

식물이 토양보전 및 녹화효과를 달성하기 위해서는 식물의 제반 적응성에 대한 이해와 형태적, 기계적인 보전효과가 높은 종류를 선택하여야 한다. 녹화용 식물이 가져야할 조건은 다음과 같다.

- 초장이 너무 길지 않으며, 지표면을 빠르게 피복하면서 다년생이어야 함
- 필요량의 종자와 묘목이 녹화계획에 부합되도록 적기에 대량으로 입수할 수 있어야 하며, 보관이 용이하고, 가격이 적당하여야 함
- 종자파종 적기의 폭이 넓어야 하고, 종자의 발아력이 우수하여야 함
- 생육이 왕성하면서 뿌리가 깊게 발달되고 토양과의 고착성이 좋아야 함
- 열악한 토양에 견디는 힘이 강해야 함(내건성, 내한성, 내염성, 내침식성, 내척성 등)
- 기초식재용, 비료용, 장기녹화용 등 사용하고자 하는 식물의 특성이 명확하여야 함
- 가급적 향토종이어서 주변경관과의 조화를 쉽게 이룰 수 있어야 함

종자는 개별적으로 발아특성이 매우 상이하지만, 일반적으로 녹화에 사용하는 외래도입초본류는 발아가 빠르고, 목본종은 상대적으로 발아에 소요되는 기간이 길다고 알려져 있다.

녹화공사에서는 단일종만을 파종하는 경우보다는 외래도입초본(한지형 잔디)과 자생종을 혼합하게 되며, 자생종 중에서도 초본류와 목본류를 혼합하는 것이 일반적이다. 이 경우 가장 먼저 발아를 하게 되는 종은 외래도입초본(한지형 잔디)이며, 이후 자생 초본종, 그리고 목본종의 순서로 발아가 시작된다.

또한 발아 이후 외래도입초본의 생장이 매우 빠르기 때문에 이들이 우점하게 되면 뒤늦게 발아되는 자생목본종은 같은공간에서 경쟁을 하게 되며, 실제로 목본종이 발아가 되더라도 초기에 우점한 초본종 등에 피압되어 고사되는 현상이 많이 나타난다.

이를 해결하기 위하여 여러 가지 발아촉진처리를 통하여 발아시기를 앞당기는 노력이 많이 진행되고 있으며, 그 중 한 가지 방법으로서 종

자를 물에 담가두었다가 현장에 파종함으로써 조기에 발아가 되도록 하는 방법도 사용되고 있다.

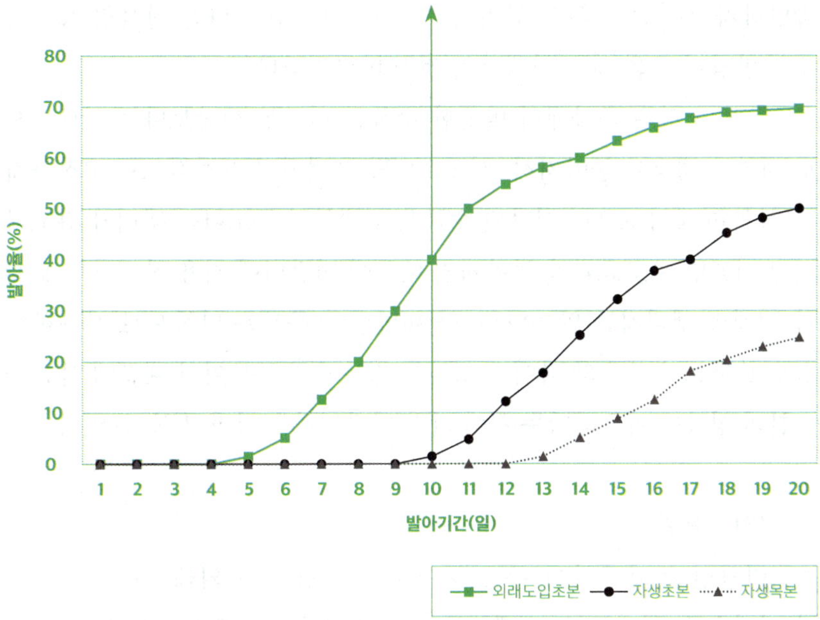

[그림 3-9] 종자별 발아기간에 대한 개념도

주요 녹화식물의 특징

(1) 녹화식물의 일반적 특징

녹화식물은 크게 목본과 초본으로 구분하는데 줄기에 목질부가 발달하고 세포벽이 목화된 것을 목본이라 하며, 그것이 발달하지 못한 것을 초본이라고 한다.

목본은 다년생이고 비교적 수명이 긴 반면에 초본은 목본보다는 수명이 짧지만 일반적으로 환경 적응성이 높다. 또한 초본은 종자가 작은 것이 많고 발아율도 높으며, 열악한 환경에 견디고 초기 성장도 빨라서 나지 비탈면에서 선구식물의 역할을 하는 경우가 많다.

초본은 목본에 비해 뿌리가 얕아서 비탈면과 같이 토양층이 얕은 곳에서도 성장은 하지만 정착성이 좋다고는 할 수 없어, 장기적인 측면에서는 지표면 보호 효과가 낮은 문제점이 있다. 반면 목본은 초본과는 달리 초기 성장은 느리지만 비탈면에 정착하면 뿌리가 깊게 발달하여 고착성은 양호하다. 그러나 비탈면에서는 얕은 토층 때문에 뿌리가 잘 발달하지 못하는 경우도 있어서 키가 큰 교목성 보다는 관목형 중에서 뿌리 발달이 좋은 것을 선택하는 것이 바람직하다.

목본의 경우 종자에서 발생한 수목은 지상부 생장보다는 상대적으로 지하부 생장이 좋아져서 스스로 비탈 조건에서 안정적으로 생장하게 된다. 특히 종자로부터 시작된 수목은 식재한 수목보다는 뿌리가 견고해지고 지표면 보호효과가 높아지기 때문에 비탈면에 적용 하더라도 문제가 크게 발생되지는 않는다. 또한 비탈면에 목본은 단독으로 사용하는 경우 보다는 초본류와 같이 도입하는 경우가 대부분이기 때문에 목본과 초본의 성장이 어우러지는 것이 가장 바람직한 녹화라고 볼 수 있다.

(2) 초본류

비탈면 녹화공사에 주로 이용되는 식물들은 외래초종(양잔디류)과 재래초종, 재래목본, 야생화류 등이다. 이들 중 외래초종(양잔디류)은 생육적온이 15~25℃인 한지형초종(cool-season turfgrass)과 생육적온이 25~35℃인 난지형초종(warm-season turfgrass)으로 구분된다.

녹화에 사용된 외래도입초종(양잔디류)은 환경조건에 따라서 다르지만 경쟁 식생에 피압되면서 시공 후 3~5년 이내에 쇠퇴한다는 연구결과들이 있다. 그러나 국내에서 널리 이용되는 한지형 초종의 경우 강원도 지역이나 고산지역 등 비교적 온도가 낮은 지역에서는 그 지역의 환경여건에 적응이 되어 10여년이 지나도 생육이 왕성한 상태로 유지되는 경우가 많다. 특히 미시령, 한계령 등 강원도 고산지역에 개설된 도로변에서는 밀생하는 형태로 자라면서 주변에서 다른 식생이 전혀 이입되지 못하고 있는 사례가 종종 나타나고 있으므로 사용에 신중을 기할 필요가 있다.

한지형초종들은 외래초종(양잔디류)이 대부분인데 우리나라의 기후에 대한 적응성이 대체로 떨어져서 여러 가지 문제를 나타내고 있다.

외래초종(양잔디류) 중에서 비탈면 녹화에 가장 많이 사용되는 것은 톨페스큐(tall fescue)이다. 톨페스큐는 우리나라의 환경에서 양호한 생육을 하는 내구성과 내건조성이 강한 잔디로써 비교적 피복율은 낮은 편이지만 토양을 가리지 않으며, 특히 내열성과 내건조성이 한지형초종 중에서 가장 강하다. 그러나 엽 폭이 너무 넓어서(5~10mm) 거친 느낌을 주어 경관미가 낮다는 단점이 있다.

톨페스큐보다 초기생육속도가 빠른 퍼레니얼라이그라스(perennial ryegrass)도 비탈면 녹화공사에 많이 사용된다. 그러나 여름철에 하고 현상이 심하여 황변하고, 파종당년에 상당수가 도태되는 경우가 많아서 의도적으로 1차 식생용으로 이용되고 있다.

켄터키블루그라스(kentucky bluegrass)는 초기조성속도가 양잔디류 중에서는 느린 편이기 때문에 비탈면녹화에는 잘 사용되지 못하고 있으나 일단 조성이 되면 비탈면 피복에 효과적이다.

크리핑레드페스큐(creeping redfescue)는 세엽이어서 부드러운 질감을 나타내며, 조성 초기에는 위핑러브그라스와 유사하게 보인다. 초기조성속도도 어느 정도 빠르며, 초장이 길면서 많은 분얼을 하는 톨페스큐와 퍼레니얼라이그라스와 비교해 볼 때 시각적인 면에서 덜 거부감을 주고 있다.

난지형초종인 위핑러브그라스(weeping lovegrass)는 여름철에 왕성한 생육을 하고, 이 초종을 많이 파종하면 겨울철에 은빛 색을 띄면서 드문드문 늘어진 모습을 보여 강한 거부감을 주고 있다. 이러한 현상은 초겨울부터 이듬해 4월말 까지 지속되므로 이 초종의 과다 사용은 문제가 되지만 건조하고 척박한 조건에서는 효과를 볼 수 있다. 최근 기후변화로 난지형 초종인 버뮤다그라스(Bermuda grass)를 녹화식물로 사용하는 경향도 있다. 발아가 빠르고 더위에 강한 식물이기 때문에 소량 파종은 가능해 보인다.

III

[표 3-1] 비탈면 녹화용 잔디류

구분	분류	종류
한지형 잔디	페스큐 (Fescue)	광엽페스큐 - turf type tall fescue (개량종) 세엽 페스큐 - Creeping redfescue
	라이그라스 (Ryegrass)	Perennial ryegrass
	블루그라스 (Bluegrass)	Kentucky bluegrass, annual bluegrass
	오차드그라스 (Orchard grass)	Orchard grass (오리새)
난지형 잔디	한국잔디류 (Zoysia grass)	*Zoysia japonica* (들잔디), *Zoysia matrella* (금잔디, 고려지) *Zoysia tenuifolia* (비로드잔디)
	버뮤다그라스 (Bermudagrass)	Common burmudagrass (커먼버뮤다그라스) Burmudagrass hybrid (개량버뮤다그라스)

이상의 초종들을 종합해 볼 때 퍼레니얼라이그라스(perennial ryegrass) 계통의 식물들은 파종 후 1주일 이내에 95% 이상의 발아율을 보이기 때문에 초기조성속도가 빠른 장점이 있으나, 여름철 이후에는 세력이 급격히 약화되면서 일부가 도태되는 성질이 있다. 그 도태된 자리를 초기 조성속도가 느린 우리나라 자생초종과 목본식물이 채울 수 있도록 배합설계에 활용할 수 있다.

난지형인 한국잔디류를 줄떼나 평떼 붙이기 방법을 이용하여 비탈면에 도입하고 있다. 한국잔디류는 일반적으로 발아조건이 외래초종들에 비하여 까다롭기 때문에 종자 파종만으로는 비탈면에 적용하기에 어렵다. 최근에는 한국잔디류를 이용한 종자파종 방법이 연구되어 비탈면 녹화공사에 일부 적용되고 있는 상태이다.

우리나라 향토 초본류는 이차식생의 조성 및 경관미의 조속한 회복을 위해 사용되고 있는데 대체로 발아율이 높고 내건조성이 강한 것으로는 쑥과 새(안고초), 비수리 등이 있다.

이들 중에서 뿌리의 생육이 왕성하고 뿌리전단력이 높은 식물은 쑥과 비수리이고, 새는 암석비탈면에 많이 자생하는 특성이 있고, 경관미가 좋은 자생초종이다. 특히 새는 싸리와 더불어 늦가을부터 이듬해 5월까지 비탈면의 주변경관과의 조화에 매우 효과적인 긍정적인 면이 있으나 파종시기의 제약을 받는 단점이 있다.

[표 3-2] 비탈면 녹화용 재래초종 및 야생화류의 사용상 특성

식물 분류		특성	녹화 공사시 사용상 특성
재래종	국화과	- 다년초로서 비옥토에서 잘 자람 - 지하경으로 번식하여 군집을 형성 - 녹화용으로는 지피피복 및 표층부 고정을 위하여 쑥, 사철쑥; 맑은대쑥 등이 사용됨 - 경관용으로는 산국, 감국, 쑥부쟁이, 구절초, 벌개미취 등이 사용됨	- 제초의 문제가 없는 곳에 사용가능함 - 외래도입종과 동일한 피복속도를 가지나, 과다 사용시 일부종이 우점할 수 있음 - 경관조성이 필요한 곳은 꽃을 볼 수 있는 종을 선택함 - 파종시기의 영향을 많이 받음
	벼과	- 척박토양에서 생육가능 - 암이 혼재되어 있는 토양에서 자생적으로 생육하는 초기 침입 식물임 - 자연스러운 초지 경관을 연출함 - 새류로서 억새, 참억새, 솔새, 개솔새, 기름새, 수크령. 띠 등이 있음 - 완만한 경사면이나 차폐용으로 흰줄무늬 물대의 사용도 가능	- 우리나라 토질과 기후에 가장 적응된 초종으로 비탈면 토양보전의 기본 초종임 - 발아가 늦고 초기생육이 느리므로 양잔디류와 혼파하여 사용 - 양잔디와의 비율에 따라 고사할 수도 있으므로 파종량의 조정이 필요함 - 종자의 발아율이 대체로 낮고 채종이 어려워 종자 획득이 곤란함 - 파종시기의 영향을 많이 받음
	콩과	- 건조지에서 생육이 가능함 - 질소고정능력이 있어서 척박지에서 생육이 좋음 - 척박지 개선용으로 비수리 등이 사용됨 - 경관용으로는 벌노랑이 등이 사용됨	- 비수리의 경우 관목형 초본으로 참싸리 대용 또는 일부 대체가능한 초종임 - 발아 및 성장속도가 빠름 - 양잔디 및 국화과와의 혼파에서 경쟁이 가능함

식물 분류		특성	녹화 공사시 사용상 특성
재래종	야생화류	- 꽃과 열매로 다양한 색채 연출 효과 - 녹화용으로는 패랭이꽃, 술패랭이, 마타리, 도라지, 꽃향유 등이 있음	- 국내산은 수급이 어려움 - 자생종을 중심으로 하고, 외래종이 과다 파종되지 않도록 배합 조절이 필요함
외래종	야생화류	- 화려한 꽃으로 경관 연출 효과가 높음 - 녹화용으로 기생초, 루드베키아, 샤스타 데이지, 끈끈이대나물, 코스모스, 황화코스모스, 알팔파, 큰금계국 등이 사용됨	- 재래종과의 혼파에서도 생장이 잘됨 - 사용량은 생태적인 면에서 절제가 요구됨 - 외래종으로 분류되지만 중국 북동쪽에서 수입된 종이 대부분임

비수리는 목본성 초본으로서 참싸리의 대용식물로 활용 가능하고 쑥과의 경쟁에서는 긴 초장으로 인해 유리하고 새(안고초) 보다 파종시기의 범위가 넓은 것이 특징이다.

이 외에도 경관 개선을 목적으로 야생화의 사용을 긍정적으로 검토해볼 필요가 있다. 현재는 수입종이 대부분이나 이를 국내산으로 대체할 연구가 필요하며, 국화과, 콩과식물은 종자파종이 용이하고 척박지에서 초기 생육이 우세하기 때문에 앞으로 활용가능성은 매우 높다.

(3) 목본류

산림이 파괴된 후에 자연적인 식생천이에 의해 안정된 극성상 산림으로 복구되는데 수백년에서 수천년이 걸린다. 일반적으로 황무지에서 진행되는 식생천이 과정은 일년생초본류→이년생초본류→다년생초본류→관목류→개척양수→중성양수→극성상음수의 순으로 나타난다.

우리나라의 비탈면은 주로 산림지를 절개하여 발생되는 경우가 많기 때문에 식생 복원의 목표는 궁극적으로 훼손되기 이전의 숲의 상태로 되돌리는 것을 목적으로 하고 있다. 비탈면에 목본류를 도입하는 것은 비탈면 안정, 영구적 자연미의 제공, 주위 산림생태계의 보호개념으로 적용하는 것이다.

또한 각종 병충해의 천적생물의 먹이를 제공하는 밀원식물의 식재도 중요하다. 우리나라 밀원식물의 개화기를 볼 때 봄철에서 초여름 까지는 여러 가지 화목류와 과수목, 아까시나무, 밤나무, 오동나무, 싸리류로서 비교적 밀원식물이 풍부하지만, 7~8월 장마기간은 밀원이 부족한 수밀기이고, 9~10월경은 싸리류와 몇몇 야생식물들이 밀원을 공급한다. 7~8월에 개화하는 수종으로는 피나무, 쉬나무, 층층나무, 두릅나무, 산초나무, 초피나무, 붉나무, 자귀나무 등이 있다. 붉나무는 가을철 단풍이 아름답고 건조에 강하지만 파종시 종자발아를 촉진하기 위한 종자처리가 요망된다. 자귀나무는 남부수종이지만 선구식물로 비탈면 녹화시 파종된다. 초기성립본수는 많은 경향이지만 시간이 지나면서 소수의 개체가 생존하고 비탈면에서 고목림으로 생육한다(김남춘 등, 2002).

따라서 조경적 가치가 있으며, 기존 황폐지의 비탈면에 자라고 있는 수목류 중에서 선발하여 종 다양성을 갖춘 식물배합으로 시공하여야만 한다. 단일수종으로 비탈면을 녹화시키면 그 종의 천적, 즉 병충해나 다른 잡초의 침입으로 피해가 발생할 수도 있다.

[표 3-3] 비탈면 녹화공사에 사용 가능한 주요 목본류의 종류와 특성

식물분류	식물 특성	녹화공사시 사용상 특성
개옻나무 *Rhus tricocarpa* Miq	- 낙엽활엽교목 - 가을단풍이 아름다움	- 산야에서 자라는 수종으로 붉나무와 유사 - 가을종자 채취 후 노천매장 후에 파종함 - 토양이 좋아야 함
낭아초 *Indigofera pseudotinctoria* Matsum	- 낙엽관목 - 척박지에서 생육이 우수	- 녹화용으로 싸리 등과 같이 관목층 형성 효과가 매우 높음 - 과다 파종시 우점하는 경향이 있으므로 밀도 조절이 필요함 - 키가 낮아 양호한 비탈면 목본경관을 형성함

식물분류	식물 특성	녹화공사시 사용상 특성
두릅나무 *Aralia elata* (Miq.) Seem.	- 척박한 양지에서 생육 - 근맹아가 많이 나옴 - 큰화서의 흰꽃, 자주색열매	- 종자번식은 가능하나 발아율이 낮음 - 근삽, 근주에 의하여 증식이 용이함 - 뿌리생장속도가 빠르며, 암절취 비탈면에서의 활착력이 높음
리기다소나무 *Pinus rigida* Mill.	- 척박지에서 생육이 비교적 강한 목본류	- 사방시공지에서 많이 사용함
병꽃나무 *Weigela subsessilis* L.H.Bailey	- 낙엽활엽관목 - 환경 녹화면에서의 특징은 개나리와 비슷함	- 도시조경에 이용할 수 있음 - 종자가 작고 채취하기가 어려우므로 주의해야함 - 비탈녹화용이나 각종 훼손지 녹화용 목본으로 이용가치가 높음
붉나무 *Rhus chinesis L.*	- 바위틈에서 자라는 개척 수종임 - 천근성 뿌리	- 단풍이 아름다움 - 파종으로 번식이 용이함
산초나무 *Zanthoxylum schinifolium* Siebold & Zucc.	- 낙엽관목, 내한성이 강함 - 여름철 흰꽃, 검은 열매 - 열매는 야생조류의 먹이	- 건조한 암석지에서 잘 견디는 내건성수종 - 1월에 노천매장 후 봄에 파종
소나무 *Pinus densiflora* Siebold & Zucc.	- 자연암반절개지에서 출현하는 빈도가 가장 높음 - 조경적 가치는 월등 - 초기생장이 느림	- 천연하종갱신이 잘 일어남 - 소나무 순림지역이 아니면 인위적인 파종을 요구함 (출현시기를 5~20년 단축시킴) - 기건 저장한 종자를 1개월 노천 매장 후 파종

식물분류	식물 특성	녹화공사시 사용상 특성
쉬나무 *Evodia daniellii* Hemsl.	- 해안가 절벽에서 잘 자람 - 여름 밀원식물, 생태계 보호수종임	- 녹색과 백색 꽃과 가을철 붉은색 열매가 달림 - 건조한 입지에서는 내건성이 아주 강하지는 못하여 고사하지만 죽은 묘목 뿌리의 결속력을 이용하여 토양을 안정시킬 수 있음
물오리나무 *Alnus hirsuta* (Spach) Rupr.	- 낙엽활엽교목 - 질소고정능력이 있어서 척박지 생장이 우수 - 유사한 종으로 오리나무, 사방오리나무 등이 있음	- 종자 파종이나 묘목 식재에 의해서 척박지 녹화용으로 사용함 - 초기 생장속도가 빨라 조기 피복이 가능함
쪽동백나무 *Styrax obassia* Siebold & Zucc.	- 식생천이 후기의 극성상수종 - 내음성 수종 - 잎이 넓고 수피가 매끈함	- 사방시공지에서 식생천이의 초기단계에 출현 - 내건성이 비교적 강한 직근성 수종 - 습기가 많고 토심이 깊은 입지에 적합
참나무류 *Quercus* spp.	- 직근성, 내음성, 내건성 - 식생천이 단계 중 천연적으로 나타나는 수종임	- 토심이 깊은 곳에서 자라나 암반틈새에서는 관목형으로 자람 - 직근성 뿌리를 암반틈새로 박으면 내건성이 매우 강함 - 종자파종으로 적용할 경우는 상당히 좋은 비옥토양이어야 함 - 열탕처리 등 종자처리 후 파종하면 성립가능성이 높아짐
층층나무 *Cornus controversa* Hemsl. ex Prain	- 낙엽교목 - 내한성은 강하나 내건성이 약함	- 내음성 수종으로 습윤한 토양을 선호 - 초기생장이 빠르고 가는 뿌리가 많음

식물분류	식물 특성	녹화공사시 사용상 특성
자귀나무 *Albizzia juribrissin* Durazz	-낙엽교목 -내한성은 약하나 건조에도 강함	- 남부수종이지만 건조지에서도 생육가능 - 종자파종이 잘되는 식물 - 초기 성립본수는 많으나 지속적으로 생육하는 개체수는 한정적임
참싸리 *Lespedeza cyrtobotrya* Miq.	- 콩과의 관목류 - 뿌리가 길게 뻗어 토양보전 능력이 높음 - 키가 1m 정도 자람	- 척박지에서 생육이 가능하고 암이 많은 지역에서도 생육이 가능 - 초본과 혼용하여 자연상태의 경관으로 조기에 회복시키는데 이용됨
족제비싸리 *Amorpha fruticosa* L.	- 콩과의 관목류 - 참싸리와 유사하나 수분이 많은 곳에서 생육이 왕성함 - 우점하는 식물이므로 녹화용으로 사용이 제한되어야 함	- 밀원식물이고 향기가 남 - 발아율이 낮으므로 박피 등의 종자처리를 하여 발아력을 높여야 함

[표 3-4] 비탈면 녹화용 식물 종자 및 현장적용성

※ 현장적용성 : ⊙ - 매우 높음, ○ - 보통, △ - 낮음

식물	녹화용 특성				현장적용성	
	개화 시기	파종량 (g/㎡)	수고 (m)	립수 (립/g)	양분 요구도	수분 요구도
목본류						
소나무 *Pinus densiflora* Siebold & Zucc.	5~6	2~3	10~20	30	○	△
자귀나무 *Albizia julibrissin* Durazz.	6~7	2~3	3~8	35	△	○
자작나무 *Betula platyphylla* var. *japonica* (Miq.) Hara	4~5	1~2	20~25	3,000	○	○
붉나무 *Rhus javanica* L.	7~9	2~3	5~7	150	○	○
병꽃나무 *Weigela subsessilis* L.H.Bailey	4~5	2~3	2~3	500	○	○
개쉬땅나무 *Sorbaria sorbifolia* var. *stellipila* Maxim.	6~8	1~2	1~2	5,000	○	⊙

식물	녹화용 특성				현장적용성	
	개화 시기	파종량 (g/㎡)	수고 (m)	립수 (립/g)	양분 요구도	수분 요구도
참싸리 *Lespedeza cyrtobotrya* Miq.	7~8	2~3	1~2	150	△	△
낭아초 *Indigofera pseudotinctoria* Matsum.	7~8	2~3	1~2	200	△	△
보리수나무 *Elaeagnus umbellata* Thunb.	5~6	2~3	3~4	80	△	△
층꽃나무 *Caryopteris incana* (Thunb.) Miq.	7~9	3~5	0.3~0.6	1,000	⊙	⊙
야생화, 초본류						
부처꽃 *Lythrum anceps* (Koehne) Makino	5~9	1~2	60~100	35,000	○	⊙
붓꽃 *Iris sanguinea* Donn ex Horn	4~5	3~5	20~40	60	○	⊙
구절초 *Dendranthema zawadskii* var. *latilobum* (Maxim.) Kitam.	7~10	2~3	30~70	1,900	⊙	○
달맞이꽃 *Oenothera biennis* L.	7~9	2~3	80~120	2,100	○	○
벌개미취 *Aster koraiensis* Nakai	50~70	3~5	50~70	700	⊙	○
자주개자리(알팔파) *Medicago sativa* L.	8~10	4~5	50~90	300	△	○
갈대 *Phragmites communis* Trin.	9~11	1~2	100~200	2,000	⊙	⊙
억새 *Miscanthus sinensis* var. *purpurascens* (Andersson) Rendle	9~11	1~2	100~200	2,300	○	○
자운영 *Astragalus sinicus* L.	5~6	1~2	10~25	300	△	○
꽃향유 *Elsholtzia splendens* Nakai	8~10	1~2	30~80	2,000	○	○
산국 *Dendranthema boreale* (Makino) Ling ex Kitam.	9~11	2~3	70~150	9,000	○	○
벌노랑이 *Lotus corniculatus* var. *japonica* Regel	4~7	1~2	30~50	650	△	○
마타리 *Patrinia scabiosaefolia* Fisch. ex Trevir.	7~9	3~5	70~150	970	○	△
패랭이꽃 *Dianthus chinensis* L. var. *chinensis*	6~8	2~3	30~70	2,000	○	○
수크령 *Pennisetum alopecuroides* (L.) Spreng. var. alopecuroides	8~10	3~5	30~80	170	△	○
수레국화 *Centaurea cyanus* L.	5~6	2~3	60	200	△	○
끈끈이대나물 *Silene armeria* L.	6~8	2~3	50~70	5,000	○	○

식물	녹화용 특성				현장적용성	
	개화 시기	파종량 (g/m²)	수고 (m)	립수 (립/g)	양분 요구도	수분 요구도
쑥 *Artemisia princeps* Pamp.	3~11	1~2	60~120	3,500	○	○
금계국 *Coreopsis drumondii* Torr. & A.Gray	6~8	3~5	30~60	300	○	○
쑥부쟁이 *Aster yomena* (Kitam.) Honda	7~10	3~5	30~100	1,700	⊙	⊙
과꽃 *Callistephus chinensis* (L.) Nees	7~9	3~5	50~100	680	△	○
민들레 *Taraxacum platycarpum* Dahlst	4~6	3~5	20~30	1,000	△	△
비수리 *Lespedeza cuneata* G.Don	3~11	2~3	70~120	700	△	○
외래 도입 초종(그라스류)						
Kentucky bluegrass *Poa pratensis*	6~7	1~5	60~90	3,000	△	○
Creeping red fescue *Festuca rubra*	4~5	2~5	30~60	700	△	○
Tall fescue *Festuca arundinancea*	6~8	2~5	40~180	500	△	○
Perennial ryegrass *Lolium perenne*	6~9	2~5	30~60	500	△	○

(4) 비료식물

비탈면과 같이 척박한 땅에서 견디며 성장해 토양을 윤택하게 하는 식물을 비료식물이라고 한다. 비료식물은 토양조건이 나쁜 장소에서 녹화용 식물의 성장을 돕는 주요한 역할을 한다. 이 중심에는 콩과식물이 있는데, 뿌리에 공생하는 균근균에 의해 공기 중의 질소를 고정해 토양을 개선한다. 목본으로는 자작나무과 수목 등에서 미생물로 인한 비슷한 효과를 나타내는 것도 있다.

녹화용으로 사용하는 초본류에는 벌노랑이, 비수리, 클로버류 등이 있다. 목본류에는 콩과식물인 참싸리, 조록싸리, 낭아초, 자귀나무 등이 있으며, 자작나무과의 오리나무류 등이 사용되고 있다.

(5) 구조물 및 암벽면 녹화용 식물

재해나 도로의 건설, 택지의 개발 등에 의하여 자연을 훼손한 부분은 녹화공법을 적용하여 환경을 보전하고 있다. 그러나 암석지와 지형,

지질, 용지 등의 이유로 식물에 의한 보호가 곤란한 곳에서는 콘크리트, 모르타르, 혹은 돌이나 블록 등에 의해 보호되고 있다.

이와 같은 경우에 구조물의 부자연스러움과 심리적 위압감의 경감, 풍치의 유지, 경관의 회복 또는 환경보전의 방책으로서 생물재료인 덩굴식물을 이용한 녹화시공이 이루어지고 있다. 덩굴식물은 주변 수목을 감고 올라가 피해를 줄 수 있으므로 소단이 3개 이상인 대규모 비탈면의 가운데 공간에만 사용이 제한되어야 한다. 소단이 없거나 두 개인 비탈면에서는 사용이 적합하지 않다.

덩굴식물은 그들이 감아 올라가는 수단에 따라 다음과 같이 3유형으로 분류할 수 있다,

- 담쟁이덩굴 : 식물체를 지지하는 수단으로서 벽체에 소형의 근상흡반을 부착하면서 기어 올라가는 종류
- 으아리류, 포도 등 : 감는 덩굴손이나 혹은 그들이 생육하고 있는 대상물체의 주위에 덩굴손과 같이 작용하는 엽상부착물에 의해서 기어 올라가는 종류
- 노박덩굴, 등나무 등 : 감는 줄기에 의해서 유인줄이나 다른 식물체를 감아서 기어 올라가는 종류

담쟁이덩굴에 의한 수직벽 녹화　　등나무에 의한 암반비탈면 녹화
(주변 산림으로 확산하면 큰 피해를 줄 수 있음).

[그림 3-10] 덩굴식물에 의한 비탈면 녹화

[표 3-5] 비탈면 녹화공사에 사용 가능한 주요 덩굴식물의 종류와 특성

식물 분류	식물 특성	녹화공사시 사용상 특성
담쟁이덩굴 *Parthenocissus tricuspidata* (Siebold & Zucc.) Planch.	- 종자파종, 줄기삽목 - 점토함량이 낮은 척박한 토양에서 생장률이 낮음	- 다른 수종과 지상부 생육공간에 대하여 최소의 생육경쟁을 함 - 흡착반을 이용하여 암비탈이나 건축물 벽면을 타고 올라감 - 파종당년에 길이 1.5m 너비 80㎝까지 자람
등나무 *Wisteria floribunda* (Willd.) DC. for. floribunda	- 묘목 식재 - 비교적 비옥한 토양을 선호함 - 꽃이 피면 경관이 아름다움	- 비탈면 하단부에 식재시 덩굴이 감고 올라갈 수 있는 유인줄 설치가 필요함

따라서 녹화를 위하여 덩굴식물을 사용할 때에는 그 식물이 어떻게 생장하는 식물인지를 파악하고, 그 식물의 특성에 알맞은 보조시설을 설치해주어야 한다. 등나무는 주변으로 확산되는 경향이므로 2단 이상의 소단을 가진 비탈면에 한정하여 중앙부에만 사용하여야 한다.

녹화용 식물종자의 발아

(1) 식물종자 사용의 일반적인 특징

식물을 이용하는 기술은 이용하는 식물의 생리, 생태를 잘 이해하여 가장 좋은 발아나 생육의 조건을 찾아내는 것이 중요하다. 한편 비탈면 녹화와 같은 경우는 이용하고자 하는 식물이 어떤 조건에서 견딜 수 있는지 여부와 그 생육 한계 등을 확인하고 이용한다고 하는 생각으로 선정하는 경우가 많다.

그 때문에 사용하는 대부분의 식물은 상당히 가혹한 조건에서도 발아나 생육이 가능한 종류가 많다. 그러나 이 경우에도 식물의 발아나 생육이 가능한 기본적인 조건을 넘은 상태에서는 종자의 이용이 효과적이지 못한 경우가 많다. 따라서 발아 및 생육의 기본적인 조건을 잘 이해하여 비탈면 녹화에 이용하는 것이 중요한 일이다.

종자의 수명은 그 종자가 살아있는 기간을 말하는 것으로 발아할 수 있는지 여부는 별개의 문제다. 종자가 살아 있어도 숙성되지 않으면 전혀 발아력을 갖지 못하는 종자가 있다. 또한 종자의 수명은 발아 후의 식물체 수명과는 관계가 적으며, 1년생 식물의 종자라도 다년생 식물의 종자보다 수명이 긴 예는 많이 있다.

식물 개체마다 수명의 한계가 있는 것처럼 종자에도 일정한 수명이 있다. 그 장단점은 본래의 유전적인 성질에 기인하지만, 실제로는 숙성도(특히 습도, 온도, 산소의 공급)에 의해 크게 좌우된다. 일반적으로 종자의 수명은 그 씨앗의 껍질 구조와 관계가 있다. 껍질이 단단하거나 두꺼운 종자는 물과 산소의 대사가 곤란하여 발아가 어렵다고 알려져 있다.

종자가 토양이나 식생기반재에 묻혀 발아하고 생육하여 그 곳에 정착하는 데에는 많은 환경적 요인이 관여하게 된다. 우선 종자의 발아나 생육에 필요한 수분이 충분히 확보 또는 유지되어야 한다. 기본적으로 종자가 발아하는 데에는 수분이 필요하므로 토양 또는 식생기반층 내에는 종자의 발아에 필요한 수분이 있어야 하며, 필요할 경우 종자의 발아를 위하여 관수를 실시할 수도 있다.

수분이 충분히 공급된 상태에서 종자에 산소가 적당히 공급되어야 한다. 공기가 공급되지 못하는 상태에서는 종자가 발아할 수 없게 된다. 두꺼운층 식생기반재뿜어붙이기공법 등에서와 같이 깊은 곳에 위치한 종자는 발아하기가 어렵다.

또한 종자의 발아를 위해서 비탈면 조건에서 토양이 유실되지 않고 안정적으로 유지되어야 한다. 발아된 식물을 지상부와 지하부가 같이 성장을 하기 때문에 종자 주변의 토양이나 식생기반이 안정적으로 유지되어야 하는 것이다.

(2) 식생기반과 종자의 발아

비탈면에서는 인위적인 관수에 의해 물을 공급하기가 곤란하여 식물이 이용할 수 있는 물은 자연강수에 의존할 수밖에 없다. 그러나 최근의 기상이변으로 강우의 패턴이 매우 불규칙하여 집중강우나 장기간의 가뭄이 반복적으로 나타나고 있기 때문에, 이러한 조건에서 식생기반내에 강우에 의해 공급된 수분을 얼마나 효율적으로 함유될 수 있도록 하는 가가 중요하다.

식물이 마르지 않을 정도로 수분이 유지되는 지속시간이 녹화의 성패를 좌우하는 요인이 된다. 식생기반이 함유할 수 있는 수분의 총량, 특히 건조압을 견딜 수 있도록 수분을 유지하고 또 쉽게 말라버리지 않을 정도의 식생기반을 조성해주는 것이 필요하다.

비탈면 조건에서는 식생기반 내에 혼합된 종자의 위치에 따라서 발아 가능성의 차이를 보이게 된다. 표층부에 위치한 종자는 시공초기에는 충분한 수분을 함유하고 있기 때문에 발아의 가능성이 가장 높다고 볼 수 있지만, 시간이 지나면서 표층부부터 건조 피해를 받게 될 가능성이 있다. 또한 표층부에 위치한 종자는 중력에 의하여 하부로 굴러 떨어지거나, 야생동물의 먹이로 없어질 가능성도 있다.

반면 하층부에 위치한 종자는 식생기반내의 수분을 가장 효율적으로 이용할 수가 있지만, 산소 공급이 상대적으로 적게 되고 발아 후 표층부까지 식물체가 뚫고 나오기가 어렵기 때문에 녹화에 적합하지는 않다. 개별 종자가 최적의 위치에 있을 때 발아 및 녹화효과가 높기 때문에 식생기반의 수분보유 능력 개선이 중요하다.

비탈면 녹화용 묘목

비탈면 녹화에는 종자만 사용하는 것이 아니라 식생복원 목표에 따라서 수목을 식재하는 방법, 그리고 종자파종과 수목식재를 병행하는 방법도 사용되고 있다. 우리나라에서는 봄, 가을의 가뭄과 여름철의 집중호우기를 고려할 때 종자파종만으로 목표하는 식생복원을 달성하기가 어려운 경우도 있다. 이 경우 시공지 주변에 자생하고 있는 식물자원을 이용하여 녹화공사를 수행하는 것이 바람직하다.

또한 종자 채취시기와 종자를 이용한 녹화공사의 시기적 차이가 있기 때문에, 종자의 채취 및 선별, 또한 종자의 활력도가 저하되지 않도록 보관하는 기술, 파종의 방법 외에 묘목의 식재방법과의 병행도 충분히 검토할 가치가 있다.

일본에서는 도로의 개설 전에 그 지역에서 얻을 수 있는 종자를 미리 확보하고, 이를 이용한 묘목을 양성한 후에 녹화공사에 적용한 사례가 있다. 이 방법은 그 지역의 식물자원을 활용하기 때문에 유전자원의 교란이 없고 지역 환경에 적응력이 뛰어나다는 강점을 가지고 있는 반면, 도로 설계단계에서부터 생태복원을 고려한 설계 및 사전준비가 필요하다는 어려움을 동시에 가지고 있다.

국내에서도 비탈면 녹화용 식물로 초본종과 목본종이 같이 사용되고 있는 추세이다. 현재 목본종 중에서는 비탈에서와 같이 척박한 조건에서 생육이 가능하고 조기발아가 되는 몇 가지 식물종(싸리류, 낭아초, 자귀나무, 붉나무 등)이 사용되지만, 종다양성의 증진 및 시공 후 주변 산림과의 조화를 위해서는 이들 종외에 좀 더 다양한 자생종을 발굴할 필요가 있다.

일본녹화기술센터 묘포장

녹화용 자생묘목을 생산중인 실험온실

파종과 식재를 병행한 시공사례

[그림 3-11] 자생종 묘목의 생산 및 이를 이용한 시공

수생 식물

수생식물이란 물속에서 생육하는 식물을 통칭하는 것으로서, 물에서 자라는 식물로 자신의 생활사중에서 적어도 한시기 이상은 물속에서 자라는 식물을 의미한다. 일반 식물과는 달리 물이 많은 환경에서도 생장이 가능한 식물이다. 수분이 지나치게 많은 토양이나 물속에서 생장하기 때문에 산소부족 문제에 견디는 일이 수생식물에게는 중요한 사항이다.

오랜 시간 계속되는 침수는 식물의 생존에 치명적인 영향을 미친다. 그러나 어떤 식물들은 오랜 침수에도 생존에 지장을 받지 않고 잘 자라거나 침수의 환경에서 살아가기에 적합한 특수한 구조를 갖게 되었다. 수생 식물은 체내에 통기조직이 발달되어 물에 쉽게 뜨거나 뿌리가 물속에 완전히 잠긴 상태에서도 공기의 순환을 가능하게 하여 식물체가 썩는 것을 막는다. 또한 대부분 수생식물은 공중에 있는 잎이나 뿌리가 산소를 흡수하여 세포간극을 통하여 줄기나 뿌리 끝까지 산소를 공급하게 된다.

수생식물은 뿌리가 고착되어 있는 여부에 따라 고착성과 부생성 수생식물로 구분하고 뿌리만 물속에 있고 나머지 대부분은 물밖에 나와 있는 정수식물(추수식물)과 대부분 물에 잠겨 있고 뿌리가 물속 땅에 심어져 있고 잎부분이 물위에 떠있는 부엽식물, 그리고 뿌리가 고착되어 있지 않고 물위에 떠 있는 부유식물, 뿌리가 고착되고 대부분이 물속에 잠겨 있는 침수식물 등으로 구분하고 있다.

[표 3-6] 수생식물의 종류

구분	특징	종류
정수식물	뿌리 또는 줄기의 밑부분이 물속에 잠겨있고 줄기의 대부분과 잎은 물 밖에 있는 식물. 번식력과 오염에 대한 저항성이 강하며, 수생식물 중 종류가 다양함	갈대, 부들, 줄, 달뿌리풀, 억새, 물억새, 골풀, 꽃창포, 나도겨풀, 노랑꽃창포 등
부엽식물	뿌리는 물밑의 토양 속에 있고 잎은 물 위에 떠있는 식물 식물의 생장속도가 빠른 것이 특징	수련, 노랑어리연꽃, 마름, 대가래, 가시연꽃 등

구분	특징	종류
침수식물	식물체 전체가 물 속에 잠겨서 생육하는 수중식물 광합성과 호흡을 물속에서 하기 때문에 맑고 깨끗한 물속에서 잘 자람	붕어마름, 나자스말, 검정말, 말즘, 실말, 물수세미 등
부유식물	잎은 물위에 뜨고 뿌리는 물 속에서 영양을 섭취하는 식물	구리밥, 생이가래, 자라풀, 부레옥잠 등

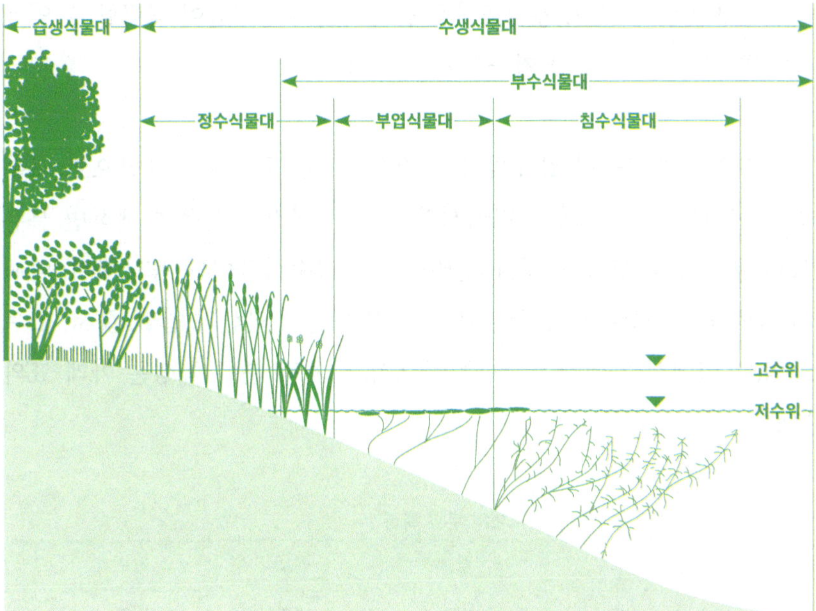

[그림 3-12] 분포 특성에 따른 수생 식물

일반적으로 수생식물은 다음과 같은 특징을 가지고 있다.

- 기공의 미발달 : 표피층이 매우 얇고 또한 기공이 발달되어 있지 않으며 육상식물의 기공이 잎뒷면에 있는 반면 부엽식물의 경우 기공이 잎의 앞면에 있는 특징이 있다.
- 부드러운 몸체 : 수생식물은 물속에서 자라기 때문에 강렬한 햇빛을 피할 수 있고 물밖의 물리적인 환경에 큰 영향을 받지 않기 때문에

잎 표피의 큐티클층이 없기도 하고 표피조직이 단층으로 이루어져 있다. 이로 인해 다른 육상식물보다 부드러운 몸을 가지고 있다.

- 독특한 뿌리의 기능 : 육상식물은 대부분 수분을 뿌리를 통해서 흡수하지만 수생식물은 온 몸으로 수분을 흡수하게 된다. 수생식물에 있어서 뿌리의 기능은 식물체 자체를 지지해주는 기능과 다른 무기물질을 흡수하는 기능이 대부분이다.
- 통기조직의 발달 : 모든 수생식물은 해부학적으로 줄기 등에 통기조직이 발달해 있다. 통기조직은 물속에서 수생식물이 직립할 수 있게 해주는 아주 중요한 기능을 하고 있다.

주요 수생식물인 갈대와 달뿌리풀, 억새, 물억새는 육안으로 구분하기 어려워 아래 표와 그림에서와 같은 형태적 특성을 이해하면 분류하기 용이하다. 보통 갈대와 달뿌리풀은 정수식물대와 육상에서, 억새와 물억새는 육상에서 관찰된다. 형태적 특성은 엽신과 엽설, 화서, 소수, 포영, 호영에서 차이점을 볼 수 있으며, 구체적 분류 특성은 아래 표와 그림을 참조한다.

[표 3-7] 갈대, 달뿌리풀, 억새, 물억새의 분류 특성

분류	갈대	달뿌리풀	억새	물억새
과명	벼과 (Gramineae)	벼과 (Gramineae)	벼과 (Gramineae)	벼과 (Gramineae)
학명	*Phragmites communis* Trin.	*Phragmites japonicus* Steud.	*Miscanthus sinensis*	*Miscanthus sacchariflorus*
원산지	전세계 온대. 한대지방	한국	한국. 일본. 중국 등지	한국. 일본. 중국북부. 아무르
서식장소	습지. 호수 주변 모래땅	연못이나 샛강	산과 들의 건조한 곳	물가의 습지
개화기	8~10월	9~11월	9~11월	8~10월

분류		갈대	달뿌리풀	억새	물억새
기타 특징	엽신	길이 20~50cm 나비 20~40mm	길이 13~36cm 나비 10~20mm	길이 18~40cm 나비 10~20mm	길이 40~80cm 나비 10~30mm
	엽설	1mm섬유상 잘게 갈라짐	1mm	1mm	1~1.5mm
	화서	개방원추화서	개방원추화서	수십개의 총이 짧은 증축에 배열, 총의 길이 15~30cm	수십개의 총이 짧은 증축에 배열, 먼지떨이 모양
	소수	2~4개의 소화로 됨	3~4개의 소화로 됨 소화의 기반에 털이 있음	한마디에 장병소수와 단병소수 같이 달림	한마디에 장병소수와 단병소수 같이 달림
	포영	제1포영 길이 3~4mm 제2포영 길이 5~8mm	제1포영 길이 4~4.5mm 제2포영 길이 5~7mm	제1,2포영 크기 모양 같음 길이 7mm	제1,2포영 크기 모양 비슷 길이 4mm
	호영	길이 8~10mm, 기반은 뾰족하고 길이 1~1.5mm, 기반 털의 길이 7~8mm	길이 4~7mm, 나비 1~1.5mm, 기반은 3~5mm, 기반 털의 길이 7~8mm	끝이 2개로 갈라지고 갈라진 사이에 12mm의 꺽인 모양의 까락이 생김	1.2 소화의 호영 길이 3.5mm로 같음, 길이 8~10mm, 기반은 뾰족하고 길이 1~1.5mm, 기반 털의 길이 7~8mm

구분	갈대	달뿌리풀	억새	물억새
엽신과 엽설			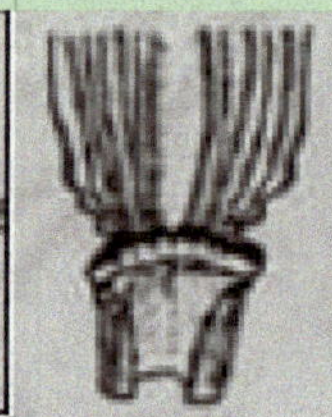	
화서				
소수	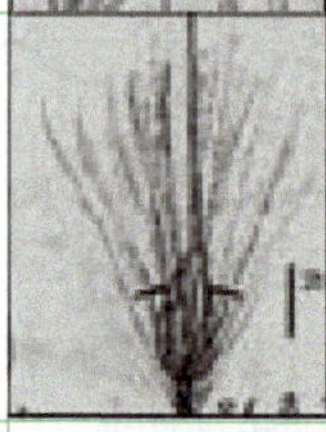			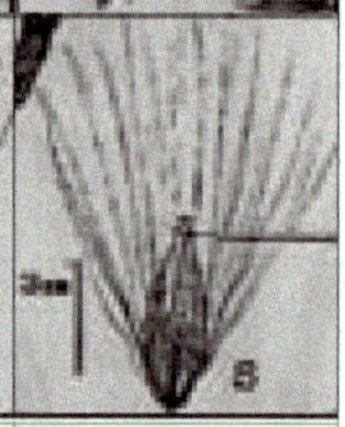
포영과 호영	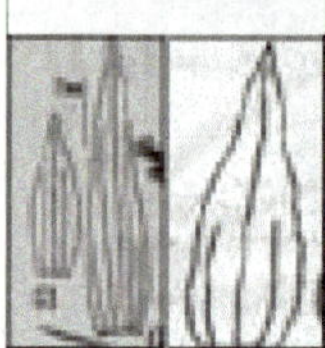	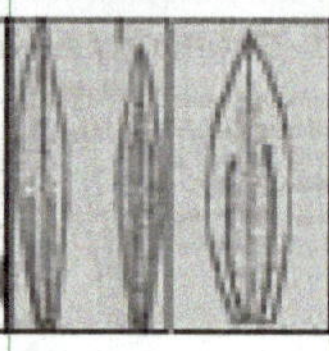	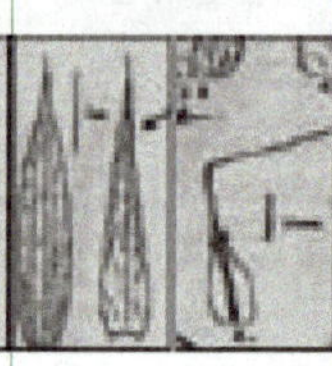	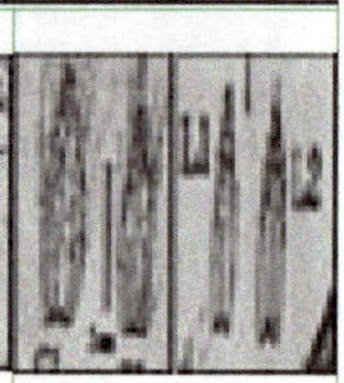

[그림 3-13] 갈대, 달뿌리풀, 억새, 물억새의 형태

(출처: 장형태, 대한종모)

2.3 식물생육기반 재료

식물생육기반 재료의 특징

비탈면의 녹화 계획을 수립할 때 우선적으로 고려해야 할 항목은 "어떤 재료를 이용하여 어떻게 시공할 것인가"라는 것이다. 즉 공법을 구분하고 시공품질을 결정하는 가장 중요한 요소가 바로 시공용 재료이다.

비탈면의 녹화용 주재료는 먼저 종자와 묘목의 형태로 사용되는 식물재료와 비탈에서 식물이 뿌리를 내리고 영양분을 얻는 공간이 되는 기반 조성용 재료, 그리고 시공을 위한 보조 재료로서 고정용 재료 및 멀칭용 재료 등이 있다.

비탈면의 녹화 목표를 달성하기 위해서는 식물이 비탈 조건에서 생장할 수 있도록 하여야 한다. 이때 기반(원지반 또는 일정 두께로 조성해주는 기반, 식물생육기반)은 식물 뿌리의 지지기반이 되며, 식물에 필요한 수분이나 영양분을 공급해주는 역할을 하게 된다. 그러나 평지가 아닌 비탈 조건이기 때문에 구성 재료 및 이들 재료로 조성한 식생기반은 다음과 같은 몇 가지 까다로운 조건을 충족해주어야 한다.

- 빗물에 침식되지 않을 정도로 구조적으로 안정되거나 견고하여야 함
- 식물뿌리의 생장이 저해되지 않는 수준의 토양경도를 유지하여야 함
- 식물의 생장에 필요한 수분과 양분을 함유하고 있어야 함
- 2차적으로 환경위해물질이 용탈되어 나오지 않아야 함
- 식물이 완전히 정착될 때까지 녹화기반이 유실되지 않아야 함

결국 식생기반은 단순히 식물 뿌리의 지지기반으로서가 아니라, 식물이 지속적으로 자랄 수 있도록 구조적, 환경적으로 안정된 상태가 오래 지속되어야 한다는 것이다. 과거 녹화공사에서 충분한 두께의 식생기반을 조성해 주었는데도 불구하고 식물이 쇠퇴하는 문제도 위에서 언급한 바와 같이 너무 높은 토양경도, 녹화기반내 영양분의 불균형에 기인한 것으로 볼 수 있다.

자연토양을 이용한 수림화 사례

인공토양을 이용한 수림화 사례

다양한 옥상녹화 사례

토사유실방지 재료

[그림 3-14] 생태복원녹화 사례 사진

일본의 녹화기술은 단순히 자연 생태적인 접근뿐만 아니라 토질공학, 암반공학, 지반공학 등 다양한 공학적인 접근을 병행하고 있으며, 개발 전에 녹화계획과 설계가 수립되어 있어 기본적으로 환경영향을 최소화할 수 있고, 시공 후에도 다양한 형태의 녹화사업을 단계별로 진행할 수 있도록 하고 있다. 순환형 사회와 녹화기술의 관련성이 밀접하여 시민 참여형 녹화가 활성화 되고 있으며, 자원재활용(발생재의 재활용)이 일반화되고 있으며, 발생재의 퇴비화 연구뿐 아니라 발생재의 녹화토 활용기술이 발전하고 있는 추세이다.

그리고 지역의 자연과 유전자원의 보전을 목적으로 공사 현장에서 채취 가능한 매토종자(soil seed bank)를 이용한 방법이 1960년대 부터 시행되어 왔다. 선구적인 사례로 자연공원구역내에 건설된 오사카의 미노오가와댐에 산림의 표토를 미리 채취, 보관한 후 공사 후에 나지 비탈면에 부설하여 예덕나무를 비롯한 매토 종자에서 발아된 선구수종이 성장하여 조기에 관목림을 형성한 사례가 유명하다.

한편 산림표토를 이용한 시공방법으로 주변의 산림에서 채취한 산림표토를 포설하는 전통적인 방법, 표토를 식생기반재취부공의 재료로서 사용하여 접합제 등을 배합하여 비탈면에 뿜어붙이는 방법, 표토를 흙 자루에 채워서 이용하는 방법, 산림표토를 가능한 한 교란시키지 않고 조성지에 이식하는 표토 이식공법 등이 행해지고 있으며, 이 표토이식 공법은 표토매트의 상태로 사면에 붙이는 표토매트공법으로 발전하고 있다.

[표 3-8] 비탈에서 토양경도와 식물 생육의 관계

토양경도지수(mm)	식물생육 상태
18mm 이하	식물 생육은 양호하지만 비탈면이 무너질 위험성이 있는지 확인이 요구됨
18mm ~ 23mm	식물의 근계생장에 적당
23mm ~ 27mm	식물의 생육은 양호하지만 생육활성이 그다지 좋지 않음
27mm ~ 30mm	흙이 너무 단단해서 식물의 생육이 곤란함
30mm 이상	식물의 근계의 침입이 곤란함

(출처 : 국토해양부. 2009. 도로비탈면 녹화공사의 설계 및 시공지침)

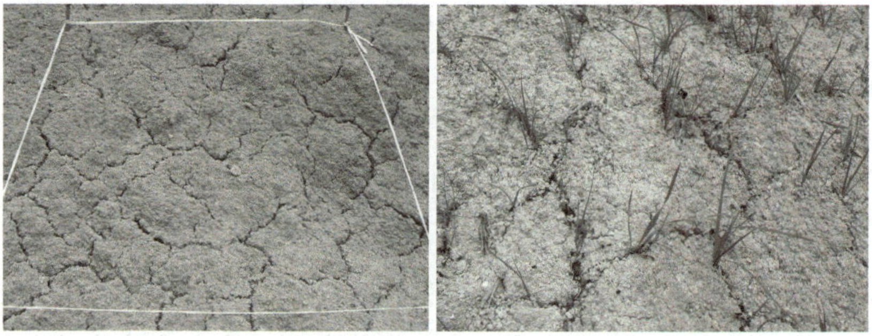

[그림 3-15] 식생기반층의 균열 및 균열부위에서 외래도입초본류의 발아 상태

식물생육에 가장 기본이 되는 것은 토양이다. 식물은 토양이 없으면 살기 어렵고, 토양은 식물이 없으면 풍요롭게 변화되지 않는다. 수없는 세월동안 풍화작용에 의해 형성된 토양에서 식물은 생장을 시작하며 시간이 지나게 되면 식물은 토양비옥도를 높이고 토양의 내침식성을 강하게 한다. 즉 토양을 풍요롭게 하고 침식되지 않게 유지시켜줌으로써 식물 자신들도 생육을 풍성하게 한다.

식생기반을 구성하는 가장 중요한 재료는 흙이다. 자연 상태의 흙은 각종 토양미생물이나 소동물, 그리고 낙엽과 같은 유기물 등의 혼합체라고 할 수 있다. 좋은 상태의 흙은 일반적으로 아주 작은 떼알 구조인 입단으로 구성되어 있으며, 통기성 및 보수성이 매우 좋다. 즉 비탈면 녹화에서도 이러한 상태의 토양층을 조성해주는 것이 가장 바람직하다.

식생기반재에는 주로 흙을 사용하게 되는데, 단순히 흙만을 비탈면에 조성해주게 될 경우 재료가 유실되지 않도록 하기 위해 딱딱하게 시공되거나, 흙 자체의 영양분 부족으로 식물생장이 불량하게 되는 경우가 나타난다. 이는 기계화 시공 뿐만 아니라 잔디나 초화류의 식재에서도 다 같이 중요한 개념이 된다.

따라서 목표하는 방향대로 생태복원 녹화를 달성하기 위해서 흙만으로는 부족한 부분을 개선하거나 보완해줄 재료로서 다양한 토양개량재를 사용하게 된다. 이를 통하여 식생기반내의 점착성 개선, 인장력 개선, 토양 경량화, 유기물함량 증대, 전단강도 개선, 공극 개선 등의 효과를 얻을 수 있게 된다.

현지발생 재활용 재료

식물재료

훼손된 지역의 녹화를 위한 재료는 대상 지역이나 주변지역에서 채취한 재래종(자생종)을 활용하는 것이 좋다. 재래종은 그 지역의 자연과 생태계를 구성하는 것으로 생태적 침입이나 생태적 교란을 발생시키지 않으므로 자연재생에는 재래종을 이용한다.

그러나 이러한 재료는 생산성이 적고, 생산이 가능하더라도 필요한 수량을 확보할 수 없는 경우가 많다. 그러므로 사전에 종자로부터 육묘를 하는 등의 대응을 필요로 한다. 또한 계획이나 설계에 있어서 한 가지 개체종이나 동일한 규격이 아닌 다양한 종과 다양한 규격의 식물재료를 도입하여 복구설계를 하는 것이 바람직하다.

식물발생재

식물발생재는 주로 산림의 벌채, 하예작업 등에 의하여 발생하는 나무의 줄기, 가지 등으로서 이것을 분쇄하여 녹화공법의 유기질재료로 재활용할 수 있다. 여기에는 수목의 지엽부, 목질부, 근계부 및 잔디, 초화류 등 다양한 성상의 재료가 포함된다. 이들 재료는 멀칭재료, 쿠션재료, 포장재, 잡초억제, 표토의 비옥화와 보전, 토양개량재 등으로 사용이 가능하기 때문에, 앞으로 사용비율이 증가할 것으로 보고 있다.

최근에 와서 자원의 효율적인 이용과 폐기물의 자원화가 모색되고 있다. 녹화 분야에서도 공원이나 각종 녹지에서 전정, 벌채 등의 작업에 의하여 대량으로 발생하는 식물발생재(가지, 낙엽, 목재, 뿌리 등), 그리고 건설공사에서 발생하는 임목폐기물의 처리도 중요한 문제가 되고 있다.

현장에서 발생하는 방대한 양의 식물발생재(임목폐기물)는 뿌리 부분이 폐기물로 분류되어 외부 반출·소각되는 등 고가의 처리비용, 환경문제 등으로 재활용이 강력하게 요구되어온 폐기물 중 하나로서, 임목폐기물을 재이용하고자 하기 위한 노력으로 식생기반재를 대체할 수 있는 리사이클 녹화시스템이 개발되어 활용되고 있다.

리사이클의 방법으로 사용되는 생태적 재활용 녹화공법은 훼손된 산림에서 발생하는 표토를 재활용하고, 수목의 그루터기를 굴취·이식하거나 자생 수목포트를 재배하여 비탈면에 식재 또는 폐기되는 기존 수목을 활용하여 핀 형태의 우드칩을 만들어 표토층 위에 멀칭하는 기술을 말한다.

III

현장발생재의 이용방법으로는 기계 장비로 파쇄한 칩을 별도의 공정을 통해 퇴비화하여 녹화용 식생기반재로 이용하는 방법과 수목 식재지의 보습 효과 등을 위한 멀칭재로 사용하는 방법이 있다. 그러나 현장발생 목재의 부숙을 위해서는 수개월 이상의 시간이 소요된다는 점과 퇴비화를 위한 적치 공간을 확보해야 하는 등 개선해야할 점이 남아 있다.

또한 퇴비화 하지 않은 생칩을 그대로 사용할 경우 목질부의 분해과정에서 질소기아현상이 발생하여 식물 생육을 저해하는 문제가 있다. 이러한 문제점을 해결하기 위해서는 충분한 시간을 가지고 퇴비화 하여 이용하는 방법과, 생칩에 슬러지 등에 의한 미생물 도입이나 질소분이나 목탄 등을 첨가하여 발효과정에서 발생되는 생육저해물질을 흡착하여 현장 적용시 질소기아 현상이 발생하지 않도록 하는 방법이 사용되고 있다.

[표 3-9] 현장에서 얻을 수 있는 식물발생재

분류	특징
지엽부	- 지엽만 발생재로 나오는 경우는 공원녹지, 가로수, 주택지 등에서 전정 작업을 하는 경우가 대부분을 차지함 - 지엽부만을 분쇄하는 것은 기술적으로나 기계 구조적으로나 용이하지만, 현실적으로 분쇄재료의 형상에 차이가 많음 - 퇴비화를 목적으로 하는 경우에는 30mm 이하로 하는 것이 바람직함
목질부	- 목질부는 전정작업 또는 벌채작업으로 인하여 생겨나는 것 - 목질부는 파쇄는 용이하지만 목질부만으로 퇴비화는 곤란하므로, 재활용시에는 지엽부 분쇄목과 혼합하는 것이 바람직함
근계부	- 벌채공사에 발생하는 수목의 뿌리부분으로 임목폐기물로 분류됨 - 뿌리 부분은 대부분 섬유질이 길고 파쇄하여 퇴비화하기가 곤란하기 때문에, 퇴비화 방법 보다는 이를 파쇄된 형태를 직접 녹화용 재료로 이용하는 방법이 이용됨
예초물	- 도로 및 골프장 등의 유지관리에 의해서 발생되는 초본류 잔재물 - 주로 퇴비화하여 사용하여 녹화용 식생기반재나 식재 수목의 퇴비원으로 활용됨

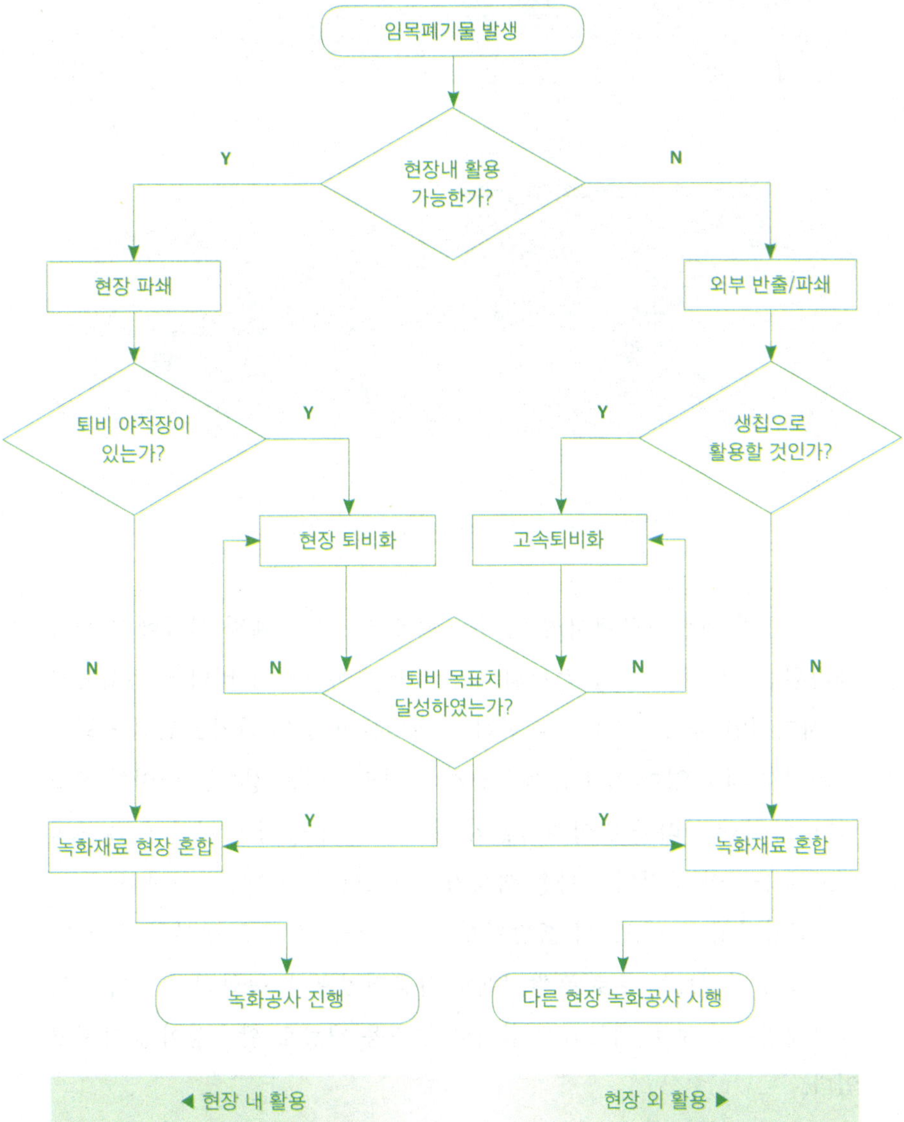

[그림 3-16] 현장발생재 중 임목폐기물 활용 프로세스

III

임목폐기물 파쇄에 의한 녹화용 칩 생산

임목폐기물 파쇄 후 적치한 모습

임목파쇄칩을 이용한 녹화기반 조성 사례

임목파쇄칩을 비탈면에 멀칭한 사례

[그림 3-17] 임목파쇄칩을 이용한 현장 시공 사례

국내의 건설현장에서 발생되는 임목폐기물은 계획 단계에서 이들 폐자원을 재활용하도록 검토되고 있지만 토목공사와 비탈면 녹화공사의 시기적인 차이(약 2~5년)로 인하여 대부분의 경우 폐기물로 지정되어 폐기처분 되고 있어 실제로 녹화공사에 재활용되는 경우는 미비한 실정이다. 하지만 이러한 건설폐기물의 경우 소정의 공정을 거친 후 경제적이고 효율적인 양질의 녹화용 식생기반재로서의 사용이 가능하다.

현장발생토는 표토와 흙쌓기재로 사용하는 심토로 구분할 수 있다. 이들 현장발생토는 주로 흙쌓기재로 사용되었으나, 녹화의 측면에서 임목파쇄칩이나 보조 재료와 혼합하여 녹화용 재료로 활용성이 높아지고 있다.

표토재료

건설현장에서 얻을 수 있는 중요한 자원으로서의 "흙"은 표층부에 있는 표토이다. 표토에는 각종 유기물원과 매토종자로서의 잠재종자원이 있기 때문에 가장 효과적으로 그 지역의 식생을 복원시킬 수 있는 소재로서 중요성이 높아지고 있으며, 시공사례에서 그 효과가 입증되고 있다.

[그림 3-18] 임목파쇄칩과 현장발생토를 이용한 녹화공

[그림 3-19] 기계시공에 의한 현장발생토 이용 뿜어붙이기 녹화공

[그림 3-20] 현장발생토를 이용한 시공 20년 경과 후의 경관변화
(좌: 시공직후, 우: 시공 20년 후/미노오가와댐)

III

1983년에 건설된 일본 오사카의 미노오가와댐에서는 댐 수몰지역의 비탈면에 있던 토양을 미리 채취하여 댐 비탈면의 흙쌓기용 재료로 사용하여 토양 내에 있던 매토종자의 발아만으로 생태복원을 달성한 성과를 거두었다. 이는 일본 내에서도 매토종자 및 현장발생토를 이용한 성공적인 사례로 평가를 받고 있다.

또한 최근에는 대규모 흙깎기 비탈면의 생태복원을 위하여 매토종자가 포함된 현장 발생토를 미리 채취하여 실내 온실에서의 발아 포텐셜 실험과 비탈면에서의 시험시공을 통하여 현존식생과의 비교를 통하여 생태복원의 가능성을 타진한 연구가 있다. 5년간에 걸친 모니터링을 통하여 알게 된 새로운 사항으로는 표토투입 실험구에서 외부에서 구입한 종자를 투입한 실험구보다 2.8~5.2배나 높은 출현종수가 확인되어 종다양성이 풍부한 식생회복이 가능하다는 점과 주위의 기존수림에서 산포된 종자의 발아 및 생장에 의해 경관의 연속성 유지할 수 있다는 점이다.

▷ 비탈면 녹화용 재료로 표토(topsoil)를 이용하기 위하여 표토 채취 깊이에 따른 seed bank의 양 및 종류를 파악한 연구에서, 산림토양내에서는 다양한 종자원이 함유되어 있는데 이를 자원으로 활용할 경우 표층부 가까이에서 표토를 채취할 때가 종자원의 종류 및 수가 가장 많은 것으로 조사되었다.

▷ 표층부 20cm 이하 깊이에서는 종자원의 수가 감소하기 때문에 표토 20cm 까지의 토양을 활용하는 것이 효과적인 것으로 분석되었다.

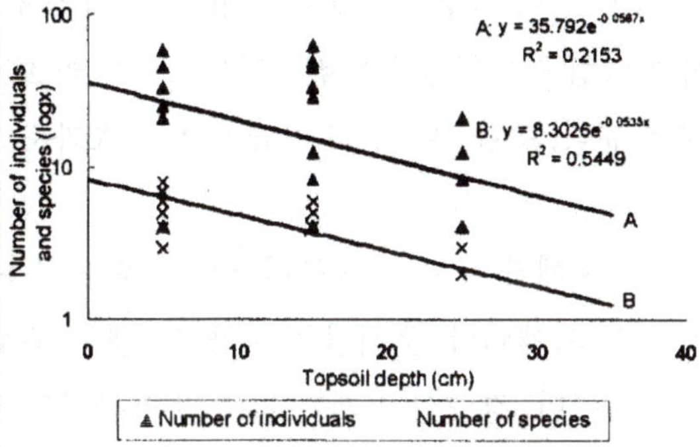

표토의 채취 깊이에 따른 종자 개체수 및 종수 변화

(출처 : 김경훈, 우보명. 1999, 비탈면녹화용 재료로서 산림 표층토의 적정 채취시기 및 이용방법)

시공대상지

시공 후 5년경과

시험시공 비탈면에서 시공전과 표토이용 뿜어붙이기 시공 5년 후의 변화

(일본 쯔루가 발전소 내 비탈면 식생복원 사례)

2.4 보조 재료

토양개량재

토양개량재는 생육이 불량한 토양에 대하여 통기성, 보수성, 통수성 등의 물리성을 개량하고, 보비성 등의 화학성의 개선을 도모하기 위하여 토양에 첨가하는 자재로서 토양안정제라고도 한다.

토양개량재는 크게 유기질계, 무기질계로 분류할 수 있다. 유기질계는 동식물의 잔해, 가축분 등의 다양한 것이 원재료가 되고, 생산과정에서 여러 가지의 재료가 혼합되는 경우가 있다.

유기질계 토양개량재로 사용하는 제품에는 왕겨, 이탄, 수피, 피트모스(peat moss) 등과 같이 다양한 제품이 사용된다. 이와 같은 자재들은 토양을 팽윤시켜 단립구조 형성을 촉진시키므로 토양의 보수성 및 배수성 회복에 도움을 준다. 또한 부식질의 공급 및 비료효과도 기대할 수 있다.

무기질계는 그 자체가 갖고 있는 물리학적 특징을 이용하여 토양에 물리적 변화를 주는 자재이다. 무기질계 토양개량재는 주로 암석, 광물계통으로서 다공질이며, 경량성 자재가 많고 토양산성의 완화, 보비력의 증가, 보수력의 개선, 중점토질의 통기성 개선 등의 작용을 한다. 주요한 제품에는 진주암, 흑요석, 응회암, 규석 등을 고온으로 처리한 펄라이트(perlite, 진주암), 버미큘라이트(vermiculite, 질석), 제올라이트(zeolite), 벤토나이트(bentonite), 세라소일(cera-soil) 등이 있다.

하수 슬러지는 다양한 과정의 탈수과정을 거쳐서 생산되는 녹화토양 재료로서 토양개량재로 쓰이는 경우는 카드뮴, 비소, 납 등의 중금속에 대한 품질시험 절차를 반드시 거쳐야 하며, 환경부 고시 「유기성 오니 등을 토지개량제 및 매립시설 복토용 도로의 재활용 방법에 관한 규정」에 적합한 제품이어야 한다.

[표 3-10] 토양개량재의 분류

구분	계통	주된 기능	주원료	주요 자재
유기질	동물·식물질계	물리성, 화학성, 생물성 개량	이탄, 갈탄, 축분, 수피, 톱밥, 조개껍질, 하수슬러지, 임목화이버 등	피트모스, 축분퇴비, 수피퇴비, 발효자재, 조개껍질 분말 등
	고분자계	물리성 개량	유기화합물	합성고분자계 자재
무기질	광물질계	물리성, 화학성 개량	천연광물, 광물열처리제품, 암석풍화물 등	벤토나이트, 석탄회, 제오라이트, 버미큘라이트, 퍼라이트, 광재 등
	보통비료	화학성 개량	인광석, 사문암, 갈탄, 석회암 등	각종 비료

수분조절재

수분조절재는 뿜어붙이기용 재료에 혼합하여 보수성을 높이는 물질로 화이버, 수피제품 등이 있는데 이 재료는 주로 시공 후에 녹화공법의 수분유지 역할을 담당하여 종자의 발아 생육을 돕는 역할을 한다. 광의로는 보수성의 인공물질 전반을 말하지만, 일반적으로 흡수성이 큰 수지를 뜻한다. 종자의 발아 때와 식물의 이식 때에 보수성이 좋지 않은 지반의 녹화, 건조지의 녹화 등에 쓰인다. 보수재에는 침투압에 의해서 흡수를 하고, 맑은 물과 상온에서는 100~1,000배의 흡수 능력을 갖는 것도 있다.

고분자제

침식방지제(합성접착제)는 피복재를 토양과 결집시켜 피복을 형성하는 접착제로 파종한 종자, 비료 및 피복보호재의 유실 방지, 객토의 유출 및 침식방지, 토양수분의 증발 완화 및 표면건조 방지, 보온 효과 등의 효과가 있으며 종자가 발아, 성장해서 전면피복이 되어 그 기능이 충분히 발휘될 때까지의 기간 동안 침식방지를 도모할 목적으로 사용한다. 그러므로 그 효과의 범위는 멀칭효과를 가져 표층토의 안정을 도모할 수 있으나, 비탈면 붕괴방지까지 기대할 수는 없다.

침식방지제는 식물의 발아와 생육에 악영향을 주어서는 안 되며, 지속성이 높은 제품을 사용하여야 한다. 침식방지재는 그 성질에 따라서 화학적 자재와 물리적 자재로 구분하며, 현장에서는 각각의 용도에 맞게 사용되고 있다.

토양양생재는 토양침식방지제라고도 하며, 비탈면 녹화공사를 실시할 때에 시공 직후의 토양표면 및 뿜어붙이기 재료의 침식을 방지할 목적으로 사용하는 약제이다. 아스팔트유제와 합성고분자계의 풀 종류, 셀룰로오스 풀과 같은 천연물에 가까운 것에 이르기까지 여러 종류가 있다. 양생재는 종자살포공법과 객토뿜어붙이기 등에 의한 파종의 경우에는 뿜어붙이기 재료의 유실방지와 파종지표면의 건조방지를 위하여 약제를 사용한다.

침식방지 외에 뿜어붙여지는 식생기반재 내부의 토양구조를 입단구조화 시키는 입단반응제(단립제)가 있다. 이 재료는 토양입자간의 결합력을 높여 입단구조를 증대시키고, 입단구조가 잘 형성된 식생기반층을 비탈면에 조성하게 된다.

[그림 3-21] 고분자재를 활용한 침식 방지 및 토양 수분 조절

피복재

피복재는 침식방지안정제와 함께 토양을 결집시켜 자재의 유실을 방지하고, 식물의 착생이 용이하도록 첨가하는 자재로서 토양표면을 피복하는 재료의 총칭이다. 피복재는 피막을 형성하여 종자의 피복, 보습, 보비 및 보온효과를 갖추어야하며 종자, 비료, 물 등과 함께 혼합하여 살포하는 방법으로 사용된다.

각종 토양을 피복함에 의해서 침식방지, 토양표면으로부터의 증발의 억제, 여름철 지온상승의 억제, 겨울철의 보온, 잡초의 억제 등의 효과가 기대된다.

피복재로써는 볏짚, 톱밥, 수피, 우드칩, 낙엽, 폴리에틸렌필름 등이 일반적으로 사용되지만 비탈면녹화공법의 경우에는 볏짚, 볏짚거적, 부직포, 토양섬유, 화학섬유시트, 네트, coir net, jute net, 천연면네트, 화이버류가 주로 사용된다.

화이버류는 피복재로서보다 뿜어붙이기 파종시에 종자의 보호적인 성격이 강하며, 볏짚 및 화학섬유 시트, 네트류는 비교적 내구성도 있으며, 침식의 우려가 있는 비탈면과 겨울철과 같이 부적기 시공에 사용한다.

자연생떼의 부족에 대체하고, 시공을 단기에 완성하기 위하여 여러가지 대용떼를 제조하여 사용하고 있으며, 이와 같은 대용떼 중에서 주요한 것으로는 식생반, 식생자루(植生袋), 식생대(植生帶), 식생매트, 식생포트 등이 있다.

이밖에 잔디 등 식생조성용으로 제작된 제품으로 천연 토목섬유로 된 Geo mesh(Netting, Fencing), Coir net, Jute mesh, Jute net 등과 합성수지로 된 론생백(Lonseng bag), 론생 net, Filter mat, 각종 녹화 Sheet와 Mat가 있다.

- 코이어네트 및 쥬트네트 : 코이어네트(coir net)는 코코넛 열매껍질에서 추출한 섬유질로 제조하고, 쥬트네트(jute net)는 황마를 재료로 제조한 천연섬유이다. 이들 네트는 보온, 보습성으로 인한 한발과 냉해

로부터 식물의 발아 및 생장을 보호해주며, 우천시 절성토 비탈면의 세굴, 유실, 침식을 막아준다. 내구력은 코이어네트가 4~5년, 쥬트네트가 2~3년 정도로 코이어네트가 좋으나, 네트자체가 거칠고 요철이 심한 비탈면에는 밀착시공이 되지 않는 단점이 있다.

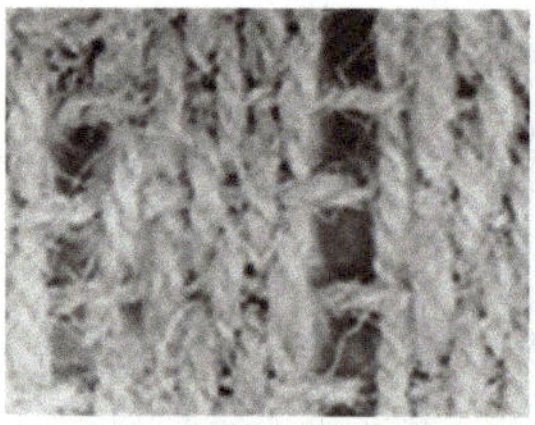

Geomesh-fencing용
(천연 야자껍질섬유)

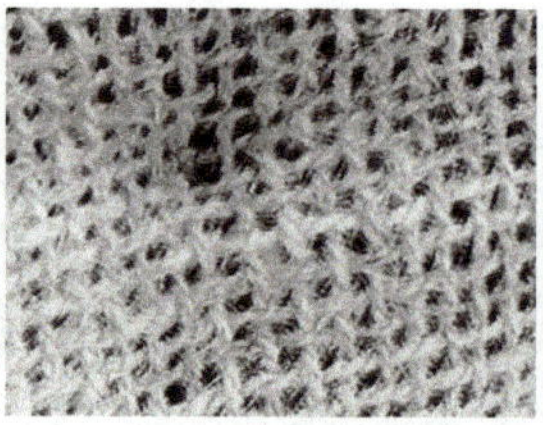

Geomesh-netting용
(천연 야자껍질섬유)

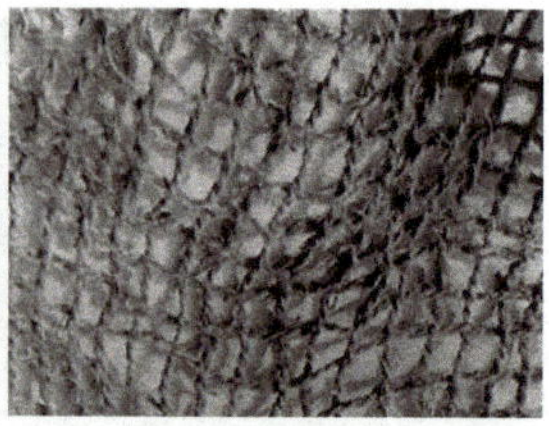

Coir net
(천연 야자껍질섬유)

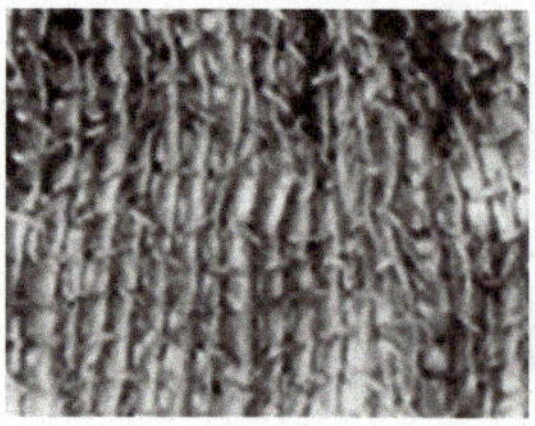

Jute net
(천연황마 섬유)

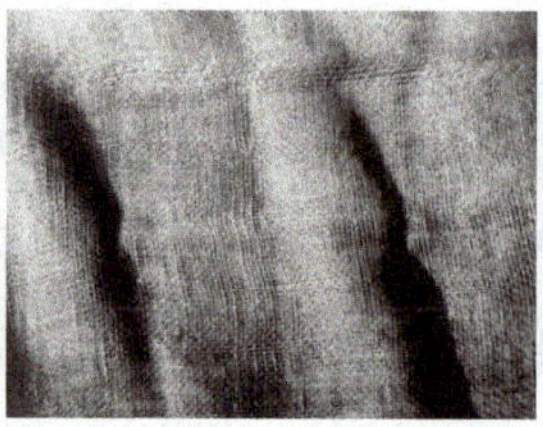

Jute mesh
(천연황마 섬유)

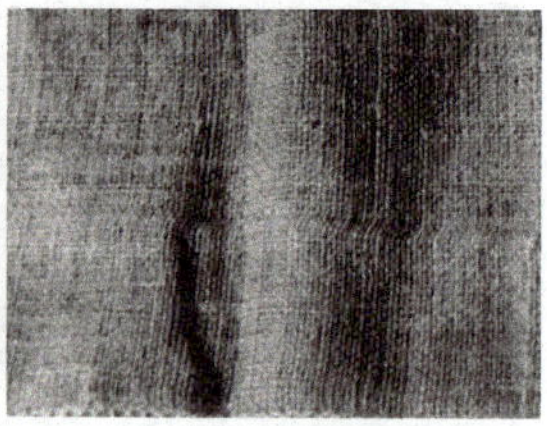

Jute bag
(황마 주머니)

론생볏짚

론생네트

론생백

coir net

일반 볏짚 거적

천연면네트

[그림 3-22] 식생조성에 사용하는 다양한 제품

- 볏짚 : 볏짚을 거적 형태로 짠 것으로서 종자뿜어붙이기와 병행하여 땅깎기나 흙쌓기 비탈면에 널리 시공되고 있다. 볏짚은 미기후 조건 개선으로 비탈면에 뿜어붙여진 종자의 발아를 돕는 효과가 있지만, 코이어네트에 비하여 비탈 표면침식을 방지하는 효과가 낮다.
- 면네트 : 최근의 녹화기술에서는 시공재료의 특성에 부합되도록 개별적인 네트를 제조하여 사용하고 있다. 특히 면사를 이용하여 네트 형태로 제작한 면네트는 볏짚보다 인장력이 우수하며, 부드러워 요철이 있는 비탈면에 밀착시공이 가능한 장점을 가지고 있다.

각종 재료로 토양표면을 피복하는 방법을 멀칭이라 한다. 주로 화학적 재료를 사용하는 재료를 피복재(covering materials)라 한다. 화학적 재료로는 아스팔트유제, 폴리초산비닐용액 등이 사용된다. 객토종자뿜어붙이기공법, 종자뿜어붙이기공법 등이 적용된 곳에서 표층부의 침식방지 및 발아와 초기생장을 도모하기 위하여 피막을 형성하기 쉬운 합성수지의 에멀젼을 살포하여 피막, 양생하는 방법으로 사용된다.

토양피복재(covering materials)는 멀칭재(mulching)라고도 하며, 땅 표면을 피복자재로 덮어 주는 것이다. 주로 수목 이식 작업에 사용되는데 비탈면 녹화공사에서는 나지 표면을 덮는 일에 널리 활용된다. 특히 수목 이식 작업에서는 이식 직후에 조경작업의 마무리 단계에서 우드칩 멀칭 등을 실행하는데, 이것은 수목생장에 도움이 되며 식재지의 독특한 분위기를 창출할 뿐만 아니라 제초작업의 감축 등 사후관리를 쉽게 해 준다.

우드칩 멀칭은 마치 산림토양에 유기물층이 있어서 수목생장에 유리해지는 것과 비교할 수 있으며, 훼손지 토양환경을 숲의 토양조건과 유사하게 만드는 효과가 있다. 즉 잡초발생을 억제하고 토양으로부터 수분증발을 감소시키며 표토유실을 방지하고 토양이 굳게 다져지는 것을 막는다. 또한 여름철에는 토양온도 상승을 방지하고 겨울철에는 동결을 방지해주며 토양의 입단화를 촉진하고 공극률을 높여준다. 그 밖에도 유익한 토양미생물의 생육을 조장하고 멀칭재가 썩어서 양료를 공급하며 토양비옥도를 증가시키게 된다.

화이버류

비탈면 녹화는 비탈면에 식생기반을 조성해주는 것이므로 경사조건에서 식생기반을 안정적으로 부착시키는 것이 중요하며, 이를 위하여 각종 화이버류를 사용하는 경우가 있다. 화이버류는 실과 같은 장섬유 형태의 재료에서부터 화이버의 입자를 눈으로 구별하기 힘든 단섬유 형태까지 매우 다양하다.

실 형태의 섬유질이 식생기반에 혼합되게 되면 재료의 강도 보다는 인장력을 증가시켜 재료의 갈라짐 등을 방지하는 효과를 나타낼 수 있다. 섬유재에는 보통 고분자화합물로 만든 섬유가 주로 사용되는데 비탈 안정공사용 재료에서 기술한 바와 같이 PP, PE 섬유 등이 많이 사용된다.

연속섬유보강토공법에 사용되는 장섬유

화이버류 멀칭 사례

[그림 3-23] 섬유 및 화이버를 이용한 공법

장섬유 형태 외에 식생기반재료와 혼합되어 재료간의 결속력을 높여주고, 식생기반층 내부의 수분보유능력을 높여주는 재료가 있다. 보통 천연 화이버류가 사용되는데 목재 또는 종이 상자를 열이나 압력으로 분쇄하여 부드럽게 한 것으로, 식물섬유소가 풍부하고 충분한 수분을 함유하고 있는 재료이다.

또한 식생기반층이 비탈면에 조성되면 그 위에 얇게 도포하는 형식으로 화이버류를 사용하게 되는데, 여기에서는 결합력 증대보다는 멀칭의 효과를 높이기 위하여 사용하는 경우가 있다.

2.5 기타

비료

비료는 식물의 성장을 돕기 위하여 흙에서 화학적 변화를 가져오게 하는 물질과 식물에 영양을 주는 물질이다. 비탈면의 토양은 유기물을 함유하지 않은 하층토인 경우가 대부분이므로 식생의 양호한 생육을 위하여 비료를 사용한다. 식물의 생육에 필요한 다량 원소 중 탄소, 수소, 산소는 대기와 물에서 공급되므로 비료의 성분으로는 고려하지 않는다. 토양 중에서 함량이 비교적 적어 시용하는 경우에 식물의 반응이 높은 것은 질소, 인, 칼륨이며, 이것을 비료 3요소라고 한다. 3요소 외에 사용량이 많고 식물의 반응이 나타나기 쉬운 것은 칼슘, 마그네슘, 황이며 이것을 2차 요소라고 한다.

비료는 용도, 성분, 생산방법 등에 따라서 여러 가지 종류로 분류한다. 비료관리법에서는 크게 보통비료와 부산물비료로 나누고 있다. 보통비료란 부산물비료 이외의 비료로서 공정규격이 정하여진 것으로 정의하고 있다. 부산물비료는 농업, 임업, 축산업, 수산업, 제조업 등을 영위하는 과정에서 나온 부산물, 음식물폐기물, 토양미생물제제, 토양활성제 등 비료성능이 있는 물질 중 농림부장관이 지정한 것이다.

비료공정규격에서 보통비료는 질소, 인산, 칼리 등의 단비와 복합비료, 유기질비료, 석회질비료, 규산질비료, 고토비료, 미량요소비료, 규인비료, 규인칼리비료, 기타 비료(제오라이트, 벤토나이트, 액상석회, 수용성

분상석회)라고 규정하고 있다. 그러나 통상적으로 3요소계 비료 중에서 1종만을 공급하는 비료를 단비, 2종 이상 공급하는 비료를 복합비료, 그리고 동식물질의 비료를 유기질비료라고 한다.

비탈면에서 식물의 생존에 필요한 양분은 자연 산지 비탈면과 같이 낙엽이나 부식이 존재하는 곳에서는 충분히 공급되겠지만, 인위적 비탈면과 같이 심토가 노출된 곳이나 암반 비탈면에서는 거의 없거나 부족한 경우가 많다. 또한 도입하고자 하는 식물의 종류에 따라서는 비탈면에 양분이 없어도 스스로 양분은 만들어 살아가는 종류도 있고, 잘 성장하기 위해서는 비료가 반드시 필요한 경우도 있다.

비료는 구득이 용이한 화학비료가 일반적으로 많이 사용된다. 비료성분은 질소, 인산, 칼리를 함유하고 질소와 인산이 등량이거나 또는 질소보다 인산의 함유량이 많은 것을 선택하는 것이 유리하다. 종자 발아시 초기생육을 왕성하게 하고, 활착이 완료되어 완전한 토양 결집을 이룰 때 까지 서서히 흡수되는 지효성 복합비료를 사용하는 것이 좋다.

목본 위주형의 복원목표에서는 일반적으로 혼합 파종한 초본류의 초기 생육을 억제하고 목본류의 성장을 촉진하는 인산(P), 칼륨(K) 성분이 많은 비료가 좋다. 또한 비료를 주는 대신 퇴비 등을 다량으로 사용한 유기질 식생기반재를 사용한 경우에는 비료 효과가 완만하고 지속성이 있는 것이 좋다.

초본군락을 조성하기 위해서는 질소분(N)이 많은 비료가 좋으나, 한 번에 다량을 주게 되면 비료장해가 일어나기도 하고, 유실될 염려가 있으므로 여러 번 나누어서 시비하는 것이 효과적이다.

색소

색소는 염기성 색소로 균일한 살포를 유도하고, 햇볕 흡수를 통한 온도상승으로 살균효과가 있는 제품을 사용하여야 한다.

3. 생태복원녹화 공법

III

비탈면 녹화공법은 적용 대상지의 토질, 경사, 방위 등의 생태기반 환경 요인과, 생태복원녹화의 목표에 따라서 다르게 적용한다.

비탈면에 적용하는 방법을 분류할 때 식재에 있어서는 떼붙이기, 잔디심기, 초화류 식재, 수목 식재 등의 방법이 있으며, 종자뿜어붙이기 방법에서는 시드스프레이 방법을 각종 네트, 거적 등과 병행하는 방법이 있다. 경사나 토질 조건이 열악해진 곳에서는 식생기반재를 뿜어붙이게 되는데, 시공 두께에 따라서 얇은층과 두꺼운층 식생기반재뿜어붙이기 공법이 적용된다. 뿜어붙이는 재료는 유기질류, 화이버류, 토양류에 따라서 각각 차별적은 시공방식이 적용된다.

비탈면에 종자를 뿌리는 방법 외에 다양한 식생매트를 활용하는 방법, 새집 형태의 식재구나 구멍을 파고 조성하고 그 안에 식재하는 부분녹화 방법 등이 있다. 또한 비탈면 전면부에 교목을 식재하는 차폐식재 방법, 덩굴식물을 올려 차폐하는 방법이 있다.

생태복원녹화공법은 사용하는 재료와 시공방법에 따라 장·단점을 가질 수 있으므로 현장 토질에 적합한 녹화공법을 선정하기 위해서는 시험시공을 통한 평가를 통해 선정하는 것이 바람직하다.

특허와 신기술, 신공법을 취득한 녹화공법들이 많기 때문에 각각의 장·단점을 면밀하게 검토하고 경제성과 녹화 품질을 고려한 녹화공법 평가를 통해 지속성이 높은 공법을 선정하여야 한다. 아직도 거적덮기 공법이나 일반 종자뿜어붙이기공법을 토질과 경사도를 무시하고 획일적으로 설계하는 경향이 많은데, 이러한 무책임한 설계 관행은 금지되어야 한다. 특히, 화강암질 풍화도나 이암 토질, 리핑·풍화암 비탈면은 거적덮기 공법으로는 녹화가 성공적으로 이루어질 수 없다. 토질특성을 고려하여 성공할 수 있는 녹화공법들이 설계에 적용되어야 하고, 특허공법들이나 신기술, 신공법들을 포함한 시험시공 평가를 통해 최적의 공법을 선정하는 것이 바람직하다. 2009년에 제정한 「도로비탈면 녹화공사의 설계지침」은 녹화공법과 녹화식물을 토질특성과 경사도를 고려하여 올바르게 선정하는 방법을 상세하게 기술하고 있다.

[그림 3-24] 녹화공법 적용 부적합 사례

[그림 3-25] 리핑 · 풍화암에 거적덮기를 적용하여 녹화에 실패한 사례

[표 3-11] 주요 녹화공법의 종류 및 특징

시공 개요		공법의 특징
공법: 초본류 식재 및 블록		
평떼붙이기	- 각종 공사의 토사구간에 적합한 일반적인 공법 - 한국적인 기후 및 토질에 가장 적합한 공법으로 0.3×0.3×0.03 m 규격의 잔디를 절토부 전면에 붙임	- 토사비탈면에 적용(주로 성토 비탈면) - 주변 자연환경과 조화 - 초장이 짧아 미관이 수려하고 식생천이에 유리 - 시공인력 과다소요로 공사기간 소모
줄떼심기	- 한국적인 기후 및 토질에 가장 적합한 공법 - 1/2줄떼, 1/3줄떼공법이 있음	- 토사비탈면에 적용(주로 성토 비탈면) - 주변 자연환경과 조화 - 완전피복시까지 장기간 소요 - 피복 전 우수시 토양 유실우려
새심기	- 새류(억새, 새 등)를 이용하여 토사비탈에 일정한 구덩이를 파고 유기질재료를 덮은 후 식재	- 토사비탈면에 적용 - 주변 자연환경과 조화 - 완전피복시까지 장시간 소요 - 피복 전 우수시 토양유실 우려
P.E 블록	- 플라스틱을 원료로한 합성수지를 여러 가지 형태의 격자형으로 제작한 제품 - 이를 비탈면에 연결되게 고정시켜, 격자형사이에 복토한 후 평떼를 시공하는 방법	- 토사비탈면에 적용 - 공산품으로 다양한 형태 및 색상으로 생산가능 - 연결부위의 정밀시공으로 인력과다 소요 - 원지반에 활착되기까지 원지반과 복토흙사이 우수에 의한 유실 우려 - 시공비 고가
공법: 종자뿜어붙이기		
Seed spray (종자뿜어 붙이기)	- 종자와 접착제, 침식방지제, 비료색소 등을 물과 혼합한 후 고압펌프를 사용하여 비탈면에 뿜어붙이는공법	- 토사비탈면에 적용 - 공사비가 저렴하고 시공성이 뛰어남 - 현장여건에 따라 초종선택 용이 - 우수시 토양 유실우려로 녹화효과 미흡 - 건조시 발아율 저조

시공 개요		공법의 특징
Seed spray + 거적덮기	- 절토비탈면에 Seed spray를 실시한 후 그 위에 볏짚으로 짠 거적을 비탈면 전체에 균일하게 덮고 떼꽂이를 거적위에 설치하는 공법	- 토사비탈면에 적용 - 흡습 및 보습력이 강해 종자 발아 및 생육에 유리 - 국산재료로 공사비 저렴 - 거적이 부식되어 잔디성장 촉진 - 강풍예상지역에 부적합 - 토사유실시에는 비탈면보호기능 미흡
Coir-mesh, Jute-mesh 등 (Seed spray + Net, Mat)	- 양잔디와 향토초종을 혼합하여 Seed spray를 실시 후 Net 및 Mat를 자연스럽게 비탈면 형태로 펼쳐 시공하는 방법	- 토사비탈면에 적용 - 우수시 표토 유실방지 - 수분함유율 및 보습효과가 많아 발아 및 생육이 양호 - 건습 반복시 Net의 수축이 일어나 고정용 앙카핀이 빠져 밀착 저해
식생자루공법		
식생자루	- 종자, 비료, 흙 등을 혼합해서 자루에 채운 식생자루를 비탈면에 판 수평구 속에 넣어 붙이는 공법	- 토사비탈면에 적용 - 종자, 비료의 유실이 적고 시공 간편 - 숙련된 기술 필요, 인력시공에 따른 시공비 고가 - 전면녹화에 불리하고 자루간 접촉부위 유실
식생혈공법		
식생혈	- 비탈면에 일정간격으로 구멍을 파고 종자, 비료, 토양을 섞은 종비토를 구멍에 충진하는 공법	- 토사비탈면에 적용 - 부분녹화에 유리하고 시공 간편 - 지속적인 유지관리 필요
Net, Mat공법류		
Net잔디심기	- 정지된 비탈면에 면부직포를 깐후 합성섬유의 Net 설치하고 잔디판에 잔디식재 후 고정못으로 비탈면에 고정시킨 다음 흙으로 복토하는 방법	- 토사~풍화토 비탈면에 적용 - 재배잔디의 사용으로 초기미관이 좋음 - 급경사지 대단위 사면에 시공이 효과적 - 시공비 고가 - Net 설치로 인한 인장력 강화로 비탈면 보호에 적합

시공 개요		공법의 특징
씨앗부착 거적덮기	- 절토면 정리후 식생용지에 종자와 비료가 부착된 볏짚을 입힌 제품 - 비탈면 전체를 덮고 고정핀으로 고정시키는 공법	- 토사~풍화토 비탈면에 적용 - 흡습 및 보수력이 강해 종자발아 및 생장에 유리 - 시공성이 타공법에 비해 용이 - 거적이 지면과 밀착되지 않을 경우 발아율 저조 - 강풍예상지역에 부적합 - 재질이 약해서 토사유실시에는 비탈면보호기능 미흡
종자부착 비탈면 녹화매트	- Coir-net, Jute-net, 코코넛화이바를 매트화하여 종자를 부착해 비탈면을 녹화시키는 공법	- 사토~풍화토 비탈면에 적용 - 일체형으로 1회 시공 - 향토초종 및 야생화를 혼합하여 조기녹화를 하는 방법임 - 조기녹화와 세굴현상 방지 - 시공비 저렴 - 경암지역에 효과 미흡
식생기반재뿜어붙이기		
유기질을 주재료로 사용하는 공법	- 유기물재료를 주재료로 하여 씨앗, 섬유류, 혼합재 등을 뿜어붙이는 공법 - 건식과 습식 시공방식이 있음	- 토사~암반 비탈면에 적용 - 시공성이 좋아 토사 및 리핑암 비탈에 적용성 높음 - 유기질이 풍부하여 식물생장에 유리 - 요철발달 지역 시공 용이
화이버를 주재료로 사용하는 공법	- 화이버를 주재료로 하여 씨앗, 섬유, 혼합재 등을 뿜어붙이는 공법 - 건식과 습식 시공방식이 있음	- 토사~암반 비탈면에 적용 - 시공성이 좋고 다양한 초종구성 - 화이버의 결속력으로 인하여 침식에 견디는 힘이 우수함 - 경량의 재료를 사용하여 안정적으로 식생기반재가 원지반에 부착됨
토양을 주재료로 사용하는 공법	- 토양을 주재료로 하여 씨앗, 유기질재료, 토양단립제 등을 혼합하여 비탈면에 뿜어붙이는 공법 - 건식과 습식 시공방식이 있음	- 토사~암반 비탈면에 적용 - 토양의 입단구조 형성 - 장기적으로 건강한 식물의 정착에 유리

III

시공 개요		공법의 특징
섬유보강토 공법	- 장섬유와 식생기반재를 종자, 비료와 혼합하여 뿜어붙이는 공법 - 요철부위나 옹벽 형태의 지형복원과 식생복원을 동시에 도모하는 방법	- 토사~암반 비탈면에 적용 - 시공두께에 제한을 받지 않음 - 비탈면의 표층안정 및 보호효과 우수 - 생육이 양호하고 녹화효과 우수 - 충분한 식생기반층에 형성될 경우 수목 생장에 유리함
영양체 혼합 공법	- 비탈면에 식물재료(삽수)와 씨앗, 비료, 유기질, 기반재 등의 재료를 뿜어붙이는 공법	- 토사~암반 비탈면에 적용 - 식물영양체에서 생장 - 식물천이가 쉽고 경관미 높음
암반사면 부분녹화공법		
부분녹화	- 암반 비탈면에 소발파를 통하여 식혈 후 배양토로 뒷채움 후 강건묘목 식재 및 혼합종자 파종을 하는 방법	- 암반 비탈면에· 적용 - 목본류의 적극도입으로 조속한 자연경관 형성 - 시공시 발파로 인한 사면붕괴 우려 - 암반 부분녹화로 인한 녹화효과가 낮음
새집공법		
새집	- 암반 비탈면에 반달형 제비집 모양으로 잡석을 쌓고 내부를 흙으로 채운 후 식생을 조성하는 공법	- 암반 비탈면에· 적용 - 부분녹화에 유리, 인력시공 - 재래종자, 수목을 이용 - 요철이 없는 비탈면에는 적용곤란
덩굴식물 식재		
덩굴식물	- 절토면 옹벽상단에 객토를 하고 담쟁이나 유인철선을 이용한 등나무를 비료와 함께 식재하는 상향식 녹화공법	- 암반 비탈면에 적용(단, 소단이 2개 이상 조성된 장대 암반 비탈면의 중앙부에 적용) - 시공비가 저렴 - 주변 자연환경과의 조화 - 완전피복시까지 장기간(5~6년) 소요

[표 3-12] 국내 비탈면 녹화공법에 따른 분류항목별 적용성

구분	녹화공법	녹화목표			토질조건		비탈면 경사					토양경도지수	
		초본	관목	수림	암반	토사	암반비탈면			토사비탈면		25mm 미만	25mm 이상
							45도 미만	45-60	60도 이상	35도 미만	35도 이상		
파종공법	종자뿜어붙이기	○	×	×	×	○	-	-	-	○	△	○	×
	네트 (볏집, 코이어,쥬트) 덮기 + 종자뿜어붙이기	○	△	×	×	○	-	-	-	○	△	○	△
	종자매트공법	○	×	×	×	○	-	-	-	○	△	○	○
	얇은층 식생기반재 뿜어붙이기	○	○	△	△	○	○	△	×	○	△	○	○
	두꺼운층 식생기반재 뿜어붙이기	○	○	△	○	○	○	○	△	○	○	○	○
	보강토(섬유)	○	○	○	○	○	△	○	○	-	△	○	○
초식공법	떼붙이기공법	○	×	×	×	○	-	-	-	○	×	○	×
	NET잔디공법	○	×	×	×	○	-	-	-	○	△	○	△
	새심기	○	△	×	×	○	-	-	-	○	△	○	△
식재공법	덩굴식물 식재공법	×	△	-	○	-	△	○	○	-	-	-	-
	차폐수벽공법	×	○	△	○	-	○	○	△	-	-	-	-
	소단상 객토식재공법	×	○	×	○	-	○	○	△	-	-	-	-
	새집붙이기공법	×	○	×	○	-	○	△	×	-	-	-	-

[범례] ○ : 양호, △ : 보통, × : 불량

CHAPTER Ⅳ

비탈면 생태복원 녹화 계획과 설계

1. 비탈면 생태복원녹화 계획 검토

IV

1.1 생태복원녹화 검토

비탈면 생태복원녹화 계획을 수립할 때에는 생태적으로 건전하고 지속적인 환경을 유지하기 위해서 자연환경, 토양환경, 지질 및 토질(암질) 특성 등을 종합적으로 고려하도록 한다. 또한 설계시 기본적으로 지역 환경의 선행조사, 분석, 평가 등의 절차를 거쳐 공법별 다양한 특성이 나타날 수 있도록 계획한다.

비탈면 생태복원녹화 계획을 검토할 때에는 다음과 같은 사항을 고려하도록 한다.

- 비탈면의 생태복원녹화 계획은 비탈면의 안정성을 확보하는 것을 우선적으로 검토하며, 안정성이 확보된 조건하에서 식생에 의한 생태복원녹화가 이루어지도록 한다.
- 녹화대상 비탈면의 구조적 특성, 토질 특성 등 다양한 제반 여건을 파악하도록 하며, 녹화대상 현장에 경관적으로나 생태적으로 가장 어울리는 녹화방법을 찾도록 계획한다.
- 녹화공법의 선정에서는 현재 도로건설현장에서 시행하고 있는 공법을 기본으로 하여 다양한 공법과 재료가 시공될 수 있도록 계획하며, 가급적 녹화대상지 주변에서 얻을 수 있는 재료와 친환경 재료를 사용하도록 한다.
- 비탈안정기초공법은 공학적 측면과 시공의 경제성, 경관측면 등을 고려하여 설계하는데 여기에는 비탈면 힘줄박기, 격자틀붙이기, 낙석방

지망덮기, 바자얽기, 모르타르뿜어붙이기, 돌망태쌓기 등이 있다.

- 비탈면에 용수가 발생되는 지역을 대상으로는 배수시설을 함께 설계하도록 한다. 배수 설계는 비탈면의 유출수를 최소화하고 집수한 물은 배수로를 통해 배출하도록 해야 한다. 비탈면 배수로에는 산마루측구, 소단배수구, 종배수구, 맹암거, 수평배수공 등이 있다.
- 식생에 의한 파종 및 식재 녹화를 계획할 때에는 주변 환경과 조화를 고려하며, 식물에 의한 녹화효과가 오래 지속되어야 하며, 적용된 식생이 천이에 의해 장기적으로 안정화되어 가는 것을 목표로 계획한다. 또한 비탈면에 건강하게 정착하여 유지관리가 적게 들 수 있도록 계획한다.
- 비탈면을 구성하고 있는 토질조건별로 적합한 녹화기술을 적용하도록 한다. 깎기비탈면의 녹화는 토질(암질) 특성상 절리·풍화가 없고 양호한 암반비탈면은 덩굴식재로 적용할 수 있고, 절리·풍화가 조금 발달한 암반비탈면은 낙석방지망과 덩굴식재를 함께 실시할 수 있으며, 절리·풍화가 많이 진행된 암반비탈의 경우는 두꺼운층 식생기반재뿜어붙이기공법으로 시공한다. 단 덩굴성식물을 이용한 비탈면 녹화 시 주변의 산림지역의 생태계를 훼손할 수 있으므로 주의하여 시공한다. 쌓기비탈면의 녹화는 초본류에서부터 목본류까지 다양한 식물군락을 활용할 수 있다.

[표 4-1] 비탈면 암의 구분표

암구분		토사	풍화암 및 리핑암	발파암
불연속면의 발달빈도	BX크기	-	T.C.R=5% 미만이고 R.Q.D=0% 정도	T.C.R=5~10% 이상이고 R.Q.D = 5% 이상
	NX크기	-	T.C.R=25% 미만이고 R.Q.D=0% 정도	T.C.R=25% 이상이고 R.Q.D=10% 정도
탄성파속도	A그룹	700m/sec 미만	700~1,200m/sec	1,200m/sec 이상
	B 그룹	1000m/sec 미만	1,000~1,800m/sec	1,800m/sec 이상

A그룹 암질: 편마암, 사질편암, 녹색편암, 석회암, 안산암, 현무암, 유문암, 감람암, 화강암
B그룹 암질: 흑색편암, 휘록응회암, 셰일, 이암, 응회암, 집괴암

* TCR : 코아회수율
* RQD : 암반양호도 * BX : 직경 58mm * NX : 직경 74mm
* 대부분 보오링은 NX크기로 사용되고 있음
* 국도건설공사 설계실무요령(건설교통부) 참조

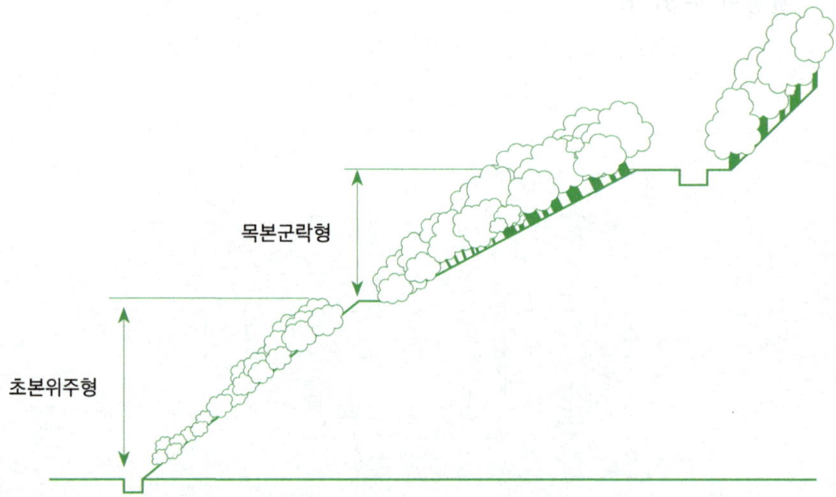

[그림 4-1] 일반적인 흙깎기 비탈면 녹화 모형도

1.2 비탈면 안정성 검토

설계시 검토할 요소

(1) 일반사항

도로 건설을 위한 일반적인 토공 계획시 최우선적으로 비탈면의 안정을 확보하기 위한 계획을 검토하여야 한다. 땅깎기 및 흙쌓기와 관련된 토공 비탈면의 안정은 흙이 가지고 있는 성질에 따라 다양한 변화가 발생되며 토공 계획시 현지조건 등을 충분히 고려하여 합리적이고 경제적인 설계가 되도록 노력해야 한다. 토공 비탈면의 설계 및 시공에서는 지형, 지질, 기상조건 등을 사전에 충분히 파악하고, 필요에 따라서는 소규모 시험시공 등을 실시하여 불합리한 설계가 되지 않도록 하여야 한다.

토공설계에서는 사전에 기상, 지형, 토질, 지질, 환경, 토지이용 관련 공공사업, 하천, 문화재, 재료 등에 대한 각종 조사가 필요하다. 합리적인 설계를 하기 위해서는 이들의 조사결과를 종합적으로 검토하여 설계에 반영하여야 하며, 특히 다음 사항에 유의하도록 한다.

- 자연조건이나 사회조건 등의 현지조건을 충분히 고려할 것

토공사는 복잡하고 다양한 조건에서 실시되기 때문에 지형에 따라 설계조건이 다르게 되어 획일적으로 설계하는 것이 곤란한 경우가 많다. 따라서 지형이나 지질 및 기후 등의 자연조건이나 주변상황 등의 사회적 조건을 충분히 고려하여 현지 조건에 적합한 설계를 하는 것이 중요하다.

특히 지형이나 토질 및 지질조사는 토공의 설계와 시공에 미치는 영향이 크기 때문에 조사 결과를 세밀히 검토할 필요가 있다. 예를 들면 땅깎기나 흙쌓기 비탈면을 설계하는 경우 지질조건이 유사하더라도 기상조건이 극심한 적설한랭지인 경우는 비탈면의 경사나 보호공 등에 대해서도 주의할 필요가 있다. 또한 지형이 험준하고 땅깎기 높이가 높을 때는 선형을 조정하거나 구조물에 의한 비탈면보호대책을 강구하고, 가능한 한 비탈면의 수를 줄이도록 노력하여야 한다. 이 경우는 경제성이나 비탈면의 안정성에 대해서도 충분한 검토를 하여 둘 필요가 있다. 또한 토량의 균형상 순성토인 경우에는 땅깎기 비탈면의 안정성 확보도 겸하

여 땅깎기 비탈면의 경사를 완만하게 하거나 소단 폭을 넓게 하는 등의 대책을 강구하는 것이 중요하다.

- 경제성 및 시공성을 중시할 것

IV

도로 건설비에서 차지하는 비율이 높은 토공에서는 경제성의 추구가 중요한 과제이다. 따라서 합리적인 설계로 가능한 한 건설비를 저렴하게 하는 것이 중요하다. 특히 땅깎기에 의하여 발생하는 흙은 흙쌓기 재료로 유용하게 사용할 필요가 있다. 이들 재료 중에는 성토 재료로 사용하기에 부적합한 것도 있지만 그 성질을 충분히 파악하여 적절히 사용한다면 대부분의 재료가 사용가능하며, 이것은 경제성과도 직접 관련된다.

경제성을 고려할 경우 건설비 외에 유지관리비까지도 포함한 종합적인 비교 검토가 필요하다. 건설비의 절감만을 고려하여 설계·시공한다면 유지관리 단계에서 예기치 않은 문제가 발생하고, 그 대책에 막대한 비용이 들어 오히려 비경제적으로 되는 경우가 있으므로 주의 한다.

- 외적 작용에 대하여 충분한 안정성을 가질 것

흙쌓기부의 노상이나 노체 및 땅깎기부의 노상은 포장과 일체로 되어 교통 하중을 지지하고 원활한 주행이 가능하도록 하여야 하므로 노상이나 노체의 시공 시 포장에 악영향을 주는 부등침하가 생기지 않도록 세심한 주의를 기울여야 한다. 따라서 흙쌓기에서는 땅깎기로 발생하는 재료의 특성을 살린 세심한 다짐이 필요하다.

또한 땅깎기나 흙쌓기부 노상에서는 충분한 지하수 대책이나 연약한 원지반 치환 등의 대책이 필요하다. 연약지반의 흙쌓기에 있어서는 가능한 한 시간효과를 활용할 수 있는 합리적인 대책을 세우고 완공 후의 장기침하에도 대응할 수 있는 도로 구조로 하는 것이 중요하다.

한편 땅깎기나 흙쌓기의 비탈면은 강우 등의 영향을 받아 붕괴를 일으키고 차량의 안전한 주행에 지장을 주는 경우가 많다. 특히, 땅깎기 비탈면은 지질이 복잡하고 불균일하므로 설계 시에 충분한 조사·검토를 하지 않으면 시공 중에 문제를 일으키거나 완공 후 강우나 풍화 작용으로 붕괴를 일으키므로, 설계·시공단계에서의 충분한 안정 검토와 대책이 필요하다.

또한 지진 등의 자연현상과 재해에 대하여 도로가 받는 피해 및 도로 주변의 인명·재산에 미치는 피해 등을 최소화 하도록 한다.

- 주변 환경과 조화를 도모할 것

토목구조물은 교량 등의 구조물과 함께 가능한 한 주변 환경과 조화를 이루도록 설계·시공하여야 한다. 이를 위해서는 지역의 특성을 살리고 가능한 한 자연 지형을 효과적으로 이용하여 토공량을 적게 하거나 자연지역의 경우 주변 자연생태계의 식생구조와 보존가치(녹지자연도 및 생태자연도 등급)를 파악하여 복원하려는 녹화식생의 파종 또는 식재 등을 활용하여, 변화된 지형을 될 수 있는 한 빨리 복원하는 등의 배려가 필요하다.

또한 공사에 수반되는 소음, 진동, 먼지, 지반 변동, 수질오염, 지하수위 변화 등에 대한 변화도 충분히 검토하여 주변 환경의 보전에 노력한다.

- 유지관리가 용이할 것

도로의 토공부는 개통 이후의 유지관리상 자주 문제가 되는 노면의 부등침하나 비탈면 붕괴가 생기지 않도록 배려하고, 변화가 생겼을 때 복구가 용이한 구조로 하는 것이 중요하다.

예를 들어 보수가 비교적 곤란한 터널 출입구 부근이나 인터체인지 연결로, 단차가 생기기 쉬운 구조물 접속부나 땅깎기, 흙쌓기 경계에서는 특히 세심한 설계 시공이 필요하다. 땅깎기나 흙쌓기 비탈면에서는 강우나 풍화에 의하여 침식을 받기 쉬워 토층의 보호에 충분한 대책이 필요하며, 대규모 땅깎기 비탈면에서는 소단과 연계하여 유지관리를 위한 점검시설을 고려하는 것도 중요한 일이다.

비탈면 녹화식물도 유지관리를 고려하여 적용되어야 한다. 우리나라 기후에 적응도가 낮은 한지형 외래초종의 무분별한 사용은 금지되어야 하며, 건조와 고온, 극한의 조건에서 적응도가 높은 식물이 선정되어야 한다.

(2) 비탈면의 구성요소

도로 비탈면 각 부위의 명칭과 표준구성은 다음과 같다.

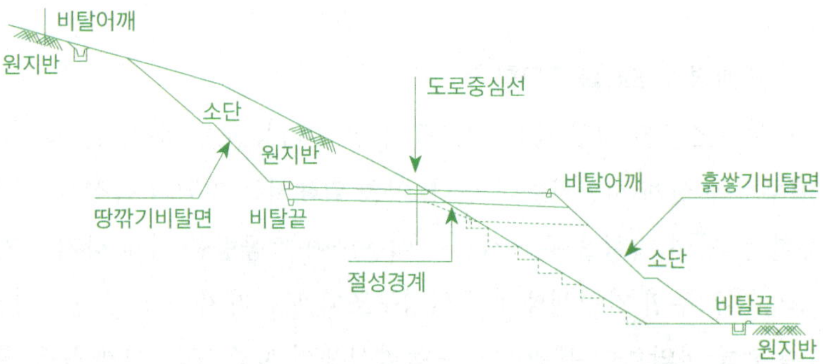

흙쌓기부	원지반부터 노상면까지 흙을 쌓아올린 부분을 말한다.
땅깎기부	원지반부터 노상면까지 원지반의 흙을 굴착한 부분을 말한다.
노체	흙쌓기부에서 포장 및 노상 이외의 부분을 말하고 노상 및 포장층을 지지하는 역할을 한다.
노상	포장층 아래 두께 약 100cm의 거의 균일한 토층을 말하고, 포장층에 전달되는 교통하중을 지지하거나 보조기층에 대한 균등한 지지력을 확보하는 역할을 한다. 노상은 경제성을 고려하고, 역학적으로 조화를 이루도록 통상 상부노상과 하부노상으로 나누어 설계한다.
포장층	노면으로부터 노상 윗면까지의 부분을 말하며, 교통하중을 지지하고 하중을 분산시키는 역할을 하는 부분이다.
비탈면	흙쌓기 및 땅깎기에 의해서 형성되는 비탈면을 각각 흙쌓기 및 땅깎기 비탈면이라 한다. 비탈면에는 필요에 따라 소단을 설치하며, 비탈면의 상단을 비탈어깨, 하단을 비탈끝이라 한다.
비탈어깨	비탈면 길이의 맨 위 상단을 말한다.
원지반	지형지반을 말한다.
땅깎기, 흙쌓기 경계	깎기와 쌓기 구간 경계점을 도로계획시 원지반의 경계부분을 말한다.
비탈끝	비탈면 길이의 맨 하단을 말한다.
소단	비탈면에서 땅깎기 및 쌓기 높이가 높은 구간의 비탈면 안정을 위해 단을 주는 것을 말한다.

[그림 4-2] 비탈면의 구성 요소

비탈면 안정성

비탈면의 안정성 확보에 필요한 경사를 결정하거나 비탈면 붕괴위험에 따른 방안으로 공사의 규모에 따라 비탈면 안정해석을 실시하여 비탈면이 유지되도록 한다.

(3) 토사비탈면의 안정이론

토사 및 풍화암을 대상으로 일반적으로 한계평형법을 이용하여 안정해석을 실시하는 방법이고, 안정이론은 땅깎기와 흙쌓기 구간에 동일하게 적용한다.

한계평형법의 해석방법과 특징은 아래와 같다.

[표 4-2] 비탈면안정 해석방법

방법	가정조건	한계평형조건		
		모멘트	수직력	수평력
Fellenius	절편력의 합력은 각 절편의 바닥에 평행	○	×	×
Bishop 간편법	절편력의 합력은 수평방향	○	×	×
Janbu	절편측력은 수평방향	○	○	○
Morgenstern-Price	X/E = λf(x)	○	○	○
Spencer 간편법	X/E는 모든 비탈면에 대해 일정	○	○	○
GLE	X/E = λf(x)	○	○	○
Corps of Engineers	절편측력은 비탈면기울기와 평행	×	○	×
Lowe-Karafiath	절편측력은 활동면과 비탈면 기울기의 평균	×	○	○

주) X와 E는 각각 절편에 가해지는 힘들의 수직과 수평성분이다.

비탈면 안정해석에서 가장 널리 사용되는 한계평형법은 Fellenius(1972)와 Bishop의 간편법이다.

IV

· Fellenius 방법

$$FS_s = \frac{\sum_{n=1}^{n=p}[c'l_n + (W_n\cos\alpha_n - u_n l_n)\tan\varnothing']}{\sum_{n=1}^{n=p} W_n \sin\alpha_n}$$

· Bishop의 간편법

$$FS_s = \frac{\sum_{n=1}^{n=p}[c'b_n + (W_n - u_n b_n)\tan\varnothing']\frac{1}{m_{(\alpha)n}}}{\sum_{n=1}^{n=p} W_n \sin\alpha_n}$$

여기서

Fs : 활동면에 대한 안전율

c' : 흙의 점착력

Ø' : 흙의 내부마찰각

l : 분할편의 저변길이

b : 분할편의 폭

u : 간극수압

W : 분할편의 전중량

α : 분할편 저변의 경사

$$m_{(\alpha)n} = \cos\alpha_n + \frac{\tan\varnothing' \sin\alpha_n}{FS_s}$$

(4) 암반비탈면의 안정이론

현장의 노출암에 대한 지표지질조사, 시추조사 등에서 얻어지는 암반 불연속면을 고려하여 평사투영법에 의한 개략적인 안정성 평가를 하고, 파괴가능성을 가진 비탈면에 대해 한계평형식에 의한 안정해석을 실시하는 방법이다.

평사투영해석법

평사투영법은 비탈면의 방향과 경사, 절리면의 방향과 경사 및 전단저항각을 입력자료로 암비탈면의 안정성을 검토할 수 있는 방법이다.

따라서 평사투영법은 한계평형 해석이나 수치해석 등에 앞선 개략적이고 신속한 1차 해석의 용도로 암비탈면의 경사 결정, 암비탈면의 파괴 현상의 예측 및 원인규명, 파괴가 발생한 암비탈면의 개략적인 기울기 조정, 정밀분석이 어려운 소규모 비탈면의 안정성 분석에 이용하기 편리하다.

평사투영도 해석 방법의 순서는 다음과 같다.

첫째, Stereo net에 불연속면의 극점(혹은 대원)과 불연속면들의 교차점의 극점(혹은 교차점)을 투영한다.

둘째, 비탈면의 daylight envelope와 불연속면의 내부마찰각을 이용하여 friction cone을 작도하고 toppling envelope를 작도한다.

셋째, 불안정 지역에 위치하는 불연속면의 극점이나 두 불연속면이 교차하는 점을 조사하여 이것으로 암반파괴(평면파괴, 쐐기파괴)나 전도파괴(toppling envelope)를 일으킬 수 있는 위험 가능성을 예비 평가 하는 방법으로 한다. 이상과 같은 과정은 DIPS와 같은 전산프로그램을 이용하면 편리하고 신속하게 분석할 수 있다.

평사투영해석은 절리, 단층, 층리 등 암반 비탈면에 분포하는 3차원적 지질구조와 비탈면의 방향 및 경사각 등을 평사투영도상에 2차원적으로 도시하고 파괴면의 전단강도를 고려하여 비탈면의 안정성을 정성적으로 분석하는 방법이다.

해석방법은 대원(GREAT CIRCLE)과 극점(POLE) 투영 방법으로 하며 안정성평가는 원형파괴, 평면파괴, 쐐기파괴, 전도파괴에 대한 안정성 평가를 실시한다.

[표 4-3] 암반비탈면의 일반적인 파괴형태

구분 \ 종류	원호파괴	평면파괴
파괴 및 평사투영 형태	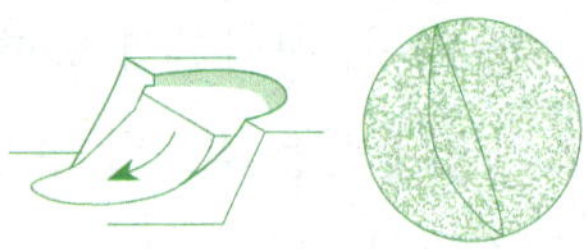	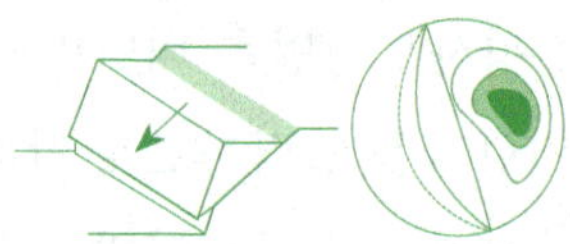
특징	- 절리의 극점분포가 매우 분산되어 나타남 - 불연속면의 방향성이 없이 매우 불규칙 하게 발달된 경우(폐석, 심한 파쇄암반)	- 극밀도가 Daylight Envelope의 중앙에 존재 - 절개면과 비탈면의 경사방향이 같고 그 주향은 비슷하여야 함(층리가 발달된 암반)
구분 \ 종류	**쐐기파괴**	**전도파괴**
파괴 및 평사투영 형태	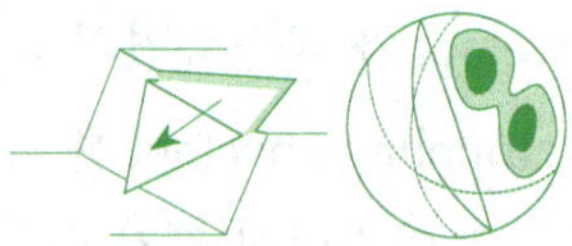	
특징	- 두 절리의 교선과 비탈면의 경사방향이 같고, 각 절리면 주향이 비탈면의 주향과 비슷 - 극밀도가 Daylight Envelope의 양 측면에 각각 존재	- 절개면과 절리면의 경사방향이 반대이고, 절리면의 주향과 절개면의 주향이 비슷 - 극밀도가 Toppling Zone에 존재

한계평형해석법

한계평형식은 강체로서 힘의 균형만으로 안정성을 검토하는 방법이며 간편한 계산방법으로서, 계산에 필요한 입력치도 수치해석법에 비하여 적고, 지진 및 지하수의 영향도 검토되어 빈번하게 이용되는 방법이다.

① 평면파괴의 해석

평면파괴에 대한 안정해석에는 비탈면 위에 인장균열이 있는 비탈면과 비탈면 내에 인장균열이 있는 비탈면으로 구분하여 해석을 실시한다.

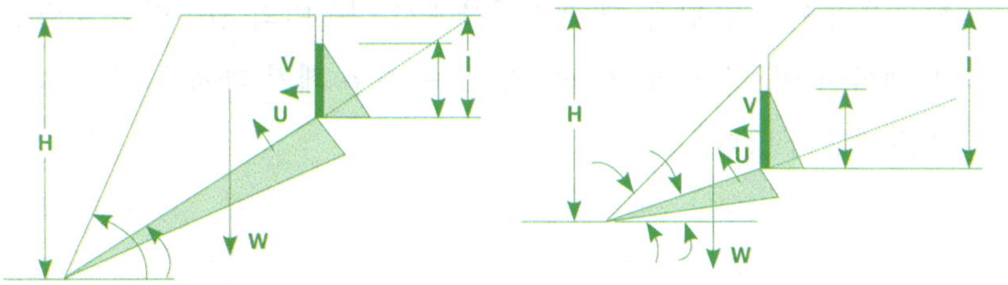

(a) $\frac{z}{H} < (1 - \cot\psi_f \cdot \tan\psi_p)$ (b) $\frac{z}{H} > (1 - \cot\psi_f \cdot \tan\psi_p)$

[그림 4-3] 인장균열의 위치에 따른 평면파괴 해석방법의 차이

평면활동에 대한 안전율은 다음과 같이 나타낼 수 있다.

$$F_S = \frac{CA + (W \cdot \cos\psi_p - U - V \cdot \sin\psi_p)\tan\psi}{W \cdot \sin\psi_p + V \cdot \cos\psi_p}$$

여기서, $A = (H - Z) \cdot \mathrm{cosec}\psi_p$, $U = \{\gamma_w Z_w (H - Z) \cdot \mathrm{cosec}\psi_p\}/2$,

$V = \{\gamma_w {Z_w}^2\}/2$

비탈면 상부에 인장균열 존재 시

$$W = [\gamma H^2 (1 - (Z/H)^2)\cot\psi_p - \cot\psi_f]/2$$

비탈면 내부에 인장균열 존재 시

$$W = [\gamma H^2 (1 - (Z/H)^2)\cot\psi_p \cdot \tan\psi_f - 1]/2$$

IV

② 쐐기파괴의 해석

쐐기파괴는 암반의 비탈면 안정해석에 가장 기본적인 형태로서 쐐기를 형성하는 두 불연속면이 마찰력 및 점착력으로 지지되고, 침투수압의 영향을 받을 때 쐐기형상에서 비탈면의 왼쪽면이 비탈면에 대하여 비스듬하게 기울어져 있는 경우 쐐기 파괴에 대한 안전율은 다음과 같다.

$$F_w = \frac{3}{\gamma \cdot H} \cdot (C_A X + C_B Y) + (A - \frac{\gamma_w}{2\gamma} \cdot X)\tan\varnothing_A + (B - \frac{\gamma_w}{2\gamma} \cdot Y)\tan\varnothing_B$$

여기서,

$$X = \frac{\sin\theta_{2,4}}{\sin\theta_{4,5} \cdot \cos\theta_{2,na}}, \quad Y = \frac{\sin\theta_{1,3}}{\sin\theta_{3,5} \cdot \cos\theta_{1,nb}}$$

$$A = \frac{\cos\psi_a - \cos\psi_b \cdot \cos\theta_{na \cdot nb}}{\sin\psi_5 \cdot \sin^2\theta_{na \cdot nb}}, \quad B = \frac{\cos\psi_b - \cos\psi_a \cdot \cos\theta_{na \cdot nb}}{\sin\psi_5 \cdot \sin^2\theta_{na \cdot nb}}$$

여기서, C_A, C_B : A 및 B면의 점착력
ϕ_A, ϕ_B : A 및 B면의 마찰각
γ, γ_w : 암체 및 물의 단위중량
H : 쐐기의 높이
ψ_a, ψ_b : A 및 B면의 경사각
ψ_5 : 교선 5의 경사각
θ : 두 첨자로 표시되는 교선 사이의 각도
n_a, n_b : A 및 B면의 극점

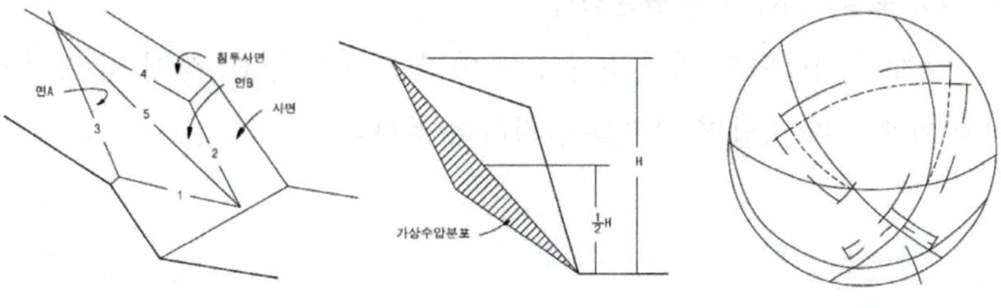

(a) 쐐기의 교선의 번호　　(b) 교선5의 평행방향의 단면　(c) 쐐기형상에 대한 평사투영도

[그림 4-4] 쐐기의 일반해석을 위한 모델

③ 전도파괴의 해석

전도파괴는 비탈면경사각 ψ, 블록 저면과 비탈면과의 마찰각 φ, 블록의 폭 b 및 높이 h 등의 상호관계로 결정되며, 다음 조건에 따라 결정된다.

- 안정 영역 ψ a, ψ b : A 및 B면의 경사각역 : $\psi < \varphi$, b/h > tan ψ
- 활동 영역 ψ 5 : 교선 5의 경사각역 : $\psi > \varphi$, b/h > tan ψ
- 전도 영역 θ : 두 첨자로 표시되는 교선 사이의 각도역
  : $\psi < \varphi$, b/h < tan ψ
- 활동–전도 영역 : $\psi > \varphi$, b/h < tan ψ

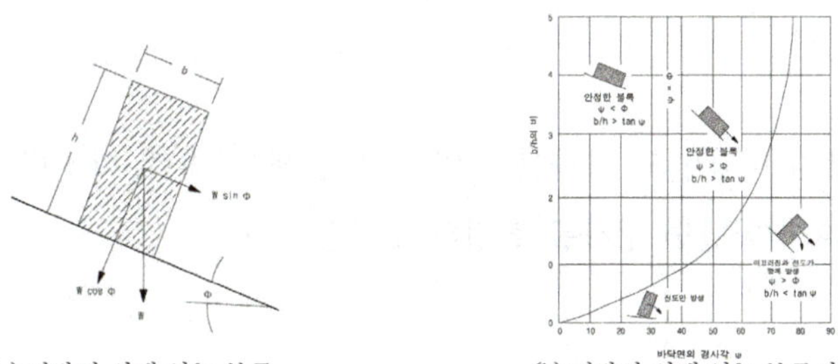

(a) 비탈면 위에 있는 블록　　(b) 비탈면 위에 있는 블록의 활동 및 전도에 대한 조건

[그림 4-5] 전도 파괴의 조건

(5) 토질특성에 따른 표준경사

땅깎기 비탈면의 지반을 구성에 따라 토층의 종류, 상태 및 땅깎기의 높이에 따라 비탈면 경사를 결정하여야 한다.

[표 4-4] 원지반 토질에 대한 표준 비탈면 경사의 범위

원지반의 토질		땅깎기 높이	경사	분류기호(통일분류)
모래	밀실하지 않고 입도분포가 나쁜 것		1:1.5~5	SW, SP
사질토	밀실할 것	5m 이하	1:0.8~1:1.0	SW, SP
		5~10m	1:1.0~1:1.2	
	밀실하지 않고 입도분포가 나쁜 것	5m 이하	1:1.0~1:1.2	
		5~10m	1:1.2~1:1.5	
점토질	밀실하고 입도분포가 좋은 것	5m 이하	1:0.8~1:1.0	SW, SC
		입도분포가 나쁜 것	1:1.0~1:1.2	
	밀실하지 않고 입도분포가 나쁜 것	5m 이하	1:1.0~1:1.2	
		5~10m	1:1.2~1:1.5	
점성토		0~10m	1:0.8~1:1.2	ML, MH, CL, CH
암괴 또는 호박돌 섞인 점성토		5m 이하	1:1.0~1:1.2	GM, GC
		5~10m	1:1.2~1:1.5	

주) 실트는 점성토로 간주한다. 표에 표시한 토질 이외에 대해서는 별도로 고려한다.

흙쌓기 비탈면의 경사는 토양조건, 흙쌓기 재료, 다짐방법, 비탈면 높이에 따라 비탈면 경사를 결정하여 적용한다.

[표 4-5] 원지반 토질에 대한 표준 비탈면 경사의 범위

쌓기 재료	비탈면 높이(m)	비탈면 상·하부에 고정시설물이 없는 경우 (도로, 철도 등)	비탈면 상·하부에 고정시설물이 있는 경우 (주택, 건물 등)
입도분포가 좋은 양질의 모래, 모래자갈 암괴, 암버럭	0~5	1 : 1.5	1 : 1.5
	5~10	1 : 1.8	1 : 1.8 ~ 1 : 2.0
	10 초과	별도 검토	별도 검토
입도분포가 나쁜 모래 점토질, 사질토, 점성토	0~5	1 : 1.8	1 : 1.8
	5~10	1 : 1.8 ~ 1 : 2.0	1 : 2.0
	10 초과	별도 검토	별도 검토

(6) 암반특성에 따른 표준경사

암반 비탈면 경사는 지표지질조사 및 시추조사에 의해 파악된 절리의 방향성 및 발달상태에 따라 각각의 비탈면에 대해 안정성 해석을 실시하여 결정하여야 한다

[표 4-6] 암반의 특성에 따른 일반적 표준 비탈면

암반구분	암반 파쇄 상태 NX 시추 시(BX)		굴착 난이도	경사	소단 설치	비고
	TCR(%)	RQD(%)				
풍화암 또는 연·경암으로 파쇄가 극심한 경우	20% 이하 (5% 이하)	10% 이하 (0%)	리핑암	1:1.0~1:1.2	H=5m 마다 1m폭	- 최하단 기준 매 20m마다 3m 소단 설치 - 발파암과 리핑암 사이에는 소단을 설치하지 않음 - 소단사이에 토사와 리핑 구분선이 발생 시 많은 쪽 비탈면 경사를 적용
강한 풍화암으로 파쇄가 거의 없는 경우와 대부분의 연·경암	20~40% (10~30%)	10~25% (0~10%)	발파암 (연암)	1:0.8~1:1.0	H=10m 마다 1~2m폭	
	40~60% (30~50%)	25~50% (10~40%)	발파암 (보통암)	1:0.7		
	60% 이상 (50% 이상)	50% 이상 (40% 이상)	발파암 (경암)	1:0.5	H=20m 마다 3m폭	

비탈면 안정과 붕괴

(1) 비탈면 유형과 안정

비탈면 유형

IV

비탈면의 유형은 흙쌓기 비탈면과 땅깎기 비탈면으로 구분한다. 흙쌓기 비탈면은 기존 지반위에 흙 또는 암버럭을 쌓아서 부지를 형성할 때 쌓기 경계부에 만들어지는 경사진 지반을 말하며, 흙깎기 비탈면은 부지를 조성할 때 원지반을 깎아서 형성된 지반을 말한다.

비탈면 안정

비탈면 유형에 따른 안정검토를 실시하여 장·단기적으로 비탈면이 안정적으로 유지할 수 있도록 해야 한다.

비탈면 안정검토시 계산된 안전율(FS)이 기준 안전율보다 커서 비탈면이 안정화되어야 하며, 안전율은 비탈면 내부에 가정된 파괴면 또는 실제 발생한 파괴면에서의 전단강도와 전단응력비율, 저항력과 작용력의 비율 또는 저항모멘트와 작용모멘트의 비율로 계산하여 안전율을 결정하여 설계시 적용하여야 한다.

$$\text{안전율(FS)} = \frac{\text{저항력}}{\text{작용력}} \quad \text{or} \quad \frac{\text{저항모멘트}}{\text{작용모멘트}}$$

흙쌓기 비탈면 안정

흙쌓기 비탈면의 안정검토시에는 건기와 우기시, 그리고 지진과 같은 특수한 경우를 고려하여 검토한다.

[표 4-7] 흙쌓기 비탈면 안정 검토

구분	기준안전율	참조
건기	FS > 1.5*	- 지하수가 없는 것으로 해석하는 경우
우기시	FS > 1.3	- 일반적인 쌓기 비탈면은 별도의 지하수위 조건 없음 - 한쪽 쌓기 한쪽 깎기 비탈면 에서는 측정한 지하수위 또는 침투해석을 통한 지하수위를 이용하여 해석 - 쌓기 표면에 강우침투가 발생하는 경우에는 강우침투를 고려한 해석 실시
지진시	FS > 1.1	- 지진관성력은 파괴토체의 중심에 수평방향으로 작용시킴 - 지하수위는 실제측정 또는 침투해석을 수행한 지하수위
단기	FS > 1.0~1.1	- 1년 미만의 단기적인 비탈면의 안정성

* 포장체가 형성되는 쌓기비탈면의 경우에는 필요시에 우기시 안전율을 검토하고 건기시의 안전율도 만족하도록 설계함.
* 강도정수를 최대강도가 아닌 잔류강도로 해석한 경우 : 위 기준에서 0.1 감소
* 비탈면 상하부 파괴범위 내에 가옥, 건물 등의 고정시설물이 있는 경우 : 위 기준에서 0.05 증가
* 비탈면 상부 파괴범위 내에 1, 2종 시설물의 기초가 있는 경우 : 별도 검토
* 상기 조건을 중복 적용하여 FS < 1.0인 경우에는 최소안전율 1.0적용

땅깎기 비탈면 안정

비탈면의 안전율은 피해의 정도와 경제성에 따라 선택되며, 깎기비탈면 붕괴시 재산의 피해가 크게 예상되므로 영구적인 안전을 도모하기 위해 아래와 같은 기준으로 적용한다.

[표 4-8] 땅깎기 비탈면 안정 검토

구분	기준안전율	참조
건기	FS > 1.5*	- 지하수가 없는 것으로 해석하는 경우
우기시	FS > 1.2 또는 FS > 1.3	- 암반비탈면은 인장균열의 1/2심도까지 지하수를 위치시키고 해석수행 - 토층 및 풍화암은 지표면에 지하수를 위치시키고 해석수행(FS=1.2적용) - 강우의 침투를 고려한 해석을 실시하는 경우(FS=1.3적용) - 위 두 가지 조건 중 선택적으로 1가지 조건을 만족시켜야 함
지진시	FS > 1.1	- 지진관성력은 파괴토체의 중심에 수평방향으로 작용시킴 - 지하수위는 실제측정 또는 침투해석을 수행한 지하수위

구분	기준안전율	참조
단기	FS > 1.0	- 기간 1년 미만의 단기간인 안정성 검토시
* 강도정수를 최대강도가 아닌 잔류강도로 해석한 경우 : 위 기준에서 0.1 감소 * 비탈면 상하부 파괴범위 내에 가옥, 건물 등의 고정시설물이 있는 경우 : 위 기준에서 0.05 증가 * 비탈면 상부 파괴범위 내에 1, 2종 시설물의 기초가 있는 경우 : 별도 검토 * 상기 조건을 중복 적용하여 FS < 1.0인 경우에는 최소안전율 1.0적용		

IV

(2) 비탈면 붕괴와 안정

비탈면 붕괴는 강우, 지형, 토질 등의 자연적 요인과 국토개발에 따른 땅깎기, 흙쌓기 등 인위적 요인에 의해 주로 발생하며, 또한 장기적인 물리·화학적 풍화작용에 의해 붕괴가 일어날 수도 있으며, 이러한 붕괴를 예방하기 위해서는 비탈면 안정검토를 실시하여 이에 대책을 수립 후에 안전한 공법으로 비탈면이 유지되도록하여야 한다.

비탈면 붕괴

비탈면에서 발생하는 붕괴유형은 지반종류, 지층조건과 외부적 유발원인에 따라 다양한 형태로 발생할 수 있으며 토사비탈면의 붕괴유형은 원호파괴, 평면파괴, 유동파괴 등이 있고, 암반비탈면의 붕괴유형은 평면파괴, 쐐기파괴, 전도파괴, 원호파괴 등이 발생된다.

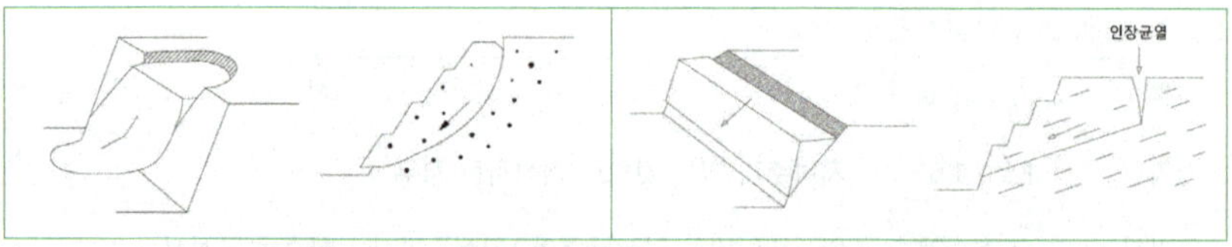

(a) 원호파괴 (b) 평면파괴

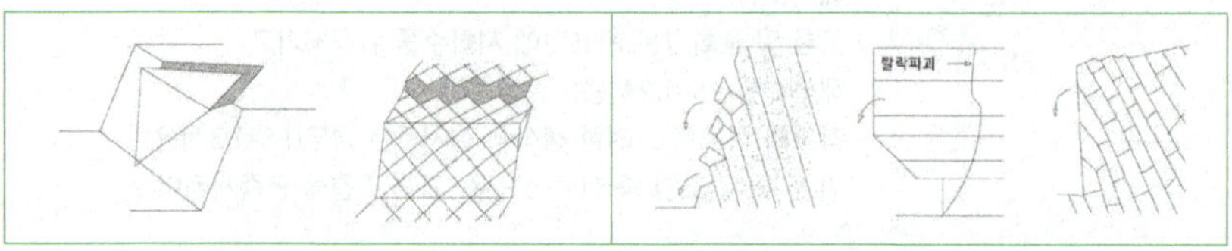

(c) 쐐기파괴 (d) 전도파괴

[그림 4-6] 암반비탈면의 파괴유형

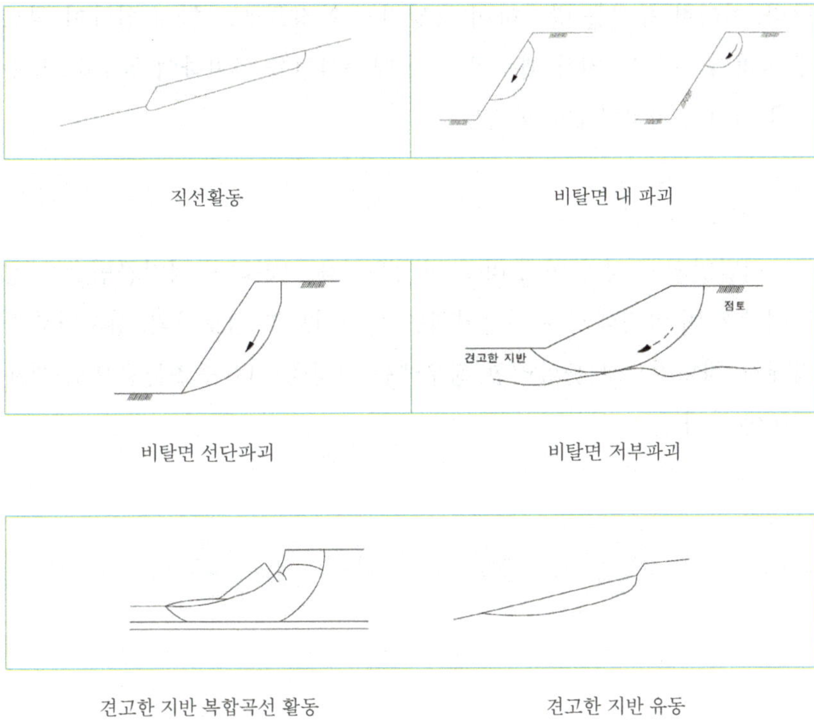

[그림 4-7] 토사비탈면의 파괴유형

비탈면 안정대책

비탈면의 장기적인 안정성 유지, 유지관리의 편의성 도모, 미관향상 등을 위해 비탈면에 대하여 토질 및 암반상태, 비탈면 경사 및 높이, 용수발생 가능성 등을 고려하여 적절한 비탈면 대책을 마련하여 안정성이 확보되도록 하여야 한다.

흙쌓기 비탈면의 안정대책

흙쌓기부의 기초지반처리는 흙쌓기부의 안정을 좌우하는 중요한 사항이므로 불안정한 기초지반이 있다고 예상되는 경우에는 상세한 현지조사를 포함한 토질조사를 실시해서 토질의 상태와 분포를 파악하고 필요에 따라 적절한 대책을 강구하여야 한다.

흙쌓기부의 붕괴는 침투수 및 용수가 원인이 되어 발생하는 경우가 많다. 이러한 붕괴를 방지하여 흙쌓기의 안정을 도모하기 위하여 필요에 따라 필터층 및 지하 배수공 등의 배수시설을 설치하여 침투수, 용수 등을 적절히 처리하도록 한다.

땅깎기 비탈면 안정대책

비탈면의 특성과 이에 따른 파괴유형을 고려하여 적정공법을 선정하여야 하며 안정대책은 경사완화를 우선적으로 검토하되, 경사완화가 경제적, 지형적으로 불합리한 경우에는 보강공이나 구조물공으로 설계되어야 한다.

[표 4-9] 안정대책의 비교(예)

경사완화	보강공	구조물공
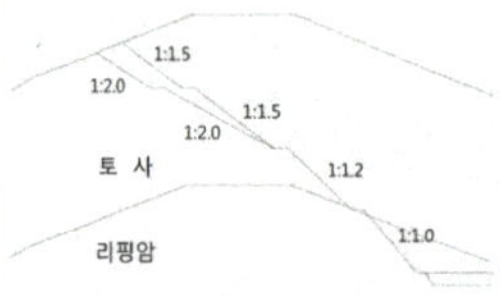	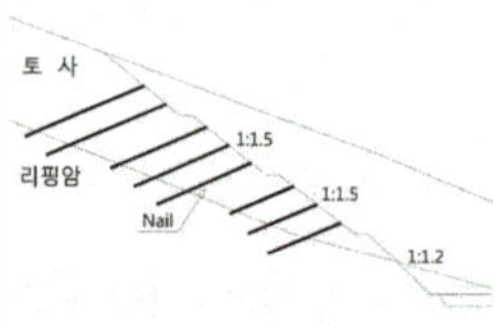	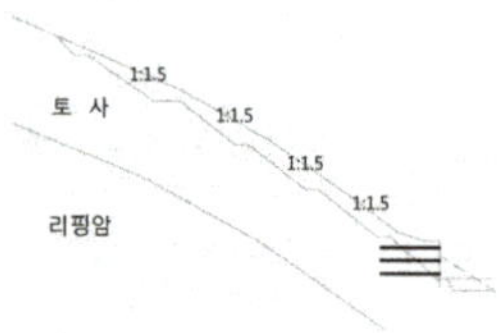
- 완만한 구릉지형(지형경사 30° 이내) - 경사 완화시 깎기 범위 증가가 적은 경우 - 비탈면이 붕적층, 애추, 침식성 토질로 구성되어 보강공법 적용시 보강 효과가 적은 경우	- 지형경사 40° 이상의 급경사 지형 - 지층 및 지반특성 변화가 적은 경우 - 보강시 소정의 보강효과를 기대할 수 있는 경우	- 지형경사 40° 이상의 급경사 지형 - 구조물 설치시 깎기 범위 감소가 큰 편깎기 및 확장 구간 - 구조물 설치시 시거에 대한 문제가 없는 경우

1.3 비탈면 보호

비탈면 보수·보강의 개념

자연 비탈면에서 깎기작업으로 인해 비탈면이 조성되면 지반내에 연약층이 존재할 때 붕괴가 발생되지만 일반적인 비탈면에서는 자체적으로 안정한 상태에 있다. 그런데 시간이 지나게 됨에 따라 풍화로 인한 지반의 강도가 저하되는데 점차적으로 안전율이 떨어져 불안정한 상태에 놓이게 된다. 비탈면에서 안전율이란 개념으로 붕괴가 발생되지 않는 비탈면은 아래 그림의 CD 곡선과 같이 장시간이 경과되어도 안전율이 1.0 이상을 유지하는 경우에 해당한다.

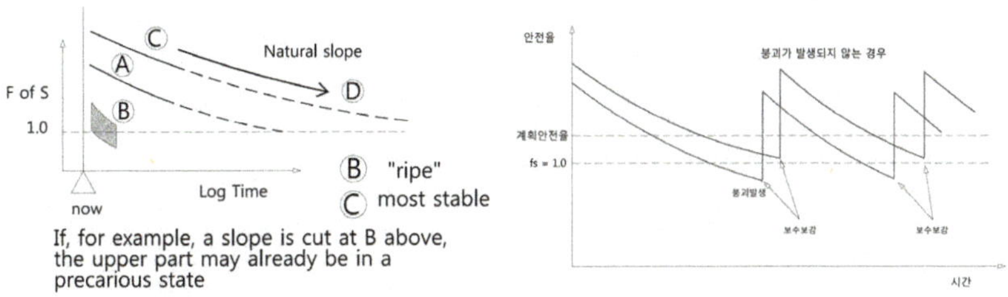

시간경과에 따른 절토비탈면의 안전율 저하 　　　 비탈면의 보수·보강에 대한 개념

[그림 4-8] 비탈면에서의 안전율 개념

비탈면에 대한 보수·보강은 위의 그림과 같이 계획안전율 이상을 확보하기 위해 적당한 시기에 비탈면에 보수·보강공법을 시공하여 안전율을 계획안전율 이상으로 유지하기 위해 실시한다.

비탈면안정 대책공법

비탈면이 계획되어 있거나 설계를 할 때 또는 개통된 도로에서 비탈면의 안정성을 확보하기 위해 깎기비탈면의 보호 및 보강공법을 적용하게 된다. 일반적으로 깎기비탈면에서 시공되는 일반적인 안정공법들은 다음과 같이 구분할 수 있다.

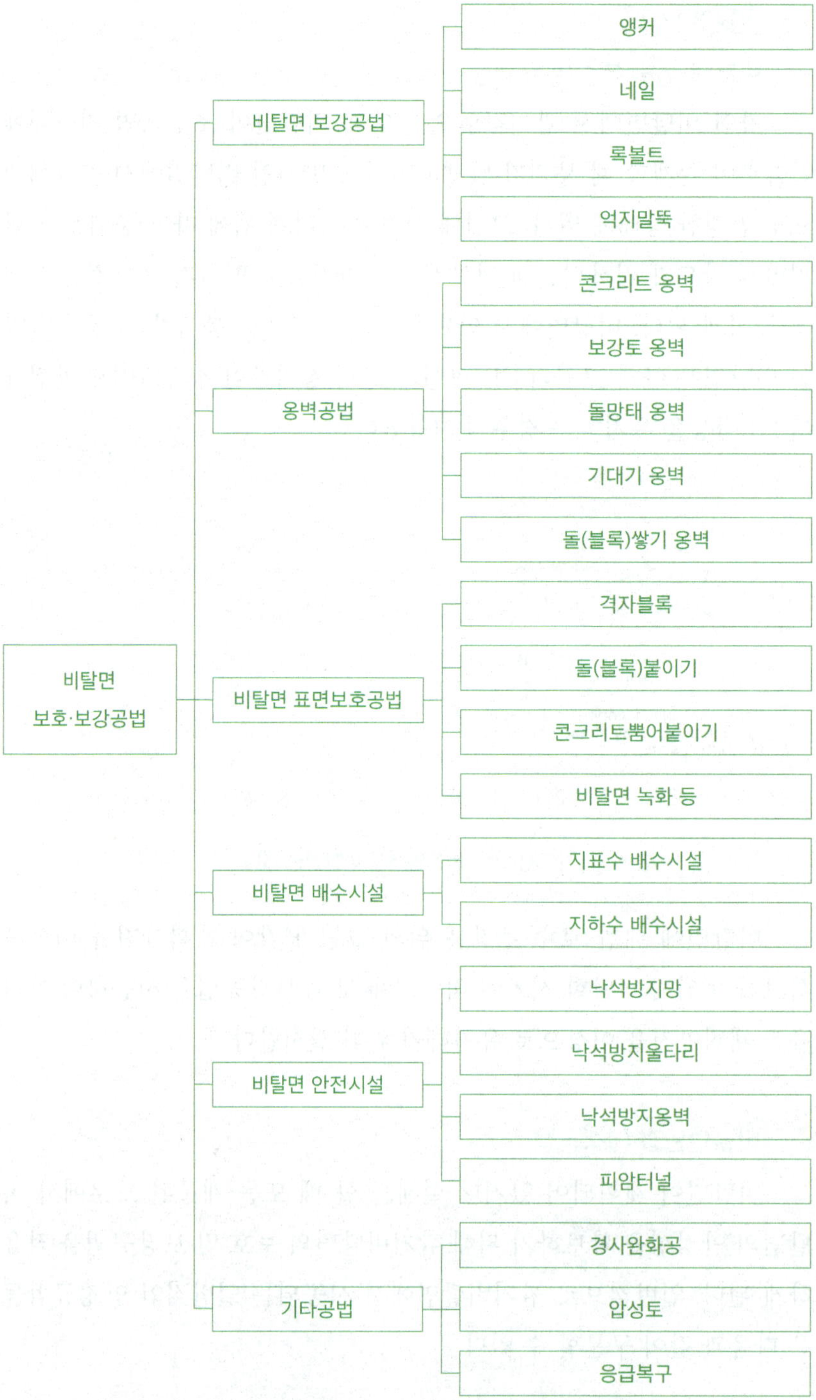

[그림 4-9] 비탈면 보호 및 보강공법

[표 4-10] 목적에 따른 녹화기초공사의 유형

목적	공법	대상	주된 효과
비탈면 보호	모르타르뿜어붙이기	암깎기비탈면	암석의 풍화방지
	콘크리트뿜어붙이기	암깎기비탈면	암석의 풍화 및 박리방지
	콘크리트보호공	깎기비탈면	침식 및 풍화방지, 암의 박리방지
	사석보호공, 블록보호공	흙쌓기, 깎기비탈면	침식 및 풍화방지
	현장타설힘줄박기	깎기비탈면	표층토의 붕락방지, 암반의 떨어짐 방지
	격자블럭공	흙쌓기, 깎기비탈면	표층토의 붕락방지
	법면앙카공	깎기비탈면	비탈면 표층부의 강화, 암반의 떨어짐 방지
	돌망태공	흙쌓기, 깎기비탈면	표층부의 강화, 용수에 의한 토사유실방지
	편책공, 항타공	흙쌓기, 깎기비탈면	표층의 강화
흙막이공	옹벽	흙쌓기	토압에 저항하여 비탈면 유지
	토류벽	흙쌓기, 깎기비탈면	소규모 옹벽으로 비탈면 아래 부분의 보호
낙석방지	낙석방지망	암깎기비탈면	비탈면에서 무너져 내리는 작은 낙석의 비산 방지
	낙석방지휀스	암깎기비탈면	낙석 저지

IV

비탈면 안정공법의 선정

비탈면 안정공법의 선정에 있어서는 아래와 같이 지형, 지질, 암질 특성이나 기후조건, 보호공법에 기대되는 효과에 대해 충분히 분석함과 동시에 경제성, 시공성 등을 고려한 최적공법을 선정해야 한다.

- 고려해야 할 인자: 깎기비탈면의 지형특성, 지질특성, 안정해석 결과, 시공비, 시공성, 비탈면의 위치, 주변 환경과의 조화 등
- 보호공법: 돌망태, 식생공, 돌붙임공, 블록공, 낙석방지망, 낙석방지울

타리, 배수시설 등

- 보강공법: 앵커, 록볼트, 버트리스, 억지말뚝 등(저항력 증가 공법), 절취, 위험 암블럭 제거 등(활동력 감소 공법)

(1) 비탈면 보강공법

비탈면 보강공법은 쌓기 및 깎기공사에 의해 불안정 해진 비탈면에 지반의 저항력 등을 증가시켜 변형을 최소화하는 공법이다. 강재 등의 인장력으로 지반의 변형을 억제하는 앵커, 이형철근 등 그에 상당하는 강봉, 파이프 등의 보강재료를 지반내에 삽입하여 전단강도를 증가시키는 네일 등이 있고, 뜬돌이나 암반 절리의 변형을 억제하는 록볼트 등이 있으며, 비탈면의 활동중인 흙체를 관통하여 말뚝을 지반내에 주입시켜 지반변형을 억제하는 억지말뚝 등이 있다.

[그림 4-10] 비탈면 보강공법 종류

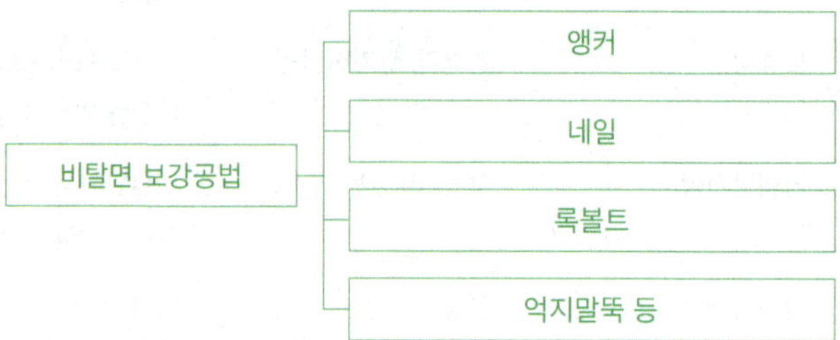

앵커

앵커는 일정한도의 인위적 하중을 지반내에 전달하여 활동면의 연직응력을 증대시킴으로써 전단활동력 등을 감소시키는 방법으로 불안정한 비탈면의 안정성을 향상시켜 주는 공법이다.

앵커는 깎기비탈면의 예상파괴면 위에 위치하는 파괴흙체를 파괴범위 밖에 미리 설정한 앵커체를 인장하여 정착시켜 비탈면에 전단저항력을 증대시키는 공법으로, 일반적으로 앵커체, 인장부, 앵커두부로 구성된다. 앵커는 활동면의 연직응력을 증대시켜 전단활동력 등을 감소시킴으로써 불안정한 비탈면의 안정성을 높여 준다. 또한 전단활동력의 감소는 보강앵커의 긴장 시에 비탈면의 활동방향과 반대방향으로 부분력이 생기기 때문에 발생하는데, 전단활동력을 감소시키기 위해서는 앵커 보강방향이 전단면에 직각인 방향보다 위쪽을 향해야 한다.

[그림 4-11] 그라운드 앵커+십자형 콘크리트 블록(앵커공법의 시공사례)

앵커는 프리스트레스를 시공하여 지반상태가 변형되기 전에 큰 억지효과를 기대할 수 있으며 비교적 간단한 구조로 되어 있다. 또한 앵커는 말뚝에 비해 소규모임에도 불구하고 큰 인발 저항력을 갖는다. 그리고 비탈면에 설치된 모든 앵커에 대해 설계 앵커력(힘)을 확인할 수 있고, 비교적 중소형 기계로 시공이 가능하여 지형의 제약을 받는 협소한 곳에서도 설치할 수 있다. 반면 앵커는 시공기술에 따라 품질의 차이가 생기기 쉬우며 부식에 큰 영향을 받으므로 방식처리를 필요로 한다.

앵커의 부식은 파단이나 긴장력의 이완을 초래하며 이는 비탈면 안정에 큰 영향을 주게 되므로 유지관리에 있어 유의해야 한다. 설계 이외의 외력에 대해 큰파괴가 급격하게 일어난다는 단점을 가지고 있으나 최근에는 앵커의 방식처리와 시공기술의 발달로 깎기비탈면에 타공법(억지말뚝, 옹벽 등)과 병용하여 시공되고 있다.

네일

네일은 금속재, 합성섬유 등의 보강재료를 촘촘하게 가상의 파괴면보다 깊게 원 지반에 삽입하여 원지반의 전체적인 전단강도를 증가시키며, 예상되는 지반의 변형을 억제하는 공법이다. 철근이나 강봉, 합성섬유보강재를 지반내에 적절하게 배치하고 보강재료가 지니는 인장 저항력, 전단 저항력, 휨 저항력 등으로 지반내의 약점을 보완하여 전단강도 증가와 안정성을 개선하는 공법이다.

네일은 비탈면을 급경사로 안정시킬 수 있어 토지이용률이 높아지는데 따라서 깎기에 따라 발생되는 토량을 절감할 수 있고, 네일 시공에 있어 대형 중장비를 필요로 하지 않기 때문에 시공조건이 나쁜 곳이라도 적용할 수 있다. 또한 경량의 보강재를 사용하므로 운반과 타설 작업이 용이하고, 천공하며 시공이 이루어져 지반상태를 직접 확인할 수 있으며, 보강재의 개수, 배치, 길이 등을 용이하게 변경할 수 있다.

특히 네일로 보강된 비탈면에 안정성이 저하한 경우라도 보강재료의 개수를 늘려 간단하게 보강할 수도 있다. 그러나 금속보강재료는 부식성 지반에서 전기화학적 부식이 발생할 수 있으며, 합성섬유보강재료인 경우에는 가수분해와 산화반응에 의한 부식이 발생할 수 있으므로 부식에 대한 방지대책을 강구해야 한다.

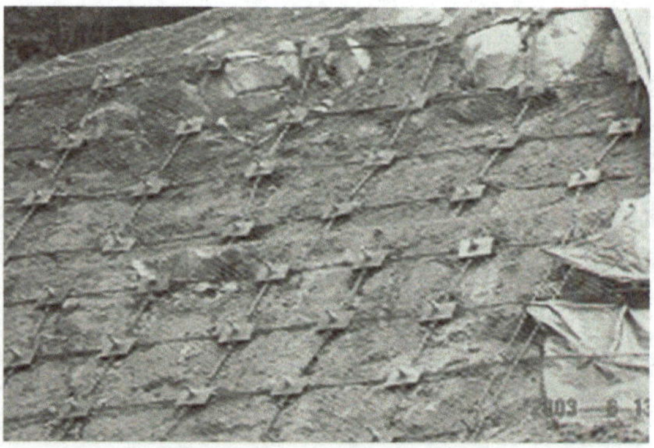

[그림 4-12] 네일 공법의 시공사례

록볼트

록볼트(rock bolt)는 비탈면에 활동 가능한 소규모 암반블록이나 뜬 돌에 대하여 강봉을 관입하여 견고한 암반에 정착시켜 암반의 전단강도를 증대시키는 공법이다.

이 공법은 다양한 절리, 전단파쇄대의 블록이 조합되어 쐐기활동이 예상되는 지역, 또는 암반이 뜬 상태로 있어 이를 기반암에 고정시키거나, 평면파괴가 우려되는 지반에 적절하다. 필요시 낙석방지망과 병용하여 시공할 수 있고, 깎기비탈면의 암반이 연약할 경우에는 뿜어붙이기를 실시한 후에 록볼트를 시공하기도 한다.

[그림 4-13] 록볼트 공법의 시공사례

억지말뚝

억지말뚝은 강철말뚝 등을 비탈면의 움직이는 지반을 지나 견고한 지반까지 주입시켜 비탈면의 활동하중을 말뚝의 수평저항력으로 저항시켜 비탈면의 안정성을 높여주는 공법이다. 억지말뚝은 비탈면 활동지반을 지나 견고한 지반까지 강철말뚝을 일렬 또는 그 이상으로 시공하여 비탈면의 활동하중을 말뚝의 수평저항으로 지지 지반까지 전달하는 공법으로, 억지효과가 뛰어나 지반활동의 억지 목적으로 시공되고 있다.

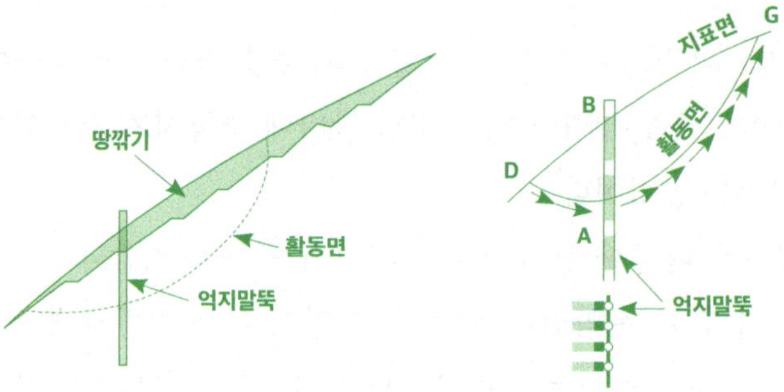

[그림 4-14] 억지말뚝의 개요도

옹벽공법

옹벽공법은 옹벽자체의 하중과 옹벽상 흙의 중량으로 측방토압에 저항하여 쌓기비탈면의 부지 절약, 토공량 감소를 목적으로 시공하는 공법이다. 옹벽공법은 붕괴가 발생되어 형상이 오목하게 들어간 것을 원상 복구시키는 것과 상부에서 작용하는 활동력을 억제하기 위해 앵커 및 보강재에 의한 보강공법과 병행하여 사용한다.

활동력이 작은 경우에는 돌망태 옹벽이나 돌쌓기 등이 사용되나 활동력이 큰 경우에는 앵커와 같은 보강공법과 병행하여 사용한다. 옹벽공법은 비탈면의 보호나 급경사 혹은 수직으로 쌓기를 하는 경우 등에 구축되는 구조물로서, 옹벽의 자체중량 또는 옹벽내의 흙의 중량으로 측방토압에 저항하는 비탈면 시설이다. 옹벽공법은 도로, 하천, 택지, 철도, 항만 등

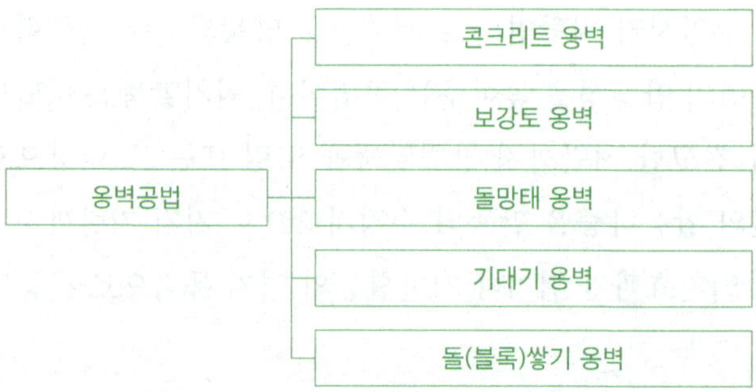

[그림 4-15] 옹벽의 종류

대부분의 건설현장의 구조물에 사용되는 사용 빈도가 높은 구조물이다.

옹벽은 그 특성에 따라 콘크리트 옹벽, 보강토 옹벽, 돌망태 옹벽, 기대기 옹벽, 돌(블록)쌓기 옹벽으로 분류할 수 있다. 여기서 옹벽의 구조적 특성과 재료적 성질에 따라 중력식 옹벽은 중력식, 반중력식 그리고 부벽식 옹벽과 콘크리트 버팀벽으로 세분화할 수 있다. 캔틸레버식 옹벽은 역 T형 옹벽, L형 옹벽, 역 L형 옹벽으로 분류된다.

또한 보강토 옹벽은 전면판 재료에 따라 블록식, 판넬식 등으로 구분되며, 보강재의 사용재료에 의해 띠보강토 옹벽, 앵커 보강토 옹벽과 토목섬유를 사용한 토목섬유 보강토 옹벽 등으로 구분된다. 돌(블록)쌓기옹벽은 축조방법에 따라 찰쌓기, 메쌓기로 구분할 수 있다.

돌망태 옹벽, 석축

계단식 콘크리트 옹벽

기대기식 콘크리트 옹벽

식생보강 압성토 옹벽

[그림 4-16] 여러 가지 옹벽의 시공사례

(2) 비탈면 표면보호공법

비탈면 표면보호공법은 표면의 유실이나 세굴 방지 및 풍화방지를 목적으로 사용되는 공법으로 일반적으로 식생기반재 뿜어붙이기공법,

숏크리트공법, 격자블록공법, 몰탈 섬유거푸집 등이 사용되고 있다. 이 공법은 시간이 지남에 따라 안전율이 저하하는 것을 억제하여 주는 공법이다. 비탈면은 시간이 경과함에 따라 빗물에 의한 침식, 깎기와 쌓기 작업으로 만들어진 비탈표면의 노출로 풍화가 진행되어 비탈면 안정성이 감소하게 된다.

하천 또는 수로와 접하는 비탈면은 풍화와 침식의 영향을 더욱 크게 받는다. 이러한 외적 요인으로부터 지속적으로 비탈면의 안정성을 확보하기 위해 비탈면에 격자블록공법, 콘크리트 뿜어붙이기공법, 비탈면 녹화 등과 같은 비탈면 표면보호공법을 적용한다.

최근 비탈면의 표면보호공법은 단순히 풍화, 침식과 세굴 등에 의한 비탈표면 보호 역할 뿐만 아니라 록볼트, 앵커 등과 병용하여 비탈면 보강 개념까지 대응하는 방법으로 보다 적극적으로 비탈면 보호가 행해지고 있다. 표면보호공법은 다양하게 개발되고 있으며 환경친화적인 측면이 강조되어 비탈면의 녹화에 대한 중요성이 부각되고 있다.

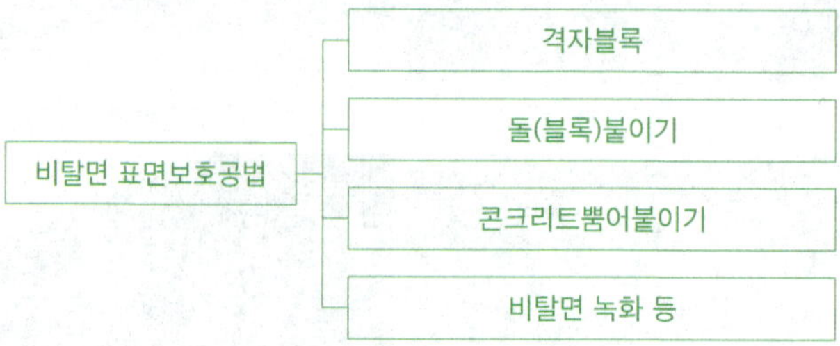

[그림 4-17] 비탈면 표면보호공법

비탈면 배수공법

비탈면 배수시설은 비탈면에 내린 우수와 비탈면으로 유입 또는 침투하는 우수를 비탈면 밖으로 배수시키기 위하여 비탈면에 설치하는 지하수 배수시설과 지표수 배수시설을 말한다. 비탈면에서의 물의 영향은 안정성에 가장 큰 영향을 준다. 최근 국지성호우 등과 같은 기상이변으로 인해 비탈면내의 배수시설은 비탈면을 안정화하기 위한 중요한 기능 중의 하나라고 할 수 있다.

식생기반재 뿜어붙이기 숏크리트 몰탈 격자 블록+녹화

선반식 식생옹벽 현장타설 격자블록+자갈채움 현장타설 격자블록+녹화

[그림 4-18] 여러 가지 표면보호공법의 시공사례

일반적으로 인공비탈면의 붕괴는 물이 직접적인 원인이 되어 발생하는 경우가 많다. 우수에 의한 비탈면 손상은 비탈면을 따라 흐르는 우수에 의해 비탈표면이 침식되거나 세굴과 침투수에 의해 비탈면 지반의 전단강도 감소 또는 간극수압 상승에 의해서 발생한다. 우수에 의한 비탈면 손상은 지표수 배수시설과 지하수 배수시설을 설치함으로써 그 위험성을 감소시킬 수 있다.

비탈면 배수시설에는 여러종류가 있는데 산마루 배수구, 소단배수구, 종배수구, 비탈끝 배수구 등과 같이 지표수를 신속히 비탈면 밖으로 배수하기 위한 지표수 배수시설이 있다. 또한 비탈면 지반으로 침투한 지하수를 배수하기 위한 수평배수공, 수평배수층, 수직배수공, 지하배수구 등의 지하수 배수시설이 있다.

IV

[표 4-11] 비탈면 배수시설별 기능

목 적	종 류	배 수 시 설 별 기 능
지표수 배수시설 (노면, 택지, 인접지, 비탈면의 배수)	산마루배수구	비탈면의 표면수를 막는다.
	종배수구	비탈면의 빗물을 종배수구로 유도한다.
	소단배수구	산마루배수구, 소단배수구의 물을 비탈끝으로 유도한다.
	비탈어깨배수구	비탈어깨에 위치하여, 산마루배수구 혹은 종배수구의 물을 배수한다
지하수 배수시설 (비탈면으로의 침투수, 지하수의 배수)	지하배수구	비탈면으로의 지하수 침투수를 배수한다.
	돌망태공	지하배수구와 병용하여 비탈끝을 보강한다.
	수평배수공	용수를 비탈면 밖으로 뺀다.
	수직배수공	비탈면 내의 침투수를 집수정에서 배수한다.
	수평배수층	쌓기내 또는 자연 지반으로부터 쌓기내의 침투수를 배수한다.

비탈면내 배수시설

소단 배수로 및 도수로

[그림 4-19] 비탈면의 배수시설

비탈면 안전시설

비탈면 안전시설은 인공비탈면의 낙석, 붕괴 등과 같이 위험요인으로 인한 주된 시설물의 손상, 교통장해, 재산 및 인명의 손실을 최소화하기 위하여 비탈면과 주변에 설치하는 낙석방지울타리, 낙석방지망, 낙석방지 옹벽, 피암터널 등을 총칭한다.

비탈면의 안전시설은 깎기비탈면의 자체 안전율이 확보가 된 상태에서 예상치 못한 소규모의 낙석에 대비하여 떨어지는 낙석의 운동을 멈추게 하거나 도로 및 주된 시설물에 유입되는 것을 차단하여 피해를 최소화 시키는 비탈면 시설이다.

비탈면 안전시설은 시설물의 종류에 따라 그 기능이 다양하므로 현장특성을 고려하여 필요한 시설물을 기능에 맞게 골라서 채택하여야 하며, 그 종류는 그림과 같이 분류할 수 있다.

넓은 의미에서 비탈면의 안전시설은 낙석 방호개념의 시설물들 이외에도 낙석의 보강개념의 앵커, 록볼트, 면정리 등도 포함할 수 있다. 그러나 낙석 보강개념의 시설물들은 낙석 자체의 보강개념 보다는 비탈면 전체의 보강개념으로 적용하고 있다.

록볼트, 앵커, 면정리 또는 뜬돌제거 등은 낙석대책으로서는 효과적인 대책이지만 보강 자체로 완전히 낙석자체를 저지하기 곤란한 경우도 있으며, 낙석빈도를 최대한 저감시키는 것으로 인식해야 한다. 따라서 이러한 시설물은 단독적으로 이용되는 경우와 조합하여 이용되는 경우가 있다. 일반적으로 낙석방호개념의 비탈면 안전시설과 병용하여 채택하는 것이 바람직하며, 이러한 조합공법은 각각의 공법 대책효과를 상호 보완하여 크게 향상시키는 장점이 있다.

기타공법

깎기공법

깎기공법은 깎기비탈면의 위험요소를 근본적으로 제거하고 활동력을 경감시켜 안정성을 확보하는 공법으로 현장의 여건에 따라 평행깎기, 경사완화, 상단깎기, 면정리 등으로 구분하여 실시한다. 깎기공법은 깎기비탈면의 위해요소를 근본적으로 제거하고 활동력을 경감시켜 비탈면의 안정성을 확보하는 공법이다. 유지관리에 있어 깎기공법의 적용을 위해서는 현장 상황에 따른 작업공간 확보여부, 장비의 진입 가능성, 장비주행성, 상부 자연비탈면 경사에 따른 토공량과 암반의 풍화도, 지반상태, 도로통제 및 우회여부, 용지 보상 문제, 발파공 적용에 따른 공기단축가능 여부, 시공높이에 따른 비산버력의 도로 유입여부 등을 면밀히 고려해야 한다.

이미 조성되어 이용 중인 비탈면의 유지관리와 보수·보강을 위한 방법으로 깎기공법을 선택할 경우, 장비의 작업공간 확보 등의 이유로 신설되는 비탈면과 같이 일률적으로(일정 높이 마다 폭 1~2m의 소단설치) 소단을 설치할 수 없는 경우가 있다. 따라서 이러한 경우는 비탈면의 안정성 확보를 전제로 작업 여유폭을 고려한 깎기 단면을 설계할 수 있으며, 관련 기준에 의거하여 암파쇄 방호시설 등을 설치하여 깎기공사가 이루어질 수 있도록 한다.

압성토

비탈면 하단부에 흙과 암석을 쌓아서 저항력을 증가시켜 주는 공법으로 공법적용에 여러 가지 제약을 받는 특징이 있다. 흙과 암석을 이용한 압성토는 파괴된 비탈면의 하단부에 활동방향에 대하여 반대의 하중을 제공하여 활동력을 감소시켜 주는 공법으로 유지관리에서는 공법적용에 부지확보와 같은 여러 가지 제약을 받는다.

한 예로 비탈면 하단부가 하천에 연하여 있거나 민가 또는 도로에 근접하여 있어 쌓기를 수행할 수 있는 용지가 없거나 쌓기용 흙을 조달하기가 곤란한 경우 등이 있다. 이 공법의 문제점은 압성토에 의하여 비탈면 선단부의 투수성이 나빠져서 지하수위가 상승하는 경우가 많은데, 이로 인하여 비탈면파괴에 대한 저항력을 감소키는 경우가 발생하게 된다. 그러므로 집수정이나 수평방향으로 천공하여 지중수를 배수할 필요가 있으며, 경우에 따라서는 깊은 원호상 파괴부를 수정하기 위해서 적용하기도 한다.

응급복구

인공적인 깎기비탈면의 붕괴시 붕괴속도를 완화하거나 안정성을 높여 피해를 최소화하는 임시공법을 말한다. 응급복구는 인공비탈면이 호우, 지진, 폭설, 화재 등의 자연재해 혹은 여타 시설물의 노후, 시공과 설계상의 잘못 등으로 발생하는 재난사고로 비탈면 붕괴가 발생한 경우 그 피해를 최소화하기 위하여 사용하는 일시적인 공법이다. 최대한 신속히 공정이 이루어질 수 있는 방법이 좋으며, 계속되는 강우, 지진, 폭설 등으로 추가적인 피해가 발생하지 않도록 안정적인 공법으로 시공하도록 한다.

비탈면의 붕괴가 발생하면, 응급복구에 앞서 사고현장의 붕괴규모, 위치, 붕괴유형 등을 알 수 있는 사고현장의 사진과 현황도 등을 기록하여 향후 항구복구시 사고현장에 적합한 대책을 수립할 수 있도록 하여야 한다. 비탈면 하단에 쌓인 붕괴된 흙을 일시에 제거하는 방법은 제한적으로 균형을 유지하고 있는 불안정한 사고지반을 토사제거에 의한 지반내 응력변화로 재차 불안정하게 만들어 추가적인 붕괴를 유발할 수 있으므로 붕괴흙의 제거에 있어 신중을 기해야 한다. 일반적으로 비탈면 붕괴시 응급복구방법으로 마대쌓기와 울타리, 돌망태 옹벽 등의 공법이 사용된다.

이러한 응급복구공법은 주변에서 흙 또는 자갈을 채워 쌓아올리는 방법으로 재료를 비교적 쉽게 구할 수 있으며, 시공이 간편하여 신속히 대응할 수 있어 응급복구공법으로 사용된다. 여름철 호우, 태풍 등으로 비탈면 붕괴가 발생한 경우에는 응급복구시 비탈면의 침투수와 배수대책을 우선적으로 수립·시행한 후 응급복구 작업을 실시할 수 있도록 한다.

- 마대쌓기 : 흙 혹은 자갈 등을 가마니나 마대 등에 채워, 가흙막이로서 사용하는 것으로 재료의 입수가 용이하고 작업이 간편하다. 말뚝을 이용하여 마대를 고정시키는 방법도 사용된다.
- 돌망태옹벽 : 유수로 인한 세굴방지, 침식방지 또는 비탈면의 안정배수시설 등으로 주로 이용된다.
- 울타리 : 울타리는 목재로 만드는 것이 일반적이며, 임시울타리는 쌓기 비탈면의 비탈끝 보호나 비탈면의 가흙막이 등에 이용한다. 유수나 채수가 있는 곳에서는 울타리 뒤에 마대를 깔아 토사의 유출을 방지한다.

비탈면 돌망태

비탈면 돌망태는 철재(혹은 특수 소재)로 엮어 만든 형틀에 돌, 자갈 등으로 속채움 하여 비탈표면을 보호하는 공법을 말한다. 비탈면 돌망태는 현장의 지형에 맞게 여러 형태로 시공이 가능하며, 배수성이 우수하고 시공방법이 간편하여 용출수가 발생하는 깎기비탈면이나, 수로에 접한 쌓기비탈면 또는 교대 기초부의 토사 유실방지 목적으로 적용한다.

처음 설치 때에 골재의 조달 가능여부를 확인해야 하며, 금속재질 돌망태의 경우 연결철선의 부식으로 채움재(돌, 자갈)가 유실되어 그 기능을 발휘하지 못하는 사례가 있으므로 방청 처리된 철망을 사용하도록 한다. 비탈면 돌망태는 망태를 엮는 방법에 따라 사각형, 오각형, 원형 등의 형상이 있으며, 철망의 두께, 길이, 간격 등에도 어느 정도 자유롭다. 돌망태가 사용되는 장소, 채취된 돌의 크기 등을 고려하여 그 형상을 결정하는 것이 여러 면에서 유리하다.

1.4 비탈면에서의 식생과 안정

식생과 비탈면 침식과의 관계

비탈면은 강우에 의해 토양 표층부가 끊임없이 교란을 받게 되는데 이 교란행위는 침식의 형태로 나타나게 된다. 표면침식이란 떨어지는 빗방울의 작용에 의해서 지표면을 통한 수분침투 능력의 감소, 지표면에서의 빗물흐름 발생, 빗물의 흐름에 의한 토양입자의 이탈, 운반의 과정으로 이루어 진다.

지표면에 나타나는 토양침식 과정은 외적 형태 및 발생 기구에 따라 우격침식 → 면상침식 → 누구침식 → 구곡침식의 형태로 발전한다.

우격침식은 빗방울이 땅에 떨어지면서 지표에 있는 토양을 파헤치며 타격·분산시키는 과정으로서, 빗방울이 지표면에 떨어지면 토양이 분산되어 그 구조가 파괴되고 비산된 소립자는 토양입자간의 공극을 메워 빗물의 침투력이 약화되어, 凹형 지형은 물이 고이고 경사지에서는 물이 흐르게 된다. 우격침식은 빗방울의 크기와 속도에 따라 영향을 받는다.

면상침식은 계속되는 강우로 인하여 토층이 포화되면서 비탈면 전면에 걸쳐 얇은층으로 토양이 이동하는 평면적 침식이다. 면상의 흐름에 의한 침식력과 유송력은 토양입자 또는 흙덩이의 크기·모양 및 밀도에 따라 토양유출의 깊이와 속도가 달라진다.

누구침식은 지표면에 유출현상이 계속적으로 일어날 때 소규모 물줄기의 흐름 때문에 생기는 토양의 이동을 말한다. 이것은 면상침식이 발전하여 생기는 것으로 분명한 물줄기를 이루면서 흙을 이동시켜 작은 누구를 형성하면서 진행되는 침식이다.

구곡침식은 누구침식이 점점 더 진행되어 그 규모가 커져서 보다 넓은 침식구, 즉 구곡을 형성하면서 일으키는 침식이다.

이렇듯 비탈면이 식생으로 피복되어 있지 않거나 별도의 표면 안정처리가 되지 않은 상태에서는 침식이 발생할 수 있으며, 이에 대한 저항성을 높이는 것이 바로 식물에 의한 피복 상태이다. 초본식생은 표면침식과 관련된 과정에서 침식을 감소시키는 방향으로 작용한다. 다양한 초본식생으로 지표면을 피복하면 표면침식은 현저히 감소하게 된다.

초본류의 잎이나 줄기는 빗물의 충격력을 현저히 감소시켜 빗물에 의한 침식작용을 줄여주고, 초본류 뿌리는 토양표층에 고밀도로 분포하여 토양입자를 강하게 결속시키고 지표면에서 빗물의 흐름에 의한 토양입자의 이탈이나 유실을 방지한다. 높은 밀도로 생육하고 있는 초본류 줄기는 지표면에서의 빗물의 흐름을 조절하여 줄 수 있는데, 특히 유속을 감소시켜 빗물에 의한 토양입자 운반능력을 감소시킨다. 따라서 초본식생의 밀도가 높은 비탈면에서는 표면침식을 방지할 수 있으나, 초본류의 근계층 하부에서 일어나는 붕괴에 대한 대처능력은 상대적으로 떨어지게 된다.

목본식물은 풍부한 수관층을 지니고 있으며, 하부식생을 포함하여 수관부가 2층 이상의 다층으로 구성되는 경우가 많다. 목본식물은 높게 자라면서 근계층도 깊게 형성이 되기 때문에 표면침식 외에 비탈면 자체를 안정화시키는 기능을 가지고 있다. 그러나 초본류에 비하여 식물이 자라는 속도가 느리기 때문에 녹화공사 시공 초기에 지표면을 목본류만으로 피복시키는 데에는 일정 시간이 필요하게 된다.

식생과 비탈면 안정과의 관계

식생으로 비탈면을 피복하면 표면침식이 저하되고, 식물 자신의 역학적 강도와 식물 근계가 발달하여 안정화에 도움이 된다. 식물이 비탈면에 성장하게 되면 식물 근계에 미세한 토양 입자가 섞여 자라게 되며, 이들이 서로 결합되어 토양의 역학적 강도를 증가시키는 것으로 알려져 있다.

식물 근계에 의한 토양 강도 보강은 점착력의 증가라는 연구결과가 있으며, 또 수직응력이 매우 적은 상태에서는 근계가 내부마찰각을 증가시키는 작용을 하는 것으로 알려져 있다. 초본류의 경우 근계층이 표층부에 집중되어 있기 때문에 포화시에 토양에 대한 강도 보강 효과가 떨어진다. 따라서 초본류와 목본류를 혼합하여 지상부에 다층구조의 식생층을 조성해주는 것이 필요하며, 이때 토양내부의 근계층도 표층부와 심층부에 고르게 식물뿌리가 분포되도록 하는 것이 안정화에 도움이 된다.

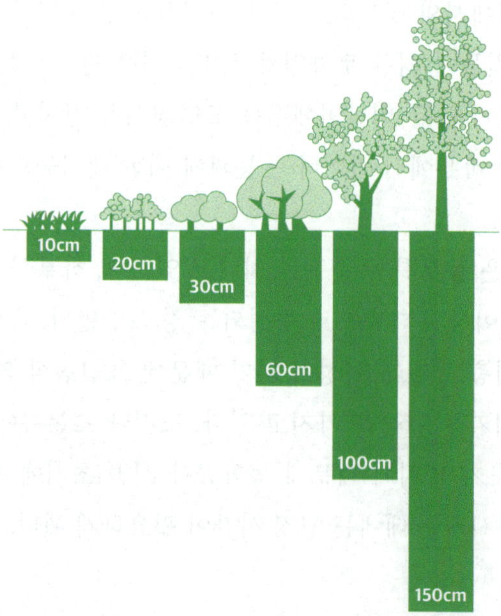

[그림 4-20] 각 식물별로 생육에 필요한 최소 토심

식물의 뿌리는 생육 특성별로 필요로 하는 최소의 토양두께가 있다. 각각의 조건에 따라 생장된 식물의 뿌리는 강한 힘으로 토양 강도를 보강해줄 수 있다. 그러나 식물이 비탈면에 생육하고 있다고 하여 비탈면 붕괴 현상이 일어나지 않는다는 보장은 없다(김남춘, 1991).

초본류가 밀도 높게 생육하고 있을 때는 식물의 뿌리는 가는 실로 만들어진 그물을 촘촘히 표토층 안에 깔아 놓은 것과 같은 상태가 되어 표층토를 판상으로 일체화 해준다. 그러나 토양이 포화되었을 경우 토양 붕괴에 대한 초본류 뿌리가 큰 효과를 발휘할 수 없게 되므로 일반적으로 한계 깊이 이상의 표층토에서는 초본류에 의한 비탈면 안정 효과는 기대할 수 없다(김남춘, 1991).

수목의 경우 초본류에 비하여 뿌리가 깊게 생장하므로 토층을 수목의 뿌리가 어느 정도 잡아줄 수 있다. 수목뿌리에 의한 비탈면 안정성 증대 효과는 비교적 깊게 형성된 표층토 하부로 수목의 뿌리가 어느 정도 밀도로 존재하는가를 비롯하여, 표층토에 비해 상대적으로 단단한 하층토에 이르기 까지 충분히 자라게 되는가에 영향을 받는다.

식물도입 방법에 따른 효과

식생을 도입하기 위한 대표적인 방법으로 종자를 파종하는 것(파종공)과 수목을 식재하는 것(식재공)이 있는데, 이들 모두 식생복원에 있어서 자연산림에 가까운 기능을 가진 식물군락으로 조성하는 것이 중요하다. 즉, 자연산림과 유사한 근계구조를 형성할 수 있는 파종공을 기본으로 시공하고 추가적으로 발아율이 낮거나 주요한 수종 등은 식재공으로 보강하여 식생을 조성해 주면 식생복원 품질을 한층 더 향상시킬 수 있는 것이다.

식재목은 식재 후 바로 비탈면에서 어느 정도의 존재감을 확인할 수 있고, 시공 초기단계부터 빠르게 입체적인 형태를 조성하기 때문에 경관적인 측면에서는 효과적이다. 그러나 급경사의 비탈면이나 경질인 깎기비탈면에서는 근계발달이 더디거나 생육이 불량하기도 하다.

한편 파종목은 입지환경에 적응이 뛰어나 암반 비탈면에서도 뿌리가 절리 틈새로 침입하여 자라며 측근도 길게 신장한다. 따라서 주변목과의 근계 뒤엉킴이 많아져서 그물망 효과가 커지고 토층의 붕괴에 대한 항근작용, 즉 붕괴억제력을 발휘한다.

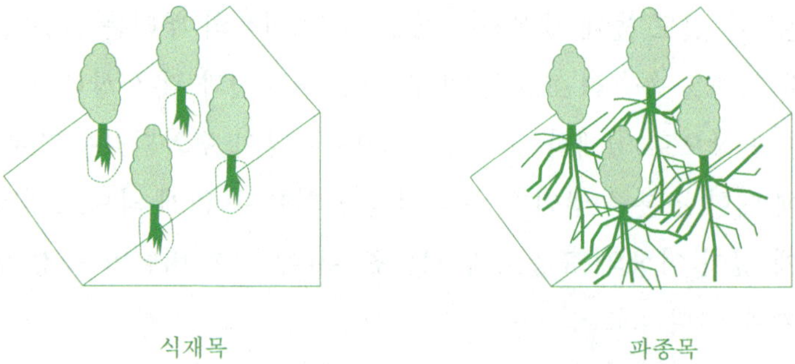

[그림 4-21] 식재목과 파종목의 근계 형상 비교

우리나라 대부분의 건설현장에서는 조기녹화를 위해 외래초본류나 싸리류를 적극 도입하고 있으며 이들 종자는 생존력이 뛰어나 척박지에서도 발아 및 생장이 가능하다. 그러나 천이단계의 중·후기 수종을 이와 같은 방법으로 혼합하여 파종하게 되면 발아가 잘 되지 않거나 초기생장이 빠른 선구수종에 의해 피압되기 때문에 대상지 주변의 자생종이라 할지라도 파종만의 방법으로는 건전하게 식생을 정착시키는데 한계가 있다.

또한 조기녹화 능력은 우수하지만 외래초본류 등의 단일종에 의한 우점이 폐해가 있고, 시중에서 판매되는 종자의 발아능력이 떨어지는 문제가 있어서 복원목표에 부합하는 식생군락의 조성이 어려운 것이 현실이다.

파종공이 식재공보다 유리한 점이 많음에도 불구하고 실제로는 파종공으로 모든 수종이 다 발아되고 생장하여 큰 나무가 되는 것은 아니다. 따라서 해당 식생군집의 지표종이나 대표종 및 기존 수림에서는 다수 성립하고 있음에도 불구하고 종자상태로는 발아가 어려운 종에 대해서는 묘목의 식재, 주변에서 자란 나무를 굴취하여 식재하는 등 별도의 대책을 강구하여 적극적으로 종의 보전에 힘써야 한다.

2. 비탈면 생태복원녹화 설계

비탈면 생태복원녹화 설계는 비탈면의 안정성 유지, 토양 유실 방지, 경관복원, 자연식생 천이 유도, 이산화탄소 저감에 유리한 식생구조를 조성하기 위해 자연환경, 토양환경, 지질 및 토질(암질)특성, 식생기반재 기준 등을 종합적으로 고려하여 설계한다. 또한 기본적으로 지역 환경에 대한 선행조사, 분석, 평가 등의 절차를 거쳐 비탈면의 생태복원목표를 효과적으로 달성할 수 있도록 녹화공법을 설계한다.

녹화공법이 선정된 다음에는 복원목표 달성을 위한 종자배합을 설계하고, 시험시공 및 모니터링, 유지관리 계획을 수립하여 세부수량을 산출한다.

비탈면의 식물군락은 기본적으로 주변의 식물군락과 유사한 군락으로 조성하는 것이 경관·생태적으로나 비탈면의 안정강화, 유지관리 면에서도 바람직하다. 또한 생육조건이 열악한 비탈면을 목표로 하는 식물군락으로 유도하고 유지시키기 위해서는 집중적인 관리가 필요하므로, 유지관리의 필요성이 적고 영속적인 녹화가 가능한 식물군락을 목표로 설정한다. 이때 지역, 기후, 토질(암질) 특성을 고려하여 지역별로 다음과 같은 식물군락이 이루어질 수 있도록 하여 생태환경을 복원할 수 있도록 한다.

2.1 지역별 생태복원녹화 목표

- 일반 산림지역: 시간이 경과되면서 점차 산림으로 천이될 수 있는 식물군락을 조성한다.

IV

- 농지 및 구릉지역: 생태환경을 고려한 관목이나 초본형 위주의 생태복원녹화를 한다.
- 도시계획 구역 내 자연환경보전지구 및 보전녹지, 자연녹지지역: 자연성이 우수하여 보전가치가 높다고 평가되는, 주요 녹지축에 해당되는 지역에서는 기존 녹지와의 연계성 확보 및 종 다양성 증진에 기여할 수 있는 식물군락을 조성한다.
- 도시계획 구역 내 일반지역: 경관을 고려하면서 주변 환경과 어울리는 식물군락을 조성한다.

2.2 생태복원녹화 목표의 유형

3개의 생태복원녹화 목표 중 가장 우수한 유형은 자연경관 및 생태계에 가까운 군락을 복원목표로 하는 수림화형이라 할 수 있다. 이 유형은 종다양성이 풍부하고 교목, 중교목, 저목, 초본 등이 유기적으로 다양하게 조성되어 있는 식물환경을 목표로 한다. 관목림형은 관목 및 초본의 혼합군락으로써 도시 및 근교 또는 경관중시지역 등에서 초본과 관목이 어우러진 자연생태 복원을 목표로 한다. 초본형은 초본이 주체인 군락으로써 재래종과 외래종의 파종공법이 주를 이룬다.

[표 4-12] 비탈면 생태복원녹화 목표의 유형

복원목표		생육현황	적용지	녹화식물
초본형	초본이 주체인 군락	초본 주체 군락	도시 및 근교 전원지대, 농지, 목초지	외래종 들잔디
관목림형	관목 및 초본의 혼합군락	초본 및 관목이 어우러진 자연생태 복원	경관중시지역 도시 및 근교	재래종 주체 일부 외래종 저목류, 초본류
수림화형 (목본 군락형)	자연경관 및 생태계에 가까운 군락	교목, 중교목, 저목, 초본 등이 유기적으로 결합된 자연의 산림상태 복원	산지 및 경관중시 지역	재래종 주체 일부 외래종 중고목류 초본류

3. 비탈면 생태복원녹화 계획 수립시 고려사항

IV

3.1 비탈면 조건별 생태복원녹화

비탈면의 토질상태와 사용되는 식물의 종류에 따른 기본공법

비탈면 생태복원녹화 공법은 적용하는 대상지의 경사, 토질, 방위 등 다양한 조건에 영향을 받으며, 각 조건에 부합되는 공법이 적용되어야 한다.

비탈면이 토사로 이루어진 조건에서는 수목을 직접 식재하거나 다양한 종자를 파종해서 녹화를 달성할 수 있지만, 암반 조건에서는 종자만 파종해서는 안 되고, 종자와 함께 식물이 자랄 수 있는 식생기반을 동시에 조성해 주어야 한다.

녹화공법의 선정

녹화기초공과 비탈면 조건에 따른 식생공법 종류를 기초로 한 녹화공법의 선정은 다음에 준하여 선정한다. 아래 표에서 견질토사와 풍화토 비탈면, 이암 및 특수암 등은 시험시공을 통해 식생기반재의 두께를 결정하는 것이 바람직하다. 비탈면 녹화공법 선정 기준이 마련되지 않으면 리핑·풍화암 비탈면에도 거적덮기 혹은 종자뿜어붙이기 공법으로 설계하여 녹화에 실패하고, 설계 변경에 큰 어려움이 수반되는 사례가 빈번하다.

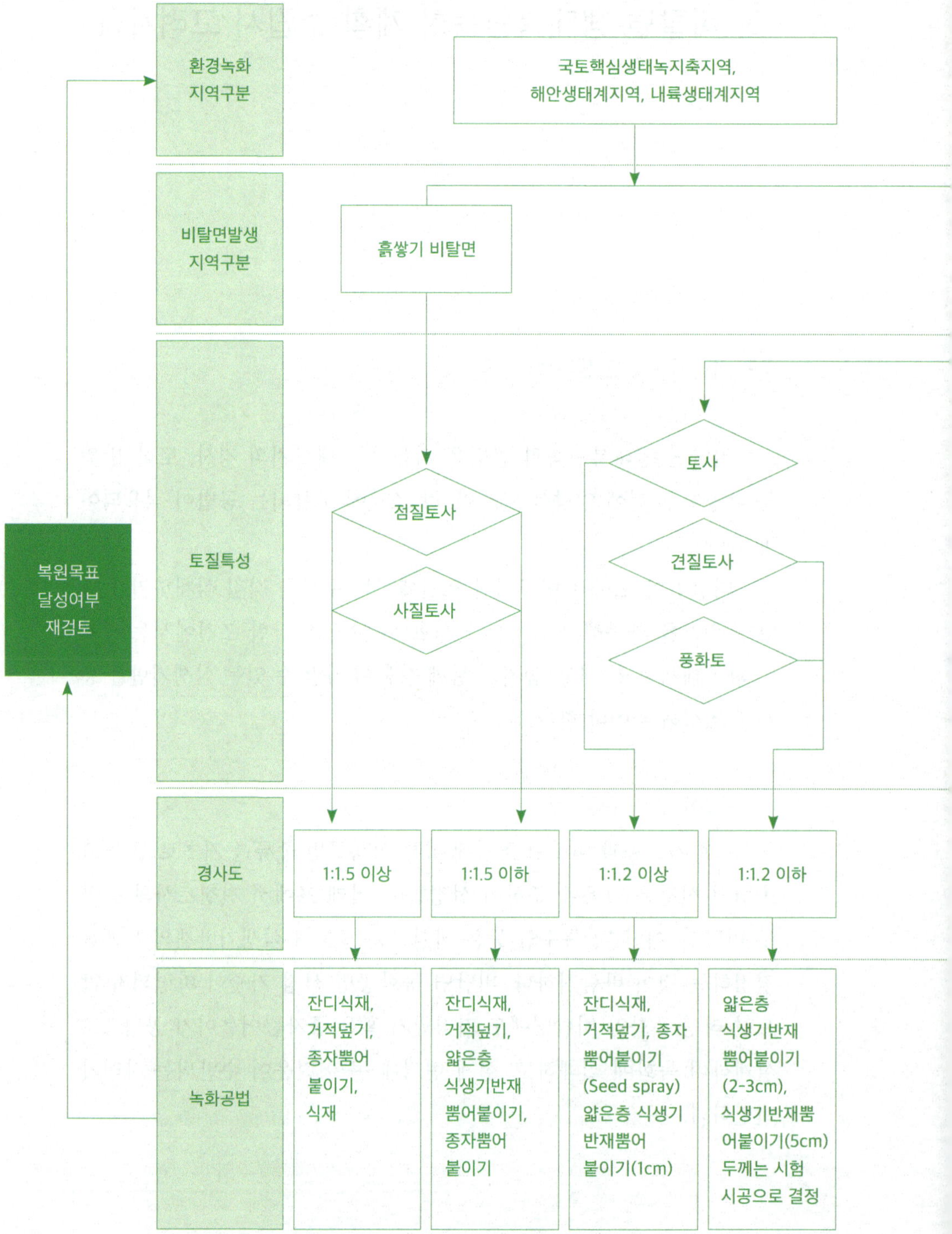

[그림 4-22] 녹화공법의 선정 흐름도 수정안

(출처: 국토해양부, 2009: 강태복, 2017의 내용을 토대로 일부 수정)

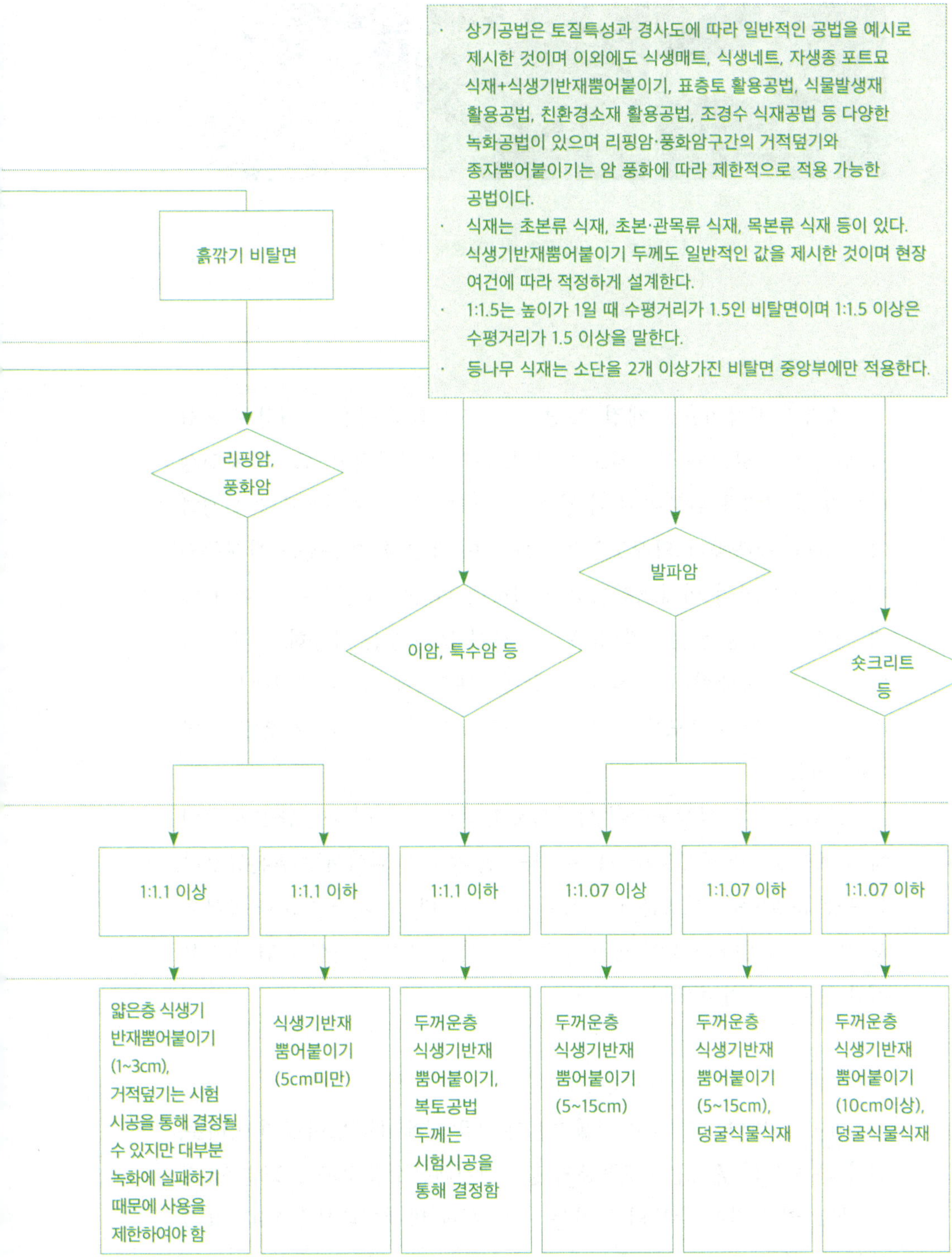
· 상기공법은 토질특성과 경사도에 따라 일반적인 공법을 예시로 제시한 것이며 이외에도 식생매트, 식생네트, 자생종 포트묘 식재+식생기반재뿜어붙이기, 표층토 활용공법, 식물발생재 활용공법, 친환경소재 활용공법, 조경수 식재공법 등 다양한 녹화공법이 있으며 리핑암·풍화암구간의 거적덮기와 종자뿜어붙이기는 암 풍화에 따라 제한적으로 적용 가능한 공법이다.
· 식재는 초본류 식재, 초본·관목류 식재, 목본류 식재 등이 있다. 식생기반재뿜어붙이기 두께도 일반적인 값을 제시한 것이며 현장 여건에 따라 적정하게 설계한다.
· 1:1.5는 높이가 1일 때 수평거리가 1.5인 비탈면이며 1:1.5 이상은 수평거리가 1.5 이상을 말한다.
· 등나무 식재는 소단을 2개 이상가진 비탈면 중앙부에만 적용한다.
흙깎기 비탈면
리핑암, 풍화암
이암, 특수암 등
발파암
숏크리트 등
1:1.1 이상
1:1.1 이하
1:1.1 이하
1:1.07 이상
1:1.07 이하
1:1.07 이하
얇은층 식생기반재뿜어붙이기 (1~3cm), 거적덮기는 시험시공을 통해 결정될 수 있지만 대부분 녹화에 실패하기 때문에 사용을 제한하여야 함
식생기반재 뿜어붙이기 (5cm미만)
두꺼운층 식생기반재 뿜어붙이기, 복토공법 두께는 시험시공을 통해 결정함
두꺼운층 식생기반재 뿜어붙이기 (5~15cm)
두꺼운층 식생기반재 뿜어붙이기 (5~15cm), 덩굴식물식재
두꺼운층 식생기반재 뿜어붙이기 (10cm이상), 덩굴식물식재

토양습도 측정

토양경도 측정

소일코어 샘플링

[그림 4-23] 비탈면에서의 토양특성 측정

IV

3.2 종자배합 계획

종자의 배합비율은 계절, 토질(암질), 기후특성 등을 고려하여 혼합한 후 종자가 골고루 살포되도록 하며, 조기에 경관적인 녹화와 자연생태환경 및 보전을 위하여 주위 경관과 조화될 수 있는 식물종을 선정하여야 한다. 재래종과 외래도입초종을 같이 배합할 경우에는 재래종의 비율을 높게 하여 외래도입초종에 의하여 피압되지 않도록 하여야 하며, 외래도입초종을 사용할 경우는 초장이 짧은 종을 사용하는 것이 바람직하다. 종자배합시 한 종류의 발생기대본수는 총 발생기대본수의 40% 이상이 되지 않도록 하며, 몇몇 종이 지나치게 우점되지 않도록 하여야 한다.

또한 조성된 식생군락이 식생피복의 측면 외에 비탈면 안정의 측면에서 토양 표층부를 고정시켜주는 능력을 높이기 위해서는 초본류보다는 목본류 위주의 식생군락 조성이 바람직하다. 특히 초본류와 목본류를 적절히 혼합하는 것이 경관 향상의 측면과 안정성 개선 측면에서 유리한 것으로 알려져 있다.

수림화(키가 큰 수림)형의 발생기대본수

발아율, 발아세가 낮고 식생기반이 깊은 곳에서는 발아하기 어려운, 키가 큰 수목의 종자는 1~2종류의 총발생기대본수를 100~200본/㎡으로 하고, 키가 작은 수목의 종자는 1~2종류에 발생기대본수 100~300본/㎡, 초본류 종자는 2~3종류에 발생기대본수를 300~500본/㎡ 정도로 설정하는 것이 바람직하다.

목본류의 발생이 너무 많으면 각 개체가 도장하여 빈약해 지고 초본류가 쇠퇴하기 쉽기 때문에 초본류에는 내음성이 있는 종류를 1가지 이상 배합하는 것이 좋다.

국내에서는 오리나무, 붉나무, 소나무, 자귀나무 등을 많이 사용한다. 그러나 목본 종자를 초본류와 혼합하여 파종하는 경우 초기 생장 경쟁에 밀려 피압되는 경우가 많이 나타나고 있으므로, 목본종을 목표로 할 때에는 혼합하는 식물과의 경쟁관계를 잘 파악하고 배합하여야 한다.

관목림(키가 낮은 수림)형의 파종량

키가 낮은 수림형의 파종량도 위와 같은 이유로 초본류의 파종량을 낮추어 키가 낮은 수목 2~3종류의 총발생기대본수를 200~500본/㎡, 초본종자를 200~500본/㎡으로 설정하는 것이 바람직하다.

국내에서는 주로 참싸리, 낭아초 등의 콩과식물을 많이 사용하며, 이들 관목류들은 파종 후 1~2년 정도가 경과하면 수고 1~3m 정도의 관목층을 조밀하게 형성하게 된다.

그러나 이들 관목류가 지나치게 우점하게 되는 곳에서는 초화류 등이 피압되어 종조성이 단순해지는 경향이 있으므로, 너무 과다하게 배합하지 않도록 한다.

초본(위주)형의 파종량

초본군락은 개체의 초기성립본수가 너무 많으면 비탈면 토양이 비료분을 많이 함유하고 있거나 비료분이 많은 인공식생기반으로 조성되는 경우에도 서로 경합하여 쇠퇴 또는 왜성화하게 된다.

초본류의 밀도는 최종적으로는 100본/㎡ 정도가 적합하므로, 유실이 일어나기 쉬운 공법으로 시공한 경우에도 시공직후의 발생본수를 1,000본/㎡ 정도로 하는 것이 건강한 군락의 형성에 도움이 된다.

초본류에는 종자의 원산지에 따라서 자생종과 외래종의 종자로 구분하며, 용도에 따라서 경관을 목적으로 하는 야생화류와 초기 피복을 위하여 도입하는 외래도입초종(양잔디류 등)이 많이 사용되고 있다.

초본위주형 녹화　　　　목본위주형 녹화

[그림 4-24] 식생복원목표에 따른 녹화 사례

파종량의 계산

파종량은 일반적으로는 단위면적당의 발생기대본수로부터 다음 식에 의하여 구한다.

$$W = \frac{G}{S \times P/100 \times B/100 \times K}$$

식에서

W　식물종별 파종량(g)

P　순도(%)

G　발생기대본수(본/m²)

B　발아율(%)

S　평균립수(립/g)

K　보정율

여기에서 S, P, B는 각 식물마다의 표준적인 수치를 사용할 수 있지만 종자의 채집년도에 따라서 다소의 변화가 있기 때문에 시공직전에 확인을 하는 것이 좋다.

보정율에 대해서는 다음의 사항을 참고로 하여 정하며, 현장 여건이나 시공방법 및 재료 등의 특성에 따라서 가감해서 사용할 수 있다.

- 비탈면 경사 : 45° 이상은 0.9, 45° 이내는 1.0
- 토질 : 경암은 0.9, 그 외는 1.0
- 비탈면의 방위 : 남서향 0.9, 그 외는 1.0
- 건조지 : 1,000㎜/년 이하는 0.8, 1,000㎜/년 이상은 1.0
- 공법 : 특히 유망실되기 쉽거나 발아가 어려운 공법은 0.5~0.9
- 산도 : pH 5.5~7.0은 1.0, 그 외 강산, 알칼리 0.9
- 시기별 보정율

구분	3~6월	7~8월	9월	10~11월
초본	1.0	0.8	1.0	0.7
목본	1.0	0.8	0.5	

- 종자별 보정율

구분	야생화, 외래초본	재래초본, 교목	콩과 관목류
보정율	1.0	0.13	0.25

종자의 입수, 순도 및 발아율은 채집년도에 따라 다소의 변화가 있기 때문에 시공 직전에 확인하는 것이 좋다. 외래도입초종들은 대부분 80% 이상의 높은 발아율을 나타내며, 종자의 순도도 90% 이상이 대부분이어서 비탈면 녹화공사에 이용하면 시공시기의 온도가 적당할 경우 조기녹화를 이룰 수 있다. 그러나 우리나라의 재래초종과 목본들은 평균 발아율이 대부분 50% 미만이어서 발아율이 낮고 종자의 순도도 떨어진다. 따라서 종자배합시에는 녹화목표, 시공시기, 시공방법, 주변 상황 등을 종합적으로 고려하는 것이 바람직하다.

IV

[표 4-13] 적용지역별 종자배합비율 조건표(국토해양부)

<table>
<tr><th rowspan="2">복원목표</th><th rowspan="2">식생구분</th><th colspan="2">종자배합비율(%)</th></tr>
<tr><th>자연경관복원형</th><th>기타 적용지역</th></tr>
<tr><td rowspan="4">초본위주형</td><td>관목류</td><td>20~40 1)</td><td>10~40</td></tr>
<tr><td>초본, 야생화류</td><td>40~80</td><td>40~80</td></tr>
<tr><td>외래초종(양잔디류)</td><td>0~10</td><td>10~20</td></tr>
<tr><td>합계</td><td>100 2)</td><td>100</td></tr>
<tr><td rowspan="4">초본·관목
혼합형</td><td>관목류</td><td>30-50</td><td>30~50</td></tr>
<tr><td>초본, 야생화류</td><td>45-70</td><td>40~70</td></tr>
<tr><td>외래초종(양잔디류)</td><td>0~5</td><td>5~15</td></tr>
<tr><td>합계</td><td>100 2)</td><td>10</td></tr>
<tr><td rowspan="4">목본군락형</td><td>교목류, 아교목류,
관목류</td><td>40~70</td><td>35~60</td></tr>
<tr><td>초본, 야생화류</td><td>30~70</td><td>35~65</td></tr>
<tr><td>외래초종(양잔디류)</td><td>0</td><td>3~10</td></tr>
<tr><td>합계</td><td>100 2)</td><td>100</td></tr>
</table>

주1) 숫자는 중량배합비율을 의미한다.

주2) 종자배합 시 외래초종의 중량배합비율을 우선 정한 다음 초본, 야생화류, 관목류 등 전체 종자배합량의 합이 100이 되도록 정한다.

※1. 복원목표가 자연경관복원형인 경우 녹화식물은 그늘사초, 큰기름새, 대사초, 참억새, 새, 솔새, 개솔새, 쑥류(맑은대쑥, 쑥, 넓은잎외잎쑥, 뺑쑥), 양지꽃, 노루오줌, 구절초, 참취, 큰까치수영, 뚝갈 등의 초본류와 생강나무, 진달래, 철쭉, 개옻나무, 붉나무, 국수나무, 산초나무, 쥐똥나무, 개암나무, 호랑버들, 병꽃나무, 찔레나무, 산딸기, 복분자딸기, 노린재나무, 호랑버들, 소나무 등의 목본류가 비탈면 녹화용 자생종(재래초본, 재래목본)으로 사용될 수 있으며, 이들 외에도 부록에서 제시된 식물들을 추가로 사용할 수 있다.

※2. 녹화용 식물은 현지에 서식하는 식물을 주로 활용하고, 중국산인 경우 산지를 확인하여 우리나라 기후 및 풍토와 유사한 지역인지를 확인한다.

※3. 목본군락형의 경우 교목류와 아교목류는 비탈면 상부의 토심이 깊고 경사도가 완만하고 비탈면 안정에 영향이 없으며 시거에 지장이 없는 구간에 적용이 가능하며, 성장 후 키가 낮은 식물을 우선 적용할 수 있다.

(출처 : 국토해양부. 2009)

[표 4-14] 자연경관복원형 적용지역의 종자배합량 조건표 예시 단위 : (g/㎡)

<table>
<tr><th rowspan="2">복원 목표</th><th colspan="2" rowspan="2">종자배합</th><th colspan="2">종자량 (종자배합비율)</th></tr>
<tr><th>얇은층 식생기반 재뿜어붙이기 (두께 5cm 미만)</th><th>두꺼운층 식생기 반재뿜어붙이기 (두께 5cm 이상)</th></tr>
<tr><td rowspan="5">초본 위주형</td><td>관목</td><td>병꽃나무 등 관목류</td><td>9.0</td><td>21.0</td></tr>
<tr><td rowspan="2">초본, 야생화</td><td>억새 등 새류 일반 재래초본류 (도입야생화포함)</td><td>15.0</td><td>23.0</td></tr>
<tr><td>쑥류, 야생화, 지역고유종</td><td>3.0</td><td>19.0</td></tr>
<tr><td>외래초종 (양잔디류)</td><td>Tall fescue Kentucky bluegrass, Perennial ryegrass, Creeping red fescue 등</td><td>3.0</td><td>7.0</td></tr>
<tr><td colspan="2">합계</td><td>30 (30 :60 :10)</td><td>70 (30 :60 :10)</td></tr>
<tr><td rowspan="5">초본·관목 혼합형</td><td>관목류 아교목류</td><td>붉나무, 병꽃나무, 개쉬땅나무 등 관목류, 아교목류</td><td>10.5</td><td>24.5</td></tr>
<tr><td rowspan="2">초본, 야생화</td><td>새류, 비수리, 숙류 등 초종</td><td>10.0</td><td>23.0</td></tr>
<tr><td>구절초, 산국, 쑥부쟁이 등 지역고유 야생화류</td><td>8.0</td><td>19.0</td></tr>
<tr><td>외래초종 (양잔디류)</td><td>Kentucky bluegrass 등</td><td>1.5</td><td>3.5</td></tr>
<tr><td colspan="2">합계</td><td>30 (35 : 60 : 5)</td><td>70 (35 : 60 : 5)</td></tr>
<tr><td rowspan="5">목본 군락형</td><td>관목류 아교목류</td><td>소나무, 참나무류, 호랑버들, 산초나무, 붉나무, 병꽃나무, 개쉬땅나무 등 관목류, 아교목류, 교목류</td><td>12.0</td><td>28.0</td></tr>
<tr><td rowspan="2">초본, 야생화</td><td>새류, 비수리, 숙류, 까치수염 등 초종</td><td>10.0</td><td>23.0</td></tr>
<tr><td>구절초, 산국, 감국, 쑥부쟁이, 양지꽃, 산마늘, 마타리, 뚝갈 등의 지역고유 야생화류</td><td>8.0</td><td>19.0</td></tr>
<tr><td>외래초종 (양잔디류)</td><td>Kentucky bluegrass 등</td><td>0</td><td>0</td></tr>
<tr><td colspan="2">합계</td><td>30 (40 : 60 : 0)</td><td>70 (40 : 60 : 0)</td></tr>
</table>

※ 자연경관복원을 위해 새류, 쑥류, 억새류, 도라지, 구절초, 쑥부쟁이 등의 재래초본과 붉나무, 소나무, 산초나무, 병꽃나무 등의 재래목본 등을 혼합하여 파종할 수 있다. 필요한 경우 재래목본의 묘목식재와 지역고유종을 근주 이식한 다음 식생기반재뿜어붙이기 공법을 병행하는 방법, 혹은 지역의 표토를 재활용 하는 방법 등을 고려할 수 있다.

※ 생태적으로 중요한 지역이므로 외래초본 한지형(양잔디류)이 우점하지 않도록 한다.

(출처 : 국토해양부. 2009)

[표 4-15] 기타 적용지역의 종자배합량 조견표 예시 단위 : (g/㎡)

복원목표	종자배합		종자량 (종자배합비율)	
			얇은층 식생기반재 뿜어붙이기 (두께 5cm 미만)	두꺼운층 식생기반 재뿜어붙이기 (두께 5cm 이상)
초본 위주형	관목류	병꽃나무 등 관목류	5.0	12.0
	초본, 야생화	억새 등 새류 일반 초본류(야생화포함)	14.0	30.0
		쑥류 및 기타	1.0	6.0
	외래초종 (양잔디류)	Tall fescue Kentucky bluegrass,Perennial ryegrass, Creeping red fescue 등	5.0	12.0
	합계		25 (20 : 60 : 20)	60 (20 :60 :20)
초본·관목 혼합형	관목류 아교목류	병꽃나무 등 관목류 붉나무 등 아교목류	7.5	18.0
	초본, 야생화	억새 등 새류 비수리 등 일반초본류(야생화포함)	14.0	30.0
		쑥류 및 기타	1.0	6.0
	외래초종 (양잔디류)	Tall fescue Kentucky bluegrass,Perennial ryegrass, Creeping red fescue 등	2.5	6.0
	합계		25 (30 : 60 : 10)	60 (30 : 60 : 10)
목본 군락형	관목류, 아교목류, 교목류	자귀나무, 붉나무, 소나무(곰솔) 등 교목류, 아교목류, 병꽃나무 등 관목류	10.0	24.0
	초본, 야생화	억새 등 새류 일반초본류(야생화포함)	12.5	26.0
		쑥류 및 기타	1.0	4.0
	외래초종 (양잔디류)	Tall fescue Kentucky bluegrass,Perennial ryegrass, Creeping red fescue 등	1.3	6.0
	합계		25 (40 : 50 : 10)	60 (40 : 50 : 10)

※ 경관적으로 중요한 지역에서는 금계국, 패랭이꽃, 끈끈이대나물, 붓꽃류(봄), 수레국화, 도라지(여름), 구절초, 산국, 벌노랑이, 쑥부쟁이류, 벌개미취 등(가을)을 혼합 파종할 수 있다.

※ 생태적으로 중요한 지역에서는 외래초종 한지형(양잔디류)보다는 자생종(재래초본, 목본류)을 우선으로 배합한다.

(출처 : 국토해양부. 2009)

[표 4-16] 식생기반재뿜어붙이기 종자파종량 조건표

구분 / 종자층의 두께	국토핵심생태녹지축지역	해안생태계지역, 내륙생태계지역
1~2cm[1]	20g/㎡ 이상[2]	20g/㎡ 이상
3~4cm	30g/㎡ 이상	25g/㎡ 이상
5~7cm	70g/㎡ 이상	60g/㎡ 이상
7cm 이상	100g/㎡ 이상	90g/㎡ 이상

1) 식생기반재 두께는 종자취부층과 식생기반층을 합한 것을 말한다.
단, 2층뿜어붙이기(식생기반층을 우선 조성하고, 그 위에 종자층을 분리하여 시공하는 공법)인 경우 종자뿜어붙이기층의 두께에 맞게 파종량을 정한다.

2) 종자파종량은 위의 조건표를 따르되 「비탈면 복원목표별 식생 생육판정 기준표」를 만족시킬 수 있도록 발아율이 우수한 녹화식물 종자를 사용하고, 특정종이 전체를 우점하지 않도록 종자배합설계를 적용하여야 한다.

(출처 : 국토해양부, 2009)

위에 제시된 보정율 중에서 특히 고려해야 하는 것이 공법에 대한 사항이다. 공법은 토질이나 경사조건에 따라서 매우 다양하게 적용되고 있으며, 뿜어붙여지는 재료에 종자가 혼합된 상태로 비탈면에 부착되게 된다.

IV

[표 4-17] 훼손지 복원용 종자별 적정 복토 두께

구분	초본		목본	
	재래초본	외래초본	소립	대립
식물명	안고초, 쑥, 산국, 쑥부쟁이, 패랭이꽃, 억새, 민들레, 개미취, 비수리, 금계국, 벌노랑이	톨페스큐, 크리핑레드 페스큐, 켄터키블루 그라스, 오챠드 그라스, 퍼레니얼라이 그라스, 위핑러브 그라스	개쉬땅나무, 붉나무, 가중나무, 참싸리, 낭아초, 보리수, 오리나무, 찔레나무, 자작나무	상수리, 이팝나무, 겹목단, 고로쇠단풍, 복자귀나무
종자입수(립/g)	100 ~ 7,000	400 ~ 4,300	100 ~ 15,000	0.5 ~ 10
복토두께(cm)	0.2 ~ 1.0	0.2 ~ 2.0	0.2 ~ 1.0	1.0 ~ 2.0

땅속에 있는 종자가 발아할 때 발아된 유묘는 흙을 뚫고 나오게 된다. 보통 종자를 파종할 때 종자의 크기 및 발아 특성에 따라서 차이가 있지만, 일반적으로 종자 크기의 2~3배 정도의 흙을 덮어주는 것이 적합하다고 알려져 있다.

녹화공사에 사용하는 종자는 뿜어붙이는 식생기반층의 두께에 따라 종자의 발아양상이 달라진다. 두꺼운층 식생기반재뿜어붙이기 방식에서는 혼합된 종자가 식생기반층 내부에 고르게 분포한다고 가정하며, 이때 아래쪽에 위치한 종자는 상부에 위치한 종자보다 상대적으로 발아가 어렵게 된다.

[그림 4-25] 두꺼운층 식생기반재뿜어붙이기 시공에서 종자발아가 가능한 두께

혼합된 종자 중 표층부에 있는 종자가 발아하게 되는데 일반적으로 1~2cm 정도까지는 발아가 가능하다고 보고 있다. 그림에서와 같이 7cm의 두께로 식생기반층을 조성할 때 전체 혼합종자 중 1/7만이 효과적으로 발아할 수 있게 되므로, 많은 양의 종자가 하부에 묻히게 된다. 이러한 비율을 고려하여 시공두께에 따른 종자할증을 적용하게 된다.

또한 시공방식에서 식생기반층 하부에 혼합되어 발아에 활용되지 못하는 종자의 낭비를 막기 위하여 하부층에는 종자를 넣지 않고 시공하고, 상부층에만 종자를 넣어서 뿜어붙이는 2층 뿜어붙이기 방식도 활용되고 있다.

종자배합량 설계 참고자료

「도로비탈면 녹화공사의 설계 및 시공지침」(국토해양부, 2009)에서는 기후환경, 지역환경, 산림환경, 토질조건 등을 고려하여 태백산맥을 중심으로 한 국토핵심생태녹지축지역, 해안일대와 도서지역을 포함한 해안생태계지역, 내륙생태계지역으로 녹화지역을 구분한다. 생태자연도의 등급과 녹지자연도 등급에 따른 주변 생태계의 특성을 고려하여 비탈면의 복원목표를 자연경관복원형과 일반 복원형으로 구분하고 생태자연도 등급에 따라 비탈면 복원 목표를 다르게 설정하고 효과적으로 이를 달성할 수 있도록 종자배합비율과 종자배합량을 참고로 제시하여 적용토록 하고 있다.

대상지는 생태자연도 1등급, 2등급, 3등급, 별도관리지역 및 등급외 지역으로 구분되는데 생태자연도 1등급지역과 별도관리지역에서는 지역 고유 초종을 사용하는 등 생물종다양성 보존과 자연경관의 조기회복에 기여토록하기 위해 자연경관복원형의 목표를 설정한다.

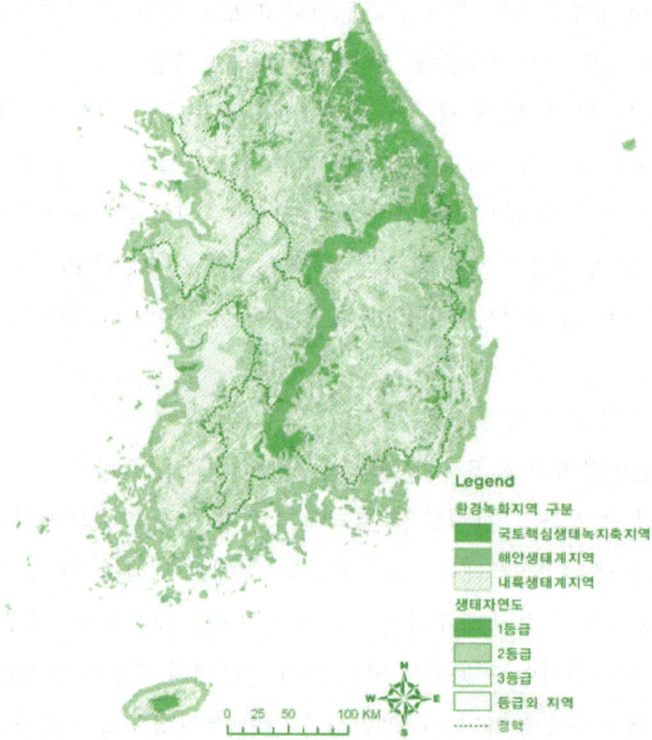

[그림 4-26] 녹화지역 구분과 생태자연도 등급분류도

(출처 : 국토해양부. 2009)

[표 4-18] 생태자연도 등급별 비탈면 복원목표

생태자연도 등급[2]	복원목표	
	일반 복원형	자연경관복원형[1]
1		○
2	○	
3	○	

(출처 : 국토해양부. 2009)

[표 4-19] 녹화지역과 생태자연도별 비탈면 복원목표

<table>
<tr><th colspan="2" rowspan="4">복원목표 / 녹화지역구분</th><th colspan="6">생태자연도 등급별 복원목표</th></tr>
<tr><th>1등급</th><th colspan="3">2등급</th><th colspan="2">3등급</th></tr>
<tr><th rowspan="2">자연경관 복원형</th><th colspan="3">일반 복원형</th><th colspan="2">일반 복원형</th></tr>
<tr><th>목본 군락형</th><th>초본관목 혼합형</th><th>초본 위주형</th><th>초본관목 혼합형</th><th>초본 위주형</th></tr>
<tr><td colspan="2">국토핵심생태녹지축지역</td><td>○</td><td>○</td><td>○</td><td>○</td><td>○</td><td>○</td></tr>
<tr><td colspan="2">해안생태계지역3)</td><td>○</td><td>○</td><td>○</td><td>○</td><td>○</td><td>○</td></tr>
<tr><td rowspan="2">내륙생태계 지역</td><td>녹지자연도 8등급 이상</td><td>○</td><td>○</td><td>○</td><td>○</td><td>○</td><td>○</td></tr>
<tr><td>녹지자연도 7등급 이하</td><td></td><td>○</td><td>○</td><td>○</td><td>○</td><td>○</td></tr>
</table>

(출처 : 국토해양부. 2009)

1) 자연경관복원형은 현지에 적합한 식물 위주로 설계한다

2) 생태자연도 등급기준은 녹지자연도 등급기준 보다 우선하여 적용한다. 녹지자연도 7등급이라도 생태자연도가 1등급인 경우에는 자연경관복원형의 목표를 정한다.

3) 해안생태계지역은 해안생태계의 식물상을 반영한 식물배합을 하되 주변 자연경관과 조화되는 경관녹화에 주력한다.

관련 연구 자료

▷ 복원계획을 수립할 때 부지현황 조건들과 선정된 식물의 종자나 묘목의 구입 용이성, 자금 계획, 관리 계획과 같은 여러 가지 요인들을 검토하여야 한다. 종자가 널리 확산되지 못하는 식물들은 종자의 공급원 역할을 할 수 있는 모수의 존재가 매우 중요하며, 그늘을 제공하는 교목성 식물의 존재여부에 따라 각각 다른 복원전략의 수립이 필요하다.

▷ 복원계획을 수립할 때 원하는 식물의 종자원을 확보할 수 있는가가 복구전략의 수립에 매우 큰 영향을 미친다. 산림식생을 복원할 때 지피용으로 사용될 수 있는 야생초본류와 고사리류는 그 지역에만 국한하여 자라기 쉬우므로 많은 양을 확보하기가 곤란한 경우가 많다. 이럴 경우에는 유사한 효과와 기능을 가지고 있으면서 쉽게 구입할 수 있는 종으로 대체하는 전략이 수립될 필요가 있다.

▷ 복원하는 지역과 상이한 환경조건에서 자란 종자를 수집하면 기대한 것 보다 종자의 활력도가 떨어지고 환경적응력도 떨어지는 경우가 있다. 복원에 사용되는 종자는 그 지역에서 채취한 것을 사용하는 것이 바람직한데, 유전적 변이도 적고 지역 적응성도 우수하기 때문이다.

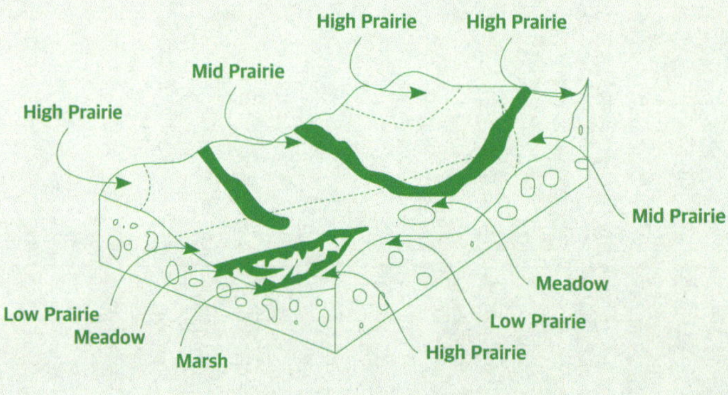

종자파종에 의한 복원계획을 수립할 때 토양, 지형, 그리고 다른 환경인자들을 종합적으로 고려한 식생형의 구분과 배치 모식도(Jacobson et al., 1994)

(출처 : 김남춘. 1998. 경관훼손지의 생태적 복구방안에 관한 연구)

3.3 도로 경관 및 생태복원

도로경관의 특징

도로비탈면은 단순히 식생으로 피복만 시킨다는 차원이 아니라 식생이 조성된 이후, 이곳이 주변 경관과 조화를 이룰 수 있도록 하는 것도 중요하다. 경관의 관점에서 볼 때 경관도로는 도로를 구성하는 다양한 도로요소, 연도요소, 원경요소 등이 조화되어 도로 주변의 자연적, 인공적 요소를 관망하고 즐길 수 있는 쾌적한 환경을 갖춘 도로를 말한다.

[그림 4-27] 도로경관의 개념

도로경관은 주변의 자연적인 경관요소에 지역의 역사, 문화적 특징 및 인공미(디자인)를 가미한 것으로서, 도로는 평면, 종단, 횡단, 시각을 고려한 4차원적 공간으로 운전자의 경각심과 안전을 위해 운전자의 감각과 경계심을 자극하는 특징이 있다.

도로경관은 운전자가 도로 위를 주행하면서 주변의 지형이나 도로 시설물을 바라보면서 느끼는 경관(도로의 내부경관)과 외부에서 도로선형이나 교량과 같은 시설물을 바라보면서 느끼는 경관(도로의 외부경관)으로 구분할 수 있다.

아름다운 경관도로를 위해서는 경관유형에 따른 경관특성을 반영해야 한다. 즉 녹지지역은 랜드마크, 산, 능선, 전원, 계곡 등이 연속적으로 연출되어야 하며, 수변지역은 수변 생태계와의 연계성 등이 고려되어야 한다. 또한 지형지물, 경관 등의 조건과 자연스럽게 조화되는 선형이 될 때 주행자는 시각적 편안함과 심리적 안정감을 느낄 수 있다(이태욱, 2008).

도로의 내부경관 도로의 외부경관

[그림 4-28] 도로의 내부경관과 외부경관

[표 4-20] 도로경관의 구성요소

구성요소		주요요소
도로요소	도로전체	- 기하구조, 횡단면 구성, 도로구조(토공, 구조물 등)
	부속시설물	- 가드레일, 도로조명, 도로표지, 교통안전표지, 도로식재
		- 전주, 간판, 환기구, 컨트롤 박스
연도요소	주변시설	- 주유소, 휴게시설, 정류장 - 상가, 주택, 공장, 자동차관련시설 - 논, 밭, 하천, 조경시설
원경요소	자연요소	- 산, 하천, 호수, 해안, 산림 등
	인공요소	- 장대교량, 터널, 철탑, 대형구조물, 고압선로 등

도로의 경관요소 중에 많은 비중을 차지하는 비탈면 경관을 개선하고자 할 때 눈에 잘 보이는 구간은 시각적 연속성을 고려한 식재방법이나, 도로가 통과하는 주변 생태계의 조기회복을 고려한 식생공법을 적용하며, 주변 자연환경과 조화가 되도록 계획한다.

흙쌓기 비탈면의 경우, 변화감 있는 흙쌓기면이 되도록 하여 흙쌓기 비탈면의 지루함을 완화하도록 하며, 둑(berm)의 조성과 그레이딩에

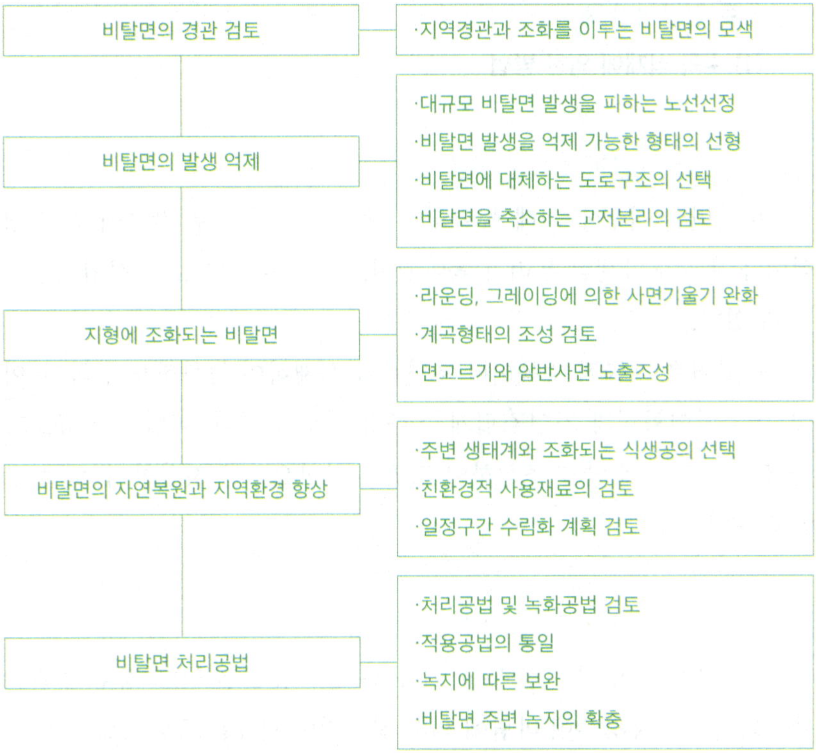

[그림 4-29] 비탈면 경관의 단계별 검토

의한 새로운 지형 조성으로 토공 이미지 완화와 위화감 없는 도로를 조성하도록 한다. 또한 흙쌓기 비탈면 단부와 주변토지 이용현황이나 계획을 고려한 연도공간의 일체화를 도모하며, 고성토 발생에 따른 생태환경, 주거, 생활환경 저해요인이 발생할 수 있으므로 이를 완화하기 위한 대책을 수립한다.

땅깎기 비탈면의 경우 지형변화 구간에 땅깎기면 식재를 통한 경관변화를 유도한다. 기존 수림과 유사한 수종을 선정하여 생태적으로 조기에 복원하도록 하며, 라운딩을 크게 하여 새로운 지형을 형성하며 비탈면 어깨부에 식재계획을 수립한다. 비탈면 길이가 긴 경우에는 중간 소단이나 평탄부를 조성하여 식재 또는 조형물을 통해 공간적 상징성을 부각시키는 것이 바람직하다.

도로 경관개선 계획

(1) 수목 식재에 의한 방법

① 주변 경관과 조화롭게 한다.

비탈면은 식생에 의해 녹화되지 않고 노출될 경우 강우에 의한 침식이나 붕괴가 발생할 우려가 높아지며, 또한 경관적으로도 불안정감을 줄 수 있다.

비탈면은 가급적 수목이나 초화류를 식재하여 녹화하도록 하며, 이때 주변 자연환경과 자연스럽게 조화가 되도록 한다. 비탈면의 규모가 클 경우 중간에 소단을 조성하여 경관적 악화요소를 저감할 수 있는 방안을 수립한다.

② 다양한 식물 도입으로 녹색 경관을 조성한다.

비탈면에 도입하는 수목은 키가 큰 교목류를 도입할 경우 경관은 개선되지만 집중강우에 바람에 의해 전도되어 피해를 유발시킬 수 있으므로, 가급적 키가 작은 관목류 위주로 식재한다.

식재하는 수목은 단일 식재와 군상식재 등으로 구분할 수 있으며, 비탈면이 가지고 있는 환경조건에 부합되는 식재방식을 적용한다. 도입된 식물은 시간이 경과함에 따라서 지속적으로 변화되므로, 미래에 변화될 경관을 중장기적으로 검토하도록 한다. 또한 식물 식재 이후 지속적으로 녹색 경관이 조성되도록 유지관리 방법을 계획하도록 한다.

수목 식재에 의한 비탈면 녹화　　입면녹화 방식에 의한 식재

[그림 4-30] 다양한 식재 방식에 의한 녹화

③ 상징성이 높은 새로운 경관을 창출한다.

비탈면을 수목 식재에 의해 산림경관으로 유도하는 방법 외에 지역의 상징물이나 로고 등을 표현할 수 있다. 로고는 비탈면의 규모나 위치 등을 고려하여 적정한 규모로 계획하도록 하며, 조성된 상징물이 장기간 유지될 수 있도록 별도의 관리계획을 수립한다.

[그림 4-31] 수목 식재에 의한 상징물 조성

(2) 덩굴식물 차폐

① 주변 경관과 조화롭게 한다.

주변 경관과 조화를 고려하여 계획한다. 특히 덩굴식물이 자라서 주변 식생에 피해를 주지 않는 곳에 식재한다.

② 다양한 식물 도입으로 녹색 경관을 조성한다.

덩굴식물을 이용하여 비탈면이 차폐되도록 한다. 덩굴식물 식재방식은 일반적으로 비탈면 하부의 식재공간에 덩굴식물을 식재하고, 생장한 식물이 비탈면을 피복시킬 수 있도록 한다.

덩굴식물 중 담쟁이덩굴의 경우 별도의 유인시설이 필요하지 않지만, 등나무를 식재할 경우에는 상부로의 유인줄을 설치해 주도록 한다. 덩굴식물을 식재할 경우 식물이 생장하는 시기는 경관이 좋지만, 겨울철에는 비탈면 원지반이 노출될 수 있으므로 이를 고려한 계획을 수립하도록 한다.

(3) 종자파종

① 주변 경관과 조화롭게 한다.

비탈면을 식생으로 생태복원녹화할 경우 주변경관과의 조화를 최우선으로 고려한다. 비탈면은 주로 주변의 산림지역과 연결이 되는 경우가 대부분이므로 주변에 생육하고 있는 수목이나 초화류와 자연스럽게 연결될 수 있도록 한다.

② 다양한 식물 도입으로 녹색 경관을 조성한다.

비탈면에 식물을 도입하는 방법은 일반적으로 비탈면 녹화방식을 준용하도록 한다. 종자파종에 의한 방법은 시공 후 일정기간이 지나야 목표로 하는 식생경관이 조성되므로, 시간적인 변화 양상을 예측하여 계획하도록 한다. 종자파종에 의한 방법으로는 초본위주형, 초본관목혼합형, 목본위주형 등으로 식생복원 목표를 수립할 수 있다.

비탈면 생태복원녹화시 조기 녹화 측면을 강조하여 외래종을 과다하게 사용하는 경우가 많은데, 주변 경관과의 조화 및 생태적으로 특성을 고려하여 가급적 자생종 위주로 적용하도록 한다. 종자 파종에 의한 경관은 계절적으로 변화되기 때문에 다양한 야생초화류를 혼합하여 계절별로 다채로운 꽃이 개화하여 경관이 형성되도록 한다.

③ 상징성이 높은 새로운 경관을 창출한다.

비탈면을 종자파종에 의해 산림경관으로 유도하는 방법 외에 지역의 상징물이나 로고 등을 표현할 수 있다. 로고는 비탈면의 규모나 위치 등을 고려하여 적정한 규모로 계획하도록 하며, 조성된 상징물이 장기간 유지될 수 있도록 별도의 관리계획을 수립한다.

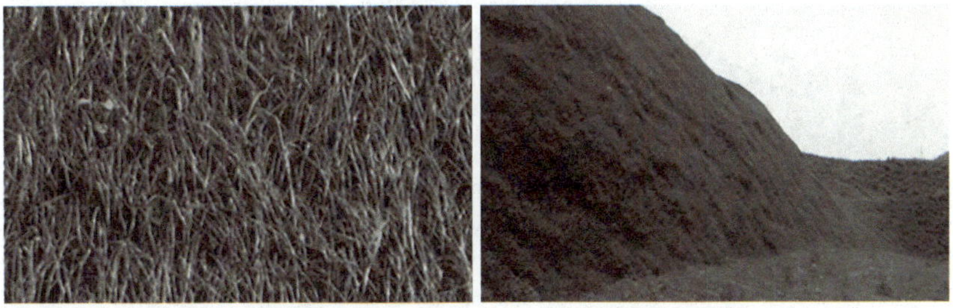

초본위주형(양잔디류)의 비탈면 경관

초본위주형(야생화류)의 비탈면 경관

초본·관목혼합형의 비탈면 경관

목본위주형의 비탈면 경관

[그림 4-32] 식생복원 목표에 따른 녹화 사례

계절별 경관변화 설계　　　　봄 경관 시뮬레이션

[그림 4-33] 종자파종 및 식재에 의한 경관 시뮬레이션 사례

3.4 생태이동통로

생태도로의 개념

생태도로(Eco-Road)는 주로 도로건설에 따른 훼손지 복원, 생태계 연결을 위한 동물의 이동통로 건설 등의 일부 방법으로 진행되어 왔으며, 생태도로란 용어 대신 환경친화적인 도로, 친환경 도로 등의 개념으로 사용되어 왔다.

일본은 자연과의 공생에 대한 인식이 높아지고 주변 환경을 풍부하게 하는 요구가 증대함에 따라 환경을 보다 넓은 시점에서 파악하고 환경과 조화되는 도로정비가 요구되었다. 이와 같은 요구에 의해 일본건설성은 1994년에 『환경정책대망』를 결정하였고, 이를 실현하기 위하여 건설행정의 각 분야에서 『환경계획』을 작성하고 구체적인 시책을 실시하였다.

일본도로공단에서는 도로정비특별 조치법, 국토 개발간선 자동차 도로건설법을 근거로 일본 국도 47호선 11.520km의 고속 자동차국도를 생태도로로 정비하였다. 이때 도로건설은 자연환경이 풍부한 산간부를 지나는 횡단 도로, 자연을 갈망하고 있는 도시근교의 환상(環狀)도로가 주체가 되기 위해 자연환경 보전과 창출을 배려한 도로조성을 실시하였다.

일본은 자연환경과 공생을 위한 생태환경의 보전, 복원, 창출을 도로 환경에 적용하기 위하여, 도로 노선 선정시 주변 자연환경을 고려하여 교량, 생태통로, 대체서식지 마련 등 다양한 노력을 하는 생태도로(Eco-Road)를 시행하였으며, 생태도로의 기본개념을 구조물, 자연경관, 동물,

식생, 자연수변, 사람과 자연 등에 의한 배려로 정의하여 적용하고 있다.

일본의 대표적인 생태도로는 국도 422호선 산악지 도로로서, 자연경관이 아름다운 지역적 특성을 배려하여 주변자연과 환경성, 안정성, 쾌적성을 유지하면서 생물과 사람을 동시에 배려하고, 자연환경우수지역의 보전, 복원과 생태연결성을 최대한 확보되도록 계획하였으며, 수질 및 대기 오염 등 생활환경에 대한 피해가 최소화되는, 자원절약형 도로 설계 및 시공을 유도하고 있다. 일본 국도 422호선에서 환경친화적인 도로건설을 하기 위하여 환경에 미치는 영향의 최소화 및 저감방안으로 환경보전대책을 수립하였다.

[표 4-21] 일본 422호선 생태도로 환경보전대책

보전대상	환경보전대책	
식물	멸종위기식물	이식
	식생	표토의 활용, 향토종의 도입에 의한 비탈면 녹화
	조류	지속적 생육상황 확인
동물	수생생물 (어류, 저서생물)	공사 중 오탁수의 발생을 방지하고, 지속적으로 생육상황을 확인
	포유류 전반	박스컬버트, 콜게이트파이프 등을 설치하고 동물의 이동경로를 확인
	양서·파충류	도로변에 U형 측구를 설치하고 낙하사고에 대비한 보호

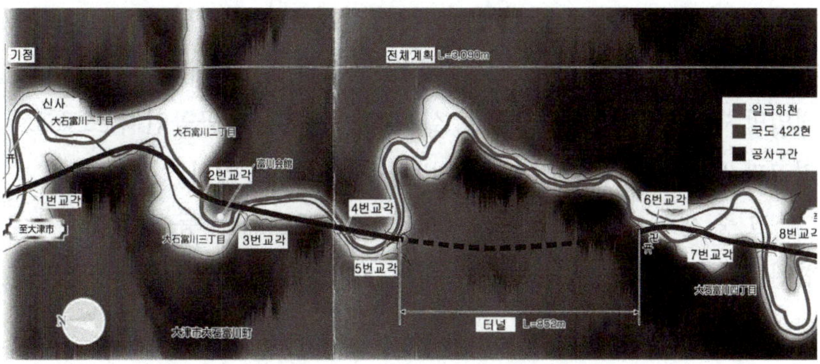

[그림 4-34] 일본 422호선 생태도로 개념도

환경보전대책에 대해 생태전문가의 환경자문그룹을 결성하여 이식한 보호식물의 생육 조사, 비탈면 녹화식물의 생육상황조사, 조류조사, 수생생물 조사, 양서·파충류조사, 포유류 조사를 1999년부터 2007년까지 약 8년간에 걸쳐 수행하였다.

세부 중요 환경보전대책은 다음과 같다.

- 수림화 비탈면녹화의 시험시공
  - 비탈면의 상부에는 시드뱅크를 활용한 공법을 적용
  - 임목폐기물을 100%에 가깝게 재활용한 식생기반재뿜어붙이기 공법으로 초본· 목본 혼합형의 식생을 조성하여 비탈면 안정구조물인 콘크리트 블록을 차폐 및 은폐하도록 조성
- 귀중종은 유사한 환경조건 지역으로 이식
- 신사 및 문화지역 보전을 위한 노선 우회 및 교량경간 확대
- 비탈면으로의 동물 낙하 방지를 위한 침입방지책 설치
- 동물이동통로 확보
- 측구에 빠진 파충류를 위한 탈출로 설치
- 비점오염원 우수침투정화시설 설치
- 하천생물을 배려하여 교각위치를 하상에서 멀리 떨어지게 설치
- 공사 중의 탁수유출 처리시설을 설치

미국에서는 차량의 속도와 교통량의 증가에 따라 야생동물 사망사고가 증가하는 것으로 나타남에 따라, 생태도로 정책방안은 로드킬에 의한 사고를 줄이는 방법으로 고속도로 조명, 속도 제한, 서식지 변경, 침입방지책 설치, 생태이동통로 설치, 경고 휘파람, 공공인식 프로그램, 경고판, 반사체 설치 등의 다양한 방법을 적용하고 있다.

그 중 생태이동통로와 침입방지책 또는 유도펜스 등이 적절하게 조합된 시설물 설치가 동물사고를 줄이는 가장 신뢰할 수 있는 방법으로 간주되고 있다(한국도로공사, 2005).

도로 주변 조경은 조경수의 식재와 지역 고유종에 의한 생태복원녹

화 및 임목폐기물에 의한 멀칭이나 지피식물에 의한 지표면 녹화를 우리나라 보다 효과적으로 많이 적용되고 있다.

터널 주변의 경관 계획

임목폐기물 현장 재활용

공사 중 지표수에 의한 토사유실을 막기 위한 방지시설 설치

U형측구 파충류 탈출로

박스형 동물이동통로

[그림 4-35] 일본의 생태도로 관련시설

임목폐기물을 이용한 비탈면 피복과 잡초방지

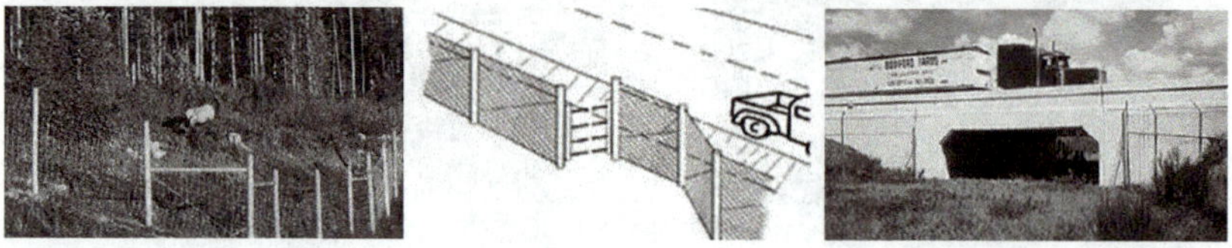

침입방지책 또는 유도펜스　일방통행문(one-way gate)　생태이동통로(underpass)

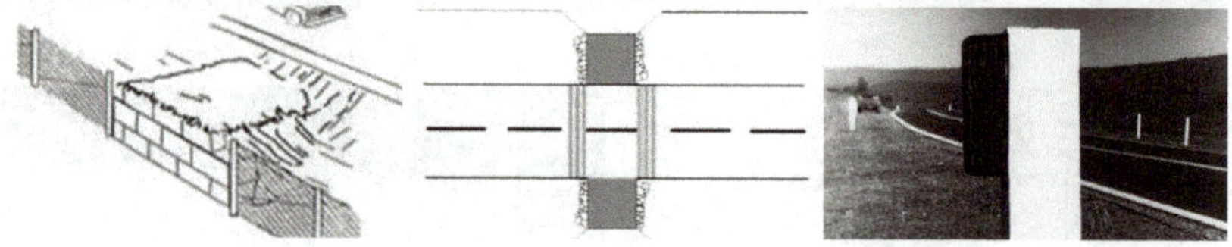

점프대(흙 경사로, ramp)　횡단로(crosswalks)　반사체(reflector)

[그림 4-36] 미국의 생태도로 관련시설

(출처 : 한국도로공사. 2005. 도로 생태환경편람)

캐나다의 생태도로는 야생동물과의 충돌사고를 막기 위해 연간 사고건수에 따라 설치 기준을 정하고 있다. 또한 침입방지책과 대형동물 침입방지용 바닥(유제류 가드 : ungulate guard) 설치로 야생동물의 사고율을 97~98% 정도 감소시키고 있는 것으로 나타났다.

유럽의 생태도로는 환경기준에 의해 적극적으로 조성되고 있다. 목표종에 따라 다르게 조성되고 있으며, 동물진입을 방지하기 위한 다양한 시설들이 설치되고 있다.

사슴 출입통제시설과 유도울타리

동물 출입통제시설

양서류 이동통로

육교형 이동통로

오소리 이동통로

[그림 4-37] 동물 이동통로 조성 사례(유럽)

국내에서는 1995년 환경부가 생물다양성 보전협약에 가입함으로서 도로건설에 있어서 환경을 고려하게 된 중요한 계기가 되었다. 그 이후 2000년 환경부에서 생태통로 설치를 권장함에 따라 도로에 의하여 단절된 생태계를 연계하는 본격적인 노력이 실행되면서 국내에서도 생태도로의 개념을 갖게 되었다.

IV

[표 4-22] 캐나다의 야생동물 방지시설 설치기준

사고 건수 (사고수/mile)	대책
사고가 적은 구간	반사경 설치(사고빈도에 따라 10~25m까지 설치간격 조절)
8건	도로 한쪽에만 침입방지책 설치
16건	도로 양쪽에 침입방지책 설치
24건	도로 양쪽에 유도펜스 설치 및 횡단로 확보 (underpass)

(출처 : 한국도로공사. 2005. 도로생태환경편람)

우리나라는 야생 동·식물 및 개별 서식지 보전에 치중해서 전 국토를 하나의 유기체로 보전·관리하려는 인식이 부족하다고 판단되어 2004년 환경부의 자연환경보전정책으로 전 국토를 생태적으로 새롭게 창조되도록 관리하는 체계 전환의 필요성이 인지되어 생태통로를 설치하도록 하였다.

도로에 의한 환경 훼손지의 복원 등은 1980년대 후반부터 도로개발에 따른 훼손지 복원 및 생물 서식지 조성 등의 생태적인 관점에서 자연친화적인 생태도로의 설계기법이 요구되었다(이태욱, 2008).

생태도로의 개념은 도로에 의해 단절된 자연생태축을 연결하는 것으로, 야생동물의 이동을 원활하게 하는 생태통로 조성과 생태계 서식공간 조성, 그리고 훼손된 자연환경을 복원하는 녹화공법 등이 중요한 평가 항목이다. 이러한 생태개념을 도로에 적용하여 평가하는 방법은 아직 객관화되어있지 않은 상태이다. 따라서 생태도로에서는 생태통로, 생태계 서식지 조성, 녹화공법, 습지조성 등을 고려하여 적용하여야 한다.

[그림 4-38] 생태도로 관련 법·제도 변천과정

IV

생태도로 관련 법제도 변천과정

생태도로의 개념도입은 초기에는 도로의 경관 조경에서 시작하여 도로 녹화, 생물다양성 보전, 생태이동통로, 경관으로 발전하였다.

2004년 국토해양부와 환경부가 공동으로 환경친화적인 도로건설 지침 및 편람을 작성하였으며, 편람은 환경영향평가에서 시행하는 환경영향평가 항목을 고려하여 환경친화적인 도로로 건설하기 위한 지침을 기술하고 있다.

생태도로는 자연과 인간이 함께하는 도로건설로서 계획실시를 함께하는 노력으로 국토해양부와 환경부에서 공동으로 「환경친화적인 도로건설 지침(2004. 12)」을 제정·고시하고, 2006년 12월 일부 개정하여 도로사업에 적용토록 제도화 하였다.

생태도로의 적용

국내에서 생태도로건설 사업은 환경영향평가 제도가 실시 된 이후 국가간 기후방지협약과 생물다양성협약 체결이 계기가 되어 급속도로 발전되기 시작하였다. 환경영향평가에서 중요한 녹지축, 생태축 단절지역의 환경에 미치는 영향이 저감되도록 생태도로 건설사업을 적극 권장하고 있으며, 지나친 지형·지질의 변경을 줄이기 위해 도로노선을 우회하는 방안 검토, 생활환경에 대한 영향의 최소화, 대규모 훼손지의 생태복원 등을 요구하며, 도로노선에 따른 지역주민 및 환경단체와의 갈등을 겪으면서 환경친화적인 도로건설과 관련된 지침과 편람, 설계기준 등이 만들어져 시행되기 시작하였다.

생태도로는 생태계를 배려하여 환경에 대한 영향을 감소하도록 설계된 도로를 말한다. 최근에는 도로 건설로 인한 소위 「동물 이동로」가 차단되어 산림지대가 단절되거나 작은 동물이 길 옆 도랑에 떨어져 죽는 등의 자연환경에 대한 훼손사례가 부각되기 시작했다. 이것 때문에 동물들이 이동할 수 있도록 도로 밑에 터널이라든가 잘린 부분에 육교형 통로를 설치하여 동물이 다니는 통로를 만들어, 생태계와의 조화를 도모하는 도로시설을 설치하는 것을 생태도로 조성 사업이라고 말한다.

따라서 생태도로는 생태학의 에코와 도로의 로드를 조합한 신조어(환경용어정보대사전, 2006)를 지칭한다고 볼 수 있다.

국내에서 생태도로라는 이름으로 건설된 도로는 남북연결도가 유일하다. 이 외에는 아직 뚜렷하게 부각되는 도로는 없으며, 남북연결도로의 경우 비무장지대(DMZ)를 관통하여 평지에 건설된 짧은 구간에 시공되었으며, 생태도로에 대한 일반적 모델이 되기에는 다소 미흡한 면이 있다.

생태도로의 개념은 생태계와 주변환경을 배려하고, 생태계와 도로에 의하여 단절된 부분을 연결함으로 생태계의 순환을 고려함과 동시에 도로의 기능인 신속성과 안정성, 그리고 쾌적성을 확보해야 한다. 따라서 생태도로는 다음과 같은 정의를 내릴 수 있다.

도로의 기능성이 발휘되면서 생태계 및 주변환경에 대한 부하가 최소화 되는 도로로서,

'첫째, 도로의 신속성, 안전성, 편리·쾌적성을 유지하면서 생물과 사람을 동시에 배려하고,

둘째, 자연환경 우수지역의 보전, 복원과 생태연결성을 확보하며,

셋째, 이산화탄소저감 및 자원 순환형 도로설계 및 시공을 유도하는 것을 말한다.' 라고 정의된다.

한편 국내 생태도로 관련 설계기준으로는 환경친화적인 도로건설편람(국토해양부·환경부, 2004), 환경친화적인 도로건설지침(국토해양부·환경부, 2004. 2006), 자연공원 도로의 환경친화적 개선방안 연구(환경부, 2006) 등이 있다.

생태이동통로

여러 가지 형태의 인간 활동은 그동안 많은 생태계를 단편화하고 고립시켜 전반적인 생물다양성이 감소되는 결과를 초래하였다. 따라서 단절된 생태계를 연결하는 것은 생물다양성 복원과 높은 서식지 질을 유지·관리하는 첫 번째 단계로서 중요한 의의를 지니고 있다. 이처럼 생태통로(ecological corridor)는 단절된 생태계에서 서식하는 야생동물들의 원활한 생

태적·유전적 교류를 도모하기 위해 설치하는 인위적 시설물로서, 전체 생태계의 건전성과 생물다양성을 유지시키는 중요한 수단이 된다.

생태통로는 번식 장소, 월동 장소, 휴식 장소, 먹이 장소 등 각각 다른 목적으로 야생동물이 이용하는 서식지들에 대해 정기적이고 규칙적인 이동을 가능하게 한다. 또한 서로 단절되고 고립된 지역에 서식하는 야생동물들의 자유롭고 지속적인 이동을 보장하여 그들의 유전적 다양성을 유지하고 생존력을 높일 수 있다.

생태통로의 조성 목적은 생태 단편화에 따른 영향을 해결하기 위함이다. 생태 단편화란 '하나의 생태계가 여러 개의 작고 고립된 생태계로 분할되는 현상'을 말한다. 각종 주거지, 농경지, 체육시설, 택지개발, 산업단지 등을 조성하거나 울타리 설치, 도로 건설 등 여러 형태의 인간 활동에 의해 단편화가 발생하고 있으며, 특히 도로와 철도건설 등의 선형적인 개발 행위는 생태계를 서로 단절시키는 중요한 장벽으로 작용한다.

생태계 단편화의 영향으로는 생물의 원래 서식지가 작고 고립된 서식지로 나누어짐으로 인해 서식지의 전체 면적이 축소되고 개체군의 고립을 초래하는 결과를 가져오게 된다. 이러한 개체군의 고립은 외부와의 유전적 교환을 차단하고 유전적 다양성을 감소시켜 환경에 대한 적응력을 약화시키는 등 장기적인 생물의 서식과 생존에 불리하게 작용하게 된다. 또한 단편화로 인해 인간의 간섭을 받는 주변부(edge)가 증가하고, 이에 따라 소음, 진동, 빛 등의 요인에 의하여 생물들의 서식 환경과 조건이 불리하게 변화된다.

생태이동통로는 서로 단절된 서식지 사이에 야생동물의 이동을 가능하게 하여 넓은 행동권을 필요로 하거나 주기적인 이동을 하는 동물의 생존에 큰 도움이 된다. 또한 생태통로는 야생동물들의 단순한 이동통로 기능 이외에도 그 자체가 야생동물의 서식지와 피난처로서의 기능도 가지고 있다.

- 야생동물의 이동을 통해 종의 다양성을 높이고 서식 개체수를 증가시켜 장기적으로 종의 생존 확률을 높인다.

- 이동을 통해 국지적으로 사라졌던 야생동물의 새로운 정착을 가능하게 하며, 유전적인 다양성을 높일 수 있다.
- 행동권, 세력권이 넓은 야생동물의 서식을 가능하게 한다.
- 이동을 통해 서식지의 위험 요소와 천적, 재난, 질병 등 교란으로부터 도피가 가능하게 한다.
- 야생동물이 다양한 환경의 서식지를 활용할 수 있는 접근성을 증가시킨다.
- 단편화된 생태계의 연결을 통해 생태계의 연속성을 유지한다.
- 과도한 개발의 억제 효과가 있으며, 야생동물과 생태계에 대한 교육적, 심미적인 가치를 제공한다.

생태이동통로는 단편화된 서식지를 연결하여 야생동물 서식지의 질을 높이는 중요한 수단이지만, 이것이 생태계 단편화의 완전한 해결방안이 될 수는 없다. 따라서 생태통로의 부정적인 역할과 한계점을 파악하는 것은 생태통로 설치의 시행착오를 줄이고 개선의 방향을 제공할 수 있다는 점에서 중요하다.

생태통로는 그 형태에 따라 크게 선형 통로, 육교형 통로, 터널형 통로의 3가지로 구분할 수 있다.

[표 4-23] 형태에 따른 생태통로의 구분

종류	내용
터널형(하부통로형)	인간의 영향이 빈번한 지역이며, 육상 통로를 설치하기 위한 연결지역이 지상에 없는 경우, 또는 지하에 중소 하천이 있는 경우 만들어지는 통로. 도로 하부를 관통하는 터널 형태로 설치
육교형(상부통로형)	횡단부위가 넓은 곳, 절토지역 혹은 장애물 등으로 동물을 위한 통로 설치가 어려운 곳에 만들어지는 통로. 도로 위를 횡단하는 육교 형태로 설치
선형	도로, 철도 혹은 하천변 등을 따라 길게 설치된 통로. 식생이나 돌담 등을 이용하여 설치

자연재생 및 녹화의 관점에서 볼 때 생태이동통로도 복원의 대상지로 보는 것이 타당하다. 생태이동통로를 조성할 때 야생동물의 이동이라는 기능적 특성만을 고려하여 조성하는 경우에 주변 자연환경과 부조화를 이루고 경관적으로는 적합하지 않은 형태가 되는 경우가 있다.

따라서 이곳도 조성 대상지 및 주변의 자연 환경 특성, 주변의 참조생태계 및 경관, 지형 및 토양 그리고 식생의 연결성을 같이 고려하여야 한다. 또한 조성 이후에도 모니터링 및 유지관리를 통하여 생태이동통로의 역할과 새로운 서식지의 조성이라는 두 가지 목표를 모두 달성할 수 있도록 하여야 한다.

제 2편

CHAPTER V

도로 비탈면의 생태복원 녹화

1. 도로 비탈면 생태복원녹화 공사 개요

V

1.1 녹화공사 검토

일반적으로 비탈면보호 및 생태복원녹화 공사를 시공하기 위해서는 구조물과 같이 시공되는 경우가 많다. 특히 우리나라의 경우는 다양한 지형과 지질특성, 강우특성을 가지고 있어 도로건설 등의 대규모 토목공사에서는 반드시 구조물의 시공과 동시에 다양한 보강공법, 비탈면 보호 및 녹화공 등이 시공된다.

우선 깎기 비탈면과 흙쌓기 비탈면에서는 초기의 침식방지와 생태복원녹화를 위해서 필수적인 다양한 공법을 시공하게 되는데 여기에는 크게 인공재료와 자연재료의 두 가지로 크게 구분할 수 있다. 인공재료는 공장 등 시설을 이용하여 대량으로 제품을 생산하여 현장에서 이용할 수 있도록 한 재료로서 여기에는 콘크리트재료와 플라스틱류가 있다.

콘크리트 재료는 내구성이 우수하고 중량이 무거워 비교적 큰 토사 유출이나 토압이 작용하는 비탈면에 시공하고 후에 각종 보조공법인 녹화공을 시공할 수 있다. 여기에는 현장에서 콘크리트를 타설하는 방법으로 비탈면에 시공하는 방법과 제품으로 생산하여 현장에서 시공한 후 격자 내에 잔디와 기타 녹화공을 겸하는 방법이 있다.

비탈면과 주변의 미관을 향상시키기 위해 콘크리트 제품을 이용한 인조목을 만들어 시공하는 경우도 있는데 도로 본선의 비탈면보다는 시설지나 경관을 요하는 지역에 시공한다. 또한 플라스틱제품을 이용한 구조물에는 PY, PE공법을 대표적으로 들 수 있는데 이러한 공법은 비교적 땅깎기 비탈면의 표면유실에 시공하여 활용할 수 있다. 그러나 큰 토압이 작용하거나 지중수 및 지하수가 유출하는 비탈면에서는 사용을 자제하고 별도의 배수시설을 겸용하는 것이 바람직하다.

녹화에 사용하는 공법은 장비 및 사용재료에 따라 다양한 특성과 효과를 발휘하므로 이에 따른 다양한 시공성능과 관리특성을 살려서 시공하는 것이 효과적이다. 특히 고속도로의 경우 대규모로 조성되어 다양한 지질특성과 암종으로 구성되고, 지형특성이 다양하며, 여름철의 호우 등에 노출되어 여기에 맞는 공법과 관리를 위해서는 많은 현장조사와 연구를 통해서 그 방법을 제시해야 한다.

[그림 5-1] 녹화공법 설계가 잘못된 경우 침식이 지속적으로 발생하고, 경관부조화 현상 심화

비탈면 생태복원녹화 공법을 선정할 때 비탈면을 구성하고 있는 암의 종류에 대한 조사가 선행되어야 한다. 일반적으로 리핑암은 불도저에 장착된 리퍼에 의해 굴착이 가능한 암질을 말하며, 발파암은 불도저에 장착된 리퍼에 의해 굴착이 불가능하고 굴착 또는 절취에는 화약을 사용해야하는 암질을 말한다. 풍화암은 일부는 곡괭이를 사용할 수 있으나 암질이 부식되고 균열이 1~100cm 정도로서 굴착 또는 절취에는 약간의 화약을 사용해야 할 암질로 구분된다. 한편 특수한 형태로서 산성암은 규산 함유량이 65% 이상의 화성암으로 화강암, 화강반암, 유문암 등이 이에 속한다. 석영이 부피로 30%를 차지하여 흰빛을 띠고 있는 암질로 구분하며, 이암은 일반적으로 실트와 점토를 주성분으로 하는 불규칙한 혼합물로, 물을 함유하여 연약한 것을 진흙이라 하는데, 이것이 굳어져 생긴 암석을

말한다. 셰일(혈암)은 점토 또는 실트로 구성된 퇴적암으로 층리에 평행하게 잘 쪼개지는 성질이 있으며 골재로 적합하지 않은 것을 말한다.

비탈면 토질에 대한 분석 이후, 생태복원녹화를 위한 공법을 선정함에 있어서 비탈면보호 및 녹화공을 크게 분류해서 보면 뿜어붙이기방법과 사용재료에 의한 분류로 크게 구분 할 수 있다.

식생기반재뿜어붙이기 공법에는 식생기반층을 조성하는 두께를 기준으로 하여 두꺼운층 식생기반재뿜어붙이기, 얇은층 식생기반재뿜어붙이기, 2층 뿜어붙이기공법 등으로 분류할 수 있다. 두꺼운층 식생기반재뿜어붙이기공법은 암반비탈면에 고압취부기를 이용하여 식생기반재를 두껍게 뿜어붙이는 공법(약 5cm 이상)을 말하며, 압력으로 분사함으로써 두껍게 식생기반재를 뿜어붙일 수 있다.

얇은층 식생기반재뿜어붙이기공법은 비탈면 생태복원녹화를 위해 식생기반재를 얇은층(5cm 미만)으로 종자, 비료 등을 함께 뿜어붙이는 공법을 말한다. 작업효율이 우수하여 대면적 시공에 유리하지만 식생기반재의 물성에 따라 생태복원녹화 식물의 생육경향이 다르게 나올 수 있다.

2층 뿜어붙이기공법은 생육기반층을 우선 조성하고. 그 위에 종자층을 분리하여 시공하는 공법을 말한다. 종자뿜어붙이기 층의 두께에 맞게 파종량을 정하는데, 발아시 복토두께에 영향을 받거나 종자 가격이 비싼 경우에 경제적으로 공사를 수행할 수 있는 장점이 있다.

뿜어붙이기방법에 따라서는 건식형태와 습식형태로 분리할 수 있는데 1980년대 초창기에 주로 국내에 들여와 시공되었던 공법이 건식형태의 공법이라 할 수 있다. 여기에는 두꺼운층 식생기반재뿜어붙이기 방식의 대표적인 공법으로 녹생토공법은 아직도 고속도로 및 국도의 비탈면 현장에서 많이 시공되는 공법이다.

습식형태의 공법에는 1990년대에 개발되어 시공되는 공법으로 각종 재료를 취부기와 연결된 혼합기에 의해 배합한 후 한꺼번에 취부노즐을 이용하여 비탈면에 분사하는 방법이다. 이 공법에는 SF공법, CODRA공법, NGR공법, ASNA공법 등이 있는데 비탈면의 특성과 토질에 따라서 비교적 뿜어붙이기 두께가 얇게 시공되는 것이 특징이다.

1.2 녹화공사시 고려 사항

비탈면의 붕괴를 방지하고 경관을 주위 환경에 조화되는 형태로 비탈면을 처리하기 위해서는 계획, 시공, 관리에 걸친 일관된 고려가 필요하며 특히, 계획단계에서의 복원경관에 대한 검토가 가장 중요하다. 따라서 토공계획 초기단계에서부터 비탈면의 안정을 전제로 비탈 조형과 생태복원녹화계획에 대하여 토질 및 생태복원 전문가가 상호 협의하여 비탈면 생태복원녹화 계획을 수립하는 것이 필요하다.

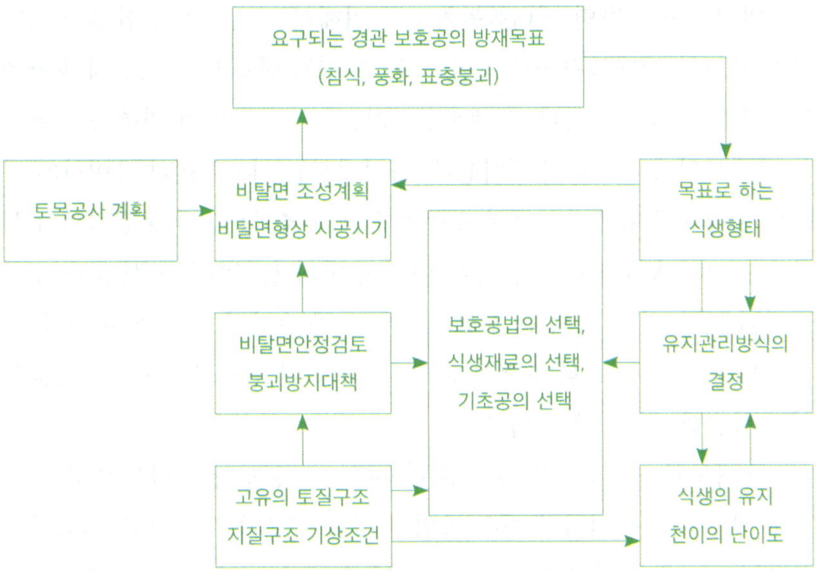

[그림 5-2] 비탈면 생태복원녹화 계획의 기본적인 고려사항

비탈면 생태복원녹화공은 그 자체로서는 비탈면의 활동이나 붕괴의 구조적인 파괴를 방지하는 효과는 기대할 수 없다. 또한 도입한 식물이 쇠퇴하거나 그 지역에 부적합한 종류인 경우에도 침식방지나 환경보전의 목적은 달성되지 않는다. 따라서 비탈면 생태복원녹화공의 실시는 다음의 전제조건을 충족하여야 한다.

토공계획 초기단계부터 비탈면의 안정을 전제로 비탈조형과 생태복원녹화 계획을 수립하여 경관이 뛰어나고 지속가능하며 유지관리가 쉬운 생태복원녹화 계획을 수립한다.

비탈면의 침식과 세굴을 방지하여 비탈면의 안정과 보호를 도모하고, 야생동물의 먹이와 은신처 제공 및 경관 향상을 목표로 한다. 또한 자연과 조화되는 생태적 천이가 용이하게 이루어져 생태계 회복에 유효하고 주변 식생과 조화되는 식물군락 조성이 이루어지도록 하며, 주변의 토지이용과 산림구조, 비탈면의 토질, 경사, 향 등을 고려하여 키 큰 수림형, 키 낮은 수림형, 초본주도형 군락 중 하나를 목표로 하되, 해당 지역에 적합한 자생식물을 적극 활용한다.

바람직한 비탈면 생태복원녹화를 위해서는 비탈면의 안정을 전제로 비탈조형, 생태복원녹화 방법, 녹화 후 경관 변화 및 유지관리 방안을 검토하는 것이 필요하다. 생태복원녹화 계획 수립의 첫 번째 단계에서는 생태복원의 목표를 수립하는데, 여기에서는 식생천이가 용이하게 이루어져 생태계 회복에 유효하고 주변 식생과 조화되는 식물군락의 조성 등을 중요하게 고려하여야 한다. 이때 주변의 토지이용과 산림구조, 비탈면의 토질, 경사, 방위 등을 고려하여 키 큰 수림형, 키 낮은 수림형, 초본주도형 군락 중 하나를 목표로 하되, 해당 지역에 적합한 자생식물을 적극 활용하는 계획을 수립한다.

생태복원녹화 목표가 수립된 이후에는 식물정착을 위한 비탈면 안정화 작업과 시공시기별 적용 방법에 대한 검토가 수행된다. 비탈면은 구조적으로 매우 다양하기 때문에 비탈의 토질, 토양, 경사 등의 환경조건이 생태복원녹화의 목표로 설정된 식물군락의 생육에 적합하지 못하

[그림 5-3] 경관과 천이를 고려한 생태복원 녹화 목표 설정

면 식물의 생육환경을 개선시키거나 생육기반을 안정화 하는 작업이 선행되어야 한다.

[표 5-1] 비탈면 기반의 생육적합도 판정기준(경사 및 토양경도)

종류		내용
비탈면 경사도	30도 이하 (1:1.7 이하)	- 교목 위주의 식물군락 복원과 주위 재래종의 침입이 가능하다. - 식물의 생육이 양호하고, 피복이 완성되면 표면침식은 거의 없게 된다.
	30~35도 (1:1.7~1:1.4)	- 주변으로부터의 자연침입으로 식물군락이 성립되는 한계각도이며, 식물의 생육은 왕성하다.
비탈면 경사도	35~45도 (1:1.4~1:1)	- 식물의 생육은 양호한 편이나 관목, 중교목이 많고 초본류가 지표면을 덮는 군락의 조성이 바람직하다.
	45~60도 (1:1~1:0.6)	- 식물의 생육은 다소 불량하고 침입종이 줄어든다. - 관목이나 초본류로 형성되는 키가 작은 식물군락의 조성이 바람직하다. - 키가 크게 자라는 수목을 도입하면 장래에 기반이 불안정하게 되는 일도 있다.
비탈면 경사도	60도 이상 (1:0.6 이상)	- 생육이 현저하게 불량해지고 수목의 키가 낮게 자란다. - 초본류의 쇠퇴가 빨리 일어난다. - 바위의 틈사이로 뿌리가 성장하는 것을 기대하여 키가 낮은 수목을 도입하는 것이 바람직하다.
토양 경도[1]	10mm 미만	- 건조하기 쉽기 때문에 종자 발아가 저조해지기 쉬우나 식물의 생육은 양호하다.
	점성토 10~23mm, 사질토 10~25mm	- 지상부, 지하부 모두 생육이 양호하고 수목의 식재도 적합하다.
	점성토 23~30mm, 사질토 25~30mm	- 일반적으로 토양속 식물뿌리의 성장이 장해를 받는다. - 수목식재에는 부적합하다.
	30mm 이상	- 뿌리의 성장이 거의 불가능하므로 뿌리부근의 토양을 재조성할 필요가 있다.
	연암·경암	- 뿌리의 신장이 불가능해지므로 인위적인 생육기반의 조성이 필요하다. - 암석에 틈새가 있는 경우에는 수목류의 뿌리 신장은 가능하다.

또한 비탈면 생태복원녹화는 식물을 이용하는 것이므로 시공시기가 매우 중요한데 일평균 기온이 10~25℃ 일 때를 식생공사를 위한 최적기로 보고 있다. 기온이 25℃ 이상일 때에는 고온 건조하여 해를 받기 쉬우므로 여름철 시공은 피하도록 한다. 그러나 공기의 형편에 따라 부득이 하게 시공할 경우에는 건조의 해를 잘 받지 않는 방법을 선택하여야 한다. 기온이 10℃ 이하에서는 동상에 의한 건조의 위험과 붕락 등을 일으키기 쉬우므로 가급적 동절기의 시공은 피하여야 한다.

비탈의 토질, 토양, 경사 등이 생태복원녹화의 목표로 설정된 식물군락의 생육에 적합하지 못하면 식물의 생육환경을 개선시키거나 생육기반의 안정이 선행되어야 한다.

표면수 또는 용수에 의하여 비탈면이 세굴되거나 붕괴될 우려가 있는 곳은 어깨배수구, 소단 배수구, 종 배수구, 비탈면 밑 배수구, 암거, 유공관 등의 배수시설을 계획하여야 한다.

종자, 비료 등은 건조하고 서늘한 곳에 보관하여야 하며, 비탈면 보조자재와 보호철물류 및 기타 식생자재는 통풍이 잘되고 비나 눈을 피할 수 있는 곳에 자재별로 구분하여 보관하여야 한다.

1) 토양경도는 山中式 경도계에 의한 경도임

2. 녹화공사 시행

V

2.1 녹화공사 일반

녹화공법의 안정성 및 경제성은 물론 선정된 녹화식물의 생육과 식물군락 형성에 가장 적합한 공법을 선정하도록 한다. 기초공사를 필요로 하는 비탈면은 지표면을 잘 정리하여 기초보호재료의 부착을 용이하게 하며, 비탈면 상, 하단부는 주변 자연경관과의 조화와 동결 및 침식의 방지를 위하여 자연스러운 형태로 마무리한다.

생태복원녹화 계획 수립 및 시공재료의 선정이 끝난 단계에서 현장시공이 실시된다. 우선 기초안정공 단계에서는 면정리 및 고르기, 비탈면 배수공사, 생태복원녹화 기초공사가 수행된다.

시공대상지가 토사비탈면일 경우 풍화침식으로 지반면과 유리되어 흘러내리거나, 소단부에 퇴적된 토사와 얕게 박히거나 불안정하게 걸쳐져 있는 돌 등을 제거한다. 기초안정공사를 필요로 하는 비탈면은 지표면을 잘 정리하여 재료의 부착을 용이하게 한다. 단 우수한 기존식생이 존재할 때에는 재검토하여 면고르기를 하지 않을 수도 있다.

암비탈면일 경우 토목 시공면을 고려하되 주변 자연환경과 조화되는 생태복원녹화를 위하여 매끈하게 정리하지 않고 굴곡 있는 암지반을 조성하는 것이 효과적일 수도 있다. 이때 땅깎기 및 발파 등에 의한 불안정한 돌 등을 제거한다. 여러 규격의 파쇄된 돌들이 자연스럽게 쌓여서 안정되어 있을 때에는 예외로 할 수 있다.

표면수 또는 용수에 의하여 비탈면이 세굴되어 유출되거나 붕괴의 우려가 있는 곳에서는 비탈면어깨배수구, 소단배수구, 종배수구, 비탈면 밑 배수구, 암거 유공관, 배수판 설치 등의 배수시설을 설치한다. 소단부는 암비탈면이라도 생육기반재가 침식되지 않도록 횡단기울기를 두거나 배수구를 설치한다. 습한 상태의 비탈면은 생육기반이 항상 흡수 포화되어 병충해 발생이 우려되고, 식물생육이 곤란하므로 종횡단 배수구 및 배수매트, 배수망, 배수판 등을 설치하여 집수 처리한다. 용수의 처리는 지상집배수공을 설치하여야 하며, 생태복원녹화 공사를 하기 위해서는 생육기반과 분리된 배수층을 조성한다.

훼손된 비탈면의 생태적, 경관적 복원 및 보전을 위하여 시행하는 방법으로는 비탈면 보강용 심박기, 침식방지망 덮기, 비탈면보호용 격자블록 설치, 낙석방지망덮기, 편책 설치, 콘크리트 힘줄박기, 돌망태 설치 등의 비탈면 기초안정공사가 있다.

기초안정공사가 진행된 이후에 식생조성공사를 적용하는데 생태복원녹화 공사에는 식물을 직접 식재하는 방법과 종자를 파종하는 방법이 일반적으로 사용된다. 토사비탈면에 적용되는 주요 식재방법으로 잔디식재가 있다. 비탈면 평떼붙이기는 줄눈을 틈새 없이 붙이고 십자줄이 형성되지 않도록 어긋나게 붙이며, 잔디 소요면적은 비탈면 면적과 동일하게 적용한다. 선떼붙이기는 비탈면에 일정 높이마다 수평으로 단끊기 후 되메우기 한 앞면에 떼를 세워 붙이되 흙층에 완전히 밀착되도록 한다. 이때 부위별 떼의 규격은 설계도서 및 감독자의 지시에 따라 정한다.

비탈면에 수목을 식재하는 방법으로는 차폐의 목적으로 비탈면 하단이나 소단부에 수목을 식재하는 방법, 암비탈면위에 새집모양의 식재구를 조성하고 수목을 식재하는 방법, 암비탈면을 차폐하기 위한 덩굴식물 식재 방법 등이 사용된다. 식물을 식재할 때에는 원활한 식물활착과 생장을 위해 양질의 토양개량재를 혼합하는 것이 바람직하다. 최근에는 식재용 수목으로 일반 묘목보다 포트(pot)에서 재배한 용기묘를 사용하는 경우도 있다. 비탈면 차폐용으로 널리 사용되는 덩굴식물 식재 방법 중에서 담쟁이덩굴의 경우는 별도의 유인줄 없이 비탈면 하단부에 밀착시켜서 식재하면 되지만, 등나무를 식재할 경우 식물이 감고 올라갈 수 있는 유인줄을 반드시 설치해 주어야 한다.

식물을 직접 식재하지 않고 종자를 파종하는 방법으로 기계화시공이 이루어지고 있다. 이중 종자뿜어붙이기공법은 주로 토사비탈면에서 리핑암 비탈면 일부까지 적용하며, 식생기반재 뿜어붙이기공법은 토질조건에 제약을 받지 않으며 급경사 발파암 비탈면까지 적용할 수 있다. 종자뿜어붙이기공법은 주로 토사조건이면서 식생기반재료가 비탈면에 잘 부착될 수 있는 경사조건에 적용하게 되지만, 식생기반재뿜어붙이기공법은 경사가 심한 암비탈면에 적용하는 경우가 있으므로 식생기반의 부착을 위하여 섬유망이나 기초철망을 설치하고 그 위에 식생기반재를 뿜어붙이는 방식을 사용한다.

종자뿜어붙이기공법은 물과 혼합된 재료를 시공면에 고르게 분사 파종하기 위해 분사식 뿜어붙이기 방식을 사용하며, 식생기반재뿜어붙이기 방식에서는 얇은층의 경우 분사식 방식을 이용하지만 두꺼운층 뿜어붙이기 방식에서는 다량의 재료를 한 번에 뿜어 붙여 줄 수 있는 공기압밀식 시공방식이 주로 사용된다.

2가지 방법은 시공 효율, 취부두께 등에 대하여 각각의 장단점을 가지고 있기 때문에 생태복원녹화 대상 비탈면의 토질, 경사, 방위 등의 요인을 고려하여 적절한 방법은 선택하도록 한다.

다음은 일반적인 얇은층 식생기반재뿜어붙이기(일명 종자뿜어붙이기 방식)공법과 두꺼운층 식생기반재뿜어붙이기공법의 현장 시공순서를 비교한 자료이다.

일반적으로 떼붙이기공사의 시공시기는 동절기(12~2월)를 제외하고 연중 가능하며, 3~4월 및 9~10월이 적기이다. 씨앗파종은 초여름(4~5월)이 적기이나 9~10월까지 가능하다.

[표 5-2] 뿜어붙이기 방식의 생태복원녹화 시공 순서

항목	얇은층 식생기반재뿜어붙이기	
	사진	내용
비탈면 정리		- 뜬 돌, 지장물 제거 - 잡풀 제거 - 인력 또는 기계 작업
네트/철망 설치		- 재료의 고정을 위하여 네트류(볏짚거적, Coir net, Jute net, 천연섬유망 등) 설치 - 네트 고정을 위한 고정핀 설치
시공 준비		- 시공을 위한 재료 혼합 - 습식(분사식)의 경우 식생기반 조성용 재료(종자 포함)를 취부기 장비에 물과 같이 투입하여 교반함
기반 조성		- 설치된 네트 위에 생태복원녹화재료를 분사식으로 시공함 - 물과 혼합된 종자는 펌프 압력에 의해 비탈면에 뿜어 붙여짐 - 필요에 따라서는 종자를 차별적으로 혼합하여 취부함
항목	두꺼운층 식생기반재뿜어붙이기	
	사진	내용
비탈면 정리		- 뜬 돌, 지장물 정리

항목	두꺼운층 식생기반재뿜어붙이기	
	사진	내용
네트/ 철망 설치	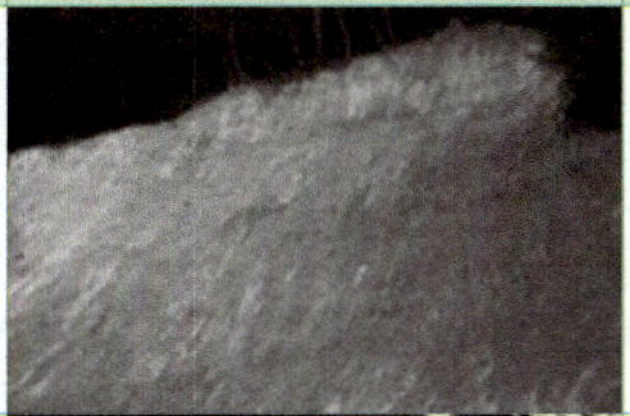	- 섬유망 또는 기초철망(PVC 능형망, 아연 도금망 등) 설치 - 철망 고정을 위한 앵커핀, 착지핀 설치
시공 준비		- 시공을 위한 재료 혼합 - 건식(공기압밀식)의 경우 혼합기, 공기 압축기, 크레인, 컨베이어 등의 장비로 조합 - 재료를 컨베이어를 통하여 혼합기에 투입함
기반 조성		- 설치된 기초철망 위에 생태복원녹화재료를 공기압밀식으로 시공함 - 식생기반재료와 종자는 별도로 혼합되어 압축공기에 의해 비탈면에 뿜어 붙여짐 - 필요에 따라서는 분사식과 병행하여 2층 취부를 하기도 함

2.2 생육기반 조성

면정리 및 고르기

토사지반의 경우 풍화침식으로 지반면과 유리되어 흘러내리거나, 소단부에 퇴적된 토사와 얕게 박히거나 걸친 돌 등을 제거한다. 기초공사를 필요로 하는 비탈면은 지표면을 잘 정리하여 기초보호재료의 부착을 용이하게 한다.

비탈면 상, 하단부는 주변 자연경관과의 조화와 동결 및 침식의 방지를 위하여 예각을 피해 자연스러운 형태로 마무리한다. 단, 우수한 기존식생이 존재할 때에는 재검토하여 고르기를 하지 않을 수도 있다. 시공된 면이 우수로 인한 침식, 붕괴 등 손실을 가져올 우려가 있는 경우에는 비닐 등으로 덮어서 보호한다.

암지반의 면정리 및 고르기는 토목 시공면을 고려하되 주변 자연환경과 조화되는 생태복원녹화를 위하여 매끈하게 정리하지 않고 굴곡 있는 암지반을 조성한다. 땅깎기, 발파 등에 의한 뜬돌 등을 제거한다. 단 여러 규격의 파쇄된 돌들이 자연스럽게 쌓여서 안정되어 있을 때에는 예외로 한다.

비탈면 배수공사

표면수 또는 용수에 의하여 비탈면이 세굴되어 유출되거나 붕괴의 우려가 있는 곳에서는 비탈면어깨배수구, 소단배수구, 종배수구, 비탈면 밑 배수구, 암거 유공관, 배수판설치 등의 배수시설을 설치한다.

소단부는 암반비탈면이라도 생육기반재가 침식되지 않도록 횡단기울기를 두거나 배수구를 설치한다. 습한 상태의 비탈면은 생육기반이 항상 흡수 포화되어 병충해 발생이 우려되고, 식물생육이 곤란하므로 종횡단 배수구 및 배수매트, 배수망, 배수판 등을 설치하여 집수처리 한다.

용수의 처리는 지상 집배수공을 설치하여야 하며, 비탈면 생태복원 녹화 공사를 하기 위해서는 생육기반과 분리된 배수층을 조성한다. 배수시설의 설치는 토목공사 표준일반시방서 해당 항목 및 공사시방서에 따른다.

비탈면 생태복원녹화 기초

훼손된 비탈면의 생태적, 경관적 복원 및 보전을 위하여 지속적으로 식물생육이 건강하게 이루어질 수 있는 안정적인 생육환경을 조성하여야 한다.

[그림 5-4] 녹화공법 적용 부적합 사례

비탈면 보강용 심박기

비탈면에 생육기반재의 안정된 부착을 도모하기 위해 말뚝, 철근 등의 비탈심을 비탈면에 연직방향으로 충분히 깊이 박아야 한다. 비탈면에 암반이 있을 경우 암반의 절리방향 및 경사를 조사한 후 심박기 각도를 조정하여 설치하여야 한다.

비탈면 침식방지망

침식방지망을 사용하여 비탈면의 지표면침식방지와 종자유실방지를 통해, 발아촉진과 활착이 되도록 시공한다. 종자뿜어붙이기를 시공한 뒤에 시공 비탈면 위에서 아래로 굴려 비탈면 모양대로 자연스럽게 펼치도록 하고, 방지망이 팽팽해지지 않도록 주의하여 지표면과 완전히 밀착되도록 한다. 또한, 방지망은 10~20cm 정도 겹치게 설치하며, 횡으로 고정 줄을 설치하고, 1m²당 1개 이상의 고정핀을 박아서 고정한다.

비탈면보호용 격자블록

소형의 수로를 격자상으로 구획하여 지표수를 분산 집배수함으로써 지표면 침식을 억제하고 공사 전 채집된 표토 및 생육기반재를 채워 녹화가 되도록 시공한다. 격자블럭을 설치할 때에는 비탈면을 평활하게 고른 다음 격자블럭을 올바르게 맞물리도록 설치하여 미끄러져 내리지 않도록 올려붙여야 한다. 격자의 교점부분에 활동막이를 사용할 때에는 활동막이가 격자와 충분히 고정되도록 한다. 격자내에 식재하

[그림 5-5] 비탈면 보호용 격자블록

기 위해서는 도입식물의 원활한 생육을 위하여 채집표토를 채워서 충분히 다진 후 식재하며, 채집표토가 없을 때에는 생육기반재를 채우도록 한다.

낙석방지망 덮기

비탈면에 불안정한 암괴나 돌 등이 낙석이 되어도 비탈면과 망사이로 미끄러지도록 하거나, 뜬돌을 눌러주어 식물의 생육기반이 보전되도록 시공한다. 암비탈면의 굴곡부에 가능한 한 밀착시켜 침식층의 퇴적이 이루어지도록 한다. 식생기반재뿜어붙이기와 병행할 때에는 녹화재료를 충분히 지탱할 수 있는 깊이로 앵커를 박아야 한다. 고정핀과 종 횡의 고정줄은 충분히 설치하고 고정한다.

[그림 5-6] 낙석방지망 덮기 시공사례

편책

암반비탈면 소단부 등에 수목의 원활한 생육이 가능한 선상의 편책을 설치하고 표토 및 식생기반재를 채워 녹화가 되도록 시공한다. 편책은 토양수분의 저장 및 배수가 용이하도록 설치한다.

콘크리트 힘줄박기

현장타설 콘크리트격자를 만들어 급경사 비탈면의 표층부 붕락을 방지하고 식물의 생육기반을 조성할 수 있도록 한다. 비탈면의 조건에 따라 생육기반재의 채움 깊이를 충분히 확보하여 도입식물에 의해 콘크리트면이 은폐되도록 시공한다.

[그림 5-7] 비탈면 콘크리트 힘줄박기 전경

돌망태

돌망태에 사용하는 철선은 아연도금 철선, 합성수지 피복철선 및 알루미늄 도금철선이 있다. 돌망태 채움재는 지름이 망눈의 최대치수보다 크고 25cm 보다 작은 돌로서 입도가 양호하고 견고하며, 내구성이 좋아야 한다. 기초지반을 설계도서에서 지시한 경사 및 선형에 맞추어 정리하고 다짐하여 부등침하가 일어나지 않도록 시공한다.

기타 비탈면보호공

비탈면의 지표면안정 및 보호가 되도록 시공하되 경관적 관점에서 조형적으로 시공하여야 한다. 인조암붙이기는 각 기본단위가 서로 견고하게 조립하며, 원지반에도 견고히 지지하고, 조립이음부분은 제품의 바위색과 동일한 색상재료로 빠짐없이 채워 방수를 도모한다. 모르타르 및 콘크리트 뿜어붙이기에는 시공면에 요철을 주어 자연미가 살아나도록 하며, $10m^2$ 당 1개소 이상의 식생혈이 가능하도록 한다. 새집붙이기 등의 식재공을 병용하기 위해서 충분한 깊이의 식생혈을 확보하고, 양질의 생육기반재를 투입하여 식생의 활착을 도모한다.

[그림 5-8] 토질에 부적합한 녹화공법 적용사례

V

2.3 공정별 녹화공사

비탈면 잔디식재

잔디생육에 적합한 토양의 비탈면경사가 1 : 1보다 완만할 때에는 비탈면을 일시에 생태복원녹화하기 위해서 흙이 붙어 있는 재배된 잔디를 사용하여 붙인다. 비탈면 전면(평떼) 붙이기는 줄눈을 틈새 없이 붙이고 십자줄이 형성되지 않도록 어긋나게 붙이며, 잔디 소요면적은 비탈면 면적과 동일하게 적용한다. 비탈면 줄떼다지기는 잔디 폭이 10cm 이상 되도록 하고, 비탈면에 10cm 이내 간격으로 수평골을 파서 수평으로 심고 다짐을 철저히 한다.

선떼붙이기는 비탈면에 일정 높이마다 수평으로 단끊기 후 되메우기한 앞면에 떼를 세워 붙이되 흙층에 완전히 밀착 되도록 달구판으로 다지기를 잘하고 줄눈이 수평이 되도록 시공하며 침하율을 감안하여 계획높이보다 덧쌓기를 하고, 부위별 떼의 규격은 설계도서 및 감독자의

[그림 5-9] 비탈면 잔디식재 전경

지시에 따라 정한다.

잔디고정은 떼꽂이를 사용하여 잔디 1매당 2개 이상 견실하게 고정하며, 시공 후에는 모래나 흙으로 잔디 붙임면을 얇게 덮은 후 달구판으로 고루 두들겨 다져준다. 잔디판붙이기는 비탈면의 침식방지 및 활착이 용이하도록 잔디판을 비탈면에 밀착·고정한다.

새집붙이기

암석을 채굴하고 깎아낸 요철이 많은 암반비탈면에 점적 생태복원녹화를 목적으로 시공한다. 암벽면에 표면에 요철이 많아 석재 등으로 제비집 모양과 같은 반원형 구축물(길이 2m 내외, 높이 0.5~1m 내외 돌담)을 시공하기가 쉬운 개소에 적용한다. 이 공법은 도심지역과 도로에서 가시지역에 위치한 암반비탈면의 생태복원녹화에 사용한다.

차폐수벽

식생의 도입이 불가능한 암반비탈면 및 채석장 등은 수목으로 차폐한다. 비탈면 하단부나 소단, 옹벽 등에 생육기반을 조성한 후에 2~3열로 식재한다.

암석을 채굴하고 깎아낸 일반 비탈이나 절개지 비탈 등과 같이 훼손지 비탈 모습을 도로 또는 주택 등지에서 직접 보이지 않게 식재한다. 주로 비탈면 하단부나 옹벽 등에 객토를 하고 교목성 수목을 식재하며, 남부 지방의 경우 지역적 특성을 살려 대나무를 식재하여 차폐하기도 한다.

덩굴식재

일반식생의 도입이 불가능한 암비탈면을 덩굴식물에 의한 차폐와 녹화를 도모하기 위하여 시공한다. 단, 비탈면의 규모가 작아 덩굴식물이 주변산림으로 확산하여 수목에 피해를 줄 우려가 있는 곳은 시공을 피하고 비탈면 좌우 시작점에서 30m 이상 충분히 떨어진 곳에 식재한다. 비탈면의 상단부, 소단부, 하단부에 생육기반을 조성 식재하여 상향식 및 하향식 녹화가 동시에 이루어질 수 있도록 한다.

주변임상과 조화되는 덩굴식물을 선정하여 식재하며 식혈의 크기는 직경 0.3m, 깊이 0.3m로 한다. 비탈면 하단부에 식재하는 등나무는 용기묘로 재배한 1~2년 생 수목을 사용하며 상부유인용 지주목은 결속된 상태로 식재하며, 식재지역의 비탈면에는 유인용 철선을 설치해야 한다.

수목의 규격은 근경 10~15mm 묘를 사용하며, 2m 간격으로 식혈당 1주를 식재한다. 깎기부 하단에 식재하는 담쟁이덩굴은 포트에 재배한 묘목으로 1포트에 3본이 식재된 것을 사용한다. 식재간격은 1~2m 간격으로 하며 담쟁이덩굴의 규격은 1~2년생 묘목으로 덩굴길이 0.3m 이상 묘목을 사용한다.

용기묘 식재시에는 용기를 제거하는 것을 원칙으로 하며, 용기묘는 지표면에서 20mm 정도 깊게 식재하고 관수 후 복토한다. 식재지반은 충분한 객토를 시행하고 유기질비료를 시비기준에 의거 시비한다.

[그림 5-10] 비탈면 덩굴식물 식재 잘못된 사례
(덩굴식물 식재는 소단이 2개 이상이 있는 암반비탈의 중앙부에만 적용하여야 함)

[표 5-3] 덩굴식물 유기질 비료 시비기준

수종	규격	시비량(kg/주)
등나무	1~2년생 묘목	4
담쟁이덩굴	1~2년생 묘목 (L=0.3m)	1

식생상

암석을 채굴하여 요철이 많은 비탈면에 점적 녹화 및 부분 녹화로 경관향상을 도모한다. 식생상은 비탈면의 경관을 고려하여 고르게 설치하며, 비탈면의 적소에 설치하며 단단히 고정한다. 식생상 안의 식물은 주변임상과 조화되도록 생태적으로 적절히 배합하여 식재한다. 식생상의 크기는 시공장소 및 시공여건, 시공재료에 따라서 다르지만 안쪽길이 0.8~1.0m, 안쪽나비 0.5~0.6m를 표준으로 하며, 견고하게 제작되어야 한다.

식생상은 주로 철근 콘크리트상자 구조로 제작되지만, 각종 합성수지(FRP, GRP, RPM)제품, 인조암재, 인조목재, 인조석재 또는 목재 등으로 제작되며, 재료는 각각 KS규격품이어야 한다.

종자뿜어붙이기

종자뿜어붙이기의 적용범위는 토사구간으로 한다. 시공시기는 동절기를 제외하고 연중시행 가능하나 보통 3~6월 및 8~10월에 시행한다.

종자뿜어붙이기를 적용할 비탈면은 표면의 잡석을 제거하고 면정리를 하여야 하며, 파종면이 건조한 경우에는 종자의 발아를 촉진하고 분사물의 침투를 용이하게 하기 위하여 물을 미리 살포한다. 1m²당 소요되는 자재(초본류의 종자, 복합비료, 펄프 또는 화이버, 합성접착제, 색소 등)를 물에 혼합하여 살포기계를 이용하여 뿜어붙이는 것을 표준으로 하며, 뿜어붙이기 후 섬유류(펄프 또는 화이버)가 비탈면 전체에 골고루 피복되어 있어야 한다.

[그림 5-11] 비탈면 종자뿜어붙이기 전경

V

비탈면에 종자가 붙어있기 어려운 부분은 감독자(또는 감리자)의 지시에 따라 적정 간격으로 수평 또는 경사지게 골을 파고 시공한다. 종자가 비탈면 한쪽에 치우치지 않도록 종자살포기 탱크안의 종자를 잘 섞어서 균일하게 분사한다.

파종 후 침식이 우려될 때에는 비닐 등 피복재를 전면에 덮도록 하여 바람에 날리지 않도록 잘 고정한다. 파종 3개월 이내에 골고루 발아가 되지 않거나, 일부만 발아되었을 때에는 재파종한다. 단, 10월 이후 시공할 때에는 익년 6월 초순 이전에 녹화 상태를 보고 재파종 여부를 결정한다.

[그림 5-12] 녹화공사에 실패한 사례

[그림 5-13] 부분녹화공법 적용사례

식생혈(종자혈)

비탈면에 일정한 간격으로 구멍을 파고 식생을 도입하여 생태복원 녹화가 되도록 시공한다. 구멍의 밑바닥에 완숙된 퇴비나 복합비료를 넣어야 하고, 그 위에 생육기반재를 충진하며 구멍의 상부에 종자를 넣고 복토한다. 식혈지는 선정된 수목의 생육에 적합한 깊이를 확보해야 한다. 구멍은 시공법에 따라서 차이가 있으나 지름 6~10cm, 깊이 15cm, 가로 간격 20~25cm, 세로간격 25~35cm(표준은 28cm), 1m²당 15~20개(표준은 18개)의 구멍을 반형이나 정방형으로 배치한다. 이들 구멍에 종·비·토를 잘 채워 놓는다. 구멍 속에 채워 넣는 완효성 고형비료는 비효가 영속되어서 비료가 없어지는 현상이 적은 것이 특징이다.

식생판(식생반, 종자판)

생육기반재를 판상으로 만들어 표면에 종자를 붙여 놓고 비탈면의 수평구 속에 깔아 붙여 일시에 생태복원녹화가 되도록 시공한다. 식생판을 지반에 고정하기 위하여 떼꽂이 2개 이상을 사용하고, 필요시 새끼 등을 띄워 고정한다. 비탈면의 상부부터 순차적으로 하향하여 수평구에 배열하며, 식생판 부착시 지반과 틈이 생기지 않도록 생육기반재를 채워서 밀착시킨다.

비료, 흙, 이탄, 안정제 등을 성형하여 그 표면에 종자를 붙인 식생반을 비탈면에 파놓은 수평골(구) 속에 대상이나 점상으로 깔아 붙이는 공법으로서 붕괴지 비탈과 흙깎기 비탈에 적합하다.

식생대(종자대)

띠모양의 일정규격 식생대에 종자와 비료 등을 부착시켜 비탈면에 일정한 간격으로 설치하여 생태복원녹화가 되도록 시공한다. 식생대가 지표면보다 약간 나오도록 하고, 종자가 표면의 내측에 위치하도록 놓는다. 이 공법은 주로 비탈의 토양이 균일한 도로면 흙쌓기 비탈에 적당하다. 시공에 있어서는 식생기지가 지표면 보다 약간 나오도록 하고 종자가 표면의 내측에 오도록 한다.

[그림 5-14] 비탈면 생태복원녹화용 식생대 실험 모습

식생자루(종자자루)

생육기반 및 종자를 자루에 담아 비탈면에 판 수평구속에 넣어 붙여 일시적으로 생태복원녹화가 되도록 시공한다. 자루를 넣을 구멍은 규정된 깊이로 파고, 얕아서 자루가 떠오르지 않도록 하며, 틈 사이는 흙으로 채우고 자루 밑에 고형비료를 시비한다.

자루의 고정을 위해 경질제, 염화비닐 U철선(길이 25cm) 등의 떼꽂이, 혹은 맹아력, 발근력이 좋은 목본류의 가지로 된 떼꽂이를 1자루에 1~2본을 사용한다.

식생자루간의 접촉부위는 침식을 받기 쉬우므로 자루를 넣은 구는 규정된 깊이로 파고 밟아서 대가 떠오르지 않도록 주의하고 대와 틈 사이에는 흙으로 채운다. 식생자루에 사용되는 흙은 사양토 또는 양토가 좋고 함수율은 약 20%정도로 한다.

식생매트(종자매트)

면상의 매트에 종자를 붙여 비탈면에 포설, 부착하여 일시적인 조기 녹화를 도모하도록 시공한다. 비탈면을 평평하게 손질한 후 떼꽂이 등을 꽂아 주어 떠오르거나 바람에 날리지 않도록 밀착하며, 비탈면 상부 0.2m 이상을 흙으로 덮고 단부를 흙 속에 묻어 넣어 비탈면 어깨로부터 물의 침투를 방지한다. 긴 매트류로 시공할 때에는 비탈면의 위에서 아래로 길게 세로로 깔고, 흙쌓기 비탈면을 다지고 붙일 때에는 수평으로 깔며, 양단을 50mm 이상 중첩한다.

식생기반재뿜어붙이기(종비토뿜어붙이기)

식물의 자연생육이 곤란한 비탈면에 일정한 품질로 제조된 식생기반재에 종자를 섞어 조기에 경관적인 생태적 복원 및 보전을 도모하도록 시공한다. 비탈면이 특히 건조하거나 이물질이 붙어 있을 때에는 살수를 시행한 후 시공하며, 뿜어붙이기를 할 때에는 설계도서에 의해 시공 전 재료배합 실험을 반드시 실시한다.

암반비탈면을 시공할 때에는 필요에 따라서는 전면피복 녹화를 지양하고 균열과 요철에 따른 자연스런 부분적인 녹화를 시행하여 주변식생과 조화를 이룰 수 있도록 한다. 암의 균열간격이 클수록 시공두께를 두껍게 조절하며, 암의 돌출부 및 수직, 역경사 비탈면은 녹화 시공을 지양하고 움푹 파인 곳을 집중적으로 시공한다.

식생기반재의 뿜어붙이기 두께는 얇은층 식생기반재와 두꺼운층 식생기반재뿜어붙이기로 구분한다. 식생기반재뿜어붙이기 두께는 일반적으로 암비탈면의 기울기 및 배양토 성질에 따라 상이하나 건식에 의한 방법으로 두꺼운층 식생기반재를 뿜어붙이는 경우 보통 1:0.5 전후하여 두께는 7~15cm를 기준으로 하되, 암질 및 발파면의 절리방향 등에 따라 증감하여 설계, 시공할 수 있다.

건식 식생기반재뿜어붙이기를 할 때는 뿜어붙이기면과 노즐을 1m 이상 떨어진 곳에서 뿜어붙이기를 하고, 비탈면 상부에서 하부로 진행하여야 하며, 뿜어붙이기 최소 두께는 기준치의 60% 이상이어야 한다. 면정리가 완료된 상태에서 부착망은 낙석을 방지하고, 특수배양토의 부착을 용이하도록 설치하되 앵커핀, 철망, 철선, 착지핀 등을 이용하여 결속 작업을 견고하게 하여야 한다.

[그림 5-15] 식생기반재뿜어붙이기 전경

시공 후 검사는 500m²당 1개소 이상의 측정구를 설치하여 조사하며, 측정이 곤란할 경우에는 시공투입량으로 대신할 수 있다. 생육판정은 피복률과 성립본수로 하되 피복률은 경사도 및 종자배합에 따라 조정해야 하며, 55° 이상은 60% 이상, 45~55°는 80% 이상, 45° 미만은

100%로 하고, 목본류를 배합할 때에는 각 기준에 70%를 적용한다.

또한, 성립본수는 초본류만 배합할 때에는 300본/m² 이상으로 하며, 목본류를 배합할 때에는 초본류와 목본류의 합계가 200본/m² 이상으로 한다. 생육판정시기는 시공 후 180일 후를 기준으로 하는 것을 원칙으로 하되 목본종 위주로 녹화한 경우 잠재발아를 고려하여 기준의 70%를 적용하여 판단하고, 10월 이후에 시공할 때에는 익년 9~10월 초순으로 한다.

V

거적덮기공법

비탈면 표면의 잡석을 제거하고 면정리를 하고, 종자뿜어붙이기를 한 후 그 위에 볏짚으로 짠 거적을 비탈면 전체에 균일하게 덮는 공법과 식생용지에 종자와 비료를 접착시킨 후 볏짚을 입힌 제품을 비탈면 전체에 덮는 공법이 있다. 볏짚 거적이 바람에 날리지 않도록 고정핀으로 고정한다. 볏짚 거적을 시공할 때에는 비탈면의 위에서 아래로 길게 세로로 깔면서 양단이 50mm 이상 중첩되게 한다.

거적덮기공법은 경사지의 절·성토면 등 극도의 척박지에 야생초류를 파종하여 유실이 심한 비탈면 지역을 장기적으로 안정되게 보호하여 녹화를 달성하는데 목표를 두고 있다.

[그림 5-16] 거적덮기공법 적용이 잘못된 사례

3. 시험시공

V

시험시공 계획수립

시험시공의 기본계획은 현장의 특성을 고려하여 감독자, 자연생태복원전문가 등의 자문을 통해 정하도록 하며, 실시계획은 공법선정 후 시공사와 협의하여 최종 선정하도록 한다.

시험시공은 식생의 발아와 생육이 좋은 3월 ~ 6월에 실시하는 것을 원칙으로 하되 감독자와 자연생태복원전문가 자문 등의 절차를 걸쳐 다른 시기에도 실시할 수 있다. 시험시공 계획 시 다음과 같은 항목을 조사하여 계획을 수립하도록 한다.

지형, 토질, 지질(암질) 조사 및 주변환경 조사

비탈면 생태복원녹화 대상지역의 지형 및 지질자료는 토질조사보고서, 지질 및 암반전문가의 자문을 거쳐 생태복원녹화 공법의 적용성을 검토한다.

상기 토질조사보고서를 바탕으로 하여 감독자와 자연생태복원전문가는 대상 비탈면 주변의 산지, 지형, 계곡상태, 생태환경 등에 대한 현장조사를 실시한다.

주변 식생 환경 조사 항목은 환경영향평가자료를 참조하여 적용한다.

기후환경 조사

기후환경은 대상지역의 가까운 거리의 기상관측소의 자료를 이용하되 최근 10년간의 강우량, 온도, 습도 등을 평균산출하여 이용한다. 시험시공에 소요되는 종자의 종류, 혼합비율, 사용량은 발주기관, 감독자, 자연생태복원전문가와 협의하여 결정하도록 한다.

시험시공의 수행

각 공법별 설계기준에 의거하여 시험시공을 수행한다. 시험시공 시방서에 제시된 종자 및 재료의 정량을 사용하도록 한다. 시험시공은 반드시 동일한 환경조건하에서 수행이 되도록 하며, 발주기관 및 감독자이 입회한 자리에서 종자 및 재료 혼합을 실시하도록 한다.

시험시공의 검측

뿜어붙이기 두께 검측은 감독자 또는 자연생태복원전문가 등이 측정용 기구를 이용하여 100㎡ 당 5회 이상 측정하여 평균 산술한 값으로 확인한다(본 시공에서는 500㎡당 1개소 이상 검측함). 최소 뿜어붙이기 두께는 설계두께의 60% 이상이 되어야 하며, 평균 뿜어붙이기 두께는 설계두께의 75%를 넘어야 한다. 단, 시공 상단부, 돌출부, 역경사 지역 등 특수한 개소는 예외로 한다.

시공면적은 시공이 완료된 후 현지측량을 실시하여 설계도서와 비교검토 하여 확인 한다. 시험시공 직후 생육기반재 샘플을 채취하여 식생생육기반재의 토양산도, 전기전도도, 염기치환용량, 전질소량, 염분농도, 유기물함량 등 토양이화학성 등을 공인된 연구기관에 의뢰하여 분석하도록 하며, 그 결과가 기준치 이내이어야 한다.

시공 평가

시공 평가는 생태복원녹화 공법 적용 직후의 시공 평가와 시공 후 식물에 의해서 녹화가 되어 가는 과정을 평가하는 녹화 품질 평가로 구분할 수 있다.

우선 생태복원녹화 시공 평가는 시방서에 제시된 종자 및 재료가 정량으로 투입되었으며, 시공기준에 적합하게 시공되었는지를 평가하게 된다. 시공 재료는 시공 전에 품질기준 통과여부를 평가하여야 하며,

시공시에는 관계자가 입회한 자리에서 종자 및 재료 혼합을 실시하여 시공하는 것이 바람직하다.

식생기반재뿜어붙이기 공법의 경우 시공두께 검측은 별도의 측정용 기구를 이용하여 500m²당 1개소 이상의 측정구를 설치하여 조사하며, 측정이 곤란할 경우에는 시공투입량으로 대신할 수도 있다.

시공 이후 재료의 건조에 따른 수축현상이 나타날 수 있으므로 측정시기는 감독자와 상의하여 결정하도록 한다. 이와 함께 시공면적은 시공이 완료된 후 현지측량을 실시하여 설계도서와 비교검토 확인하며, 면적 산출이 곤란할 경우 투입된 자료의 양으로 평가할 수도 있다.

생태복원녹화 시공 평가에서는 시공두께 외에도 식생기반이 적합하게 조성되었는지 여부를 파악하기 위하여 토양경도, 토양산도, 토양습도 등의 이화학적 특성을 측정하며, 이 자료는 향후 식물에 의해 녹화 과정을 예측할 수 있는 자료로 활용한다.

식생기반의 토양경도 측정

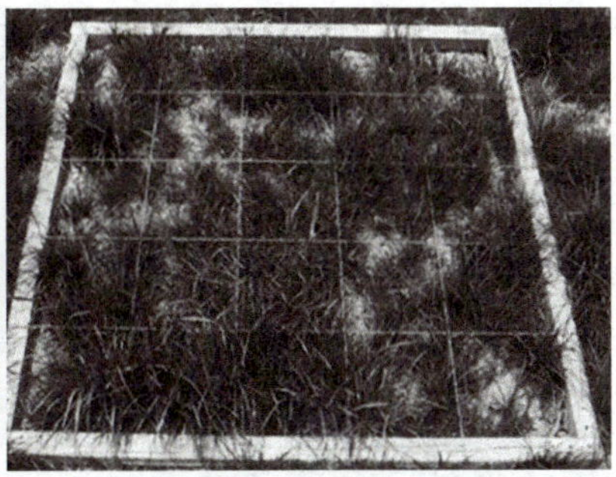

비탈면 녹화 조사방형구 전경

[그림 5-17] 비탈면 녹화공법 평가 모니터링

조경공사표준시방서(2008)에서는 녹화품질 평가에 있어서 식생피복도와 성립본수를 활용하는 기준이 제시되어 있다. 이를 위한 식생조사 방법은 주로 방형구법(quadrat method)과 벨트트랜섹트법(belt transect)을 이용하여 조사한다. 방형구법을 사용할 경우에는 시공면에 1m × 1m의 고정조사구를 설치하여 실시한다.

이때 식생피복도는 경사도 및 종자배합에 따라 조정한다.

생육판정 방법

(1) 식생피복도

방형구(1㎡)내에서 피복도 측정용 격자틀(20cm×20cm)을 이용하여 3회 이상 측정 후 산술평균하여 전체피복도로 환산하거나 현장에서 육안으로 실측 또는 사진촬영 후 실내에서 피복율을 계산한다.

(2) 목본성립본수

목본성립본수의 판정은 방형구(1㎡) 내에서 측정용 격자틀(20cm×20cm)을 이용하여 10회 이상 측정 후 1㎡의 성립본수로 환산한다.

(3) 출현종수

출현종수의 판정은 방형구(1㎡)내에서 측정용 격자틀(1m×1m)을 이용하여 출현한 목본 및 초종을 모두 조사한다.

(4) 식생생육량

식생생육량의 판정은 방형구(1㎡)내에 출현한 목본 및 초종의 샘플을 채취하여 생육량을 조사한다.

비탈면 녹화 시험시공 후 조사 전경

비탈면 녹화 시험시공지 식생생육량 측정 전경

[그림 5-18] 식생생육량 평가 모니터링

(5) 수고 및 초장

수고 및 초장의 판정은 방형구(1㎡)내에 출현한 수종 및 초종의 높이를 지면으로부터 측정한다.

(6) 병충해

시험시공 후 생육판정시기까지 수시로 파종 식물에 병충해 발생 유무를 동정한다.

(7) 최종 생육판정시기

시공시기에 따라 식물의 생육특성이 다르기 때문에, 춘기, 하기, 추기 및 동기의 시공에 큰 차이가 발생한다. 춘기 시공일 경우에는 시공 6개월(180일) 후에 최종 판정하며, 시공시기가 다를 경우에는 별도의 기준을 따른다.

[그림 5-19] 시험시공 및 평가 사례

비탈면 녹화공법 평가

일반사항

시공자는 설계도서를 검토하고, 설계된 비탈면 녹화공법이 복원목표에 부합될 수 있는지를 검토한다. 시험시공 및 모니터링 계획을 수립하고, 유지관리계획을 마련한다. 비탈면 녹화공법의 적용을 위해 토질별로 복원목표에 부합되는 녹화 공법을 정하기 전에 시험시공을 통하여 녹화 품질 및 시공성을 정량적으로 분석함으로써, 해당 비탈면의 자연환경여건에 부합하고 지속성이 있는 최적 녹화 공법을 선정하기 위하여 시험시공을 실시한다.

시공자는 설계에 반영한 생태복원녹화 식물과 종자배합비율, 종자사용량 등으로 시험시공을 실시한다. 다만, 설계 내용과 상이하게 시험시공을 시행할 필요가 있다고 판단될 경우에는 사전에 해당 전문가의 자문, 발주자와 협의를 해야 한다. 시공자는 현장에서 시험시공에 적합하다고 판단되는 대표적인 위치를 시험시공의 대상지로 선정하고, 깎기 및 쌓기 구간의 토질 및 암질별로 3개 공법 이상을 선정한다.

시험시공은 현장별로 1회 이상 시행하는 것을 원칙으로 하되, 타 공사현장이라도 인근 현장과의 거리가 10km 내외이고 현장여건이 유사하여 인근 현장의 시험시공 결과를 활용할 수 있는 경우에 발주자는 시험시공 횟수를 생략하거나 조정하여 시행하게 할 수 있다.

재료

종자, 식생기반재 등 녹화 재료에 대해서는 소요 품질을 반드시 검사하여 양호한 재료만을 사용하여야 하며, 현장에서 시험이 어려운 경우에는 공인시험기관에 의뢰하여 품질을 검사하여야 한다. 녹화공법의 시험시공에 적용되는 재료와 그 구성 물질은 유기물재료와 무기물재료로 구분하며, 최종 녹화용 재료와 식생기반재는 친환경적 제품을 사용하도록 한다. 도로건설현장에서 발생할 수 있는 식물발생재는 최대한 녹화용 식생기반재와 멀칭재로 활용하도록 한다.

이암, 산성배수를 유발하는 암반 등 특수 지질 현장에서 사용하는 녹화 재료 또는 식생기반재는 토질특성과 토양(암)을 분석하고 관계 전문가의 자문을 거쳐 현장에 적합한 것을 선정한다.

「중금속 등 기타 오염물질의 녹화기반재의 적용기준」은 토양환경보전법에서 규정하는 지역에 따라 국토핵심생태녹지축지역, 자연공원 등 별도관리지역과 생태자연도 1등급, 생태자연도 2등급(녹지자연도 7등급 이상)은 1지역을 적용하고, 기타 지역은 3지역의 기준을 적용한다.

시험시공에 사용한 식생기반재는 감독자의 입회하에 시료를 채취하여 공인시험기관에 의뢰하여 성분을 분석한 후 제품의 성분분석 결과를 감독자에게 제출한다. 분석결과 「비탈면녹화용 식생기반재의 화학적 특성 평가항목과 기준」에 부합되지 않는 경우나 중금속 등 기타 오염물질에 의한 오염이 의심되는 경우에는 「중금속 등 기타 오염물질에 대한 식생기반재의 적용 기준」에 의거한 추가 조사를 실시한다.

[표 5-4] 비탈면녹화용 식생기반재의 화학적 특성 평가항목과 기준

평가항목		평가기준
항목	단위	
토양산도	-	6.0~8.0
전기전도도 (EC)	dS/m	1.0 미만
염기치환용량 (CEC)	Cmol/kg	6 이상
전질소량 (T-N)	%	0.06 이상
염분농도	%	0.5 미만
유기물함량	%	3.0 이상

(출처 : 국토해양부, 2009)

[그림 5-20] 이암 절토 비탈에 거적덮기공법 적용 실패 사례
(식생기반재 뿜어붙이기는 양호한 모습)

[표 5-5] 중금속 등 기타 오염물질에 대한 식생기반재의 적용 기준(개정 2016.4.28.) (단위: ㎎/㎏)

물질	1지역	2지역	3지역
카드뮴	4	10	60
구리	150	500	2,000
비소	25	50	200
수은	4	10	20
납	200	400	700
6가크롬	5	15	40
아연	300	600	2,000
니켈	100	200	500
불소	400	400	800
유기인화합물	10	10	30
폴리클로리내이티드비페닐	1	4	12
시안	2	2	120
페놀	4	4	20
벤젠	1	1	3
톨루엔	20	20	60
에틸벤젠	50	50	340
크실렌	15	15	45
석유계총탄화수소(TPH)	500	800	2,000
트리클로로에틸렌(TCE)	8	8	40
테트라클로로에틸렌(PCE)	4	4	25
벤조(a)피렌	0.7	260	7

※ 비고

1. 1지역: 「공간정보의 구축 및 관리 등에 관한 법률」에 따른 지목이 전·답·과수원·목장용지·광천지·대(「공간정보의 구축 및 관리 등에 관한 법률 시행령」 제58조제8호가목 중 주거의 용도로 사용되는 부지만 해당한다)·학교용지·구거(溝渠)·양어장·공원·사적지·묘지인 지역과 「어린이놀이시설 안전관리법」 제2조제2호에 따른 어린이 놀이시설(실외에 설치된 경우에만 적용한다) 부지
2. 2지역: 「공간정보의 구축 및 관리 등에 관한 법률」에 따른 지목이 임야·염전 • 대(1지역에 해당하는 부지 외의 모든 대를 말한다)·창고용지·하천·유지·수도용지·체육용지·유원지·종교용지 및 잡종지(「공간정보의 구축 및 관리 등에 관한 법률 시행령」 제58조제28호가목 또는 다목에 해장하는 부지만 해당한다)인 지역

3. 3지역: 「공간정보의 구축 및 관리 등에 관한 법률」에 따른 지목이 공장용지 • 주차장 • 주유소 용지 • 도로 • 철도용지 • 제방 • 잡종지(2지역에 해장하는 부지 외의 모든 잡종지를 말한다)인 지역과 「국방 • 군사시설 사업에 관한 법률」 제2조제1호가목부터 마목까지에서 규정한 국방 • 군사시설 부지
4. 「공익사업을 위한 토지 등의 취득 및 보상에 관한 법률」 제48조에 다라 취듯한 토지를 반환하거나 「주한미군 공여구역주변지역 등 지원 특별법」 제12조에 따라 반환공여구역의 토양 오염 등을 제거하는 경우에는 해당 토지의 반환 후 용도에 따른 지역 기준을 적용한다.
5. 벤조(a)피렌 항목은 유독물의 제조 및 저장시설과 폐받침목을 사용한 지역 (예: 철도용지, 공원, 공장용지 및 하천 등_에만 적용한다.
6. 법 제11조제3항, 제14조제1항, 제15조제1항 및 같은 조 제3항 각 호에 따른 토양정밀조사의 실시나 오염토양의 정화 등을 명하는 경우 토양오염우려기준은 조치명령 당시의 지목을 기준으로 한다. 다만, 정밀조사 기간 또는 정화 기간이 완료되기 전에 지목이 변경된 경우에는 변경된 지목을, 다음 각 목의 어느 하나에 해당하여 지목변경이 예정된 경우에는 변경 예정 지목을 기준으로 한다.
    가. 「국토의 계획 및 이용에 관한 법률」 등 관계 법령에 따라 개발행위 허가 또는 실시계획 인가 등을 받고 토지의 형질변경 등의 공사가 착공된 경우
    나. 건축물의 용도변경을 위하여 「건축법」에 따라 용도변경 허가를 받았거나 신고한 후 공사가 착공된 경우
    다. 다른 법령에 따라 지목변경 사유에 해당하는 공사가 착공된 경우

(출처 : 국토해양부. 2009)

시험시공 및 모니터링

시험시공은 동일조건의 비탈면을 대상으로 공법 당 100~200㎡ 범위 내에서 시공하며, 시험시공에 적용하는 공법 및 뿜어붙이기 두께는 현장여건에 따라서 감독자와 전문가가 녹화공법에 따라 암질, 토질상태, 자연환경, 식생기반재 기준 등을 고려하여 조정할 수 있다.

시험시공은 반드시 감독자의 입회하에 공사시방서에 따라 실시하는데, 우리나라에서는 가급적 3~4월이 가장 바람직하다. 시험시공의 녹화지역구분과 비탈면의 지질, 암질, 토질상태, 자연환경에 따른 식생기반재 기준 등을 고려하여 녹화공법에 맞게 뿜어붙이기 두께를 결정한다.

시공자는 시험시공 전에 종자 발아실험 결과와 식생기반재의 유해성 여부 및 기타 성분분석을 시행한 후 적합한 재료를 사용하여야 한다.

시공자는 시험시공 15일전까지 감독자에게 종자발아실험 성적서와 공인된 시험기관 등에 분석 의뢰한 식생기반재의 토양분석 결과를 제출해야 하고, 감독자는 필요하다고 판단되는 경우 추가 시험성적서를 요

구할 수 있다.

식생기반재는 토양을 채취하여 분석하여 식생기반재 기준에 1개 항목 이상 적합지 않을 때는 시험시공 대상에서 제외시킨다.

시험시공 후 식생조사는 임의로 정한 방형구(1m×1m) 3개소 이상에서 조사하고, 조사 위치에 대한 근거를, 조사시기별로 모니터링 보고서에 자세하게 사진으로 제시한다. 고정조사구는 훼손의 우려가 있으므로 가급적 피한다.

시험시공 후에는 자연 상태에서 관리하여 평가하며, 발아에서 식물 생육이 활착할 때 까지는 시험시공 참여업체와 협의하여 기간을 정한 후 감독자 입회하에 시비, 관수 등 유지관리를 할 수 있다.

시험시공 후 예상치 못한 기상 악화 등으로 인해 시험시공지가 훼손되어 시험시공결과에 대한 평가를 할 수 없게 된 경우에는 발주자 및 시험시공 참여업체와 협의하여 재시공을 할 수 있다.

비탈면 녹화공법의 시험시공 모니터링은 자연생태복원전문가가 시행한다. 시공자는 회사에 자연생태복원전문가가 없는 경우에는 외부 전문가(기관)에 의뢰하여 시행할 수 있다. 또한, 감독자가 필요할 경우 생태복원전문 감리원을 투입하여 감리할 수 있다.

시험시공을 실시한 후 자연생태복원전문가와 감독자는 합동으로 시험시공결과를 평가한다. 생태복원녹화 공법 평가 일정은 다음과 같으며 공사의 긴급성 등을 감안해서 평가목적을 달성 할 수 있는 범위 내에서 평가기간을 단축할 수 있다. 단, 공사 준공 일정에 따라 긴급이 요구되는 상황에서는 발주자와 상의하여 평가시기 및 횟수를 조정할 수 있다.

[표 5-6] 녹화 공법 평가 일정

파종시기	3~5월 파종	6~8월 파종	9~11월 파종
평가시기	- 여름 전과 여름 후에 1차 및 2차 평가 - 11월 전에 최종평가	- 여름 후 9월경 1차 평가 - 이듬해 4~5월 2차 평가 - 이듬해 8~9월 최종평가	- 11월 중 1차 평가 - 이듬해 여름 직전 2차 평가 - 이듬해 9~10월 최종평가

(출처 : 국토해양부. 2009)

감독자와 생태복원전문가는 표에 따라 항목별로 주기적 조사, 계절별 조사, 평가 일정에 맞추어 평가를 실시한다.

식생기반재뿜어붙이기의 식생기반재 두께는 측정용 기구를 이용하여 최소 5회 이상 측정하여 산술 평균한 값으로 사용한다.

시험시공 후 식생기반재 샘플을 채취하여 식생기반재의 토양산도, 전기전도도, 염기치환용량, 전질소량, 염분농도, 유기물함량 등 토양 이화학성 및 중금속 함량분석 등을 공인된 시험기관에 의뢰하여 분석하여야 한다.

초본위주형, 초본·관목혼합형은 피복율 80% 이상은 상, 60~79%는 중, 60% 미만은 하로 평가한다. 목본군락형, 자연경관복원형은 피복율 70% 이상은 상, 50~69%는 중, 50% 미만은 하로 평가한다.

생육조사는 식생조사구(방형구)내에서 목본 및 초본의 출현종, 각 식물별 생육 개체수, 식생생육량, 우점종, 식생피복도, 병충해유무(하고 현상 포함) 등을 조사 분석한다. 식생 생육조사구는 평균적인 생육을 보이는 곳에 임의로 선정하고 흔적을 남기지 않으며, 조사 시 설치한 방형구는 사진촬영하고, 전경사진에 위치를 표시하여 보고서에 수록하여야 한다.

식생기반재의 토양경도, 토양산도, 토양습도 등을 측정하고, 식생기반재의 탈락 및 붕괴 유무와 병충해 피해를 관찰한다. 식생피복도 조사 시 한지형초종 등 외래초종(양잔디류)의 점유율이 높으면 감점하며, 생태계 교란종 및 위해종에 의한 피해가 심하면 상대비교하여 감점한다.

조사시 설치한 방형구는 사진촬영하고, 시험시공지 전경사진에 그 위치를 표시하여 모니터링 보고서에 수록한다. 조사가 끝난 다음에는 방형구 설치 흔적을 제거한다.

식생피복도는 발파암 구간 중 단단한 암(절리, 풍화상태가 미약한 암)인 경우 도로 노면상 최하단부에 덩굴식물식재공법으로 면적을 산출하고, 그 외 지역에서는 녹화공법으로 면적을 산출하여 구한다.

각종 재료 등에 대하여는 필요하다고 판단되는 경우 현장에서 직접 채취한 후 공인된 시험기관에 의뢰하여 검토한 후 시험시공 결과보고서에 수록한다.

파종용 식물종자의 검정에 대하여는 공인된 시험기관 등에서 수행한 파종할 종자의 순량율, 발아율 등의 시험 결과를 시험시공 결과보고서에 수록한다.

시공초기 발아된 식물의 생장 상태 (시공 후 6개월)

붉나무와 자귀나무　　　　참싸리와 낭아초

[그림 5-21] 시공 1년 후 관목류의 생장

[표 5-7] 녹화공법 품질 및 경제성 평가기준과 방법

구분	평가	항목		평가기준	평가기준 및 방법	평가빈도
재료	정량적	재료품질		절대평가	- 식생기반재 샘플을 1~2kg채취하여 토양의 이화학성을 분석 후 기준항목 합격여부 판단함	1회
품질	정량적	식물생육	식생피복율(전체)	절대평가	- 시공후 공법별 식생피복율을 1×1m방형구를 설치하여 3회 반복 조사 후 평균함	주기조사
			식생피복율(한지형초종)	절대평가	- 격자틀(20×20cm) 또는 1×1m방형구를 설치하여 한지형잔디(외래종)만의 피복율을 3회 반복 조사하여 평균함. 피복율에서 외래도입초종만의 점유율을 평가함	계절별 1회
			식생생육량(한지형초종 제외)	상대평가	- 한지형 초종을 제외한 식생을 채취하여 생물중량(생체중)을 전자저울 등을 이용하여 실측함	계절별 1회
			병충해	상대평가	- 생육판정시기까지 계절별로 병충해, 여름철 하고 현상 등을 조사함	계절별 1회
		출현종수	목본성립 본수	절대평가	- 1m×1m 방형구를 설치하고 목본의 성립본수를 10회 조사하여 본수/㎡로 평균하여 합격 목표치에 따른 달성도를 측정. 목본의 수고가 1~6m인 경우에는 방형구를 2m×2m로 확대함	계절별 1회
			초본 및 목본의 출현종수	절대평가	- 1m×1m 방형구를 설치하여 초본 및 목본의 출현종수를 조사하여 종수/㎡로 환산 평균하여 합격 목표치에 따른 달성도를 측정함. 이때 초본 및 목본 출현종수 비율을 각각 평가한 후 이를 평균으로 환산함. 목본의 수고가 1~6m인 경우에는 방형구를 2m×2m로 확대함	계절별 1회
			위해종 침입 및 시험지의 교란정도	상대평가	- 위해종인 돼지풀, 단풍잎돼지풀 등과 교란종인 환삼덩굴, 칡 등에 의한 교란정도를 측정함	수시평가

구분	평가	항목	평가기준	평가기준 및 방법	평가빈도
품질	정량적	식생기반재 물리적 특성	절대 평가	- 식생기반재의 토양경도는 양호(11~23mm), 보통(23~27mm), 불량(11mm미만, 27mm초과)분류하고 토양습도는 양호(0.5~5%), 보통(5%~8%), 불량(0.5%미만, 8%초과)로 분류함(간이측정기기를 이용 현장 측정 가능)	1회 이상 조사
		탈락 및 붕괴지점	상대 평가	- 시험시공면적당 탈락 및 붕괴 지점 수를 조사함	계절별 1회
	정성적	녹화 지속성 및 식생침입 가능성	상대 평가	- 3~5년 정도 지난 기존 시공지에서의 녹화 지속성 및 천이여부 평가함	1회 이상
		주변 환경과의 유사도	상대 평가	- 주변 환경과의 생태적 경관 조화성을 평가함	수시 평가
경제성	정량적	시공단가	상대 평가	- 시험시공 참여업체의 최저가를 기준으로 상대 평가함	최종 평가시

(출처 : 국토해양부. 2009)

기타항목 판정방법

토양산도

토양산도는 시료를 채취 후 pH meter를 이용하여 측정하거나 간이 토양산도계를 이용하여 측정한다.

토양습도

식물이 이용 가능한 유효수분의 함유량은 시료를 채취하여 건조시키는 방법을 이용하여 구하거나 간이 토양습도계를 이용하여 측정한다.

토양경도

토양경도는 산중식 토양경도계의 측정치를 기준으로 하며, 총 10곳의 위치에서 측정하여 산술평균한다.

탈락 및 붕괴지점

식생기반재의 탈락 및 붕괴지점이 있는가를 수시로 조사한다. 시공면에서 탈락이 고르게 발생한 경우에는 설치된 조사구에서 탈락 및 붕괴상태를 조사하며, 조사구내에서 탈락이 발생하지 않은 경우에는 전체 시공지에서 측정한 수치를 10㎡로 환산하여 계산한다.

녹화 지속성 및 천이여부

실질적으로 훼손지 비탈면이 생태복원이 되어가는 과정을 평가할 수 있는 지표로서 평가시기의 제한요소를 해결하기 위하여 관련자료 검토 및 해당 공법이 적용된 외부 현장을 사례조사 하여 실질적인 생태복원 과정 및 효과를 검정한다. 평가방법은 공법별로 기 시공된 현장(시험시공지에서 가까우며 유사한 비탈면 조건을 가진 3년 이상 경과된 현장)을 감독자와 자연생태복원전문가가 함께 방문하여 평가한다.

시공 효율성

시공 효율성은 시공 후 유지관리의 요구정도와 시공 시의 작업성 등을 종합 평가하여 정한다.

시공 후 1개월

시공 후 3년

발아 시작(시공 후 3개월)

목본 생육 시작(시공 후 1년)

자귀나무, 낭아초 우점(시공 후 3년)

관목림으로 우점된 상태(시공 후 3년)

[그림 5-22] 초본관목혼합형 시공지에서의 식생 변화

시공 전 대상지 전경

지형복구 시공 중

지형복구 완료 후

시공 6개월 후

시공 1년 후

시공 2년 후

[그림 5-23] 기존 수목을 보전하면서 녹화를 시행한 사례

CHAPTER VI

수변 비탈면의 생태복원 녹화

1. 하천 비탈면의 생태복원녹화

1.1 하천 비탈면의 특성

VI

최근 국내외적으로 생물다양성 보존의 중요성과 가치에 대한 인식의 전환이 이루어지고 있으며, 이수 및 치수 기능 중심에서 생태적인 기능에 대한 중요성이 더욱 증대되고 있는 추세이다.

하천은 지표수가 모여서 중력에 의해 높은 데에서 낮은 데로 비교적 일정한 곳을 따라 흐르는 자연의 물길이라고 볼 수 있으며, 하천 생태계는 시간에 따라 변화하는 역동적인 유수생태계로, 물과 수변에서 생물간, 무생물간의 상호작용이 일어나는 공간이라고 볼 수 있다.

일반적으로 하천복원이라고 하면 훼손된 하천생태계를 원래의 건강한 하천으로 회복시키는 것으로 볼 수 있으며, 여기에는 생물서식처 복원, 종횡적 연결성 유지, 유지수량 등을 포함하는 생태계 구조와 기능 회복, 그리고 자연적인 치수가 가능하도록 유도하여 하천의 생태적 복원과 치수안정성을 달성하는 것을 목표로 삼고 있다.

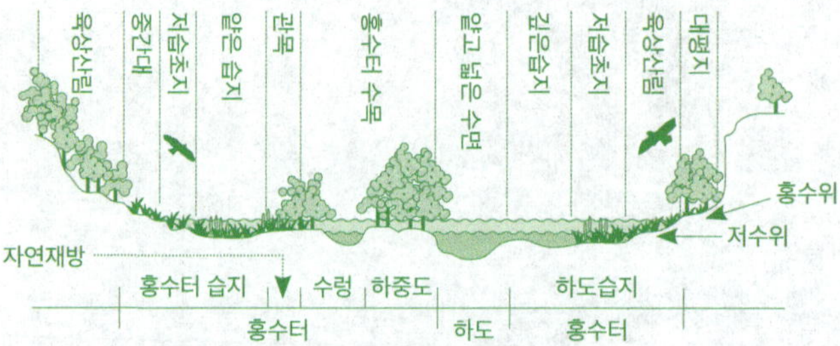

[그림 6-1] 하천의 횡적 생태네트워크 구성도

(출처 : 환경부, 한국환경공단, 2011, 생태하천복원가이드북)

하천의 생태적 기능을 개선하기 위해서는 하천구역내의 종적, 횡적 연결성 확보가 매우 중요하다.

하천의 종적, 횡적 생태네트워크를 구성하는 곳 중에서 물과 접해 있는 육지의 공간에 비탈면이 위치하게 되고, 이 비탈면을 생태적으로 녹화하는 것이 하천의 건강성 유지, 동식물 서식처 복원의 시작이 되는 것이다.

수변 비탈면의 생태복원녹화는 하천 생태복원사업의 일환으로서 검토할 필요가 있다. 하천생태복원 사업의 절차를 보면 사전환경조사, 계획수립, 설계 및 시공, 유지관리의 순으로 진행된다. 수변비탈면 녹화 사업은 수변구역의 비탈면 외에 홍수터, 여울, 저수호안, 고수호안, 어도 등의 수변공간과 생태시스템 계획을 포함하고 있으며, 수질개선 및 생태용수 확보 등도 복합적으로 고려해야 한다. 특히 대규모 댐이나 저수지 등에 있는 수위변동구간 등은 침수와 건조가 반복되는 조건이므로 생태복원녹화를 위해서는 별도의 검토가 필요하다.

따라서 하천 비탈면의 생태복원녹화란 수변구역에 위치한 비탈면을 단순히 식물로 피복시키는 차원에서 한 단계 발전하여 하천생태계의 일원으로서 수로를 안정화시키고, 식물로 하천 주변 비탈면을 피복 녹화시키는 다차원적인 기능을 하도록 계획하고 시공하여야 한다.

하천의 호안은 유수에 의한 파괴와 침식으로부터 직접 보호하기 위해 제방 앞비탈면에 설치하는 구조물로서 물과 육지가 만나는 부분의 침식 및 세굴을 방지하여 장기적으로 하천 선형의 변화를 최소화하기 위한 보호 및 유지관리 목적의 시설을 말한다.

제방과 하안의 침식을 방지하기 위해 설치하는 하천 구조물인 호안은 이와 더불어 자연환경 보전 및 복원, 친수성, 경관성, 제방의 유수 침투 방지, 제방의 누수방지, 생태적 기능 등을 가진다.

하천의 구조는 수중부, 하안부, 저수부, 고수부, 제방부 등으로 구분할 수 있다. 수중부는 평상시에 물이 흐르는 부분으로 여울과 소가 있으며, 하안부는 하천 양쪽에 강물이 닿아 있는 곳이다.

일반적으로 호안은 저수호안, 고수호안, 제방호안으로 분류할 수 있다. 저수부(저수호안)는 하안에서 평상시에는 물이 고여 있는 부분이고, 고수부(고수호안)는 평상시에는 물이 흐르지 않다가 홍수시에 물이 흐르는 부분으로 둔치라고도 한다. 제방부는 홍수와 같이 물이 범람할 때 물이 평지로 흘러 들어오는 것을 막기 위해 하천의 가장자리에 흙으로 쌓아 올린 둑을 말한다. 제방부는 단단면 하도인 경우, 혹은 복단면 하도이지만 고수부지 폭이 고수부지 수심의 3배 이하로 좁고, 제방과 저수로 하안을 일체로 해서 보호해야 하는 경우에 설치하는 것으로 고수호안과 저수호안이 일체화된 것으로 볼 수 있다.

하천 호안을 조성할 때에는 하천의 수리수문 특성을 고려하여야 한다. 주로 유속, 소류력, 경사 등을 기준으로 하도를 분류할 수 있으며, 이 기준에 따라 호안의 경사를 결정하게 된다.

우리나라에서 호안 설계와 관련된 기준은 국토해양부의 하천설계기준(2008), 하천공사 실무요령을 기본적으로 적용하며, 이외에 하천공사 발주기관별로 별도로 적용하는 호안설계 기준이 있다. 하천설계 기준에서는 호안설계 방법으로 개념적인 설계기준과 경험적인 방법으로 호안공법별 비탈높이, 최소비탈경사 등 최소 기준만을 제시하고 있다.

[표 6-1] 하천 비탈면 경사의 표준

비탈 공법의 구조		비탈 공법의 높이(m)	최소비탈경사
식생공		비탈면안정규모	1 : 2.0
돌쌓기 콘크리트블록쌓기	찰쌓기	3 이상 ~ 5 미만	1 : 0.5, 1 : 0.3
	메쌓기	3 미만	1 : 1.0
돌붙임 콘크리트블록붙임	찰쌓기	-	1 : 1.5
	메쌓기	3 미만	1 : 2.0
콘크리트방틀		-	1 : 1.5
돌망태붙임		3 이상	1 : 2.0
콘크리트붙임		3 미만	1 : 1.5

(출처 : 변영철. 2011. 하천호안설계 및 녹화공법)

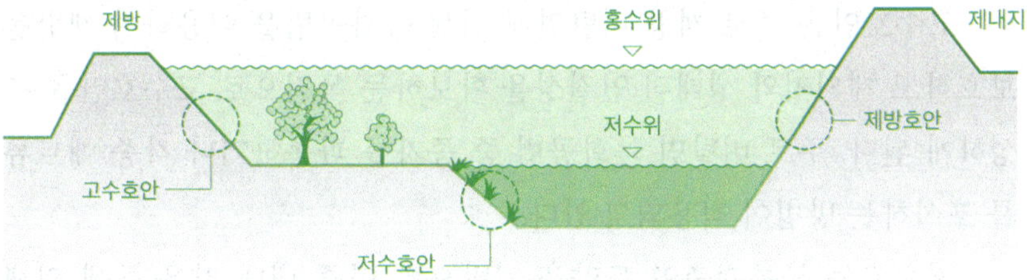

[그림 6-2] 하천 호안의 일반적인 단면 모습

(출처 : 환경부, 한국환경공단, 2011, 생태하천복원 기술지침서)

[표 6-2] 하천 비탈면 경사

구분	기울기	비고
분류 1	완경사	1:2 이하
분류 2	표준경사	1:1.5~1:2
분류 3	급경사	1:1.5~1:0.3
분류 4	직립	

(출처 : 환경부. 2007. 수생태 건강성 회복을 위한 하천복원 모델과 기준, 조사계획 수립 연구)

[표 6-3] 하도 분류별 수리특성

하도	수리특성			하상재료
	유속(m/sec)	소류력(t/㎡)	하도경사	
급류부	3.0 이상	1/150 이상	1/200 이상	굵은 자갈이 대부분
준급류부	3.0~2.0	1/150~1/200	1/1,000~1/200	모래자갈과 잔자갈이 소량 존재
준완류부	2.0~1.0	1/200~1/300	1/2,000~1/1,000	자갈과 모래 혼합
완류부	1.0 이하	1/300 이하	1/2,000 이하	주로 모래

(출처 : 행정안전부. 1999. 소하천 시설기준)

하천 비탈면 생태복원녹화의 대상은 저수호안과 고수호안으로 크게 구분할 수 있다. 저수호안은 저수로에서 발생하는 난류와 둔치(고수부지)의 세굴을 방지하기 위해 저수로와 하안에 설치하며, 저수호안에는 수질개선 및 생태복원, 하천환경특성, 치수적 안정성을 종합적으로 고려하여야 한다.

고수호안은 주로 제방 비탈면에 식생 녹화공법을 이용하여 제방을 보호하고 제외지와 생태적 연결성을 확보하는 목적으로 고수호안을 조성하게 된다. 주로 비탈면 녹화공법 중 종자를 파종하거나 각종 매트류를 포설하는 방법이 적용되고 있다.

저수로는 불투수층인 토양을 기반으로 연중 내내 얕은 물에 의해 덮여있는 육지와 개방수역 사이의 전이지대이며, 저수호안은 저수로에서 발생하는 난류와 둔치(고수부지)의 세굴을 방지하기 위해 저수로의 하안에 설치하는 구조물이다.

저수호안을 설치할 때는 수질개선 및 생태복원, 하천환경의 특성, 치수적 안정성을 목적으로 종합적으로 고려하여야 하고, 식재 기반에 따른 식생복원 모델을 적용한다(박병관, 2012).

저수호안은 치수적 안정성 확보가 가장 중요하며, 호안의 경사는 기본 형상을 나타내는 인자로서, 연속된 호안의 중간에서 비탈면 경사를 변화시키면, 그 변화점 부근이 위험하게 되므로 이를 피하여야 한다. 부득이 연속된 호안의 도중에서 구조를 변화시킬 때에는 급격한 변화를 피해 완만하게 변화시켜야 한다.

고수호안은 치수 안정성을 고려한 공법으로 시행하는데, 주로 제방 비탈면에 녹화공법을 이용하여 제방을 보호하고 제외지의 생태적 연결성을 확보하기 위한 목적으로 조성된 구조물을 말한다. 고수호안은 저수호안의 설치방향과 같고 치수의 안정성 확보가 필요하다.

1.2 하천 비탈면의 생태복원녹화 목표 선정

하천 비탈면 생태복원녹화를 위해서는 우선 녹화 대상지의 특성을 파악하고 생태복원녹화 목표를 분명히 하여야 한다.

즉 저수호안의 경우 저수로 하안에 조성되는 곳이므로 유수에 의한 안정성 확보, 어류 및 곤충 등의 산란처 및 서식처 기능을 제공할 수 있어야 한다. 또한 고수호안은 치수안정성 확보를 목적으로 하여 좀 더 다양한 녹화공법 등에 의한 경관회복에 초점이 맞추어져야 한다.

호안에 비탈면을 조성할 경우 소단을 설치하게 되는 경우가 있는데 소단 설치시 소단에 조경수목을 식재할 경우 뿌리분의 크기 등을 감안한 적정폭으로 설치할 수 있다. 또한 안전성, 경제성, 미관 등을 고려하여 식생, 사방 및 구조물 보호공을 종합적으로 판단처리하고, 현지여건을 감안하여 석축, 옹벽 및 블록 등의 구조물로 비탈면 하단을 처리할 수 있다.

이들 호안공작물은 시공 초기부터 강도가 발현되어 안정적으로 비탈면을 보호하는 역할을 할 수 있는 장점을 가진 반면에, 식물의 정착을 위한 식생기반의 조성이라는 측면에서는 한계를 가지고 있다.

또한 유속에 의하여 구조물 자체보다는 하부의 기반토양이 유실되면서 설치한 공작물이 전체적 또는 부분적으로 침하되거나 붕괴되는 현상을 보이고 있다. 여기에 식생의 도입을 고려할 경우 구조개량, 침식에 강한 토양기반의 조성 방법이 반드시 재검토될 필요성이 있다.

[그림 6-3] 호안 공작물의 붕괴 사례

하천 비탈면 생태복원녹화에 적용하는 공법의 경우 가급적 친환경적인 소재를 사용하는 것이 바람직하다. 친환경적인 공법의 경우 인공을 가미하더라도 자연적인 느낌을 유지할 수 있도록 하기 위해 그 재료의 특성을 고려하여야 한다.

하천 비탈면의 구조물이 완성되었을 때 사람이 그 구조물을 대상으로 한 자연에 가까운 느낌을 자연도라고 할 때, 잔디, 갈대, 버드나무 등 수변 식물이 자연도가 가장 높으며, 목재, 석재 등은 중간 정도이고, 콘크리트 재료를 사용하는 경우는 반대로 인공도가 매우 높아진다. 그러나 자연도가 높은 재료로 구성된 호안 구조물의 강도나 내구성은 일반적으로 인공도가 높은 재료로 구성된 구조물의 강도나 내구성보다 떨어진다.

또한 일반적으로 사용되고 있는 토양위주의 식생기반일 경우 유수나 파랑에 의해 충진된 토양이 유실될 우려가 있으며, 구조물 자체가 노출되어 녹화의 지속성이 떨어지는 등의 문제점에 대해서 별도의 대책이 필요하다.

하천 비탈면 공법을 설계할 때에는 홍수시 발생하는 하도내 유속 및 소류력에 견딜 수 있는 정도의 내구성을 판단하는 평가로서 다음과 같이 적용한다.

호안녹화 구조체의 내파랑성 측정을 위한 실험

코이어롤에 초화류를 식재한 호안녹화 방법

준설해사로 이루어진 새만금 방수제의 녹화

[그림 6-4] 호안녹화를 위한 시험시공 사례

[표 6-4] 하천 비탈면 공법의 허용 유속

공법의 종류	허용유속(m/sec)
목초류 파종	1.8
모래 및 목초류	3.7
코이어롤 및 갈대류	2.0
무생명의 섶단	2.5~3.0
생명의 섶단	3.0~3.5
버드나무 삽목 및 쇄석	3.0~3.5

(출처 : 변영철, 2011. 하천호안설계 및 녹화공법)

[표 6-5] 하천 비탈면 공법의 종류별 허용 소류력

하천 비탈면 공법의 종류	허용소류력(kg/㎡)
평떼	2.0
바자안의 굵은 모래	1.0
바자안의 자갈	1.5
바자(유수에 병행 혹은 비스듬할 때)	6.0
섶 호안	7.0
볼붙임(비탈 1:1, 두께 0.3m)	16.0
큰사석	24.0
돌쌓기(메쌓기)	60.0
콘크리트별	60.0
틀공	150까지

(출처 : 변영철, 2011. 하천호안설계 및 녹화공법)

1.3 하천 비탈면의 생태복원녹화 적용 소재

하천 공간은 물이 항상 흐르는 하안부까지는 침수식물, 부유식물, 부엽식물, 정수식물이 위치하고, 육지쪽 하안부, 저수부에는 습생식물이, 고수부에는 건성식물과 버드나무와 같은 하반림(수변림)이 생육하는 경우가 많다.

VI

하천비탈면 녹화공사에 사용하는 재료는 일반 도로비탈면 녹화용 재료와 큰 차이는 없으나 수역과 연결되어 있으며, 강우 및 유수에 의한 침식, 비점오염원 저감 대책 등을 고려하여 신중히 선정하여야 한다.

하천비탈면 녹화공사에 사용하는 재료는 자연재료 사용을 원칙으로 하며 인공재료 사용시는 생태복원을 전제로 제작된 재료이어야 한다. 한편 도시하천을 정비할 경우에는 이수 및 치수를 고려하되, 하천의 환경기능을 극대화하기 위해 사행하도, 여울과 못, 조약돌 하상, 어도 등을 설치한다.

- 표토 : 식물의 생육기반으로서 현장의 표토를 활용함을 원칙으로 한다. 표토는 그 지역의 환경적인 특성을 그대로 간직한 재료로서 생물의 교란을 방지하고 또한 지역의 생물다양성 확보를 위해 중요한 재료가 된다.
- 식재종 : 하천 수변구역내에서 조류, 곤충류, 어류 등의 서식환경을 제공함과 동시에 하천의 특징적인 경관을 구성하게 되므로, 식재에 사용하는 식물은 가급적 해당하천 주변에 서식하는 고유 식물종을 사용하는 것이 바람직하다.
- 석재 : 하천 주변의 자연환경 및 주변 경관과 유사한 재료를 선정하며, 치수의 관계를 고려하여 견고한 재료를 사용하되 환경파괴를 일으키지 않는 재료가 좋다.

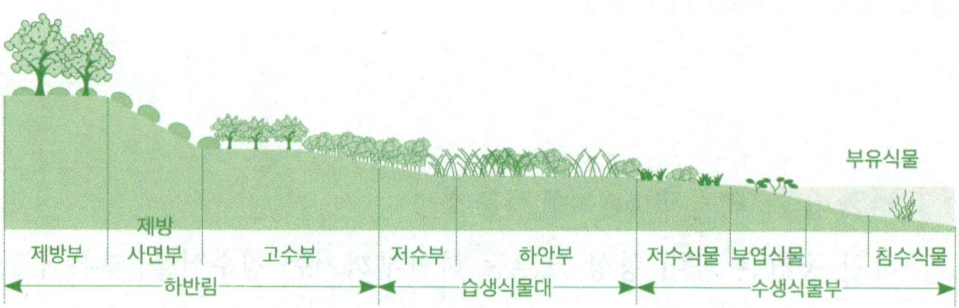

[그림 6-5] 하천의 지형구분과 식물대 구분

(출처 : 환경부, 한국환경공단, 2011, 생태하천복원 기술지침서)

[표 6-6] 하천 내 위치에 따른 식생 분포

위치		환경의 특성	주요 수종
수생 식물대	침수식물	- 수중부에 위치하여 약간의 수심이 깊은 장소로 상기식물이 우점하지 않는 수역 - 흐름이 완만한 장소	- 초본류: 물수세미, 붕어마름, 검정말, 말좀, 큰미나리, 나사말 등
	부유/부수 식물	- 수중부에 위치하는 추수식물과 부엽식물이 우점하지 않는 수역 - 흐름이 거의 없는 웅덩이 등	- 초본류: 개구리밥, 부레옥잠, 생이가래, 자라풀, 물개구리밥 등
	부엽식물	- 추수식물과 같은 형태이거나 또는 약간 수심이 깊은 수역 - 수심 2m 이내	- 초본류 : 노랑어리연꽃, 어리연꽃, 마름, 수련, 가시연꽃 등
	정수/추수 식물	- 호안의 얕은 수역으로 수심 1m 보다 얕은 수역	- 초본류 : 갈대, 줄, 부들, 큰부들, 애기부들, 갈풀, 벗풀, 물억새, 메자기, 물옥잠 등
습생 식물대	하안부	- 물과 접하는 구간으로 유수에 지속적인 영향을 받음 - 정수식물, 어류, 조류 및 수변생물의 중요한 서식처 - 수위, 유속과 호안에 작용하는 외력에 영향을 받음	- 초본류 : 추수식물, 갈대, 달뿌리풀, 줄, 부들, 애기부들, 큰고랭이, 세모고랭이, 송이고랭이, 창포, 노랑꽃창포, 메자기, 갈풀, 가래, 마름, 물옥잠, 사초류 등
	저수부	- 고수부와 저수로 사이의 퇴적, 고정된 하안 평탄지 - 평수시에도 유수의 영향을 받으며 식물이 쉽게 자연발생 할 수 있는 구간 - 홍수시 침식 및 세굴의 영향을 크게 받으며 침수시간이 길어 습지식생의 서식기반 형성	- 초본류 : 갈대, 달뿌리풀, 물억새, 부처꽃, 털부처꽃, 금불초, 수크령, 꽃창포, 노랑꽃창포, 석창포, 메자기, 사초류, 물레나물, 부채꽃 등 - 교목/관목 : 갯버들, 능수버들, 왕버들 등

위치		환경의 특성	주요 수종
하반림	고수부	- 충적제방 및 인공제방의 상단 또는 배수비탈면 지역 - 연간 침수시간이 짧은 고수부는 건조지 및 귀화식물이 우점 - 토양이 유실되는 구간은 침식을 완화시킬 수 있는 식물도입 - 평탄지 일부를 습지로 조성하여 습지식물의 도입이 가능	- 초본류 : 갈대, 달뿌리풀, 쑥부쟁이, 원추리, 금불초, 노랑꽃창포, 꽃창포, 억새, 물억새, 붓꽃, 부처꽃, 피, 패랭이꽃, 속새, 사초류 등 - 교목/관목 : 갯버들, 선버들, 키버들, 용버들, 왕버들, 찔레꽃, 줄딸기, 꼬리조팝나무, 국수나무, 쥐똥나무, 백당나무, 딱총나무, 쉽사리, 개쉬땅나무 등
	제방 비탈면부	- 하천쪽 제방 비탈면으로 도시하천의 경우 대부분 콘크리트 블록으로 정비 - 제방 상단은 공간 확보가 가능한 경우 목본의 도입이 가능하며, 중단, 하단은 제방 안정성을 위해 초본류 위주로 녹화	- 초본류 : 피, 억새 등 - 교목/관목 : 모감주나무, 보리수나무, 병꽃나무, 붉나무, 산사나무, 산수유, 싸리류, 신나무, 아그배나무, 자귀나무, 조팝나무, 쥐똥나무, 줄딸기, 진달래, 찔레꽃, 참느릅나무, 콩배나무, 팥배나무, 호랑버들, 화살나무, 개쉬땅나무 등
	제방부	- 홍수시 수위상승으로 침수되나 평수, 갈수시는 유수의 영향을 받지 않는 제방과 저수로 사이의 평탄지 - 제방상단은 대부분 이동로로 정비되어 있어 답압에 강한 식생이나 건조지 및 귀화식물이 우점함 - 제방의 안정성 확보가 가능한 지역은 심근성 목본류의 도입 가능	- 교목/관목 : 두충나무, 느티나무, 땅비싸리, 물푸레나무, 버드나무, 병꽃나무, 보리수나무, 시무나무, 신나무, 조팝나무, 쥐똥나무, 진달래, 팽나무, 화살나무 등

(출처 : 환경부, 한국환경공단, 2011, 생태하천복원 기술지침서)

- 목재 : 목재는 가급적 방부처리를 하지 않은 것을 사용하며, 부득이 사용하게 될 경우 환경에 해를 입히지 않는 수준의 재료를 사용하도록 한다.

- 매트, 네트, 망 : 도로비탈면 생태복원녹화에 많이 사용하는 아연도금한 철망이나 PVC코팅 재료 등을 제방 비탈면에서 분해되지 않고 장기간 환경적 영향을 미치게 되므로 천연재료이면서 장기적으로 생분해되는 재질의 재료를 사용하는 것이 바람직하다.

하천 비탈면 식재용 식생기반은 유수의 지속적 또는 간헐적인 영향으로 식물이 서식하기 어려운 호안에 도입하여 식물의 조기 활착과 지속적인 식물 생육기반을 형성하는데 도움을 주는 자연소재로 황마재질로 된 쥬트제품과 코코넛재질로 된 코이어제품이 널리 이용되고 있다.

하천 비탈면 식재용 식생기반의 종류 및 특징은 다음과 같다.

[표 6-7] 하천 비탈면 식재용 식생기반 종류 및 특징

종류	특징
롤 갈대	- 휴면기인 초봄에 갈대를 묶어서 롤 형태로 만들어 사용하는 방법 - 갈대를 이용한 가장 안정된 방법으로서, 즉각적인 하안 보호가 가능하며, 유속이 비교적 일정한 하천수로에 적용
식생(갈대, 버드나무) 매트	- 잔가지가 있는 길이 1.5m 이상의 버드나무 굵기 20~50mm의 줄기가 필요하며, 비탈면의 길이가 긴 경우 30cm 정도 겹쳐서 설치함 - 빠른 시간 내에 뿌리가 나오므로 효과적으로 비탈면을 덮어 표면침식을 방지함
코코넛	- 야자열매의 껍질을 분리한 후 섬유를 채취하여 제품화한 것 - 섬유는 수많은 세포로 구성된 나선형 배열의 구조체로 다량의 공극을 가지고 있으며, 공기와 수질정화작용 필터로 사용
코이어롤	- 100% 코코넛 천연섬유로 구성되어 있고, 일정한 크기와 탄력성이 있기 때문에 유수의 충격을 흡수하여 비탈면을 보호함 - 식물뿌리를 고정시켜주는 역할을 하고, 코코넛 섬유 자체가 수많은 공극을 가지고 있기 때문에 물을 여과하여 정수시킴
코이어매트	- 내구성이 우수한 매트를 사용하므로 장기간 생육기반을 안정적으로 유지시킴 - 주로 토양 비탈면의 수변녹화용으로 사용됨
코이어네트	- 100% 코코넛 천연섬유로 구성되고 인장강도 등이 우수함 - 비탈면의 유실 위험이 큰 곳에 사용됨
코이어 백	- 코코넛 섬유로 구성되며 백에 토사와 비료 또는 코코넛 섬유를 채워 각종 초종이나 수생식물의 뿌리 등을 넣어 호수, 하천변 또는 사방공사에 사용됨

종류	특징
황마	- 황마섬유로 구성되며 내구성 및 강도가 코코넛 섬유보다 약하므로 호안에 단독으로 사용하기 보다는 코코넛 섬유 제품과 병행 사용함
황마백	- 황마섬유로 구성되며 결속하기 쉽게 끈이 달린 황마 백으로 사용하기 용이함 - 백에 토사와 비료를 채워 각종 초종이나 수생식물의 뿌리 등을 넣어 호수, 하천변에 설치하여 식물의 성장을 도움

1.4 하천 비탈면 적용공법

현재 하천 비탈면 녹화공법은 구성하는 재료 및 제품 설치 방식에 따라 많은 종류가 있으며, 일반적으로 많이 쓰이는 호안 공법은 다음과 같다.

[표 6-8] 하천 비탈면 공법의 종류

재료별	소분류
식생	평떼형, 줄떼형, 종자뿜어붙이기형, 식생매트형
석재	돌붙임형, 석재호안형
블럭	식생블럭형
망태	타원형, 매트리스형
방틀	방틀형

저수호안은 호안의 생태적 추이대(ecotone) 기능을 회복시켜 어류, 수서 곤충류의 서식기반으로 보전 및 복원하도록 하고, 저수호안에 식생여과대(vegetation filter stripe)를 확보하여 적용되는 공법에 따라 수질을 정화할 수도 있다.

저수호안의 종류는 수충부 호안과 비수충부 호안으로 구분할 수 있다. 수충부란 수류에 의해 물이 부딪히는 곳을 말하며, 일반적으로 유속 2.0m/sec 이상의 비교적 빠른 유속분포를 갖는다. 소류력의 파괴양상 또한 수류의 원심력에 의하여 비수충부보다 커 통상적으로 약 20kg/m² 이상으로 나타난다. 따라서 수충부에 적용할 수 있는 호안공법은 유속 및 소류력에 대응할 수 있는 재료를 갖는 공법을 적용하여야 한다. 주로 방틀계, 망태계, 석재계, 블록계, 식생계의 공법이 적용된다.

비수충부란 유수에 의한 충격이 적은 구간으로서 일반적으로 유속이 2.0m/sec 이내의 단기간의 파괴 양상 및 장기간 침식 등이 서로 다르므로 호안의 장기적인 침식 등에 안정적인 공법을 사용하는 것이 타당하다. 비수충부 호안에는 방틀계, 블록계, 식생계 공법이 주로 적용된다

고수호안 조성방법에는 일반적으로 망태계, 석재계, 블록계, 식생계 등이 적용되고 있다. 이와 같은 시설물의 설치는 홍수 등 급격한 유량 증가에 안정적이며 유실이 적다는 긍정적인 측면이 있다.

그러나 하천 환경을 고려하지 않고 획일적으로 시설물을 조성하여 하천 고유의 경관미를 훼손하는 한편, 수생태계 건강성 확보에는 부정적인 영향을 미치는 결과를 초래하고 있다.

따라서 호안은 기울기를 완만하게 하여 물리적 안정성을 확보하고 다양한 식생대가 조성될 수 있도록 하며, 물의 흐름형태, 수충부 여부 등을 고려하여 자연상태에 가깝도록 비대칭 형태로 조성하는 것이 바람직하다.

고수호안은 자연호안, 인공호안, 조합호안으로 구분할 수 있다. 자연호안은 완경사호안으로 물가에 쉽게 접근할 수 있도록 하고, 둔치(고수부지) 등의 하천공간을 편리하게 이용할 수 있도록 만들어진 호안으로서 일반적으로 완경사 호안(경사도 1:2 이상)에 지역 자생식물 이용을 원칙으로 하고 부득이한 경우 줄떼(평떼), 종자파종공법 등을 활용하여 우수로 인한 토사유출을 방지하도록 한다.

인공호안은 식생계, 석재계, 블록계, 망태계 등이 사용된다. 인공호안은 홍수지 제방 침식이 예상되는 구간에 제한적으로 사용되는 시설물로 제방을 안전하게 보호하고 식물의 정착을 통하여 하천의 수변구역과 제방 밖의 논, 밭 또는 산림지역과의 생태적 연결성을 확보할 수 있도록 하기 위하여 자연소재 또는 인공소재 등을 이용한 시설물을 말한다.

- 식생계: 비수충부 구간에 주로 이용되는 떼붙임을 비롯하여 코이어롤과 같이 주로 식물재를 활용한 식생매트 등이 사용된다.

- 석재계: 자연재료를 사용하는 가장 일반적으로 공법으로 유속에 대한 저항력이 우수하고 자연석 공극 사이에 식재가 가능하도록 하여, 블록 사이의 공극을 생물들이 이용할 수 있도록 하고 있다. 여기에는 자연석 쌓기, 전석 쌓기 등이 있다.
- 블록계: 하천의 비탈면 보호는 물론 제방과 하천간의 상호 유통을 가능하게 하여 식재공간의 조성으로 비탈면 생태복원녹화를 기할 수 있고, 상호간의 생태적 순환이 원활하게 이루어질 수 있도록 설치하는 공법으로 주로 식생옹벽블럭, 황토블럭, 다공질 식생블럭 등이 있다.
- 망태계: 철선 등의 재료를 사용하여 망태를 짜서 그 속에 호박돌 크기의 석재를 채우는 공법으로 제방의 호안비탈면 보호 및 침수공간을 조성하는 수리구조물 설치에 사용되며, 주로 친환경 돌망태 등이 사용된다.

조합호안은 자연호안과 인공호안을 조합한 호안으로서 수리적으로 안정하면서 주변 환경과의 조화, 외견상의 아름다움 등을 고려한 호안을 말한다.

- 사석계 조합: 자연석과 버드나무류 식생, 사석과 식생매트 조합 등이 있다.
- 방틀계 조합: 나무방틀과 식생, 나무방틀과 사석 등이 있다.
- 망태계 조합: 돌망태와 식생롤매트 등이 있다.

일본에서는 재해복구 사업의 일환으로 하천 비탈면 공법의 선정 및 이에 대한 기술적 평가를 매해 실시하고 있다. 인용한 자료는 일본 (사) 전국방재협회(2007년)에서 발간한 「아름다운 산하를 보호하는 재해복구방침 실시공법 사례집」에 제시된 호안관련 기술자료를 토대로 하였으며, 우리나라의 현장에 적용하기 위하여 식생기반의 효과를 위주로 재분석한 것이다.

[그림 6-6] 하천 비탈면 공법 선정 흐름도

[표 6-9] 적용가능 공법 분류표

구분	식생계열	시트계열	목질계열	석질계열	바구니계열	콘크리트계열
공법	잔디(떼)	지오텍스타일, 블록매트	격자틀, 목제블록, 목책	자연석	돌망태형, 바구니형	콘크리트블록

[표 6-10] 호안공법별 식생기반 평가

기술 개요	식생기반에 의한 평가
지오텍스타일(시트계열)	
- 부직포 등의 시트를 덮고 복토 - 식생뿌리가 뚫고 들어가서 치수강도를 발휘	- 기본적으로 완경사에 적용 - 식생의 조기정착 여부가 중요한 사항임
블록매트(시트계열)	
- 시트에 블록을 접착하여 고정한 것 - 완경사에 적용하여 치수강도를 발휘함	- 블록의 요철에 토양이 채워져 안정되면 식생회복에 유리함 - 대형 중장비를 활용하면 효과적임

기술 개요	식생기반에 의한 평가
섶단법틀공(목질계열)	
- 격자상으로 타설된 말뚝에 나뭇가지를 얽어서 만듬 - 중간에 돌 등을 채움	- 완경사에 적용하여 식생회복 도모 - 호안에서는 나뭇가지의 내구성이 문제가 됨
목재격자공(목질계열)	
- 격자상으로 제작된 목제 틀을 설치 - 중간에 돌 등을 충진함	- 완경사에 적용하여 식생회복 도모 - 호안의 다양성 및 연속성 확보 가능
통나무격자(목질계열)	
- 통나무를 격자상으로 현장에서 설치	- 상시 침수구간에 부적합 - 지반이 포화상태에서 측방침식 우려, 식생활착이 어려움
목제블럭(목질계열)	
- 통나무 격자를 제품화하여 설치	- 상시 침수구간에 부적합 - 지반이 포화상태에서 측방침식의 우려가 있으며, 식생활착이 어려움
편법틀공(목질계열)	
- 통나무를 격자상으로 제작 - 틀내에 돌을 채움	- 통나무와 돌 사이에 흙이 채워져서 식생기반이 조성됨 - 돌의 입경이 클 경우 식생에 의한 복원이 어려움
목책, 판책(목질계열)	
- 통나무 말뚝을 횡방향으로 설치하고 토사를 충진 - 계단상 설치 가능	- 간벌재 이용 가능, 내구성 우수 - 돌이 많은 경우 목책 내부 중간재의 이동으로 치수상 약점 발생
사석쌓기(석질계열)	
- 사석을 쌓아서 호안 조성	- 돌을 구하기 쉬운 곳에 적용 - 내마모가 필요한 하천에 적합 - 식생기반은 사석사이에 충진된 토양으로 제한적
호박돌쌓기(석질계열)	
- 인력시공이 가능한 정도의 호박돌 사용 - 시멘트를 충진하여 안정화	- 블록 이상의 치수강도가 요구되는 곳에 적용 - 시멘트로 고정시키지 않을 경우 식생도입 가능

기술 개요	식생기반에 의한 평가
식생망태공(바구니계열)	
- 망태 형태의 포트제에 현장의 토사 등과 종자를 압력으로 채움	- 사행의 수충부에 토사가 유실되는 장소에 적합 - 현장의 매토종자를 활용한 식생녹화 가능
철선돌망태공(바구니계열)	
- 철선으로 격자틀을 조성하고, 틀내에 돌을 채움	- 전면적으로 공극이 있으며, 흙을 채운 후 녹화 가능 - 배후에 용수가 있는 경우에 적합 - 유수에 의해 복토 유실 가능
철선돌망태 계단공(바구니계열)	
- 철선으로 격자틀을 조성하고 돌을 채움 - 계단상으로 쌓아올리는 방법	- 전면적으로 공극이 있으며, 흙을 채운 후 녹화 가능 - 배후에 용수가 있는 경우에 적합 - 유수에 의해 복토 유실 가능
판넬격자공(바구니계열)	
- 판넬을 입체적으로 조합하여 배치 - 중간에 돌을 채움	- 판넬은 부식에 대한 저항성이 높음 - 충진된 토양이 식생기반이 됨
블록공(콘크리트계열)	
- 유공 블록을 연결하여 호안에 설치	- 블록내 복토 후 식생도입 - 충진된 토사의 유실 우려 - 식생기반이 적어서 식생도입이 제한적
다공질 콘크리트공(콘크리트계열)	
- 조골재와 모르타르를 이용하여 공극이 있는 기반 조성	- 배후의 수분 공급이 가능한 곳에 적용 - 내마모성에 대한 검토가 필요
자연석쌓기(콘크리트계열)	
- 자연석을 철망으로 구성된 틀에 고정하여 치수강도 향상	- 앵커식으로 돌을 고정 - 현지발생토 이용 가능 - 충진토양의 유실방지대책이 필요
앙카식돌쌓기공(콘크리트계열)	
- 돌을 앵커로 판넬에 고정 - 적층식으로 급경사에 적용가능	- 돌 사이에 흙이 채워지면 녹화 가능 - 식생회복에 장기간이 소요됨

기술 개요	식생기반에 의한 평가
연속섬유보강토공(보강토계열)	
- 흙과 섬유를 일체적으로 뿜어붙이기하여 보강토체 조성	- 완경사, 유속이 센 수충부에 적용 - 지반에 직접 시공, 현지 준설토 활용 가능 - 두꺼운 식생기반 조성으로 식생도입효과 우수
기석공(기초공계열)	
- 하안의 수충부에 쌓아줌 - 호안 기초공의 형태	- 기초공 역할로 비탈면 안정화 - 부분적 식생도입 가능
대체공(기초공계열)	
- 사석을 채운 망태를 수충부에 조성	- 공극에 토사가 채워지면서 식생정착 가능 - 유속에 의하여 망태가 변형될 우려가 있음
목공침상(기초공계열)	
- 수면하부에 시공 - 목재틀에 돌을 채운 침상형태	- 공극에 토사가 채워지면서 식생정착 가능

2. 수위변동구간의 생태복원녹화

2.1 수위변동구간의 특징

하천을 중심으로 한 치수 정책은 인류 문명 초기부터 동서양을 막론하고 매우 중요한 일로 간주되어 왔으며, 특히 댐은 물과 관련된 자연의 이치를 인위적으로 조절하기 위한 수단으로서 인류의 발전과 매우 밀접한 관련을 맺고 있다.

홍수조절이나 용수공급 등의 기능을 갖는 다목적댐은 그 유용성에도 불구하고 많은 환경적, 사회적, 문화적 부작용을 안고 있으며, 그 대표적인 예로 자연생태계의 파괴와 변형 및 경관 악화 등이 댐건설로 부정적인 환경영향으로 간주되고 있다.

심각한 환경훼손으로 보여 지고 있는 수위변동구간에 침수에 강한 식생을 도입하는 것에 대한 필요성 검토와 식물생육기반을 조성할 수 있는 다양한 복원 및 복구방법들이 과연 생태적으로 환경적으로 적합한지에 대한 실험과 검토는 시급히 이루어져야 한다.

국내에서의 댐 건설에 대한 필요성은 인정하지만 댐건설로 인한 환경적 영향에 대해 많은 우려를 하고 있는 현 시점에서 생태복원녹화가 곤란하다는 이유 등으로 방관해온 수위변동구간을 친환경적인 소재로 복원하여 댐 경관을 향상시키고 침수에 강한 다양한 식물들이 생육할 수 있는 기반을 조성하여주는 것은 매우 중요하다고 판단된다. 아울러, 수위변동구간의 생태복원녹화 경험은 한강 등 국가하천의 식생복원에도 중요한 정보를 제공할 수 있을 것으로 판단된다

일반적으로 댐 담수면은 수면(수위)의 변동이 크고, 홍수기와 갈수

기에 생기는 담수면구역의 나지는 황량하며, 대부분의 경우 경관이 현저히 손상되며, 나지화가 진전되면 댐에 유입되는 토사도 적지 않다. 또 담수구역의 나지화는 상부지역의 붕괴와도 관련될 위험이 있기 때문에 담수면구역의 보전대책은 매우 중요하다.

수위변동구간은 건조 환경과 침수 환경이 반복되어 나타나는 매우 불량한 조건을 가지고 있다. 갈수기에는 수위저하로 인해 토양수분이 감소하여 뿌리의 흡수능이 저하되고 식물체내 수분 증산을 억제하기 위해 낙엽이 지거나 기공이 폐쇄되며 심한 경우 고사하게 된다.

수위변동구간에 식생이 정착하는데 장애가 되는 요소에는 파랑 등으로 인한 침식으로 토양층이 매우 척박하고 침수로 인한 식물의 영향이 크다는 점을 들 수 있다. 일단 식생이 제거됨으로써 기반 토양이 노출된 경우 빗물이나 파랑 등에 의해 지속적으로 침식되어 비탈면의 안정성에 영향을 주고 있다. 아울러 표토층이 제거되어 식물생육에 필요한 영양물질이 부족한 척박한 토양으로 남게 되어 식생도입이 매우 어려운 상태임을 알 수 있다.

[그림 6-7] 대청댐 수위변동구간

[그림 6-8] 일본 양수댐 수위변동구간

VI

2.2 수위변동구간의 생태복원녹화 기술

댐의 건설에서 담수면구역의 수목은 먼저 벌채되는 것이 보통이다. 또 담수면구역에 남겨진 식생은 침수 및 수위변동에 의한 생육환경의 변화에 견딜 수 없게 되므로 점차적으로 식생의 소멸과 함께 수위변동역의 호안은 전면적으로 나지화된다.

나지화가 진행되는 요인은 지형(경사, 사면형), 지질, 토질, 수위변동 크기 및 빈도 등에 따라 다르다. 일반적으로 황폐지에서 보이는 것과 같은 빗물에 의한 표면침식뿐만 아니라 한랭기의 바람, 서릿발, 동상, 동결, 융해 등에 의한 침식의 조장 등이 있다. 또 수위의 상승이나 하강 등에 따라서 기암 및 토층의 수분에 변화를 가져와서 표층박리에 의해 황폐화가 가속된다. 더욱이 토질과 호안의 위치 등에 따라서는 파랑 때문에 현저히 침식되는 곳도 적지 않다.

육생식물은 생육기 중 장기간에 걸쳐 수몰되면 생육할 수 없으나, 단기간의 관수와 수간 하부의 침수인 경우에는 그 빈도가 많지 않다면 여기에 견디어 생육하는 식물종류가 있다.

육생식물은 생육기동안 장기간에 걸친 담수의 수위변동이 심한 곳에서는 정상적으로 생육하기 어렵다. 그러나 다목적 댐 등에서는 만수위와의 사이에 5~10m 정도의 담수차가 있으며, 또 하기에 홍수기 제한수위가 설정되기 때문에 담수시 상부역만큼 수몰하지 않는 기간이 길어지게 된다. 따라서 단기간의 관수와 수관부 이하의 담수에 그치는 경우에 견디어 생육하는 종류와 생육기간에 일정기간의 수위저하가 계속되어 나지가 생기는 경우에 발아와 재생하는 식물의 종류는 상당히 많다.

수위변동구간의 생태복원녹화가 유지되기 위해서는 비탈면 토층을 안정시키는 것이 중요하며, 붕괴와 사태의 위험성이 있는 곳에서는 흙막이 공사와 목책 및 바자얽기, 철망덮기, 격자틀블록붙이기, 각종 틀블록붙이기, 돌망태쌓기공사 등 녹화기초공사가 필요하다.

수위변동구간의 생태복원녹화를 위해서는 녹화식물의 선정이 중요하며, 식물 천이와의 관련성을 충분히 고려하여야 한다. 물과 인접한 곳에서는 수생식물, 정수식물, 부엽식물, 침수식물 등 수위에 따라 적용할 수 있는 식물종을 선정하는 것이 좋다. 그리고 수위변동구간 중간부위에는 내수성이 강한 갈대, 줄, 부들, 갈풀, 큰고랭이, 세모고랭이 등이 적용 가능하며, 산지와 연결되는 상부 지역에는 버드나무류, 오리나무, 들메나무, 황철나무, 족제비싸리 등이 적용 가능하다.

수위변동구간에는 다양한 녹화공법의 적용이 가능하다. 식생기반재뿜어붙이기 공법에 의한 전면녹화가 가장 바람직하지만 경사도와 수위변동의 폭, 파랑의 정도에 따라 적용할 수 있는 방법은 다양하다.

- 식생기반재뿜어붙이기공법

식생기반재뿜어붙이기 공법은 내침식성이 우수한 식생기반재를 기계로 5~7cm를 뿜어붙이는 방법으로 시공성이 뛰어나고 단시간에 대면적을 시공할 수 있는 장점이 있다. 아울러 종자원으로 주변의 표층토를 활용할 수 있으며, 종자구입이 가능한 선구식물을 혼합하거나 중요종의 묘목을 심는 방법을 혼용하면 비교적 빠른 시일에 식생을 활착시킬 수 있는 장점이 있다.

식생기반재뿜어붙이기는 식생기반재(자연토양, 인공토양, 토양개량제 등), 침식방지제 및 종자 등을 압력수를 사용하여 압송해서 뿜어붙이는 공법으로 객토종자뿜어붙이기공법이 여기에 속한다.

습식인 경우 노즐의 끝에서 물과 토양을 순간적으로 반응시켜 단립구조 상태로 비탈에 부착되도록 하는 방법과 연속섬유를 뿜기용 기재속에 혼입하는 기술이 개발되어 20cm 이상의 두께까지 뿜어붙이기 할 수 있다. 최근에는 표층토의 매토종자를 활용한 복원에 효과적인 공법으로 알려지고 있다. 식생기반토양의 중요 구성요소인 표층토를 기반재로 활용하면 표층토내 매토종자의 발아가 원만하게 진행되면서 복원목표 군락을 비교적 조기에 조성할 수 있는 장점이 있어 환경친화적인 방법으로 알려지고 있다.

다음은 식생기반토양에 내침식성이 강한 고분자재를 혼합한 다음 침수실험과 파랑실험을 실시하는 모습이다. 토양재로 표층토를 활용하거나 건설공사시 발생되는 수목류의 발생재를 재활용하는 방법들은 새롭게 추진되고 있는 녹화공법들이다.

침수기간에 대한 실험

파랑에 의한 침식 실험

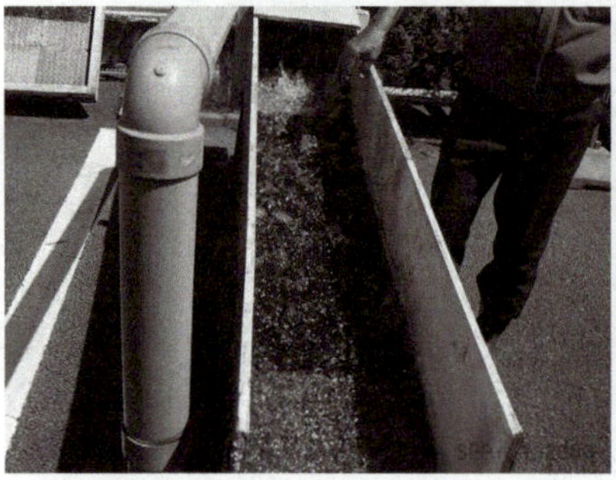

수로면의 녹화를 위한 모의실험

식생기반재에 생육가능한 식물선정연구

발생재로 조성한 식생기반토양

발생재를 식생기반토양을 활용한 식물생육

표층토를 이용하여 댐수위변동구간을 성공적으로 녹화한 일본사례

[그림 6-9]식생기반재 뿜어붙이기 공법 적용사례

- 식생자루 공법

식생자루 공법은 묘목을 이용한 녹화방법으로 효과적인데 식물의 착생이 곤란한 역질토나 호박돌이 많은 급경사 지역 등에 사용 가능하다. 이 방법은 작은 면적에 유효한 공법으로 필요한 곳에 부분적으로 사용하면 효과적이다.

지반의 안정을 도모하기 곤란하거나 토질 자체가 안정성이 약하여 고정시키기 곤란한 지역 등은 조기에 토양기반을 안정화시킬 필요가 있다. 급경사지에서는 식생자루의 공법이 적용 가능하며, 완경사 지역에서는 매트피복 공법이 사용가능하다. 일반적으로 자루는 주로 광분해성 폴리에틸렌으로 제작되어 수년내에 분해되는 것을 사용하는 것이 좋다. 수위변동구간에 사용하는 식생자루는 식생기반토양을 담을 수 있어야 하며, 묘목이나 수목류의 식재시 침식에 견디면서 식물의 생육기반을 제공할 수 있어야 한다.

묘목을 식재한 식생자루를 비탈면에 철근 등을 이용하여 고정시킨다. 이때 자루간의 연결이 잘 되도록 하고, 틈이 벌어지지 않도록 한다. 묘목은 생육이 용이한 식물로 한다. 식물로는 갯버들, 버드나무류, 느릅나무, 사시나무류, 신나무, 오리나무류, 족제비싸리, 낙우송 등이 있다. 이 공법의 시공은 삽목이 가능한 봄에 한다. 묘목이 구입가능한지를 조사하고, 시험지 주변에 이런 식물의 묘목을 키우는 묘포장의 조성방안을 함께 모색한다.

VI

- 식생매트 공법

식생매트 공법은 원하는 식물종자와 식물의 생육기반을 가지고 있는 매트를 현장에 포설하는 방법으로 시공이 간편하고 빠른 시일에 원하는 식물종을 성립시킬 수 있는 장점이 있으나 토양기반과의 접착이 되지 않으면 파랑에 의해 부착되지 못하고 쓸리는 단점이 나타날 수 있다, 이 방법은 완경사의 토사면에 조기녹화종을 투입하여 빠르게 지표면을 피복하는데 효과적이다.

식생매트는 종자가 붙어 있는 것과 종자가 없는 것을 대상으로 실

식생자루를 활용하여 수위변동구간을 녹화시험 사례

식생자루를 활용하였으나 고정이 되지 않아 실패한 모습

[그림 6-10] 식생자루공법 적용사례

험한다. 매트는 표면이 굵고 거칠어 파랑에 의한 침식에 견딜 수 있는 것이 좋으며, 종자를 붙인 것은 조기녹화용 식물로 하고, 선구목본식물을 혼합한다(오리나무류, 족제비싸리 등).

매트를 피복하여 토양유실을 방지하고자 하였으나 녹화가 잘 진행되지 못한 상태

[그림 6-11] 식생매트 공법 적용사례

- 계단식 틀공

토양의 유실이 심하고, 자갈 등이 많이 노출된 곳에는 계단식 틀공을 설치한다. 구체적인 시공방법은 외국의 사례를 충분히 검토한 다음에 실시한다.

양수댐은 수위변동폭이 크기 때문에 계단상으로 지오그리드와 철근으로 고정시키고
편책안에는 굵은 자갈 등을 넣어 침식을 방지하면서 식물의 생육기반을 조성하고자 함

양수댐으로 일수위변동폭이 심하여 호박돌을 채우는 식으로
생육기반을 조성하였으나 식물 생육이 진행되지 못하고 있는 모습

[그림 6-12] 계단식 틀공 공법 적용사례

- 편책공법

편책공법은 편책으로 파랑에 의한 침식을 효과적으로 예방하면서 편책안의 식생기반재를 토대로 다양한 식물의 생육을 조장하는 공법이다. 토목섬유를 사용하여 식생기반재의 이탈을 막으면서 묘목 및 종자의 생육을 보호하는 방법으로 식생의 도입이 반드시 필요한 지역이거나 침식이 심한 지역에 소규모로 적용할 수 있는 방법이다.

- 사용 식물

사용식물로는 종자를 이용하는 방법, 표층토를 이용하는 방법, 묘목을 이용하는 방법을 적용하였다. 식생기반재 뿜어붙이기, 식생자루, 식생매트, 편책공법 등 각각의 공법에 적합한 식물재료를 선정하고자 한다. 여기서 사용하는 식물종은 선구식물과 녹화식물로 구분되며, 선구식물은 식생기반재 뿜어붙이기와 식생매트공법에 적용하였다.

- 목본 : 구입종자–족제비싸리, 참싸리, 오리나무류,
  현장채취종자–느릅나무류(종자채취), 신단풍(종자채취),
  찔레나무(종자채취)
- 초본류 : 새류(억새, 안고초, 물억새, 띠), 쑥, 달맞이 , 포아풀류
- 삽목묘 : 갯버들, 뚝버들, 키버들, 버드나무 등의 사시나무류,
  느릅나무류 등
- 묘목 : 낙우송, 오리나무류, 리기다소나무 등
- 이식묘 : 일년생 초본식물은 가급적 현장에서 채취하여 사용

VI

종자배합에서는 기본적으로 다음과 같은 내용을 우선적으로 고려하였다.

- 자생종 여부 보다는 녹화를 먼저 생각한다.
- 표층토를 사용하여 주변식생의 자연적인 발아와 생육을 우선적으로 모색한다.
- 묘목으로 조성한 버드나무류, 낙우송 등을 사용하여 장기 침수에도 견딜 수 있는 지를 판단한다.
- 종자파종으로 성립이 가능한 목본이 무엇인가를 조사한다.
- 종자의 파종량 등은 현장 여건을 고려하여 정한다.
- 식물이 있음으로 해서 침식 및 토양유실을 어느 정도 막을 수 있는 가를 종합적으로 검토한다. 따라서 무처리구를 대조구로 조성한다.

3. 생태습지의 조성 및 생태복원녹화

VI

3.1 생태습지 개요

생태습지 조성 배경 및 목적

도로는 콘크리트나 아스콘으로 노면이 포장된 상태로 도로를 이용하는 차량에서 발생하는 오염물질이 도로의 표면유출수를 통해 주변 수계로 흘러 가는 등 주변 환경에 영향을 미치고 있다.

습지란 '육지 환경과 물 환경의 전이지대로서 생물의 생장기를 포함한 연중 또는 상당기간 동안 물이 지표면을 덮고 있거나 지표 가까이 또는 근처에 지하수가 분포하는 토지'를 의미하며, 식생과 동물이 그 일생의 중요한 시기 동안 생활 근거를 이루기에 충분한 기간 동안 물이 못을 이루거나 흐르는 장소로서, 습지 구성 요소로는 습지 수문, 습지 식생, 그리고 습윤토양 등 3요소를 포함하고 있다.

현재, 인공적인 생태습지는 중부고속도로 경기 광주 나들목을 비롯하여 영동고속도로 여주JC 등에 다양한 기능을 하는 생태적, 환경적으로 중요한 생태습지를 조성하고 있다.

생태습지는 도로, 도심지역, 농촌지역, 유해물질 배출지역 등 토지이용 특성에 따라 비점오염원 유출 특성과 같이 여러 요소가 차별화되기 때문에 이를 충분히 고려하여 선정하여야 한다.

간선 도로 및 고속도로 등과 같이 차량의 흐름이 많은 지역은 여유부지의 확보가 어렵고 차량 사고 시 안전성 확보가 곤란하기 때문에 대규모 습지, 저류지 외에는 대부분의 시설이 적용될 수 있다.

생태습지와 같은 비점오염저감 시설은 유입부와 유출부 높이에 차이를 두어 자연유하로 유출될 수 있도록 시설을 설계하여야 하며, 저감시설이 방류 하천과 인접하여 설치되는 경우 저감시설 유출수가 방류 하천으로 자유롭게 유출될 수 있어야 한다. 주변의 하천 수질 등의 유역 요소를 고려하여 인공습지, 침투시설, 여과시설, 식생 수로 등과 같은 시설을 도입할 경우는 다음과 같은 사항을 고려해야 한다.

VI

- 첫째로 인공습지와 같은 경우는 홍수가 우려되는 지역의 홍수 조절 방안을 마련하여야 하며, 침투시설은 지질의 투수성이 높은 지역에 설치하고, 지하수위가 낮은 지역에 적당하다. 필요에 따라 유입수의 전처리가 필요하다. 여과 시설 및 식생 수로는 홍수 조절을 위해 저류시설과 조합하는 것이 바람직하다.
- 따라서, 도로 주변의 비점오염물질을 저감하고 더불어 탄소저감 및 경관 향상 등의 기능을 수행할 수 있는 다목적 생태습지 시설에 대한 시공관리에 대한 이론적 정립이 필요하다.
- 생태습지는 비점오염저감과 동시에 수질정화, 생물다양성 증진, 탄소 저감, 경관 향상 등의 다목적 기능을 수행하고 있다.

이에 따른 생태 공간 계획을 통한 생물서식공간의 창출로 주변 생태계와의 네트워크 형성 및 생물다양성 증진 등의 효과를 얻고 있다.

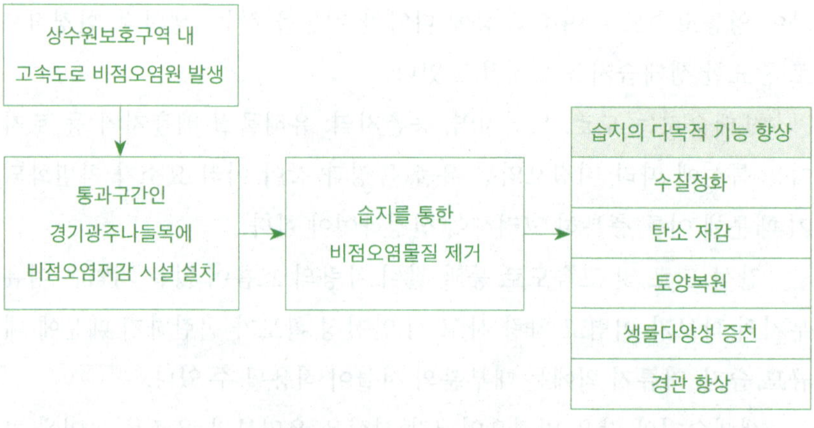

[그림 6-13] 생태습지 조성의 목적

비점오염저감 시설의 종류와 장단점

비점오염저감시설은 수질오염방지시설 중 비점오염원으로부터 배출되는 수질오염물질을 제거하거나 감소시키는 시설을 말한다(법 제2조 제12의 2호).

비점오염원 저감시설은 자연형 시설과 장치형 시설로 구분되며, 자연형 시설은 저류시설, 인공습지, 침투시설, 식생형 시설 등이며, 장치형 시설은 여과형 시설, 와류형 시설, 스크린형 시설, 응집·침전 처리형 시설, 생물학적 처리형 시설 등이다.

자연형 시설의 경우 초기 식생 활착이 완료된 이후에는 비전문가에 의한 관리가 가능한 반면, 장치형 시설은 전문가에 의한 지속적인 관리가 필요하다.

장치형 시설 중 여과형 시설, 와류형 시설, 스크린형 시설 등은 주로 전·후처리 시설로 적용될 수 있다.

VI

[표 6-11] 비점오염저감시설 종류

구분	종류
자연형 시설	저류시설, 인공습지, 침투시설, 식생형 시설
장치형 시설	여과형 시설, 와류형 시설, 스크린형 시설, 응집 · 침전 처리형 시설, 생물학적 처리형 시설

(1) 자연형 시설 주요 기법

자연형 시설에는 저류시설, 인공습지, 침투시설, 식생형 시설로 구분할 수 있으며, 주요 특징은 다음과 같다.

- 저류시설 : 강우유출수를 저류 침전 등에 의하여 비점오염원을 줄이는 시설(저류지, 연못 등)
- 인공습지 : 침전, 여과, 흡착, 미생물 분해, 식물에 의한 정화 등 자연상태의 습지가 보유하고 있는 정화능력을 인위적으로 향상
- 침투시설 : 배수구역 내 강우유출수를 차집한 후 불포화지층을 통해

지하로 침투시켜 여과 · 흡착 작용에 따라 비점오염원을 저감(침투도랑, 침투조, 침투저류지, 유공포장 등)

- 식생형 시설 : 토양의 여과 · 흡착 및 식물의 흡착작용으로 비점오염원 물질 저감(식생여과대, 식생수로)

[표 6-12] 자연형 시설의 장·단점 비교

구분	장점	단점
저류시설	· 강우유출수의 수질과 수량 모두를 조절할 수 있는 수단 · 기존의 유수지를 개선해 사용가능 · 침전물과 침전물에 흡착된 오염 물질의 제거에 효과	· 비교적 대규모의 토지를 필요로 함 · 용존성 오염물질은 제거효율 저조 · 침전물이 제거되지 않았을 경우 대규모 강우 후 침전물 재부상 우려 · 침전물 제거(준설)에 비교적 높은 비용소요 · 부적절하게 관리하면 냄새, 모기 등을 유발
인공습지	· 고형물질 외에 용존성 오염물질 제거 가능 · 미관적으로 쾌적한 경관 제공 · 지역의 자산적, 효용적 가치 증가	· 비교적 대규모의 토지를 필요로 함 · 침전물 제거 등 준설이 필요 · 풀 깎기, 잡쓰레기 제거, 도입식재종 등의 관리가 필요
침투 저류지	· 지역의 홍수피크를 감소 · 관리빈도가 비교적 적은 편임 · 저류용량만큼의 비점오염 저감효과 확보가능	· 토질조사 등의 기초현황조사가 부족하거나 설계가 부적절한 경우 저감효과가 미흡 · 고농도로 오염된 강우유출수 침전물이 과다한 강우유출수를 처리하는 데에는 부적절 · 토양층 내에서 처리되지 않은 오염물질에 의해 지하수 오염 유발 가능 · 대규모 배수지역에는 부적합
식생형 시설 (식생 여과대)	· 강우에너지로부터 토양을 보호함으로써 토양침식 감소 · 지표면 유수속도 감소,집수시간 증가, 침투증가에 의한 강우유출수량 감소 · 유속이 감소됨에 따른 여과, 흡수 그리고 중력침전으로 부유성 침전물 제거 · 자연환경개선에도 효과	· 저장과 침투기능이 충분하지 못할 경우 수질개선 미흡 · 오염물질 제거에 필요한 이상적인 환경이 유지되는 것을 조건으로 함 · 식생관리가 필요 · 오염물질 제거를 위한 최소너비가 필요하므로 일정규모 이상의 토지가 필요함

(출처 : 환경부, 2008, 비점오염저감시설의 설치 및 관리· 운영 매뉴얼)

[그림 6-14] 주거단지 내 식생여과 시설의 설치 모습(유럽)

(2) 장치형 시설 주요 기법

장치형 시설은 물리, 생물학적 원리를 이용한 장치를 이용하여 비점오염물질을 처리하는 시설로서 총부유물질(TSS), 박테리아, 용존 유기물질 등의 제거에 효과가 있으며 다른 시설 또는 관거와 연계 설치하여 처리효율을 높일 수 있는 특징이 있다.

도로, 공항, 차량정비업소, 주차장, 아파트 등 광범위한 장소에 설치가 가능하며, 오염원 직유입부나 하천, 호소의 유입 말단부에 기존 관로와 연계하여 설치할 수 있다.

- 여과형 시설 : 강우유출수를 집수조 등에서 차집한 후 모래, 토양 등의 여과재를 통해 여과하여 비점오염물질을 저감하는 시설
- 와류형 시설 : 중앙회전로의 움직임으로 와류가 형성되어 기름, 그리스 등 부유성물질은 상부로 부상시키고, 협잡물을 하부로 침전, 분리시켜 비점오염물질을 저감하는 시설
- 스크린형 시설 : 망의 여과, 분리 작용으로 비교적 큰 부유물이나 쓰레기 등을 제거하는 시설

[표 6-13] 장치형 시설의 장·단점 비교

구분	장점	단점
여과형	· 부유성 고형물과 고형물에 부착된 오염물질 제거 가능 · 모래뿐만 아니라 다양한 여재 적용 가능	· 대규모 배수지역에서는 부적합 · 정기적인 여재 교체가 필요 · 유입부에 전처리시설(침전) 필요 · 불투수성 지역에서 적용 · 토사 등이 다량 배출되는 공사현장·농촌산지등에는 바람직하지 않음
스크린형	· 소용량 및 대용량 적용 가능 · 유지관리 용이 · SS 제거 가능	· 용존성 물질제거가 곤란하므로 처리항목이 제한적임 · 수처리효과는 미흡
와류형	· 대규모 유량처리가능 · 침전물과 분리처리가능	· 용존성물질 제거 곤란 · 유량변동시 제거효과가 미흡하여 유량조절장치용 부대 시설이 필요할 수 있음
하수처리형 (응집· 침전법)	· BOD, SS, T-P에 대해서는 신속한 처리 효과를 얻을 수 있음	· 유지관리인력 확보 및 상시관리가 필요 · 약품비 및 동력비, 슬러지 처리 등 운전비가 소요
기타 하수 처리형 (접촉 안정법, 폭기 식라군법, 회전 원판법 등)	· 비점오염저감에 활용하기 위해서는 강우특성 등에 따라 변동이 심한 유량 및 수질의 부하 및 처리의 안전성, 경제성등을 고려하여 설치하여야 함	

(출처 : 환경부, 2008, 비점오염저감시설의 설치 및 관리·운영 매뉴얼)

VI

생태습지의 기능

람사르협약에서는 습지의 가치와 기능을 다음과 같이 설정하고 있다.

- 홍수조절 : 습지는 홍수조절에 중요한 역할을 한다. 농업과 인간이 거주하는데 필요한 범람원의 소멸은 습지의 홍수조절 역할을 감소시키고 있다. 홍수조절 능력을 향상시키기 위해 강에 둑 및 댐을 축

조하는 것은 오히려 부작용을 야기하기도 한다.

- 지하수 유지 : 습지는 전 세계 담수의 97%를 저장하는 지하수층을 함유하고 있다. 지하수만을 유일한 음용수원으로 사용하는 수십억 인류에게 중요한 자원이 되고 있다.
- 해안선 안정화 및 폭풍으로부터의 보호 : 전 세계의 해안습지는 폭풍이나 다른 기상 이변으로부터 육지를 보호하는데 중요한 역할을 한다. 해안습지는 바람, 파도, 조류를 완화시키며, 해안식생은 퇴적물을 적절한 장소에 보유한다.
- 퇴적물 및 영양분 유지 : 습지는 유속의 흐름을 완화시키며 영양분 및 물이 가지고 있는 각종 퇴적물을 함유할 수 있도록 도와 준다. 습지가 보유하고 있는 영양적인 면은 습지의 생산성을 높여주며, 심시어 농경지 생태계에 버금가는 가치를 가진다.
- 기후변화 완화 : 습지는 지표 탄소의 40% 정도를 함유하고 있다. 이탄습지 및 산림습지는 특히 탄소양을 감소하는데 중요한 역할을 하고 있다. 습지를 파괴하고 농경지로 활용하기 위한 전환은 지구 온난화 60%의 원인을 차지하는 이산화탄소의 배출을 증가시킬 것이다.
- 수질정화 : 습지가 가지고 있는 식물 및 토양은 수질을 정화하고, 질소 및 인의 높은 함유량을 감소시키며, 어떤 경우에는 독성물질을 제거하는 중요한 기능을 하고 있다.
- 생물다양성의 보고 : 담수습지에는 지구상의 40% 이상의 종과 12%의 동물종이 서식하고 있다. 일부 습지에는 멸종위기에 처한 중요한 종이 서식하고 있다. 습지 생물다양성은 조제업 및 쌀과 같은 상업적 농작물 재배와 같은 분야에서처럼 상당한 경제적 잠재력을 가진 중요한 보고가 된다.
- 습지생산품 : 인간이 사용하는 습지에서 생산된 제품의 목록은 방대하다. 상업적 이용에서 가내 이용 및 생활수단 단계에까지 아주 다양한 수준에서 무분별한 이용이 발생하고 있다.
- 레크레이션 및 관광 : 많은 습지들이 관광하기 좋은 장소가 되고 있다. 가장 좋은 예가 습지가 국립공원, 세계유산, 람사르사이트 또는

생물권보전지역으로 보호되는 것이다. 많은 습지들이 지역적으로나 세계적으로나 상당한 양의 수입을 창출해 내고 있고, 어로행위, 사냥 및 보트타기와 같은 레크레이션 활동이 습지에서 가능하다.

- 문화적 가치 : 비록 완벽하게 파악되지 못하고 정형화된 주제가 부족하지만, 습지는 종교, 역사, 고고학 및 다른 문화적 관점에서 중요한 가치를 지닌다. 람사르 사이트의 30% 이상의 습지가 지역적 차원 또는 국가적 차원에서 고고학적, 역사적, 종교적 또는 문화적 중요성의 가치를 가지고 있었다.

3.2 생태습지 조성 사례

국내 사례

(1) 영동고속도로 여주JC

영동고속도로 여주JC 부근으로 면적은 6,670m²이다. 주요 특징은 침전지와 정화식물을 이용한 자유 수면형 인공습지이며, 식생은 갈대(수질정화)외 13종 20,000주가 식재되어 있다. 습지면적은 3,700m²로 전체 면적의 절반 이상을 차지한다. 습지면적을 최대한 확보하고 갈대 군락으로 물길을 유도하여 최대한 많은 면에 물이 접하도록 하였다.

(2) 영동고속도로 북수원IC

영동고속도로 강릉방향 북수원 IC로 배수 면적은 4,200m²이다. 주요특징은 U자형 개거를 개선하여 식생 수로로 조성하였다. 식생수로의

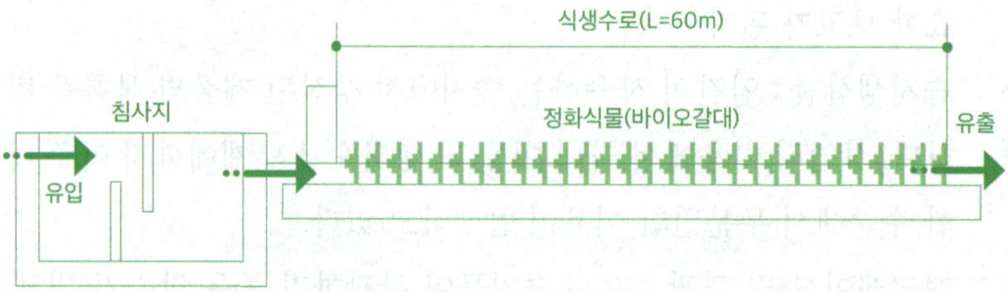

[그림 6-15] 식생수로의 비점오염원 저감 과정 모식도

배수유역은 불투수포장재를 사용하였다. 주기적 풀 깎기로 식물의 지속적인 비점오염원 저감 기능을 유지하고 있다.

이 곳은 식생수로를 통하여 오염물질을 제거하고, 정화를 유도하고 있다. 또한, 생태적 경관적으로도 우수한 시설을 갖추고 있다.

(3) 경부고속도로 기흥IC

경부고속도로 부산방향 기흥 IC 인근에 위치하며, 배수 면적은 2,400m²이다. 주요특징은 U자형 개거 지역을 개선하여 침투여과조로 조성하였으며, 침투여과조의 배수유역은 불투수포장으로 되어 있다. 침투여과조는 조경석, 우드칩, 모래, 자갈 등을 설치하여 수질을 정화하고 있으며, 특히, 도로에서 유출되는 오염저감에 효과적이다.

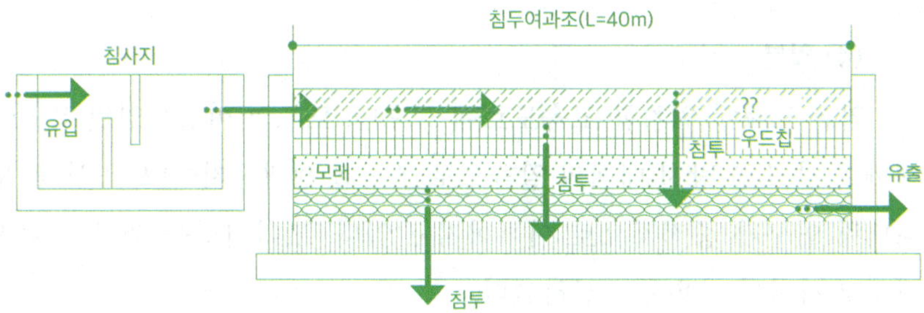

[그림 6-16] 침투여과조의 수질정화 모식도

국외 사례

(1) 네덜란드 E35도로

네덜란드의 암스테르담 E35도로 IC로 다단계 수로를 도입하여 오염제거 경로를 최대한 연장하고, 하류 보호를 개선하는 효과를 도모하고 있다. IC 내 수질 정화 효과를 극대화하기 위한 다단계수로 공법을 도입하였다.

VI

(2) 미국 MoPac고속도로

미국 텍사스, 오스틴지역의 Walnut Creek 남쪽에 위치하고 있는 MoPac 고속도로에 있으며, 배수 유역 면적은 104,600㎡이다. 강우 유출수의 처리 목적이 아닌 중앙 분리대의 기능으로 건식 식생수로를 도입하고, 초지가 형성된 경사면을 따라 유입되어 여과대의 중심을 따라 조성된 유출구로 배수되도록 설계하였다. 중앙 분리대의 기능 및 비점오염원 저감 기능을 동시에 수행하고 비점오염저감시설을 다기능화 하였다.

(3) 미국 중부 플로리다

미국 중부 플로리다에 있으며, 습식 수로(Wet swale)는 침전과 식물에 의한 여과대로 지하수가 수로로 이동하여 얕은 못을 만들었고, 건식 수로(Dry swale)는 80%의 유출수가 수로에서 침투되도록 조성하였다. 건식 수로를 도입하여 초기 우수 유출수에 의한 수질 오염을 저감시켰다.

(4) 일본

일본 도쿄에 위치한 고속도로에 있으며, 도로의 비점오염원 유입에 대한 수질 오염 방지 대책의 일환으로 조성된 생태습지이며, 조성 후 모니터링 연구가 중점적으로 이루어지고 있다. 모니터링을 위한 실험적 장소로 사람의 이용을 제한하였다.

3.3 생태습지의 오염저감

비점오염물질 저감

(1) 수질정화 공법 도입

도로 노면에서 유출되는 중금속을 중점적으로 저감시키기 위해 수질 정화 습지 및 여과대를 도입하여 시공하는 경우가 많다.

침투도랑, 식생여과대(잔디수로), 수변 완충대를 조성하여 비점오염물질 저감 및 수질정화 습지의 기능을 유지할 수 있도록 한다.

비점오염원을 체계적으로 저감시키고 효과를 극대화하기 위하여 여과, 침전/정화, 정화/서식의 단계별 수질정화를 도입한다. 수질정화를 위한 단계별 특성을 제시하면 다음과 같다.

VI

[표 6-14] 단계별 수질정화 특성

과정	여과(1단계)	침전/정화(2단계)	정화/서식(3단계)
효과	· SS, N, P, TOC 정화	· N, P, PB, CU 정화	· N, P 정화 및 생물서식
개념	· 초기부유물질 제거	· 여과대를 통과한 오염물질의 2차 정화	· 마지막 단계의 정화 및 습지생물 서식공간 제공
기법	· 토착미생물(지렁이 등)을 이용하여 여과로 인한 토양오염을 정화	· 수생식물(침수, 정수, 부엽, 부유)을 85% 정도로 조성	· 개방수면 50% · 정수식물 및 습지식물 40% · 모래와 진흙 10%
3단계 수질정화 공법 모식도	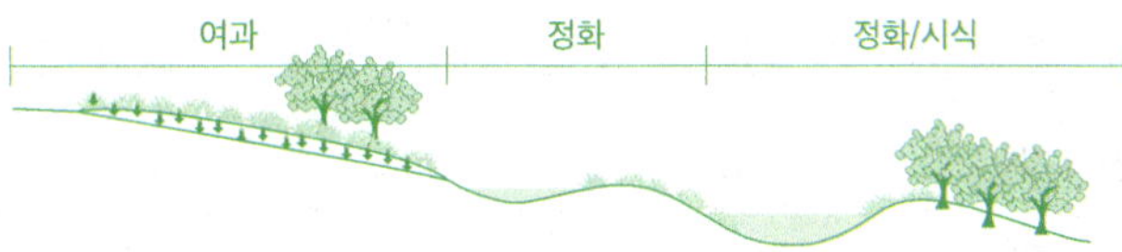		

가. 비점오염물질 수질정화 공법 1단계(여과)

부유물질(SS), 질소(T-N), 인(T-P), 총유기탄소(TOC)의 정화를 목표로 한다.

[그림 6-17] 도로변 수질정화습지 조성모습

VI

- 여과대 조성 원리(전처리시설 및 잔디여과대 구역 조성)

습지에 유입되는 초기 부유물질 중 폐기물 및 쓰레기 등을 걸러 주는 전처리시설인 거석수제와 잔디여과대를 조성하여 여과 효과를 높일 수 있다.

여과대 조성시 배수로를 조성한 후 식생을 도입하며, 도입되는 식생별로 정화 효과가 가장 높은 수종을 도입한다.

여과대에 도입되는 식생별로 정화를 비교한 결과 잔디지역에서의 부유물질(SS), 질소(T-N), 인(T-P)의 제거효율이 갈대, 갯버들, 혼합, 대조 지역보다 높게 나타나 이를 활용하여 잔디여과대 구역을 조성하기도 한다.

[표 6-15] 도입 식생별 정화 효과

구분	SS	T-N	T-P	TOC
잔디 지역	84%	58%	61%	59%
갈대 지역	64%	55%	53%	59%
갯버들 지역	65%	57%	53%	57%
혼합 지역	50%	56%	53%	61%
대조 지역	48%	57%	57%	66%

(출처 : 김성원, 2008, 비점오염 부하의 저감을 위한 수변완충 지대의 효율적 조성; 오구균 외, 2008, 자연재생과 환경정비를 위한 생태조경공학)

- 전처리시설(거석 수제)

거석 수제는 초기 도로오염물질 중 부피가 큰 부유물질을 걸러주며, 모아주는 기능으로 유지관리 측면의 효율을 높이는 시설이다.

거석 수제는 돌을 쌓아 섬처럼 만들어 놓은 장치로서 수생동식물의 서식처가 되며 비점오염원이 여과되는 효과를 기대할 수 있다.

자연배수로 형태의 수로를 설치하고, 침투수의 차집 및 이동을 위한 유공관을 매설한 후 부분적으로 돌을 섬처럼 쌓아서 조성한다.

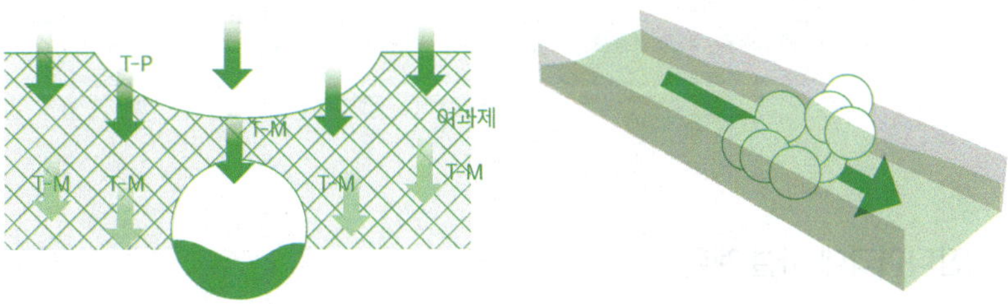

식생여과대 거석 수제 개념 모식도

[그림 6-18] 전처리시설

- 잔디여과의 개념 및 효과

지표면에 초목류(잔디)의 식재를 통하여 오염물질을 저감시키는 방법으로 잔디여과대에 유입되는 초기우수는 지하로 침투되며 침투수는 매립된 유공관을 통해 수질정화습지로 유출되어 중금속을 정화한다.

식생별 여과 효과를 비교한 결과 잔디여과는 단기간에 조성이 가능하고, 여과효과도 가장 높은 것으로 분석되어 가장 현실적인 식생여과대의 적합종으로 판단된다. 초목류, 관목류, 교목류의 여과 효과를 비교한 결과는 다음과 같다.

[표 6-16] 잔디여과 효과 비교 ◎ : 매우 좋음 / ○ :보통 / △ : 낮음

구분	식생		
	초본류(Grass)	관목류(Shrub)	교목류(Tree)
침식안정성(stabilize bank erosion)	△	◎	◎
여과 효과(filter sediment)	◎	△	△
생물상(aquatic habitat)	△	○	◎
경제적 생산성(economic products)	○	△	○
시각적 다양성(visible diversity)	△	○	◎
홍수 방지(flood prevention)	△	○	◎

(출처 : 이승주, 2008, 식생여과대에 의한 비점오염물질 제어와 수질개선에 관한 연구)

• 잔디여과대 시설 계획

자연배수로 형태의 수로를 설치하고, 침투수의 차집 및 이동을 위한 유공관을 매설하며, 소규모의 습지에서 완만한 경사를 만들기가 어려운 경우에는 계단식으로 조성하여 지형을 최대한 활용하도록 한다. 생태습지 내 케이블이 매설된 구역의 시공 안정성을 확보하기 위하여 케이블 매설 깊이가 얕은(2m 미만) 구역의 수심은 성토를 하여 터파기 공정 없이 시공하도록 한다. 경사가 급한 지역에 계단식으로 성토를 하고, 돌무더기를 조성하여 내부로 유입되는 유수를 단계별로 여과한다. 생태습지로 유입되는 유수를 물리적인 방법으로 여과하므로 수질의 변화가 발생하지 않는다.

- 시험 여과지 구역 조성

잔디여과대에서 우선적으로 걸러진 비점오염물질의 우수 및 유출수 등이 다양한 여과재를 통과하며 나타나는 정화 효과에 대하여 시험지를 조성하여 비교하도록 한다. 비점오염물질 중 부유물질의 유입에 대하여 물리적으로 저감시킬 수 있는 방법인 자갈 및 우드칩, 생물막 담체법을 도입하도록 한다. 여과재 조성 시 공극률은 여과의 효과가 가장 높은 40~45%가 유지되도록 한다.

[표 6-17] 여과재별 특징

구분	특징	비고
여과사리(자갈)	· 시공이 간편하고 초기 용존산소량을 높여줌 · 직경10㎜ 이상의 자갈	부유물질로 공극이 막히면 효과가 감소
우드칩	· 토양 수분의 유지, 토양 비효 증진 · PE망 설치로 외부 유출 방지	이물질 유입에 따른 관리가 필요함
생물막 담체	· 장병형의 프레임 구조로 유체 흐름의 영향이 적음 · 충진 여재의 재질은 P·E재질로 반영구적임 · 내부 발포를 통한 표면적 극대화로 미생물에 의한 유기물 제거율이 높음 · 소형으로 운반과 설치가 용이	

나. 비점오염물질 수질정화 공법 2단계(수질 정화 습지)

질소(T-N), 인(T-P), 납(T-Pb), 구리(T-Cu), 아연(T-Zn), 철(T-Fe)의 저감을 목표로 한다.

- 침전/수질정화 습지 조성원리

수질정화 공법의 2단계에서는 수질 정화가 집중되는 구간으로 수변의 자갈이나 모래에 의해 1차 정화, 수생식물을 통해 2차적으로 정화하도록 한다.

수변완충대를 조성하고, 생물에게 영향을 미치는 소음, 진동, 먼지 등의 영향을 최소화 하도록 하였으며, 호안의 굴곡과 깊이를 다양화하고 정체와 흐름을 반복하게 하여 자정효과를 높이도록 한다.

[표 6-18] 정화 식물

수종	BOD	N	P	수종	Pb	Cu	Zn	Fe
애기부들	68.1	38.7	34.7	고마리	3.9	11.8	29.7	54.1
꽃창포	65.4	32.8	17.4	마름	2.1	5.8	22.9	69.2
미나리	60.5	31.4	26.8	노랑어리연꽃	5.2	8.5	45.9	40.4

(출처 : 김인성, 1995, 고마리를 이용한 하천유역의 중금속 오염도 평가 및 중금속 오염원 제거에 관한 연구; 국립환경연구원, 1997)

- 침전/정화 습지 시설 설계

수질정화습지는 저습지 70%, 깊은 물 습지 15%, 그리고 개방수면은 15% 정도 확보하도록 한다. 수변지역의 경사도는 1:3 이상으로 하여 식물의 안정적인 생육기반을 확보하도록 한다. 식생 뿌리의 동사를 방지하기 위해 60㎝ 이상의 수심을 확보하도록 한다.

다. 비점오염물질 수질정화 공법 3단계(정화 및 서식 습지)

질소(N). 인(P)의 정화, 고마리 등 습지식물의 서식을 목표로 한다.

- 정화/서식습지 조성 원칙

수질정화와 생물다양성을 위한 습지로 수질정화의 마지막 단계로 조성한다. 정수역을 조성하여 수변에 수질정화 능력이 우수한 식생을 식재한다. 수생식물과 생태적으로 상관관계를 갖는 야생동물의 서식장소를 제공한다. 다기능 습지를 조성하여 도로의 이산화탄소 저감에 기여하도록 한다.

- 정화/서식 습지 시설 설계

개방수면 50%, 정수식물대 40%, 그리고 모래나 진흙이 노출된 곳 10% 정도를 확보하여 조성하며, 생물종(양서파충류 등)의 동면을 위해 일부 구역은 수심 100㎝로 조성한다.

(2) 생태 복원 시설의 도입

생태복원을 위한 시설로는 소생물의 서식 및 산란장소의 제공을 위하여 습지 내에 횃대를 설치하고, 습지 주변에 돌더미와 나무더미를 조성하여 곤충 및 양서·파충류의 서식과 산란의 장소로 이용할 수 있도록 한다.

[표 6-19] 생태복원 도입 시설의 종류

구분	시설명	기능
생태복원 시설	횃대	잠자리의 우화 장소 및 조류의 휴식시설
	돌더미 / 나무더미	곤충 및 양서파충류의 서식처 및 산란장소로 이용되는 다공질의 공간

횃대 돌더미 나무더미

[그림 6-19] 복원시설 사례

(3) 토양 복원 기법

토양 복원에는 물리·화학적 토양 복원 기술과 생물학적 토양 복원 기술이 있는데, 자연정화 기법을 적용하여 친환경적인 복원의 기법을 말 한다.

비점오염원으로 인해 오염된 토양을 복원하기 위해 생물학적 토양 복원기술을 도입하되 식물정화공법과 연계 적용하여 복원의 효과를 높이고, 자연적인 소재를 활용함으로써 시설의 도입을 최소화 하도록 한다.

대상지의 토양 복원을 위해 생물학적 토양 복원 기술 중의 하나인 바이오 스파징(Bio-sparging)기법과 식물정화공법을 연계하여 적용하도록 한다.

물리·화학적 토양 복원 기술과 생물학적 토양 복원 기술은 다음과 같은 특징을 가진다.

- 물리·화학적 토양 복원 기술

물리·화학적 토양 복원 기술에는 양수처리방법, 토양증기추출법, 열탈착법, 반응성 투수벽체, 토양세척, 토양세정공정 등의 방법이 있다.

위와 같은 기술은 공법의 도입에 있어 설치 및 운영 관리 비용의 부담이 크고, 복잡한 처리 기술을 요하게 된다. 또한, 추가적인 시설의 도입이 불가피한 경우가 많다.

- 생물학적 토양 복원 기술

생물학적 토양 복원 기술에는 바이오 스파징 및 자연저감법, 식물정화공법, 바이오파일, 토양경작, 바이오 벤팅 등의 방법이 있다. 토착미생물의 생분해로 오염원을 저감하기 위하여 바이오 스파징 기법과 식물정화 공법을 도입하여 비점오염원 유입으로 인해 오염된 토양을 복원한다. 생물학적 토양 복원 기법을 비교한 결과는 다음과 같다.

[표 6-20] 생물학적 토양 복원 기술 비교

생물학적 토양 복원 기술		
바이오 스파징	자연저감법	식물정화공법
포화 토양층(대수층)에 산소 및 영양분을 공급하여 토착미생물의 활성도를 증가시켜 오염물질을 생분해 하는 원위치 정화기술	토양 및 지하수 내 존재하는 오염물질의 양 및 농도를 감소시키는 자연저감 프로세스를 정량화, 평가 및 모니터링 하는 방법으로서 관측 자연저감법 이라고도 불리움	식물조직이 중금속 등을 체내에 흡수, 축적함으로써 오염물질을 제거하여 토양오염 및 지하수를 포함한 수질을 정화시키는 환경복원기술

(출처 : 이재영, 2009, 첨단환경기술; 정승우 외, 2009, 토양복원공학)

- 토양 복원지 조성 원칙

휘발성 물질의 저감을 목표로하여 토양 복원지의 조성 원칙을 제시한다. 지렁이에 의한 공극과 분변토로 미생물의 생분해와 식물의 중금속 흡수 및 축적으로 인한 오염물질을 제거하는 효과가 있다.

- **토양 복원 시설 설치**

바이오 스파징(Bio-sparging)은 포화 토양층(대수층)에 산소 및 영양분을 공급하여 토착미생물의 활성도를 증가시켜 오염물질을 생분해하는 원위치 정화기술이다.

식물정화 공법은 지렁이 배설물로 토양의 비옥화를 유도하고, 식물 생장을 활성화하여 중금속 흡수를 통해 오염 물질을 제거하는 방법이다.

(4) 생물다양성 증진

생태습지에 도입되는 다기능 습지 내 수공간을 생태적으로 활용하여 목표종의 서식환경을 유지하고, 확충될 수 있다. 다양한 생물종의 서식을 위해 비오톱을 조성하여 서식처 및 먹이를 제공하여 종다양성의 증진을 꾀한다. 수변완충대를 조성하여 야생동물의 이동 방향을 유도하고, 주변에 서식하고 있는 동물의 야생동물 교통사고를 방지할 수 있다.

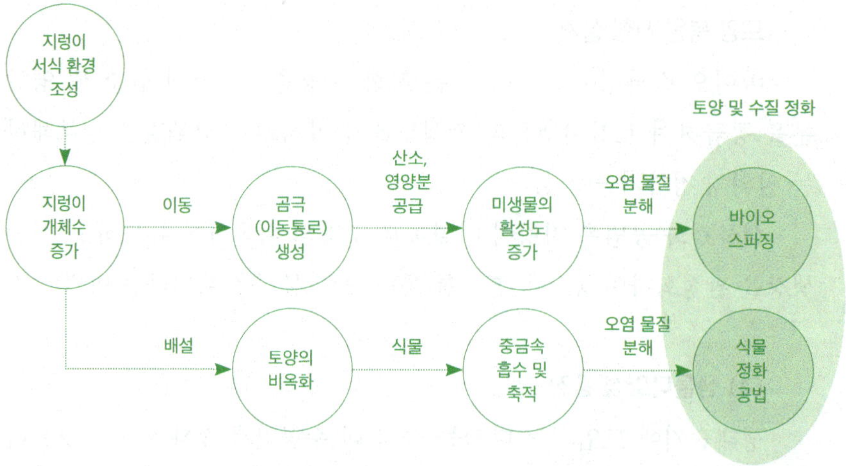

VI

[그림 6-20] 바이오스파징 및 식물정화 공법 체계 모식도

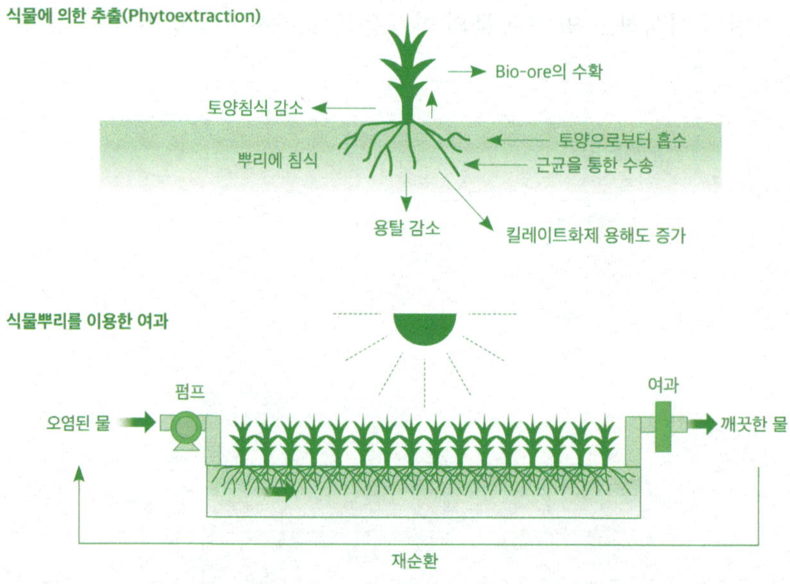

[그림 6-21] 식물정화 공법 모식도

식재에 의한 오염저감

(1) 다기능성 식물 도입

습지는 대기의 이산화탄소를 흡수함으로써 탄소를 포획하여 식물 성장에 활용하며, 이를 위해 탄소저감 식물을 도입한다. 도입수종은 수질정화, 토양복원, 탄소저감, 생물다양성, 경관성을 고려하여 선정한다.

습지 주변 식재 시 목본류를 활용하여 그늘 식재를 함으로써 습지의 수온을 조절하게 되며, 수온의 상승을 방지하여 메탄가스의 발생을 저감 시키도록 한다. 수생물의 서식환경 및 습지의 메탄 방출 비활성화를 위해 습지의 수온이 상승되지 않도록 한다.

VI

[표 6-21] 기능별로 적용 가능한 식물

구분	기능	식물
수질 정화	비점오염물질 중 중금속을 정화	고마리, 애기부들, 꽃창포, 미나리, 노랑어리연꽃 등
토양 복원	토양의 중금속 오염 정화	한국잔디, 겨이삭속 등
탄소 저감	탄소 정화 수종(에너지 수종)	물억새, 목백합나무 등
	탄소 포집 및 저장 수종	골풀, 부들 등
생물다양성	잠자리 우화 등 생물 서식장소	갯버들, 줄 등
경관	수질정화 식물 중 미적인 가치가 우수	노랑꽃창포, 부들 등

- 갈수기 식생유지 방안

여름철에 가뭄으로 인해 수원(水源)의 물이 고갈되는 시기와 겨울철에 적설(積雪)·결빙(結氷) 등으로 물이 흐르지 않는 시기에는 식물의 생장이 저하될 수 있다. 따라서 내건성이 강하고 수질정화 효과가 뛰어난 수종(달뿌리풀 등)을 도입하여 갈수기에도 식생이 유지될 수 있도록 한다.

- 탄소 정화 수종 식재(에너지 수종)

생태습지는 도로에서 발생하는 대기오염의 직접적 영향을 받을 수 있는 지역으로 탄소 정화 수종을 도입하여 저탄소 녹색성장 정책에 적극적으로 동참할 수 있도록 한다. 따라서 탄소 정화 능력이 우수한 물억새, 목백합나무 등을 식재하여 주변 도로에서 발생하는 탄소 발생에 대한 저감 대책을 마련한다.

- 탄소 포집 및 저장 수종 식재

탄소의 포집 및 저장 능력이 우수한 골풀, 부들 등을 습지 주변에 도입하여 탄소 저감능력을 극대화 할 수 있도록 한다.

(2) 주차장 도입

생태습지 내 교량 하부의 갓길 폭을 확보하여 관리용 주차장을 도입하고, 공간의 활용성을 높이도록 하되, 사면의 발생률을 낮추도록 한다. 따라서 노견 주차장을 확보함에 따라 발생되는 비탈면 높이는 최소화하고, 비탈면은 보강토 옹벽으로 처리하여 시공성 및 경관성을 높일 수 있도록 한다.

(3) 유입 및 배수 계획

유량산정

생태습지의 구역별 유역분석 후 해당 지역의 강우빈도 및 유출수량, 오염도 분석 등을 통하여 설계규모 및 용량을 결정하도록 한다.

생태습지의 정화습지는 정화식물의 안정적인 서식환경제공을 위해 필요 용량을 초과하여 조성하도록 한다.

강우유출계수 산정

A 구역 : 5mm × 10 × 0.32ha = 16.0m^3 (A 구역 수용용량 : 17.7m^3)

B 구역 : 5mm × 10 × 0.44ha = 22.0m^3 (B 구역 수용용량 : 56.9m^3)

C 구역 : 5mm × 10 × 0.24ha = 12.0m^3 (C 구역 수용용량 : 58.2m^3)

유입 및 유출수 체계

생태습지 내 효과적인 정화를 위해 우수 유입부 및 수로를 추가하고, 기존의 직선형 관거를 자연형 수로로 교체한다. 습지에 유입된 우수 및 유출수는 기존의 맨홀을 통해 유출될 수 있도록 한다. 또한, 효율적인 비점오염 물질의 저감 및 복원의 효과를 높이기 위해 수질정화습지를 통과할 수 없는 기존의 수계는 최소화 한다.

갈수기 유량 확보

- **벤토나이트(Bentonite) 방수 기법의 도입**

생태습지는 토양의 배수가 양호한 상태이며, 우수 이외의 유입수가 없기 때문에 갈수기 수량 확보를 위해 벤토나이트 방수 기법을 적용한다. 습지에 도입된 식물의 생존을 위해 불투수성의 시트 방수공법을 도입한다.

갈수기 습지의 경관적 보완은 자연석 및 식재(관목)를 통해 해결하도록 한다.

- **벤토나이트(Bentonite) 기법의 특징**

방수 기법 중 벤토나이트 기법은 물을 흡수하면 13~16배가 팽창하면서 물이 침투하지 못하여 수량이 확보되고, 주변 토사나 지하수의 오염을 예방한다. 물과 반응시 발생하는 자체 고팽창 성능에 의하여 균열이 발생한 곳에서도 자체적으로 팽창하여 방수능력이 유지될 수 있는 특징이 있다.

집중호우 및 홍수 저감방안

- **맨홀을 이용한 월류 형식 도입**

생태습지의 집중 호우 및 홍수 저감을 위해 치수적으로 안전하며 퇴적토사의 배사처리에 유리한 자연적 저감 방식을 도입한다. 맨홀을 이용하여 홍수시 습지 내 습지의 수위가 일정한 높이 이상 상승할 경우 설치된 맨홀로 오버플로우 되어 습지의 수량을 유지할 수 있도록 한다.

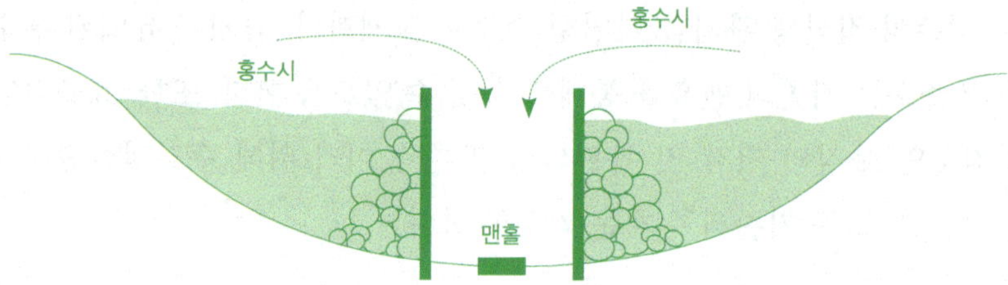

[그림 6-22] 오버플로우 개념도

• 물넘이 시설 및 잔디수로의 퇴적 토사 처리 방안

물넘이 시설은 STS판 3mm를 높이 500mm로 기존 암거측구 앞으로 현장 규격에 맞게 설치한다. 초기 우수는 신설수로로 유도하여 정화하며, 그 이상의 우수는 월류하여 기존 암거측구로 흘려보내도록 한다.

수로변에 피복류를 식재하거나, 자연석을 두어 토양의 유실을 최소화하도록 한다.

[그림 6-23] 물넘이 시설 및 잔디 수로 모식도

3.4. 생태습지 시공

생태습지 조성 절차

(1) LID(저영향개발) 기법

LID(저영향개발 : Low Impact Development)이란 불투수면 감소를 통해 빗물의 표면유출을 줄이고, 빗물의 토양침투를 증가시켜 물순환 개선, 오염저감을 동시에 달성하는 방법(제2차 비점오염원관리 종합대책)을 말한다.

도시화로 인해 변화되는 수문특성 때문에 발생되는 문제점에 대해 지역 내의 자연시설과 수문학적 기능을 도시화 이전의 수문특성과 유사하게 보존하는 계획 및 설계기법(미국 EPA)으로 정의하기도 한다.

자연의 물순환에 미치는 영향을 최소로 하여 개발하는 것을 의미하며, 토지이용계획단계에서 고려되어야 할 종합적 토지계획과 저류, 침투, 여과, 증발산 등의 기능을 구현할 수 있는 개별 기술요소로 구분할 수 있다.

도로에서의 생태습지는 소규모 분산형의 자연친화적 생태녹지 조성 기법을 활용해 우수유출 분산관리, 수해예방 및 비점오염 저감, 우수 유출 속도 지연으로 자연계의 물순환 구조를 회복하는 기법을 말한다.

VI

[그림 6-24] 저영향개발 기법을 적용한 생태습지

[그림 6-25] 생태습지의 유형 및 종류

(2) 생태습지의 세부 시공방법

생태습지는 기본적으로 물이 체류하는 시설이어야 한다. 물이 있으므로 해서 다양한 생물과 동물들이 서식하는 생태계를 가져야 한다. 또한 생태습지는 생태적으로 경관적으로 뛰어난 구조를 갖추여야 한다.

생태습지의 조성에 있어서 이러한 특징을 잘 고려해서 위치를 정해야 하며, 세부적인 시공계획을 잘 수립해서 시공에 임해야 한다.

생태습지는 구조가 2개셀 이상 상호연결된 하이브리드(Hybrid) 구조로 조성하고, 수심은 최대 1~2m로 다양하게 구성하며, 수질정화력이 높은 식물을 주로 식재한다. 생태습지의 경사는 종단 0.5~5%, 횡단 3(W):1(H)로 조성한다. 완충지는 폭을 5m 이상으로 한다.

빗물정원은 길이대 폭을 2:1로 하며, 너비는 8m, 깊이는 0.3m로 한다. 종단 구배는 0.5~6%로 하고 횡단은 3(W):1(H) 이하로 한다. 생태습지와 연계한 습지식물을 식재한다.

생태수로는 길이 20m, 너비 1.5m, 깊이 0.3m로 조성한다. 종단구배는 0.5~6%로 하고 횡단은 3(W):1(H) 이하로 한다. 주로 잔디식재를 하며 현장에 따라 습지식물을 도입한다.

생태습지

(구조) 2개셀이상 상호 연결된 하이브리드(Hybrid)구조
(수심) 최대1~2m, 다양하게
(식생)수질정화력 높은 식물 식재
(경사)종단 0.5~5%, 횡단[3(W):1(H)]
(완충지)폭5m이상
(유지관리)습지식물·완충식생 관리
(기타)수심1.0m이상, 침입방지책 설치

빗물정원

(구조) 길이:폭=2:1, 폭8m, d0.3m
(경사)종단0.5~6%, 횡단3(W):1(H)이하
(식생)생태습지와 연계한 습지식물 식재

생태습지

(구조) L20m×W1.5×d0.3m, 여유고0.15m
(유속감쇄장치)자연석제방 설치
(경사)종단0.5~6%,횡단3(W):1(H)이하
(식생)잔디(평떼) 식재
(유지)초장 15cm이하
(기타)현장에 따라 습지식물 도입

[그림 6-26] 도로 생태습지의 시공 요령

공종별 시공

(1) 식재 시공

비점오염물질의 자연정화를 위해 정화력이 우수한 식물을 도입하

고, 생태복원의 방향에 부합하는 자생수종 및 향토수종을 식재한다. 사계절의 식생경관을 고려한 수종을 선정하고, 수목의 생리적 특성을 고려한 식재를 한다. 토양의 건습도, 내공해성 등을 고려한다.

배수가 용이하지 않아 식생생육이 어려운 부분은 부지내에서 발생하는 사토를 활용하고, 마운딩하여 식생기반을 보완하도록 한다. 수변 및 습지의 경사도는 완만하게 하여 식물의 서식이 용이해야 한다.

[표 6-22] 식물선정 기준 및 도입 식물

구분	식재개념	도입식물
잔디여과대	비점오염물질중 SS(부유물질) 정화	잔디
정화습지	중금속 정화력이 우수한 수종	갈대, 고마리, 매자기, 물옥잠, 부들
서식습지	생물종 다양성 증진	고랭이, 노랑꽃창포, 물억새, 노랑어리연꽃
수변지역	수변여과대 및 경관성 향상	목백합, 왕벚나무, 갯버들, 조팝나무, 좀작살, 화살나무, 달뿌리풀, 털부처꽃, 수크령

[표 6-23] 생태습지의 주요 식물종류

식생구조		특징	주요 식물
정수 식물지역		- 수중토양에 뿌리를 내려 수면보다 높게 잎을 신장시킴 - 생육 유속범위 : 0.05~0.4m/s	창포, 흑삼릉, 방울고랭이, 매자기, 달뿌리풀, 물억새, 택사, 노랑꽃창포, 세모고랭이, 올방개, 갈대, 줄, 부들
수생 식물지역	침수 식물	- 수중의 토양에 뿌리를 내리고 잎, 줄기가 수중에서 생장 - 식물체 전체가 물 속에 잠겨 고착생활 - 부영양화가 심하면 적응하지 못하며, 조류, 어류의 먹이 역할 - 생육 유속범위 : 0~1.5m/s	나사말, 검정말, 물질경이, 말즘, 말, 물수세미
	부유 식물	- 물속이나 물위에 떠서 생활하는 식물	부레옥잠, 좀개구리밥, 생이가래

식생구조		특징	주요 식물
수생 식물지역	부엽 식물	- 수면아래 토양에 뿌리를 내리고 잎과 줄기를 수면위까지 신장시켜 물 위에 잎을 뜨게 하는 식물 - 호수의 부영양화의 조기예방, 어류 등 치어의 산란처 역할 - 생육 유속범위 : 0~0.2m/s	노랑어리연꽃, 수련, 자라풀, 어리연꽃, 마름, 가래, 순채, 물여뀌, 연가시연꽃
습생 식물대		- 일시적 침수지역에서 생육함으로 침식에 강해야 함	선버들, 갯버들, 키버들

VI

(2) 생태복원 시공

고속도로 비점오염물질의 정화력을 고려하고, 친환경성과 유지관리성을 고려하여 자연정화시스템을 도입한다.

지형 및 일조량 등 서식환경을 고려하여 설치위치를 선정한다.

도로로부터 유입부에는 전처리 시설(거석수제)를 두어 부유물질을 처리하도록 하고, 잔디여과대를 도입하여 친자연적인 소재를 활용하고, 지형을 최대한 활용하여 계단식으로 도입한다. 잔디여과대→정화습지→서식습지의 체계로 수질정화의 효과를 높이도록 한다.

[표 6-24] 도로변 비점오염 습지 조성시 고려사항

구분	개념	적용수준			
		A 구역	B 구역	C 구역	D 구역
전처리	공극이 큰 거석수제를 설치	1개소	3개소	1개소	1개소
실개천	평상시 건천임을 고려 잔디 피복	55.6m	283.5m	50.6m	-
잔디여과대	잔디 식재기반은 침투가 용이한 사질토 기반 조성	116.4m	373.3m	77.5m	57.4m
여과지	저감효과의 모니터링을 위한 여과재별 시험지	3type	-	-	-

<table>
<tr><th colspan="2">구분</th><th>개념</th><th colspan="4">적용수준</th></tr>
<tr><th></th><th></th><th></th><th>A 구역</th><th>B 구역</th><th>C 구역</th><th>D 구역</th></tr>
<tr><td rowspan="4">정화
습지</td><td>면적</td><td>효율적인 정화습지 기능을 위해
15%의 개방수면 확보</td><td>26.5㎡</td><td>114.1㎡</td><td>86.4㎡</td><td>-</td></tr>
<tr><td>담수량</td><td>우수의 체류시간을 고려하여 충분한
담수량 확보</td><td></td><td></td><td></td><td></td></tr>
<tr><td>수심</td><td>수생식물의 동면을 위한 수심확보</td><td>0.6m</td><td>0.6m</td><td>0.6m</td><td>0.6m</td></tr>
<tr><td>방수</td><td>방수효과 극대화와 친환경성 고려</td><td colspan="4">벤토나이트 + PE필름</td></tr>
<tr><td rowspan="4">서식
습지</td><td>면적</td><td>효율적인 서식습지 기능을 위해
50%의 개방수변 확보</td><td>32.8㎡</td><td>84.3㎡</td><td>100.2㎡</td><td>-</td></tr>
<tr><td>담수량</td><td>우수의 체류시간을 고려하여 충분한
담수량 확보</td><td></td><td></td><td></td><td></td></tr>
<tr><td>수심</td><td>양서파충류의 동면을 위한 수심확보</td><td>1.0m</td><td>1.0m</td><td>1.0m</td><td>1.0m</td></tr>
<tr><td>면적</td><td>방수효과 극대화와 친환경성 고려</td><td colspan="4">벤토나이트 + PE필름</td></tr>
</table>

(3) 복원재료 시공

생물종 다양성을 증진시키는 시설을 도입하고, 목표종을 고려한 서식처를 조성한다.

습지 내 잠자리 우화 및 조류의 휴식을 위해 횃대를 설치한다. 수면에 돌무더기, 나무무더기를 설치하여 다양한 소생물의 서식공간을 조성한다.

구분	개 념	도입장소
횃대	잠자리 우화 장소, 조류의 쉼터	습지 내
돌무더기/나무더기	양서파충류 및 소생물의 서식장소	수변지역

(4) 관리 주차장 시공

관리 차량 주차대 설치공간에 발생하는 옹벽규모는 최소화하고, 경관성과 시공성을 고려한다.

시공성과 경관성을 고려하여 보강토 옹벽을 설치하거나, 시공 및 유지관리가 용이한 점토블럭을 설치한다.

CHAPTER VII

산지 비탈면의 생태복원 녹화

1. 채광 및 채석지 비탈면

1.1 채광 및 채석지 비탈면의 특성

VII

지하자원이 부족한 우리나라에서는 경제성 있는 국내 부존자원의 개발 행위가 환경보전에 우선하여 실행되어 왔으며, 산림을 대상으로 석탄과 암석 등의 지하자원 취득을 위한 채광, 채석의 행위는 국가의 산업발전을 위해 불가피한 산업으로 인식되어 왔다. 채광 및 채석 산업은 국가 경제의 시대적 상황과 밀접하게 연관되어 있으며, 개발에 따른 자연자원의 훼손은 지금도 진행형이라고 볼 수 있다(2016년 기준으로 석탄광산은 6개, 금속광산은 78개, 비금속광산은 617개로 총 695개 광산이 가행중이다).

[표 7-1] 우리나라 광산 현황 (단위 : 개)

구분	석탄광산	일 반 광 산			합 계
		금속광산	비금속광산	소 계	
계	400	2,184	2,960	5,144	5,544
가행광산	6	78	617	695	701
휴지광산	-	22	144	166	166
폐 광 산	394	2,084	2,199	4,237	4,677

(출처 : 한국광해관리공단. 2016. 광해통계연보)

채광과 채석을 통한 지하자원의 개발은 필연적이지만 여러 가지 환경문제를 수반하게 되는데, 특히 대규모의 산림훼손을 유발하여 산림의 고유기능인 경관유지능력을 상실시키거나 산사태의 발생을 유발하여 귀중한 인명과 재산피해가 발생할 수 있으며, 소중한 자연경관자원 및 자연적인 산림생태계를 훼손시킬 수 있다. 최근 들어 환경보존과 경관보호에 대한 국민적 공감대가 높아짐에 따라 채광 및 채석지에 대한 복구의 요구가 높아지고 있다. 따라서 자원의 개발로 인하여 훼손된 지역의 조속한 복구가 필요하며, 채광 및 채석으로 인한 소음, 진동, 분진 등 환경오염 문제에 대한 처리방안도 함께 강구되어야 한다.

산림에서 토사와 암석, 지하광물을 취득하는 예는 크게 채광 및 채석 등으로 구분되는데, 사업 종료시 발생하는 유형은 입지조건과 채광, 채석의 용도 및 채굴방법 등에 따라 상이하다. 따라서 각 유형에 대한 생태복원녹화공법, 목표 및 방법이 다르게 적용될 필요가 있다.

산림복구의 최종 목표는 훼손된 산림을 원래의 주변 여건에 부합되도록 환경친화적으로 복구하고 사후관리를 철저히 하는 것이다. 해외에서는 개발과 동시에 복구를 진행하는 사례가 있으며, 채광이 완료된 훼손지를 주거지뿐만 아니라 공장용지, 상업용지, 업무시설지의 휴식공간, 생태공원, 농장, 납골당, 쓰레기매립지 등 다양한 용도로 재활용하여 토지의 효율적 이용에도 관심을 기울이고 있다.

1.2 채광 및 채석지 비탈면의 유형

채석지 표준 유형

우리나라의 경우 채광 및 채석은 주로 산에서 이루어며 산림훼손을 동반하게 된다. 또한 채취하는 광물의 종류에 따라 채광 및 채석지의 훼손유형은 매우 다양하게 나타나기 때문에 식생복구 설계 시에는 유형을 단순화하여 적정 복구공법을 적용하는 것이 바람직하다.

이 중 채석지는 다음 표에서와 같이 복구목표, 채광·채석 종료 시의 형상, 훼손지의 규모 등을 선택기준으로 활용하며, 또한 훼손지가 가시권 혹은 비가시권에 위치하고 있느냐에 따라 산림으로 복구할 것인가 경관녹화를 할 것인가를 결정하는 기준으로도 사용한다.

[표 7-2] 각 요인별 광산(채석적지) 표준유형 분류

구 분	유형(a)	유형(b)	유형(c)	유형(d)	유형(e)
암석(암종)에 따른 분류 (A)	화강암, 기타 화성암	석회암, 기타수성암	변성암, 특수 암석, 혼성암		
암질(경도)에 따른 분류 (B)	경암잔벽	준경암잔벽, 경·연암혼재 잔벽	연암잔벽, 파쇄연암잔벽		
암반구조에 의한 분류 (C)	소절리성암반	중절리성암반	다절리성암반		
채취용도에 의한 분류 (D)	토목용, 건축용	공예용, 수출용, 석회석	쇄골재용		
채석방식에 의한 분류 (E)	경사면 채석방식	계단식 채석방식	석재채석방식, 기타채석방식		
잔벽 경사도에 의한 분류 (F)	절벽지 60° 이상	준절벽지 45°~60°	급경사지 45° 이하		
허가면적 규모에 의한 분류 (G)	대규모 (3.0㏊ 이상, 비탈 길이 51m 이상)	중규모 (1.0~2.9㏊, 비탈 길이 31~50m	소규모 (1.0㏊ 미만, 비탈 길이 30m 이하)		
경관상 위치에 의한 분류 (H)	도시구역, 건물주위	도로에서 1㎞ 내외가시지역	도로 및 주택에서 가시지역	도로 및 주택에서 불가시지역	해안지역, 특수경관지역
안정녹화공사 난이도 (I)	대단히 난공사지	난공사지	보통공사지	준보통 공사지	특수공사지

(출처 : 산림청. 1992. 채석적지 유형별 표준복구공법 개발)

VII

유형별 복구 현황

석탄 채광지

1950년대를 기준으로 석탄 산업은 난방 및 취사연료의 주공급원으로서 국민 경제에 크게 공헌하였으나 1980년대 후반 들어 이루어진 급속한 경제발전과 산업화에 따라 석유, 가스, 전기 등 대체가능한 에너지원이 공급되어 그 수요가 급격히 감소하게 되었다.

실제 석탄산업의 최대 부흥기인 1987년에는 총 363개의 탄광이 있

었으나, 10년 뒤인 1996년에는 11개소로 급감하였으며, 2016년 현재 단 6개소만이 정상적으로 가행되고 있는 실정이다.

폐광지의 경우 오염물질의 관리소홀로 인한 지속적인 산성광산폐수 및 광재의 유입 등이 발생하고 있으며, 이러한 석탄광산 지역의 산림훼손 원인은 다양하다. 폐기물의 적재로 인한 토양의 부재, 식물 성장에 부적합한 폐기물의 물리화학적 특성, 폐기물로부터 침출되어 나오는 산성배수, 식물이 성장하는데 필요한 영양소 공급의 불균형, 중금속의 농도가 높고 이에 따른 독성, 이온의 불균형으로 인한 식물영양의 불균형, 식물에 유익한 미생물의 낮은 활성, 낮은 점토 함량에 의한 토양 내 완충능력 부재 등을 문제로 들 수 있으며, 복구시에는 다양한 원인에 대한 복합적인 대책수립이 필요하다.

VII

석회석 채광지

우리나라는 정선, 영월, 삼척, 동해 등 강원도 일대와 충북 단양, 제천 일대의 고생대에 형성된 석회암층이 약 18,600km²에 걸쳐 분포하고 있다. 대부분의 석회석 채광지 역시 강원도와 충북 일대에 위치해 있으며, 이 지역에서 대규모 채광이 실시되고 있다.

이러한 대규모의 채광은 대부분 계단식 채굴방식을 택하고 있기 때문에 채굴 당시에는 외부로의 노출 정도가 심하다. 사업 종료후 복구에 있어서도 계단부와 계단부 사이의 비탈면 높이가 일본의 경우 평균 10m 인데 반해 우리나라의 경우 15m 정도로서 비탈면 안정공사 및 녹화공사가 대단히 어려운 현실이다.

대규모 채광지 외에 일부 소규모 채광지의 경우 경사식 채굴방식을 도입하고 있는데 잔벽의 형상 및 경사가 쇄골재용 채석지와 유사하며, 석회석 채광지에 대한 복구공사가 대규모 채광지에 비해 제대로 이루어지지 않는 경우가 많다.

채석지

채석산업은 타산업에 사용되는 원자재의 사용량에 따라 공급량을 조절하는 산업이기 때문에 경제상황에 따라 채석량이 변하게 된다.

채석의 용도는 건축, 공예용, 골재용, 토목용, 토사용으로 4가지로 나누어지는데, 토사용을 제외한 나머지 용도의 채굴시 대부분의 사업자가 수직에 가까운 잔벽을 남기는 경우가 많아 사실상 영구 훼손지가 발생된다. 또한 채석 종료시 남겨지게 된 수직 잔벽의 경우에 곳에 따라 대규모 낙반붕괴도 발생할 가능성이 있어서 이에 대한 대책수립이 절실하다.

건축공예용 석재의 경우 석재의 질이 좋아서 건축용이나 공예용 원석으로 사용하기 위해 채석하는 것으로 수직 잔벽을 만드는 경우가 많다. 골재용의 경우에는 쇄골재를 생산하기 위하여 현장에 골재분쇄기를 설치하고 채취된 암석을 바로 분쇄하여 쇄골재를 만든다. 건축공예용 채석장과 비교해 보면 상대적으로 경사가 다소 완만하지만 분쇄된 쇄골재와 섞여 있는 토사가 침식, 유실될 위험성이 높다.

1.3 채광 및 채석지 생태복원녹화

채석적지 복구 기준

채석적지를 복구하기 위해서는 산지관리법에서 제시하는 기준을 준수하여야 한다. 복구설계서 승인기준에는 비탈면 크기나 기울기, 소단의 규모, 복토의 두께, 식재기준 등이 제시되어 있다.

복구설계서 승인기준은 현실을 반영하여 지속적으로 개정되고 있으므로, 복구설계시 최신자료를 참조하도록 한다.

[표 7-3] 산지관리법 복구설계서 승인기준(제42조3항 관련) 검토 [2017.6.2., 일부개정]

1. 공통 사항

가. 최초의 소단(小段)의 앞부분은 수목을 존치하거나 식재하여 녹화하여야 하고, 각 소단에는 평균 두께 60센티미터 이상 흙(토질이 척박하거나 폐석적치지인 경우에는 수목의 활착 및 생육에 지장이 없도록 충분한 객토를 실시하여야 한다)을 덮고 수목·초본류 및 덩굴류 등을 식재하여 비탈면이 덮이도록 하여야 한다. 다만, 비탈면의 녹화가 가능한 경우에는 그러하지 아니하다.

나. 복구대상지역안에 있는 건축물·공작물의 철거 또는 이전계획이 복구설계서에 반영되어야 한다. 다만, 당해 복구대상 지역을 다른 용도로 사용하기 위하여 인·허가 등의 행정처분을 받은 경우에는 그러하지 아니하다.

다. 목적사업의 수행을 위하여 산지전용 · 산지일시사용되는 산지가 아닌 비탈면은 사방공법으로 복구하여야 한다.

라. 고속국도·일반국도·철도·관광휴양지·명승지·공원 주변 등 경관조성 또는 생태복원이 필요한 지역의 비탈면에 대하여는 차폐공법·특수공법 등으로 가리거나 녹화하여야 한다.

마. 복구설계서에 따라 복구공사를 할 수 있도록 적정한 공사비가 복구설계서에 계상되어야 한다.

바. 토사유출의 우려가 있는 경우에는 하류에 토사유출을 방지하기 위한 침사지(沈砂池) 등을 설치하여야 한다.

사. 배수량이 적고 토사유출 또는 붕괴의 우려가 없는 경우를 제외하고는 하천 또는 다른 배수시설 등으로 배수되도록 배수시설을 설치하여야 하며, 배수로 인하여 수질이 오염되지 아니하도록 하여야 한다.

아. 복구를 위한 식재수종은 복구대상지의 임상과 토질에 적합하게 선정되어 야 한다.

자. 산지전용, 산지일시사용 또는 토석채취를 한 산지를 복구하는 경우에는 주변의 자연배수 수준의 기준면까지 토석으로 성토한 후 수목의 생육에 적합하도록 60센티미터 이상 흙으로 덮어야 한다.

2. 산지전용 · 산지일시사용의 경우(광물의 채굴 · 도로 · 철도 · 댐 · 저수지는 제외한다)

가. 비탈면의 수직높이는 15미터 이하이어야 한다. 다만, 다음의 어느 하나에 해당하는 경우에는 그러하지 아니하다.

(1) 다른 법령에서 비탈면의 높이를 정하고 있는 경우

(2) 계단식 산지전용 · 산지일시사용(가능한 기존의 지형을 유지하기 위하여 산지의 경사면을 따라 계단을 조성하고 산지전용 · 산지일시사용하는 것을 말한다)인 경우. 이 경우 다음의 요건 모두를 충족하여야 한다.

(가) 계단의 수직높이가 각각 15미터 이하일 것

(나) 계단에 조성되는 사업부지의 너비(소단의 너비는 제외한다)는 계단의 긴 변을 기준으로 직각으로 계단의 너비를 재었을 때 15미터 이상이 되는 부분의 길이가 계단의 긴 변 길이의 100분의 90 이상일 것(예시 참조)

VII

(3) 「과학기술기본법」 제9조제1항에 따른 국가과학기술위원회에서 심의한 연구개발사업에 따라 인공위성 발사 등을 위하여 설치하는 우주센터시설

나. 삭제 <2009.4.20>

다. 비탈면(옹벽을 포함한다)의 수직높이가 5미터 이상인 경우에는 5미터 이하의 간격으로 너비 1미터 이상의 소단을 설치하여야 한다. 다만, 다음의 어느 하나에 해당하는 경우로서 「국가기술자격법」에 따른 건축분야 건축구조 기술사, 토목분야의 토목구조 기술사, 토질 및 기초 기술사, 지질 및 지반 기술사, 토목시공 기술사 또는 「기술사법」에 따른 산림분야 기술사가 소단을 설치하지 않아도 안전하다고 인정하는 경우에는 그러하지 아니하다.

1) 비탈면이 암반으로 이루어져 있는 경우

2) 비탈면에 건축물의 벽체를 붙여 설치하는 경우

라. 비탈면의 기울기(비탈면의 높이에 대한 수평거리의 비율을 말한다. 이하 같다)는 비탈면의 붕괴를 방지하기 위하여 토질에 따라 다음의 요건(계단식 산지전용 · 산지일시사용인 경우에는 토질에 관계없이 1 : 1.4 이하)을 충족하여야 한다. 다만, 지질조사를 실시한 결과 안전한 것으로 인정되거나 옹벽·파일·앵커 등 재해방지시설을 설치하여 안전한 것으로 인정되는 경우에는 이를 완화하여 적용할 수 있으며, 가목(1)에 해당하는 경우에는 이를 적용하지 아니한다.

(1) 경암인 경우의 기울기는 1 : 0.5 이하 일 것

(2) 풍화암인 경우의 기울기는 1 : 0.8 이하 일 것

(3) 토사인 경우의 기울기는 1 : 1.0 이하 일 것

(4) 성토지의 석력·토층인 경우의 기울기는 1 : 1.0 이하 일 것

마. 비탈면에 구조물을 설치하는 경우에는 토압에 대하여 안전한 구조로 하여야 하며, 돌쌓기, 옹벽 등 재해방지시설을 그 절토 · 성토면에 설치하는 경우에는 해당 재해방지시설의 높이를 감안하여 그 재해방지시설과 건축물을 수평으로 적절히 이격하여야 한다.

3. 광물의 채굴·토석채취지의 경우

가. 비탈면의 수직높이가 15미터 이상인 경우에는 수직높이 15미터 이하의 간격으로서 비탈면의 너비를 제외한 너비 5미터 이상의 소단을 조성하여야 한다. 이 경우 장대비탈면(비탈면의 수직높이가 60미터 이상인 경우를 말한다)이 발생하는 경우에는 비탈면의 수직높이 60미터 이하의 간격으로 비탈면의 너비를 제외한 너비 10미터 이상의 소단을 조성하는 등 재해를 줄이기 위한 대책을 수립하여야 한다.

나. 소단에 발생하는 각각의 비탈면의 각도는 75도 이하이어야 한다. 다만, 건축용 석재를 직면체로 석재를 굴취·채취하는 등 불가피한 경우에는 그러하지 아니하다.

다. 광물의 채굴·석재의 굴취·채취인 경우에 비탈면을 제외한 각각의 소단바닥에 대한 수목식재는 제1호가목의 규정에 불구하고 평균깊이 1미터 이상 너비 3미터 이상인 구덩이를 파거나 돌을 쌓는 등 등 토사유출을 방지하기 위한 시설을 설치하고 흙을 객토한 후 수목을 식재하여 수목이 생육함에 따라 비탈면이 차폐될 수 있도록 하여야 한다. 이 경우 배수에 차질이 없어야 하며, 토질이 척박하거나 폐석적치지인 경우에는 수목의 활착(活着) 및 생육에 지장이 없도록 충분한 객토를 실시하여야 한다.

라. 비탈면의 평균 기울기는 토석의 종류에 따라 다음의 요건을 충족하여야 한다.

(1) 건축용석재의 굴취·채취의 경우에는 1 : 0.4 이하일 것

(2) 광물의 채굴 및 건축용석재가 아닌 석재의 굴취·채취의 경우에는 1 : 0.5 이하일 것

(3) 토사채취의 경우에는 1 : 1.0 이하일 것

마. 삭제 <2011.1.5>

바. 폐석처리장은 사방공법으로 복구하되, 60센티미터 이상 흙을 덮어야 한다.

사. 도로·철도 연변가시지역으로서 2킬로미터 이내의 지역에 대하여는 경관유지를 위하여 높이 1미터 이상의 나무를 2미터 이내의 간격으로 식재하여 차폐조림을 하여야 한다.

아. 폐석 등이 많이 적치된 지역은 비탈면의 정지작업을 철저히 하고 객토를 많이 하여 수목의 활착·생육에 지장이 없도록 하여야 한다.

자. 복구를 위한 식재수종은 아까시나무, 오리나무 등 척박지에 잘 자라는 수종으로 선정하여야 한다.

비고

1. 제1호부터 제3호까지의 기준을 적용함에 있어 도면·도표 등으로 표시할 필요가 있는 사항은 산림청장이 정하여 고시할 수 있다.
2. 제1호부터 제3호까지의 기준을 적용함에 있어 산지의 지형여건 또는 사업의 성격상 위 기준에 대한 예외 적용이 불가피하거나 합리적인 사유가 있다고 판단되어 산지관리위원회의 심의를 거친 경우에는 완화하여 적용할 수 있다.
3. 제2호에서 "도로"란 「도로법」에 따른 도로, 「국토의 계획 및 이용에 관한 법률」 제2조제4호에 따른 도시 · 군관리계획으로 결정된 시설 중 도로, 「농어촌도로정비법」 제2조에 따른 농·어촌도로를 말한다.
4. 제2호의 소단의 폭은 장비의 소통 및 복구를 위하여 필요하다고 인정되는 때에는 3미터 이상으로 할 수 있다.

광산 복구녹화 방법

복구녹화 개요

생태계는 시간이 경과함에 따라 원시상태에서 생태계 구조와 기능이 발달하면서 방향성을 갖는 천이가 이루어진다. 자연계에서의 천이는 생태계가 안정되고 발달할수록 종수와 다양성이 증가하고 총 생체량과 영양물질이 증가하게 된다. 따라서 훼손된 생태계를 천이계열 방향에 따라 원래의 생태계 또는 극상단계의 생태계로 복원하는 것을 이상적인 생태복원이라고 정의할 수 있으나 현실적으로 실현이 불가능하다.

그러므로 우리 세대가 할 수 있는 실현 가능한 생태복원이란 훼손된 생태계를 훼손되기 이전과 유사한 상태로 회복시키는 것으로서, 주변에 훼손되지 않은 곳을 모델로 하여 원(잠재)생태계로 회복될 수 있는 가능성을 높여주는 것이다.

광산의 식생복구는 침식방지의 기능과 경관미의 회복 외에도 야생동물의 서식처 및 은신처 제공의 측면을 함께 복원목표로 설정하여 생태적으로 건강하고 시각적으로 바람직한 식생형을 조성하는데 역점을 두는 것이 좋다.

식생의 선택에 있어서도 채석적지의 주연부와 잔벽 상부의 경우 주변식생과 유사한 식생으로 조성하여 주변식생과의 조화를 이루도록 하는 것이 바람직하며, 잔벽의 중앙 및 하부는 식재 및 조기녹화의 목적에 부합되는 복구계획이 수립될 필요가 있다.

또한 채굴에 의해 파괴된 생육기반과 식생군락을 어떻게 복원하는지 여부가 매우 중요하다. 이를 위해서 우선 식물의 발아나 생육에 적합한 환경을 만들고, 다음으로 식생의 회복을 빠르게 하기 위해서 인위적인 노력을 할 필요가 있다.

결과적으로 볼 때 채광 및 채석지의 복구목표는 본래의 자연이 가진 바람직한 식생상태에 빠르게 근접하게 하는 것으로서, 그 목표는 시공초기의 단순한 식물구조에서 시작하여 종다양성이 풍부한 군락을 조성시키는 것이 될 것이다.

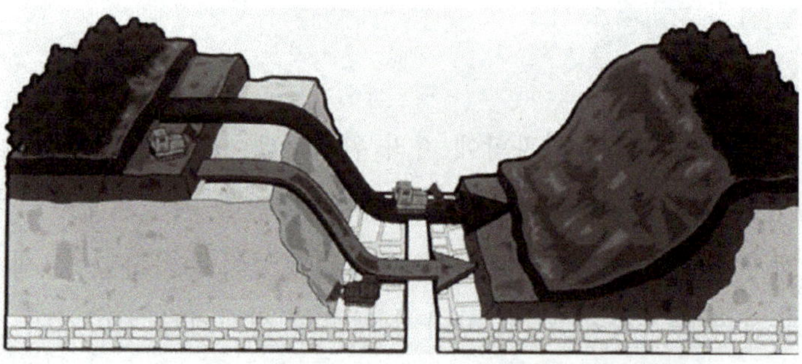

[그림 7-1] 현지자원을 활용하여 개발과 복구를 동시에 수행하는 이상적인 광산복구 개념도 (프랑스 상트랑쿠르 석회석 광산)

또한 복구의 시기도 개발과 동시에 복구를 수행하는 것이 바람직하다. 다음 그림에서와 같이 개발 지역의 토양을 복구지로 옮겨 식생기반으로 사용하고, 개발 지역의 식생을 그대로 옮겨 오는 방법이 이상적인 광산복구라고 볼 수 있다.

관련 연구 자료

- ▷ 홍콩의 채석장 복구는 매우 다양한 방법이 검토되고, 또 현장에 적용되어 그 효과를 평가, 검증하고 있다.
- ▷ 채석장 식생복구 방법으로는 소단부위에는 복토를 하거나 굴취를 하여 토사를 채우고 식재를 하는 방법이 이용되고 있으며, 잔벽면은 부정형 형태로 자연미를 강조하고 있다. 또한 비탈면 상에는 돌과 흙을 채워주고 비탈면 전체를 식생복구하는 방법도 이용되고 있다.

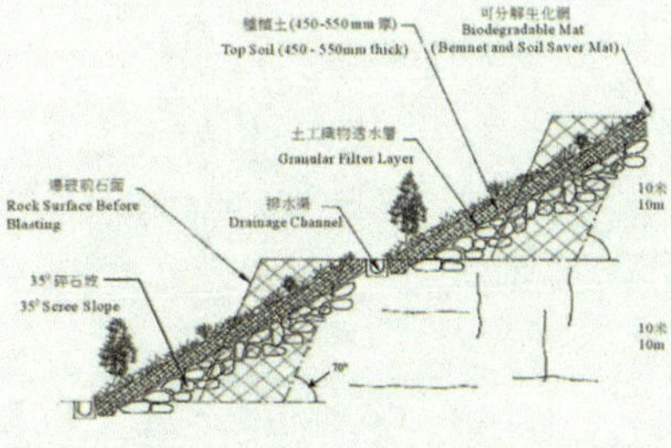

Shek O 채석장

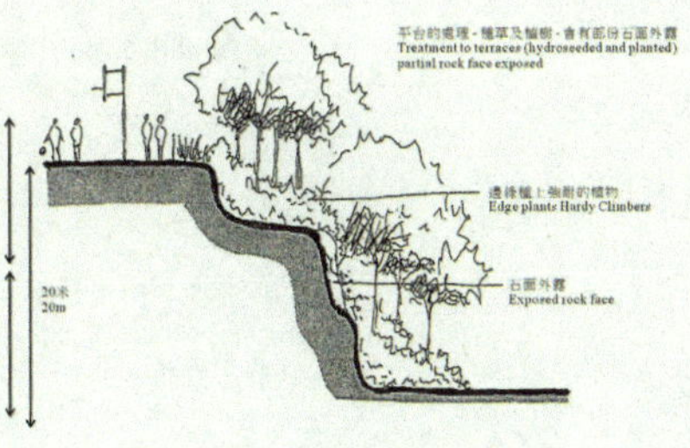

Lamma 채석장

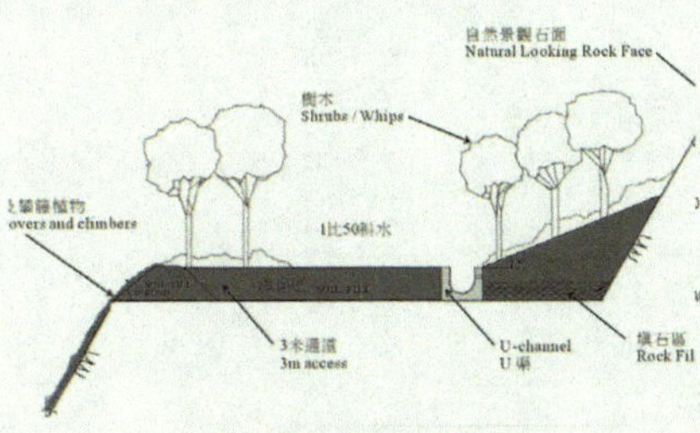

Anderson Road 채석장

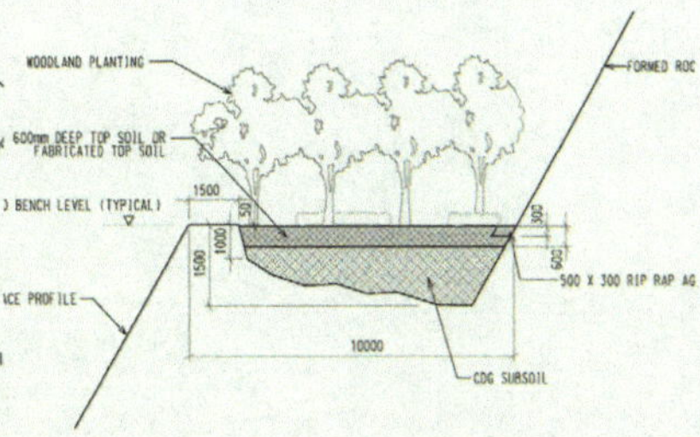

Lam Tei 채석장

(출처 : 박종민 등. 2009. 홍콩의 채석장 식생복원공법에 관한 분석)

산림청에서는 산림의 생태적인 식생복원 평가를 위하여 다음과 같은 항목을 기준으로 하고 있다.

[표 7-4] 산림의 생태적인 식생복원 평가기준 및 프로세스

원칙	내용
산림생태계의 지속성	- 새로 복원된 산림생태계가 스스로 자기조정을 할 수 있거나 자신의 체계를 유지하는데 도움을 줄 수 있는지
산림생태계의 저항성	- 새로운 군락구조는 다른 종의 침입에 저항 또는 견딜 수 있는지
산림생태계의 생산성	- 새로 복원된 생태계가 원래의 산림생태계와 같은 생산성을 가질 수 있는지
산림생태계의 순환성	- 영양물질의 순환에 얼마나 효과적인지
산림생태계의 다양성	- 조성 전·후의 식물상의 변화내용(종구성 변화)

VII

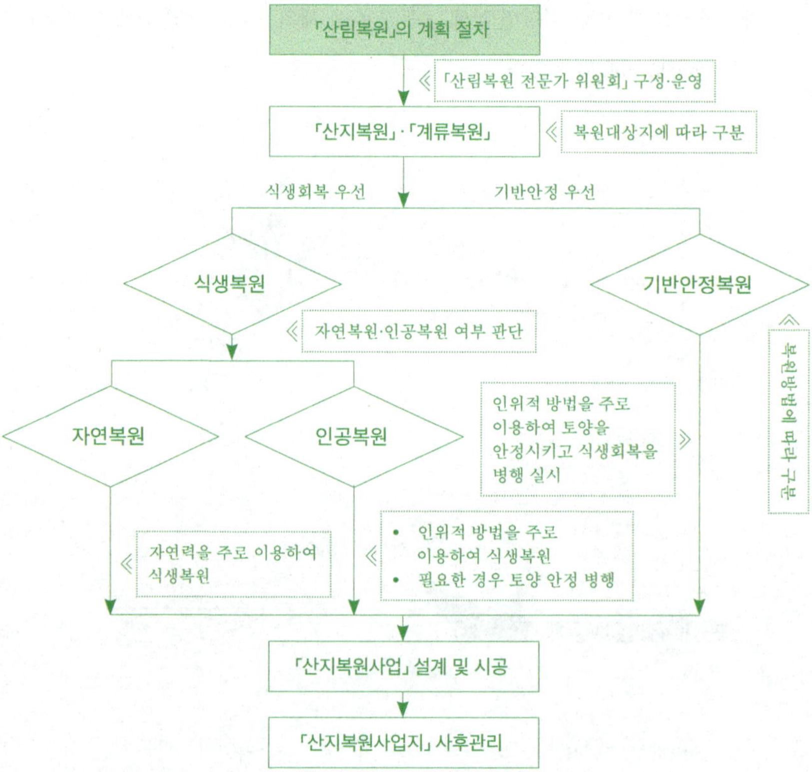

[그림 7-2] 산림복원사업 업무처리 프로세스

(출처 : 산림청. 2009. 산림복원 업무처리 지침)

산림청의 산림복원사업은 복원 방법에 따라 다음과 같이 구분하고 있다.

[표 7-5] 산림복원 대상지 요건(산림청 기준)

구분	식생복원 대상지 요건	기반안정복원 대상지 요건
식생	- 파종, 식재할 경우 원식생으로 조기에 복원되기 쉬운 지역 - 산림복원사업을 실행한 지역의 식생이 피복되지 않아 추가로 복원이 필요한 지역 - 기타 자연력을 최대한 이용하여 원식생 회복이 가능한 지역	- 토양이 안정되지 않아 파종, 식재할 경우 원식생으로 조기에 복원되기 어려운 지역 - 대형 산불, 대규모 벌채 등으로 식생, 표토의 훼손이 심한 지역
토양 및 지형	- 훼손지 중 마사토가 적은 지역(모래함량이 적은 지역), 침식이 적게 진행되었거나 진행 속도가 느린 지역, 경사가 완만한 지역, 훼손의 정도가 적은 지역	- 훼손지 중 마사토가 많은 지역(모래함량이 많은 지역), 침식이 많이 진행되었거나 진행속도가 빠른 지역, 경사가 급한 지역, 훼손정도가 큰 지역, 반복적 피해가 우려되는 지역 - 불법훼손, 산지전용, 토석채취 등에 의한 토양훼손이 심한 지역 - 산사태 등으로 토양유실이 심하거나 반복적인 재해가 우려되는 지역

(출처 : 산림청. 2009. 산림복원 업무처리 지침)

[그림 7-3] 집중호우로 인한 훼손지 산림복원사업 시행 모습

식생복원

설계 및 시공기준

주요 원식생의 변화가 일어나지 않도록 계획적으로 복원하도록 하며, 주변 산림생태와 조화될 수 있도록 생물다양성의 확보, 생육환경의 보전, 야생동물의 서식처를 고려하여 파종 및 식재계획을 수립한다.

식재할 주요 식물을 결정하고 그것과 공존하는 식물을 선정하는데 있어서는 식물 발아시기와 생육기간 등을 감안하여 발아 및 생육에 적합한 공법을 선정한다.

종자 파종은 가급적 발아가 잘 되는 봄에 실시하고, 종자유실을 방지하기 위하여 큰 비가 내릴 우려가 있는 여름과 발아 직후 동결이 예상되는 늦가을에 시공하는 것은 적합하지 않다. 파종 및 식재와 아울러 야생동물 서식지 복원(물 웅덩이, 습원 등)도 병행하며, 식재기반 토양의 유실방지 및 토양의 이화학성을 개선할 종자발아와 생육에 적합한 상태를 유지한 후 파종한다.

묘목을 사용할 경우 묘목의 원활한 활착이 어려운 토양에는 식재구덩이에 넣는 흙의 토양물리성을 높일 수 있는 양질의 토양을 혼합하여 식재한다. 초본류와 목본류 등이 자연스럽게 어우러진 군상형태로 식재하는 것이 바람직하며, 훼손지는 이미 자생식물이 사

[그림 7-4] 소단부 차폐식재 녹화

라졌거나 개체수가 적기 때문에 파종 및 식재를 통해 개체수가 증가 되도록 설계한다.

대면적 식생복원의 경우에는 소생태계 중심의 식생회복에 중점을 두며, 피해목의 벌채가 필요한 곳은 벌채를 최소한으로 하되, 특별한 경우를 제외하고는 벌채목 운반을 위한 운재로는 설치하지 말고, 집재기계를 이용하여 산림훼손을 방지하도록 한다.

설계의 순서

식생복원 설계는 "①목표식생에 적합한 식물 선정 → ②발아 및 생육에 적합한 공종 선정 → ③종자배합과 파종량 결정(필요한 경우 비료 선정) → ④필요한 재료의 종류와 수량 산정 → ⑤시공시기 및 시공기간 결정"의 순으로 진행한다.

VII

복원자재의 수급

종자 및 묘목의 수급에 있어서 식물종은 산림생태의 기능 유지 및 증진 목적과 부합되는 식물종을 선정하되 복원대상지 또는 인근 지역에서 현존하거나 과거에 서식하였던 식물종 가운데에서 선정하며, 고도, 방위, 토성, 토양의 배수, 건습도 등을 고려하여 생육여건에 적합한 식물종을 선정한다.

또한 종자, 묘목의 산지는 생태적·유전적 특성을 고려하여 고도, 기후대가 유사한 지역에서 채취한 종자 또는 그 종자로 양묘한 묘목을 수급하되, 외국에서 수입된 종자, 묘목 또는 수입한 식물에서 채취, 양묘된 종자, 묘목은 사용하지 않는 것이 바람직하다.

만약 복원대상지의 토양이 부족할 경우에는 생육에 필요한 유효토심이 부족한 곳에는 적어도 30cm 이상 복토를 하며, 복원에 사용될 토양은 가급적 고도, 기후대가 유사한 지역에서 수급하도록 한다.

기반안정복원

설계 및 시공기준

토양안정을 위한 복원계획 단계에서부터 생태특성에 맞은 식생을 도입한다. 이때 훼손지의 토양상태에 따라 토양안정에 중점을 두면서 식생회복을 병행하되, 식생은 소생물권의 군상복원 형태로 파종 및 식재를 한다.

토양안정은 토양교란을 최소화하면서 붕괴·침식·토사유출을 차단할 수 있는 친자연적 구조물의 공법을 적용하되 토질조건·경사도·기상조건·훼손정도·공사비·시공조건 등을 종합적으로 고려한다. 또한 현장의 돌·벌채목 등을 이용한 친자연형 공법 위주로 하고, 지형변형 최소화 및 토양 기반안정에 중점을 둔다.

이와 함께 경관회복 및 야생동물 서식처의 기능을 확보하도록 하며, 기존 토양의 형태와 특징을 보전하되, 표토의 보전 혹은 재사용을 통해 표토의 손실을 최소화하도록 한다.

복원자재의 수급

원상태의 산림으로 복원하기 위해 친자연적인 재료를 선택하여 이용한다. 토목재료는 토양안정을 위해 구조적으로 충분한 지지력이 있고, 내구성이 있는 재료를 선정한다. 가급적 추가 훼손이 없는 범위 내에서 현장에서 재료를 확보하되, 부득이 외부에서 반입해야 하는 경우에는 현장재료와 유사한 재료를 수급한다.

[표 7-6] 복구계획 수립시 고려할 사항

구분	고려할 사항
사업 대상지 여건 분석	- 채석장의 현황 : 채석장의 위치, 허가 면적, 단계별 복구 일정, 복구내용 등 - 채석 계획 : 단계별 채석량, 채석 모식도, 채석량 분포도, 지형복구를 위한 방안 등 - 입지환경 분석 : 입지 및 접근 체계, 자연환경 분석(기상, 기후, 지형, 지세, 수리, 수문 등) - 인문환경 분석 : 토지 이용, 경관 분석, 상하수도 등 - 생태환경 조사 : 동식물상, 생물다양성, 산림군집구조, 양서파충류, 조류, 현존식생, 보호식물 조사 등

구분	고려할 사항
복구 계획	- 계획 목표 : 복원 목표, 복원 개념, 향후 일정 등 - 토목 계획 : 연차별 채광량, 연차별 폐석량, 폐석 재활용, 수질·수계 관리, 지형변화 모형, 주요 조망점 경관관리 계획 등 - 식생복구 계획 : 지형복구, 산림수목 재활용, 식생복원, 토양재활용, 식물생육환경 기반조성, 숲관리, 식재, 수목수급, 입지조건별 수목 종구성, 식재 시공방법 등 - 유지관리 계획 : 공사 중 및 후의 환경관리, 모니터링 계획 등 - 집행 계획 : 예산 확보 및 사업 계획 등

(출처 : 산림청. 2009. 산림복원 업무처리 지침)

복구를 위한 기반조성 계획

채석장의 경우 개발하기 이전의 원지형, 채광 진행중, 그리고 채광 완료 후 식생복구를 위한 지형으로 구분할 수 있다. 채석적지는 원지형과 식생이 훼손된 상태이므로 일반적으로 식물의 생육기반이 불량하거나 없는 경우가 대부분이다. 따라서 지형의 복원과 식생기반의 복원이 동시에 검토되어야 한다.

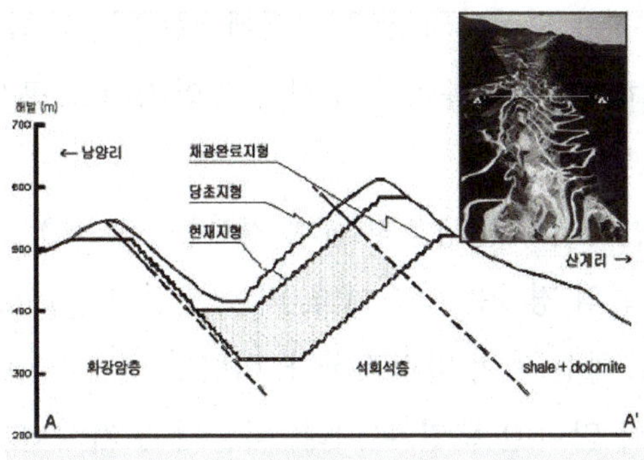

[그림 7-5] 계단식 채광으로 인한 지형의 변화 사례

복구를 위한 생육기반을 조성할 경우 흙쌓기면과 땅깎기면의 상황을 별도로 검토하여야 한다. 일반적으로 흙쌓기면은 1 : 1.5~1.8의 경사로 조성하는데, 이것은 보통 토양에 대한 기준 경사이며, 식재를 할 경우에는 주변의 지형, 토양의 성질, 식물의 도입조건, 흙쌓기 높이, 시공 후

의 관리방법 등을 고려하여야 하므로 비탈면의 경사는 1 : 2 이하로 계획하는 것이 바람직하다.

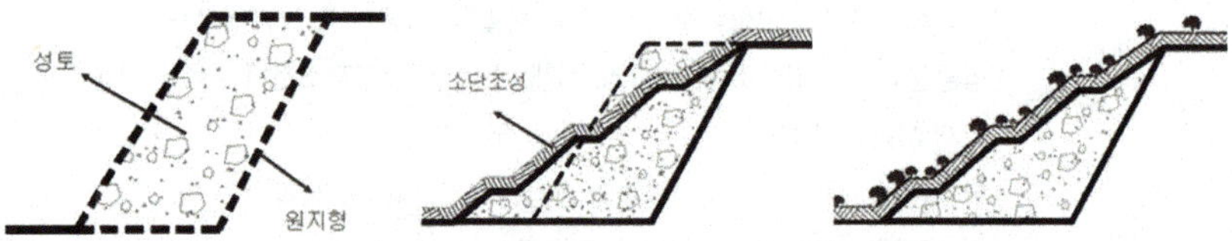

[그림 7-6] 채광지에서 흙쌓기면 조성 계획 사례

VII

땅깎기 비탈면의 경우는 일반적으로 비탈을 구성하고 있는 지질의 상태나 땅깎기 비탈면의 높이에 따라서 1 : 0.3~1.5의 경사도 기준이 사용되고 있다. 그러나 주변지역의 경사에 의해 이러한 경사가 부자연스러운 경우가 많다. 따라서 식물의 도입을 전제로 한 경우나 경관을 중시할 때는 가능한 완만하게 할 필요가 있다.

기본적인 방법으로 채굴 잔벽은 채석 후 암절개 비탈면으로서 "복구준비 조치공사"가 되어있지 않은 지역에서는 비탈다듬기공사를 통하여 소단을 설치하고 잔벽 높이를 조성하여 안정·녹화공사에 기반을 조성한다.

또한 비탈면에서 식물생육의 한계 경사는 55°~60° 정도로 보고 있기 때문에 비탈면의 경사는 60° 이하, 비탈면 길이는 15m 이하, 계단 폭은 2m 이상으로 하는 것이 바람직하다. 비탈면 경사가 60°를 넘으면 생육기반의 탈락이 많아질 뿐만 아니라, 식물의 조기쇠퇴가 일어나기 때문에, 비탈면의 경사는 60°를 넘지 않도록 한다.

경암 잔벽에서는 비탈안정이 큰 문제가 되지 않지만 쇄골재 채석장 등 비교적 연암성 잔벽, 특히 폐석 퇴적장에서 크게 문제가 되고 있다. 잔벽에서는 비탈다듬기, 단끊기, 낙석방지망덮기, 낙석저지책세우기, 앵커공법 등이 필요하며, 퇴적장에서는 돌단쌓기, 각종 흙막이, 땅속흙막이, 누구막이, 구곡막이, 배수로공사, 격자틀붙이기, 바자얽기공사 등이 필요하다.

암반으로 이루어진 잔벽면을 대상으로는 차폐녹화하는 방식을 적용하게 된다. 소단상에는 식재를 위한 기반 조성이 중요한데 경사지 잔벽면에는 직접 식물을 도입하기 어렵기 때문에 소단상에 식물을 도입하여 비탈면의 형상이나 적용하고자 하는 식물의 특성에 따라 객토하여 식재기반을 조성하고 수목을 식재한다. 소단의 내측에는 횡수로를 설치하며, 소단간 비탈면에는 위치에 따라 종수로를 설치하고 암반비탈면의 요철 정도에 따라 새집공법 등의 방법으로 녹화한다.

이상의 공법으로 생태복원녹화가 불가능한 급경사, 경질의 암반 비탈면은 종자뿜어붙이기나 두꺼운층 생생기반재뿜어붙이기에 의하여 비탈면을 녹화시키며, 잔벽 하부에 낙석 방지책 또는 차폐수벽공법을 적용하기도 한다.

채광 및 채석지의 경우 복토나 객토를 실시하고 있는 이유는 식물이 생육할 수 있는 토양기반이 부족하기 때문이다. 복토나 객토를 위해

한국 (K 석회석광산)

일본 (타카라즈카 석회석광산)

한국 (S 석탄광산)

한국 (J 석탄광산)

[그림 7-7] 채광지 전면 녹화 사례

VII

한국 (Y광산)

홍콩 (Lam Tei 광산)

[그림 7-8] 잔벽면 소단부 차폐식재 사례

서는 주로 외부의 토양이 반입되는데 토양의 물리적인 특성과 화학성이 매우 중요하다.

식물의 생육기반은 물리적으로 개량해야 하는 경우와 화학적으로 개량해야 하는 경우가 있다. 우선 채광 및 채석지의 식생기반 조성에 있어서 폐탄광의 경우에는 최소 복토두께를 30cm 이상으로 하도록 하며, 채석지의 소단 등에는 60cm 이상의 복토를 통하여 식생기반을 확보하여야 식생복원을 기대할 수 있을 것이다.

채광 및 채석지의 기반이 경질토양일 경우는 식물의 뿌리가 직접 정착할 수 없기 때문에 발아하여도 식물정착이 어렵다. 이러한 이유로 토양경도계로 측정했을 때 26mm(토양경도지수) 이상의 경질토양에서는 객토 또는 복토에 의해 생육기반을 조성한 후에 녹화 할 필요가 있다. 또한 경사지 조건(경암, 연암 등)에서 생육기반을 조성할 때에 힘줄박기, 철망, 네트 등의 녹화기초공을 설치하여 생육기반을 적절히 조성한 후에 녹화를 하도록 한다.

화학성의 개량은 주로 토양의 중화이다. 채석 및 채광지의 특성상 강산성이나 강알칼리성을 나타내는 경우가 많다. 토양산도가 pH 4 정도가 되면 토양을 교정할 필요가 있으며, pH 3 이하의 경우는 생육기반을 근본적으로 개선할 필요가 있다. 또한 석회석 채광지처럼 토양산도가 pH 8 이상을 나타내는 곳에서는 식물생육에 직접적인 피해가 없더라도 장기적인 측면에서 토양산도의 변화를 관찰할 필요가 있다.

식재기반 토양의 개량　　　　식재기반 토양의 복토

[그림 7-9] 광산 복구를 위한 생육기반 조성 사례

미흡한 식재기반 조성으로 수목생육이 불량한 사례　　　　충분한 식재기반 조성으로 수목생육이 양호한 사례

[그림 7-10] 식생기반 조성 차이에 따른 복구식물의 생육 상황

식물도입의 검토

채광 및 채석지의 복구를 위하여 도입하는 식물은 토지 및 자연환경의 보전, 자연식생과 경관의 유지 등 복원하는 목표군락에 적합한 종류를 선택하는 것이 원칙이다.

채광 및 채석지에 있어서는 복구녹화 계획을 수립할 때는 1) 주변경관과 조화되는 식생을 목표로 하고, 2) 황폐지 토양개량에 유효한 비료목이나 선구수종 또는 토양보전에 유효한 초본 식물을 주체로 선택하며, 3) 식물도입은 파종과 식재를 병행하는 시공기준에 대한 검토가 필요하다.

일반적으로 시공대상지는 본래의 토양조건과 전혀 다르므로, 최종 목표로 하는 식물을 초기단계에서부터 도입한다고 해도 쉽게 식물이 정착되기가 어렵다. 이러한 점에서 목표로 하는 식물의 생장을 도와주는 특수한 역할(선구식물, 질소고정용 식물)을 하는 식물을 도입하는데, 이러한 특수 역할을 하는 식물은 생육기반의 영속적인 개선을 도모함과 함께, 자연의 힘에 의해 빠르게 식물군락을 형성시킬 수 있게 도와준다.

폐탄광지는 채광 과정에서 나온 폐석을 쌓아 높은 곳이 많이 있다. 이렇게 폐석이 쌓인 곳은 직접 식물의 도입이 불가능하기 때문에 식물의 생육을 위해서 일정 기준의 흙을 덮어주는 작업이 필요하다. 이와 같이 전면적으로 흙덮기 하는 것을 복토라고 하며, 비탈면에 부분적으로 일정한 크기로 구덩이를 파고 성질이 다른 흙으로 채우는 것을 객토라고 하는데, 즉 복토와 객토가 폐탄광 복구의 기본이 된다.

VII

폐탄광지의 복토는 비용이 들어서 복구 시범지 등 특수한 지역을 제외하고 거의 실시하지 않고 있으며, 그 깊이도 대부분 20cm 이하로 하고 있다. 한편 대부분 지역에서 줄모양 또는 점모양 구덩이를 파고 객토를 실시하고 있으나 구덩이 당 1~2삽 정도의 객토량으로는 수목생장에 충분하지 못하므로 조림목 고사의 원인이 되기도 한다.

탄광지 식재 및 파종수종은 전통적인 황폐지 녹화수종으로 사용되는 아까시나무, 리기다소나무, 오리나무, 싸리(파종)와 족제비싸리(파종 및 식재)가 많으며, 그 밖에 잣나무, 낙엽송, 자작나무, 곰솔, 소나무, 측백나무, 현사시나무 등이 식재되고 있다.

비탈면 피복용 파종 초본류는 재래종으로 새류(일반 잡초)와 도입초종으로 왕포아풀(kentucky bluegrass), 오리새(orchard grass), 켄터키페스큐(kentucky 31 fescue), 톨페스큐(tall fescue), 능수귀염풀(weeping lovegrass)이

시공지 식생기반 조성 | 시공 후 1년 | 시공 후 4년

[그림 7-11] 자연식생복원을 목표로 한 광산 복구 사례

사용되고 있다. 그러나 조기 녹화를 위해 외래종을 사용하는 것은 향후 환경적인 문제를 야기할 수 있기 때문에 신중한 검토가 필요하다.

채광 및 채석지의 복구는 식물을 이용하는 것인데 이 방법은 중장기적인 관점에서 앞으로 변화될 식생군락을 검토할 필요가 있다. 복구 설계의 방법은 광산 주변지역에 있는 교란되지 않은 산림군락(참조 생태계)을 기본 모델로 설정하고, 이와 유사하게 조성하는 것이 바람직하다. 그러나 식물도 음수와 양수의 차이가 있듯이 채석적지 등에 극상림 상태의 식물을 직접 도입하는 것은 어렵기 때문에 시공 후 시간이 경과함에 따라 변화되어질 식생군락을 예측하여 식재 설계를 하는 것이 바람직하다.

채광 및 채석지는 일반 녹화공사 지역과는 기반의 경사, 기반층, 해발고 등의 환경적 요인이 다르기 때문에 이 지역의 복구를 위해서는 현지에 적응할 수 있는 종자나 수목의 확보가 중요하다. 따라서 채광 및 채석지의 복구를 위해서는 현지에 적응이 가능한 식물을 미리 확보하는 것이 필요하며, 이들 위해서 현지 묘포장이나 복구대상지와 유사한 환경조건에서 특수한 규격의 묘목을 사전에 양묘하는 것도 병행할 필요가 있다.

▷ 백두대간에 인접한 석회석 광산에서 연차별로 식생이 회복되는 과정을 모니터링 하였다. 종자파종과 수목식재를 병행한 시험연구에서 복구시공 이후 3년 정도가 경과하게 되면 식생피복도는 50% 이상으로 높아지며, 이후 관목림으로 식생구조가 변화되어가는 것을 알 수 있다.

연도	2007년 시공지	2008년 시공지	2009년 시공지	2010년 시공지
2007				
2008				
2009				
2010				
2011				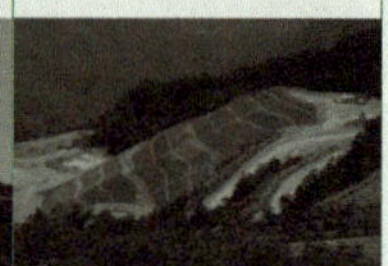

2012	
2013	
2014	
2015	
2016	
2017	

(출처 : 김경훈 등. 2011. 백두대간에 인접한 석회석 광산의 식생복구 연구(1) -종자 파종에 의한 옥계 광산복구 시험시공-; 김경훈, 김학성. 2012. 백두대간에 인접한 석회석 광산의 식생복구 연구(2) -묘목식재방법에 의한 옥계 광산복구 시험시공 사례)

[표 7-7] 산림훼손지에 조성할 임분의 유형별 적합대상지 및 수종선정 요건

유형 구분		유형별 검토 내용
용재림	대상지	- 경사도가 30도 이하로서 지속적인 관리가 가능한 지역 중 임지생산력이 우수한 장소
	종 선정 요건	- 용재수로서 적합한 수종 중 지역종 우선 - 현재 경제성이 있거나 미래에 경제적 가치가 예상되는 수종
	권장수종	- 소나무, 잣나무, 해송, 편백, 측백, 자작나무, 낙엽송, 음나무, 굴참나무, 상수리나무, 느티나무, 피나무, 물푸레나무 등
경관림	대상지	- 자연림 : 관광단지 및 시가지 주변, 공원, 고속도로 주변 지역으로서 주위의 경관과 분리되지 않는 자연스러운 경관이 요구되는 장소 - 조경수 및 유실수 : 유실수 및 꽃나무를 이용하여 심미적인 가치를 높이기 위한 지역으로서 경사도가 30도 이하인 지역
	종 선정 요건	- 자연림 : 주변 수종으로 주위 경관과 어울리는 종, 훼손되지 않은 자생종 중에서 생장이 우수한 수종 - 조경수 및 유실수 : 계절성을 고려하여 색깔을 위주로 한 화목류, 주민과 친근감을 줄 수 있는 유실수
	권장수종	- 자연림 : 주변의 침·활엽수 - 조경수 : 소나무, 팥배나무, 산벚나무, 단풍나무, 당단풍, 보리수나무, 조팝나무, 복자기나무, 자귀나무, 개나리, 회양목, 철쭉, 꽝꽝나무, 국수나무 등 - 유실수 : 감나무, 호두나무, 밤나무 등
임지보전림	대상지	- 임지생산력이 낮은 지역으로서 경제성보다는 임지보전이 우선적으로 요구되는 장소
	종 선정 요건	- 임지를 개선시켜줄 수 있는 수종 - 산성토양과 그리고 척박지에서 잘 자라는 수종
	대상지	- 소나무, 리기다소나무, 리기테다소나무, 아까시나무, 오리나무, 물푸레나무, 붉나무, 자귀나무, 싸리, 족제비싸리, 조록싸리, 참싸리 등

(출처 : 석탄합리화사업단. 2001. 석탄 및 석회석 광산 채광지역의 산림훼손지 복원연구)

채석지의 사후 활용

채석지의 처리 방안은 산지를 원상 복구하는 방안과 부지를 타 용도로 재활용하는 방안으로 구분할 수 있다. 원상 복구하는 방안은 앞에서 기술한 바와 같이 식물을 도입하여 숲으로 복원시키는 방법으로 훼손된 환경을 복원하기 위해서는 식생 복구사업이 매우 중요하다.

이와 함께 채석장 개발이 완료된 이후 이를 타용도로 활용하는 방안을 모색하는 것도 중요하다. 채석적지를 가장 경제적이고 효율적으로 개발하는 방법은 채광 이전에 채석이 완료된 이후의 해당 부지에 대한 이용과 복구계획을 준비하는 것이다. 외국의 사례를 참조할 때, 개발이 완료된 채석단지를 주거지로 개발하거나, 공장이나 상업용지, 업무시설지의 휴식 공간, 골프장, 공원, 레크리에이션 지역, 방재시설, 농장, 납골당, 쓰레기매립지 등으로 재이용하는 것이 가능하다.

VII

세일 광산을
습지로 복원한 사례(옥계 O광산)

채석부지를 습지 공원개념으로
조성한 사례 (홍콩 Ramma 광산)

공원으로 재 창조한 사례
(캐나다 Buchart 광산)

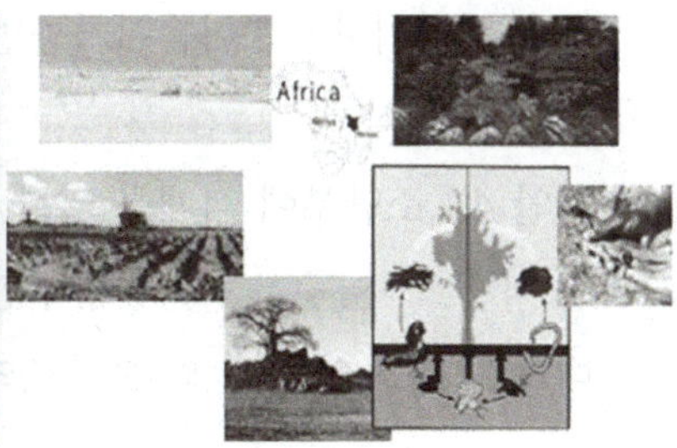

생태공원(자연보전지구)으로 조성한 사례
(케냐 Bamburi 광산)

[그림 7-12] 광산부지를 다양한 용도로 활용한 사례

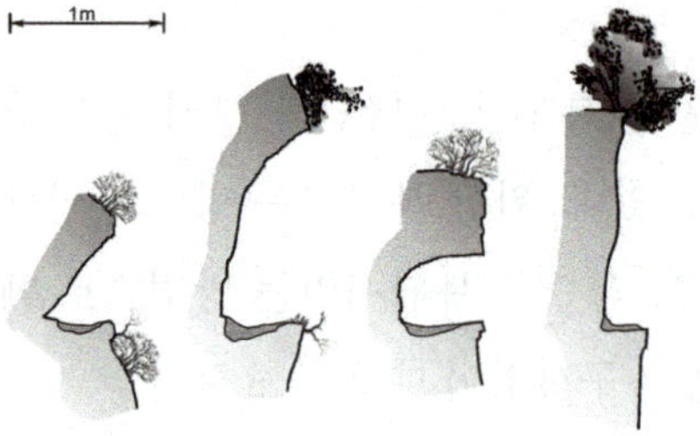

채석적지 암벽면에 새집을
조성하기 위한 계획

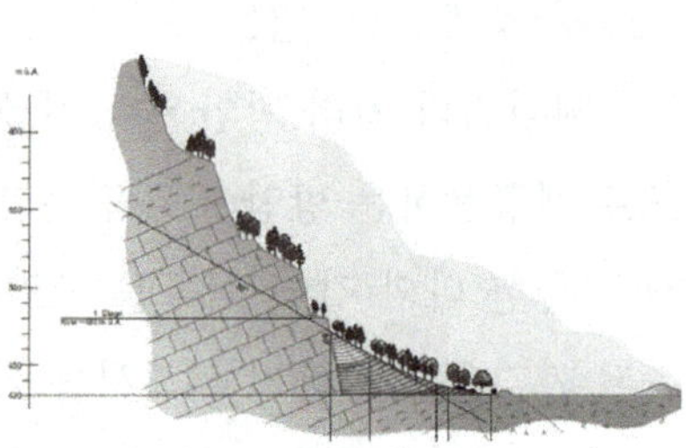

채석적지 하단부에 자연스러운
경사지를 조성하기 위한 계획

[그림 7-13] 광산 잔벽면의 다양한 복구 대안 사례

채광 및 채석지 잔벽면 녹화방법 검토

우리나라의 채광 및 채석지는 주로 계단식 채굴법을 이용하고 있기 때문에 개발이 완료된 후 계단식 잔벽면을 녹화시키는 것이 경관적으로도 매우 중요하다.

잔벽면 녹화는 소단부를 녹화하는 방법, 잔벽면 전체를 녹화하는 방법, 기타 활용방법 등 다양한 대안이 있다.

- 대안 1 : 부정형의 잔벽을 조성하여 자연스러운 형태로 지형을 조성해주고, 비탈면 전체에 식물 도입
- 대안 2 : 잔벽면의 수직 높이를 15m 이하의 간격으로 소단 설치를 유도하며, 소단 앞쪽에 수목을 식재하여 하부에서 차폐효과 제고
- 대안 3 : 전면부를 복토하여 식생을 도입(파종 또는 식재)하거나 두꺼운층 식생기반재뿜어붙이기공법 적용으로 녹화 또는 점적녹화 개념으로 식물 식재
- 대안 4 : 소단부에 식재를 위한 복토를 실시하고, 그 위에 덩굴식물을 식재(담쟁이덩굴, 등나무)하여 잔벽면 차폐
- 대안 5 : 녹화의 방법 외에 별도의 활용성 강구

[표 7-8] 채석장 잔벽면의 복구 대안별 특징 비교

구분	대안 1	대안 2	대안 3	대안 4	대안 5
명칭	부정형 잔벽 조성	차폐식재	전면녹화	덩굴식물 녹화	특수용도 활용
특징	암반 비탈에 요철을 형성하여 자연적인 형상으로 조성. 그 위에 식물을 식재하거나 파종함. 잔벽면에 요철 형성이 어려울 경우 식생상을 조성한 후 식재	소단 위에 복토를 하여 식재공간을 조성하고 (60cm이상), 수목을 식재하여 비탈면을 차폐함. 식재시 비탈면 전면부에 식재하면 차폐효과를 높일 수 있음	잔벽면 전체에 식생기반재를 뿜어붙이기 하거나, 복토를 하고 종자파종 또는 묘목 식재. 경암비탈이나 숏크리트 면에는 식생기반을 두껍게 조성한 후 녹화시행	잔벽면 하부에 담쟁이덩굴을 식재하거나, 유인줄을 설치하고 등나무를 식재하는 상향식 녹화. 인동덩굴 등을 이용한 하향식 녹화도 가능함	잔벽면이나 채석부지를 산림복구 외에 별도의 용도로 활용함
장점	조성 후 자연스러운 경관 조성	가장 일반적인 형태로 광범위하게 적용되고 있음	가장 적극적인 녹화로, 전면 녹화후 경관개선에 유리함	시공비가 저렴하며, 덩굴식물을 식재하는 공간이 넓지 않아도 됨	조성 후 다양한 경관 및 생물서식공간 창출 가능
단점	별도 기준이 없어서 계획수립 및 시행이 어려움	수목으로 차폐하는데 한계가 있으며, 차폐에 시간이 소요됨	급경사일 경우 경사면을 완화해야 하며, 복토 및 식생기반재를 뿜어붙이기할 경우 비용이 고가임	가장 소극적인 녹화로, 식생 차폐에 시간이 소요됨	별도 기준이 없어서 계획수립 및 시행이 어려움. 채석장의 토지소유 형태에 따라서 적용가부가 결정됨

VII

2. 자연공원내 훼손지의 생태복원녹화

2.1 자연공원내 훼손지의 특징

자연공원법 제2조에 의거하여 '자연공원'이란 국립공원·도립공원·군립공원 및 지질공원을 말한다. '국립공원'이란 우리나라의 자연생태계나 자연 및 문화경관을 대표할 만한 지역으로서 제 4조 및 제 4조의2에 따라 지정된 공원을 말한다. '도립공원, 군립공원'이란 도, 시, 군과 같은 행정구역별로 자연생태계나 경관을 대표할 만한 지역으로서 제4조 및 제 4조의 3에 따라 지정된 공원을 말한다. 또한 '지질공원'이란 지구과학적으로 중요하고 경관이 우수한 지역으로서 이를 보전하고 교육·관광사업 등에 활용하기 위하여 제 36조의 3에 따라 환경부장관이 인증한 공원을 말한다.

자연공원은 동식물 보호, 훼손지 복원, 탐방객 안전관리 및 환경오염 예방 등이 중요한 곳이므로, 이와 같은 지역에서 나타나는 비탈 훼손지를 생태복원녹화 하기 위해서는 일반 도로 비탈면과는 다른 접근이 필요하다. 자연공원 중 특히 국립공원은 자연생태계나 자연 및 문화경관을 대표할 만한 지역으로서, 국립공원내에 발생한 훼손지의 생태복원녹화는 특별한 관심이 요구된다.

국립공원 내 훼손은 탐방객의 과도한 이용으로 인한 탐방로 노면유실, 노폭확대, 샛길 발생 및 산정상·대피소, 주변의 야영 등으로 인한 나지 발생 등 인위적 요인과 고산지대 특유의 이상기후에 의한 자연훼손, 집중호우에 의한 탐방로 세굴 및 토사유실로 인한 식물 훼손, 수목뿌리 노출 등 자연적 요인에 의해 발생하고 있다.

국립공원은 생태적으로 민감한 지역이므로 각종 훼손지 복원사업에 있어서 외래식물을 사용하지 않고 자생식물을 이용한 복원이 이루어져야 한다는 조건을 고려하여야 한다.

국립공원내 훼손지는 백두대간 및 정맥 생태축 훼손지와 도서연안 생태축 훼손지로 크게 구분하고 있다. 이 중 산지와 관련이 있는 백두대간 및 정맥 생태축 지역의 훼손지 유형은 다음과 같다.

[표 7-9] 국립공원 훼손지 유형 구분

<table>
<tr><th colspan="2">훼손지 구분</th><th colspan="2">주요 내용 및 사진</th></tr>
<tr><td rowspan="6">백두대간 및 정맥 생태축</td><td>독립훼손지</td><td>- 산정산, 능선부 등 독립적인 형태의 훼손지
- 산사태지</td><td></td></tr>
<tr><td>비정규탐방로(샛길)</td><td>- 비정규탐방로(샛길) 및 주변부 침식지, 나지</td><td></td></tr>
<tr><td>단절 생태축</td><td>- 도로, 건설사업 등에 의한 생태축 단절 지역 및 주요 생물종 이동 지역</td><td></td></tr>
<tr><td>폐도 훼손지</td><td>- 국립공원 관통 도로 중 기능을 상실한 부지</td><td></td></tr>
<tr><td>외래식물 훼손지</td><td>- 과거 목초지, 농경지 등의 이용으로 자연식생구조가 훼손된 곳
- 농경지, 외래목초지</td><td></td></tr>
<tr><td>계곡 훼손지</td><td>- 계곡 내와 그 주변에 설치된 인공구조물(인공 보, 불법 상가 등)에 의한 계곡 생태계 훼손 지역
- 계곡 주변의 생물서식공간이 훼손된 지역</td><td></td></tr>
</table>

훼손지 구분		주요 내용 및 사진	
도서연안 생태축	해안사구 및 해안 훼손지	- 파도와 바람 등으로 인하여 발생된 해안, 해안사구의 침식 및 훼손지역 - 해양 폐시설, 폐어구 등	
	연안지역 단절 생태축	- 연안~하구~강 또는 하천~육상 등으로 연결되어야 할 지역에서 생태축 단절 및 서식처 훼손 등이 발생한 지역	
	도서 훼손지	- 섬 지역에서 사람에 의한 인위적 훼손 및 가축 등에 의한 생태계 교란이 발생한 지역	

(출처 : 국립공원관리공단. 2016. 국립공원 훼손지 복원 중장기 종합계획)

2.2 국립공원내 산지 훼손지 생태복원녹화

국립공원내 산지 훼손지는 지리적 특성, 생태적 특성을 고려하여 가급적 자생식물종을 활용하여 녹화하는 것이 바람직하다. 국립공원내 훼손지의 생태복원을 위해서는 다음과 같은 기준에 부합하도록 하여야 한다.

생태기반환경 복원

- 복원의 원칙

생태기반환경은 대기환경, 토양환경, 수환경, 서식처 등과 같이 훼손지 복원의 기초가 되는 것으로서, 복원의 의미를 고려할 때 훼손되기 이전의 원지형을 복원시키는 것이 원칙이지만, 현실적으로 훼손되어 변형이 된 곳이므로 가급적 원지형과 유사한 형태와 기능을 갖도록 한다.

복원을 할 때에는 수리·수문 특성을 고려하여 원수계를 살리는 쪽으로 검토하고, 부득이 변경하게 될 경우 복원된 지형이 수리·수문적으로 문제가 없도록 하는 것이 바람직하다.

생태기반환경의 기초가 되는 토양은 복원 이후 식물이 생장하는 기반이 되므로, 물리적 특성과 화학적 특성을 고려하며, 복원 방법은 반드시 식생복원과 연계가 되도록 하여야 한다.

또한 기후변화에 따른 집중강우, 태풍, 해일 등으로 인하여 복원지의 2차 훼손이 우려되므로, 가급적 재해에 대한 안정성을 확보할 수 있도록 한다.

- 세부 적용 기준

국립공원내 훼손지의 생태복원녹화를 위해서는 지형도, 경사도, 표고, 항공사진 등을 분석하여 훼손 전후의 상태를 세밀하게 파악하여야 하며, 토양층이 훼손되어 암반이 노출된 곳은 식물이 뿌리를 내릴수 있도록 가급적 토양층을 복원하여야 한다.

생태복원녹화에 사용하는 재료는 가급적 현지의 자연재료를 활용하도록 한다. 자연재료에는 돌, 흙, 나무 등이 있으며, 외부에서 반입할 경우 생태적 교란이 없도록 한다.

훼손지 또는 인근에서 복원을 위한 토양을 확보하기 어려운 경우 국립공원 외부에서 토양을 반입하게 되는데, 이때에는 매토종자원이나 생태계 교란을 야기할 소지가 없는 검증된 토양을 활용하며, 산지에서 채취할 경우 가급적 심토를 채취하도록 한다.

복원대상지에서 얻을 수 있는 표토에는 매토종자와 그 지역 환경조건에 적합한 토양 미세환경이 조성되어 있는 중요한 재료이므로 별도로 확보하였다가 복원공사에 사용하도록 한다. 인근에서 표토를 수집할 경우에는 수집행위로 인해 해당 지역의 환경이 재교란되거나 식물 생육저하가 일어나지 않도록 주의하여야 한다.

훼손지 토양 표면의 유실 및 침식을 방지하기 위한 방법으로 우드칩 등을 멀칭할 수 있으며, 멀칭 방법은 답압된 토양층을 개선하고 잡초를 방제하는 효과를 기대할 수 있으며, 시간이 지나면 자연분해되어 식물 성장에 도움을 줄 수 있다.

토양자재 외에 보조재료로 혼합하는 유기질 재료는 천연재료를 사용하도록 하며, 인공재료를 사용할 경우 반드시 환경유해물질이 배출되지 않는 재료를 사용하도록 한다.

복원 대상 훼손지의 규모가 크거나 기계장비를 이용한 대규모 시공이 필요할 경우에는 가급적 친환경적인 공법을 채택하도록 한다. 이때 공법은 시공 장비나 방식, 사용 재료 등에 따라 매우 다양한데, 특히 훼손지 주변의 토양, 매토종자, 입목칩 등을 직접 이용할 수 있는 공법을 적용하는 것이 바람직하다.

특수한 공법을 적용하고자 할 때에는 가급적 환경신기술이나 이에 준하는 환경 분야의 검증을 받은 기술이나 제품을 적용하도록 한다.

생태기반환경 복원을 위한 토양기반 안정용 재료는 천연재료를 사용하는 것을 원칙으로 한다. 재료는 가급적 훼손지 및 복원대상지 주변에서 구할 수 있는 재료를 사용하는 것이 바람직하다.

생태기반환경을 복원하는데 사용하는 재료에는 대표적으로 흙, 목재, 석재 등이 있으며, 특수지역일 경우 철재, 시멘트, 콘크리트, 고분자재료가 사용될 수 있으나 적용에 신중을 기하여야 한다. 국립공원내 훼손지의 생태기반환경 복원을 위한 재료는 다음과 같은 특징을 가지고 있어야 한다.

- 표층부 안정용으로 사용하는 섬유네트(황마, 야자, 볏짚), 섬유매트, 식생자루 등은 천연재료를 사용하도록 하며, 어느 정도 내구성을 가진 제품을 사용한다.
- 토양개량용 재료에는 각종 유기질 퇴비류를 사용하도록 하며, 피트모스 제품 등은 훈증 처리되어 잡초종자가 혼입되지 않은 제품을 사용한다.
- 목재는 간벌목이나 벌채목을 최대한 활용하도록 하며, 기반 안정용으로 사용하는 제품은 방부처리가 된 제품을 사용하도록 한다.
- 습지나 호안, 계류 등에는 생태하천용으로 사용되는 제품을 적용할 수 있으며, 친환경적인 소재인지를 확인하도록 한다.
- 토양개량이 필요할 경우 유기질퇴비를 사용하도록 하며, 협잡물이나 토양을 오염시킬 가능성이 있는 소재가 섞이지 않도록 하며, 특히 퇴비의 원재료로 폐기물(하수슬러지 등)이 혼합되지 않는

시공재료를 사용하도록 한다.

– 자원 재활용 측면에서 복원에 사용하는 재료는 현지내에서 재활용하는 것을 원칙으로 한다. 단 외부에서 토양을 반입할 경우에는 지면에서부터 최소한 1m 이하에서 채취한 심토를 사용하도록 한다. 대상지 주변에서 심토의 확보가 어려운 경우에는 잡초 종자가 포함되지 않도록 처리한 토양을 사용한다.

생태환경 복원

• 복원 원칙

생태환경이란 주어진 환경 조건에서 상호 관계를 유지하며 나타나는 동식물상을 말한다. 생태복원은 식물을 이용하는 것이므로, 시간이 경과함에 따라서 천이에 의해 변화될 양상을 미리 예측하여 계획을 수립하도록 한다.

국립공원내 훼손지의 복원에는 복원대상지 주변의 참조 생태계를 고려하여 원식생과 유사하게 복원하도록 한다.

복원에 사용하는 식물은 자생식물을 사용하는 것을 원칙으로 하며, 가급적 복원대상지 인근에서 확보한 식물을 활용하도록 한다. 식물은 종자나 묘목(용기묘)의 형태로 사용하는 것이 일반적이며, 경우에 따라서는 현지에서 직접 채취해서 사용할 수 있다.

훼손지 복원에 있어서 식생복원 목표를 미리 고려하여야 하며, 초기 피복안정을 목표로 하는 것, 생물다양성 증진을 목표로 하는 것, 중장기적으로 주변과 같은 식생구조 조성을 목표로 하는 것과 같이 구분하도록 한다.

• 세부 적용 기준

국립공원내 훼손지를 생태복원녹화하는 방법은 파종, 식재, 식생 유도에 의한 방법이 있으며, 현장의 특성 및 복원목표에 따라서 적합한 방법을 선정하도돌 한다.

복원에 사용하는 식물재료는 종자, 삽수, 묘목 등 다양한 형태로 활

VII

용이 가능하며, 이들 재료는 복원대상지 및 훼손지 주변에서 채취하는 것이 바람직하며, 식물재료를 채취할 경우는 이로 인한 생태계 교란이 없도록 주의한다.

복원을 위하여 동일종의 종자나 삽수 등을 채취할 때에는 동일 식물체에서 너무 많이 채취하지 않도록 하며, 종자는 가급적 주변의 다양한 개체에서 적정량을 확보하도록 한다.

한편 복원을 위하여 채취한 종자는 개별 종자의 특성을 고려하여 각각의 보관 기준에 부합되도록 보관하며, 채취된 종자를 파종하여 묘목을 키우고, 이를 현장에 활용할 경우 적용효과를 높일 수 있다.

묘목을 생산할 경우에는 가급적 복원대상지 주변의 유사한 환경조건에서 키우는 것이 바람직하며, 적합한 대상지가 없을 경우 외부에서 생산한 묘목을 현지와 유사한 조건에서 적응하는 과정을 거친 후 복원현장에 도입하도록 한다.

서식지 복원은 야생동물의 서식환경을 제공하는 것으로, 서식환경의 구성 원리는 다양성, 연속성, 면적, 섬, 주연부, 이동로, 은신처, 먹이, 완충지, 물 등으로 구분할 수 있는데, 생물서식공간은 가능한 한 본래의 자연형상에 가깝게 조성하여야 하고, 기존의 자생식생이나 현지의 토석 등을 활용하는 복원방식에 적합하다.

국립공원내 훼손지의 식생복원을 위한 식물 소재는 다음과 같은 특징을 가지고 있어야 한다.

- 복원대상지 주변에서 자생하는 식물(주변에서 직접 채취가 어려운 경우 복원대상지와 유사한 환경조건에서 확보한 식물)
- 척박지나 나대지에서 자랄 수 있는 식물(콩과식물, 벼과식물 등)
- 종자 채종이 용이하고 증식이 용이한 식물
- 다양한 방법(묘목, 삽수, 근주이식, 풀포기이식 등)으로 활용이 가능한 식물
- 식물뿌리가 발달하여 토양을 고정시켜주는 능력이 있는 식물
- 초기 성장이 빨라서 지피 피복능력이 우수한 식물

– 특수한 목적(희귀식물 보전 등)으로 활용하고자 하는 식물

위에서 제시한 특징을 가지고 있는 식물종은 대량 채종 및 묘목 생산과 적용 실험을 거쳐서 복원현장에 적용한다. 복원에 필요한 식물은 사업시행 이전(목본 5년 전, 초본 3년 전)부터 미리 충분한 수량을 확보하여야 한다.

채종된 종자는 발아 특성 및 묘목 활용가능성을 사전에 평가하며, 검증과정을 거쳐서 복원현장에 적용하도록 한다. 이때 묘목은 용기묘 형태가 좋고, 외부에서 생산하여 적용할 경우 현지 적응과정을 반드시 거치는 것이 바람직하다.

또한 복원 대상지 또는 주변에 생태계교란 식물종이나 외래종이 있을 경우 제거하도록 한다.

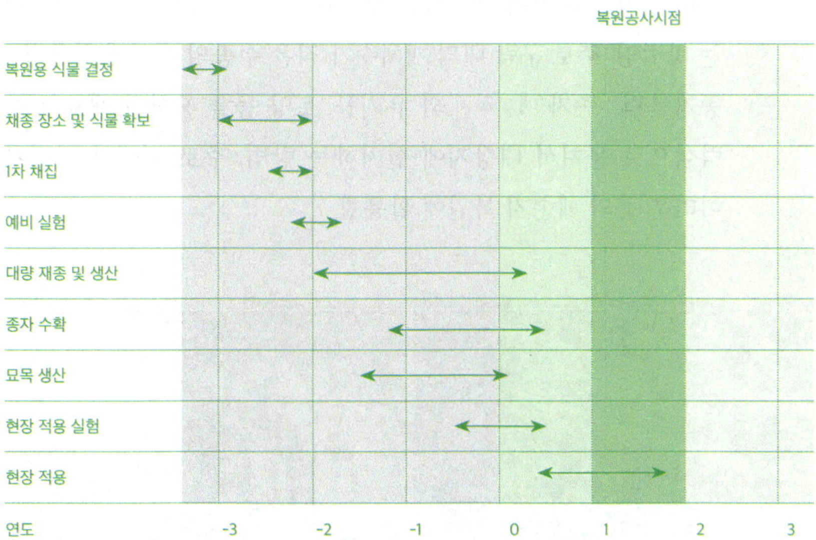

[그림 7-14] 현지의 자생식물 확보 프로세스

훼손지 복원을 위하여 식물 소재를 활용하는 방법으로는 다음과 같은 대표적인 것들이 있다.

– 이식 : 생육하고 있는 식물개체를 굴취하여 그대로 식재하는 장소로 이동하는 방법

- 근주이식 : 수목을 근원부근에서 벌채하여, 그 근주를 이식하는 방법으로 맹아력이 강한 수목을 이식할 때에 활용함
- 묘목재배 : 목본류의 종자를 채취한 후, 묘목을 재배하여 심는 방법, 주로 용기묘 형태가 적합함
- 종자채취 : 대량의 종자를 채취하여 식재할 장소에 파종 또는 흡착시키는 방법
- 매트이식 : 중장비를 활용하여 매토종자나 근경을 포함한 표토층을 매트상으로 박피하여 식재장소에 깔아주는 방법으로 원래의 장소와 유사한 식생을 복원함
- 표토채취 : 매토종자를 포함한 표토를 채취하여 식재장소에 산포하는 방법으로 주로 습지나 이차림 등의 복원에 활용함

VII

- 소스이식 : 종자를 맺는 모수가 되는 식물개체를 이식하여 그로부터 종자를 자연에 파종하는 것으로 그 종의 개체수를 증가시키는 방법임. 주로 군락 내의 개체수가 적은 수종의 이식에 활용함
- 종자블럭 : 종자(매토종자)와 유기물, 토양 등을 혼합한 재료를 블럭식으로 뭉쳐서 대상지에 설치하는 방법. 주로 접근과 관리가 어려운 곳의 훼손지 복원에 활용함

[그림 7-15] 자생식물 채취 및 증식 사례

3. 산지 훼손지의 생태복원녹화

3.1 산사태 훼손지

산사태 훼손지의 생태복원녹화

산사태는 산지 비탈을 형성하고 있는 표토 또는 풍화암층이 평행을 잃고 붕락하는 현상으로 그 원인은 유수의 침투와 지하수면의 상승, 중력작용 등에 의하여 발생된다. 산사태는 최근에 들어서 기후변화 등에 따라 점차 대형화하고 발생 빈도가 늘어나고 있는 추세이다.

사방사업법 제 2조 5호, 6호에서는 산사태와 토석류를 정의하고 있는데, 산사태는 "자연적 또는 인위적인 원인으로 산지가 일시에 붕괴되는 것"이며, 토석류는 "산지 또는 계곡에서 토석·나무 등이 물과 섞여 빠른 속도로 유출되는 것"으로 보고 있다.

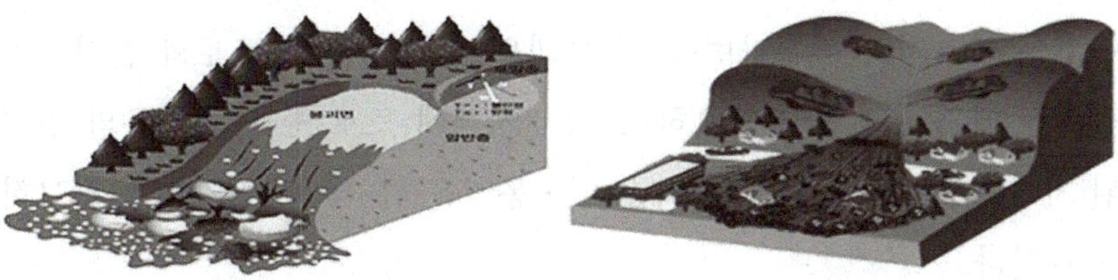

산사태 유형 A　　　　산사태 유형 B

[그림 7-16] 산사태 유형

(출처 : 산림청 홈페이지)

산사태지의 특성을 볼 때 붕괴원의 상부의 산지는 급경사로 되어 있고, 붕괴원과 침식부의 양측은 급경사면을 형성하며, 이들 지역의 바닥은 미풍화토양 또는 기반암으로 이루어져 있다. 퇴적부는 붕괴토사로 이루어져 있어서 이를 복구하기 위해서는 재 붕괴의 우려가 있는 토석의 제거, 견지반의 식생피복, 퇴사지의 식재 및 계통적인 수로의 설치가 필요하다.

최근에는 상류에서 발생된 소규모 산사태가 계곡부에서 토석류(土石流)로 확대되어 생활권지역에 대규모 재해를 유발시키는 사례가 빈번하여, 토석류 재해예방에 효과적인 사방시설 확충의 필요성이 증대되고 있다.

VII

산사태의 또다른 형태로 땅림밀이 있다. 이것은 특수 지질구조를 가진 산지나 구릉지에서 지하수 등에 기인하여 지괴(地塊)의 일부가 하층의 미끄럼면(활동면)을 경계로 중력에 의해 이동하는 것으로서, 일반 산사태에 비해 이동속도가 매우 느리지만 피해규모가 큰 것이 특징이다.

산사태 훼손지의 생태복원녹화

산사태지의 복구는 산지에서 수행하는 산비탈 사방사업에 속하며, 산사태가 발생한 지역을 복구하기 위하여 시행하는 산사태 복구사업과, 산사태 발생을 방지하기 위하여 시행하는 산사태 예방사업으로 구분할 수 있다.

산사태지는 외력에 의해서 원지형이 크게 변형된 곳으로서, 생태복원녹화를 위해서는 기반 안정화 작업이 필요하다. 특히 산사태지의 상단부 급경사지와 좌우양변에 재 붕괴의 우려가 있는 표토와 불안정한 암석을 제거하는 것이 필요하며, 붕괴지역에 도로변 또는 계류와 연결된 지역에서는 하단부에 돌쌓기 또는 옹벽을 설치하여 안정성을 확보하도록 한다.

산사태는 물과 토양간의 상호 작용에 의해 발생하게 되므로, 산사태지에서 용수가 있는 지역은 배수공이나 집수공을 설치하여 지하수를 배제하는 것이 일반적이다. 또한 수로는 경사도와 비탈면 길이에 따라

산사태 발생

산사태지 복구사업 후

[그림 7-17] 산사태복구사방(강원도 양구 남면 천리 현장)

수로를 설치하며, 경사의 변환점과 수로방향이 변화되는 개소에는 누구막이, 골막이 등을 설치한다.

산사태가 발생한 곳에서는 산지의 안정성을 확보하기 위하여 일정 간격으로 소단을 형성하며 토양을 고정시켜 주도록 하며, 급경사면에는 떼붙이기, 돌쌓기, 흙막이 또는 옹벽을 설치하여 재붕괴를 방지한다.

기반토양이 안정화된 상태에서는 식물에 의한 복구를 수행한다. 일반적으로 식재 또는 파종의 방법을 적용하며, 소단과 소단 사이가 급경사일 경우에는 짚 또는 각종 네트로 멀칭하도록 한다. 수목을 식재할 때에는 가급적 심근성 수종(참나무류)을 식재하며, 토양내부의 안정성을 높일 수 있도록 한다.

산사태는 발생 이후에 복구를 수행하는 것도 중요하지만, 산사태가 발생하지 않도록 예방하는 것도 중요하다. 따라서 산사태 취약지구에 천근성 수종이 있을 경우 뿌리가 깊고 수원함양기능이 높은 활엽수 위주로 수종개량을 하며, 천근성 단순인공림 등에 숲가꾸기를 실시하여 기본적으로 산림을 산사태 등 재해에 강한 방재형 산림으로 개선하는 것도 중요하다.

또한 산림재해취약지역을 대상으로 재해예방 숲가꾸기를 병행함으로서, 나무의 밀도조절을 통해 뿌리발달을 강화시켜 주변 토양을 지탱하는 말뚝효과와 그물효과를 최적으로 발휘하도록 유도하는 것도 바람직하다.

3.2 도시 정원사방지역의 생태복원녹화

도시 정원사방의 특징

사방사업을 시행해야 하는 도심 산지의 훼손지는 자연경관의 파괴, 자연식생 및 생태계 파괴, 산지계류의 어류, 수생 동·식물의 생활 및 생활공간 파괴 등이 문제로 발생되고 있다. 이러한 산지 비탈면에는 재해예방 차원에서 산지복구 공사가 진행되어 왔으며, 방재기능 강화를 위하여 각종 사방시설물이 설치되어 왔다.

기상이변에 따라 산지토사재해가 기존의 정보로 예측할 수 없을 정도로 다양화, 대형화, 빈발화되고 있으며, 도시민의 주거지가 산지쪽으로 확대되어 감에 따라서 발생 원인에 대한 논쟁이 계속되고 있다.

VII

또한 지금까지 잘 알려지지 않았던 도시 산록지역의 사방시설이 등산이나 관광 등으로 산을 찾는 사람들이 증가하면서 생태적, 경관적인 면에서 다양한 요구가 제시되고 있기 때문에 도심지에서의 사방사업은 새로운 시각으로 보아야 할 때가 되었다.

최근에는 자연환경에 대한 중요성이 증가함에 따라 단순히 재해방지대책으로의 기능을 넘어서 생태계와 환경 및 경관적인 요소를 중시하는 경향이 점차 증대되고 있으므로, 이에 따라 도심지의 산림내 재해예방을 위해 시공하는 사방사업은 자연과 조화를 이루며 미관상으로도 경관미를 연출하는 시설이 될 수 있도록 조성하고 있다.

1981년

2014년

[그림 7-18] 서울특별시 형촌마을과 성촌마을의 개발 전, 후의 모습

(출처: 서울시항공사진서비스, http://aerogis.seoul.go.kr/app/mainfrm/agis.do)

도심내의 산지에서 시행되는 사방사업은 전통적인 재해예방 및 방재기능을 기본으로 하고 있으며, 이와 함께 생활권 보전, 생물다양성 보전, 경관개선, 휴양 및 휴식공간 제공, 학습장소 제공 등과 같은 다양한 기능을 고려하는 쪽으로 발전되고 있다.

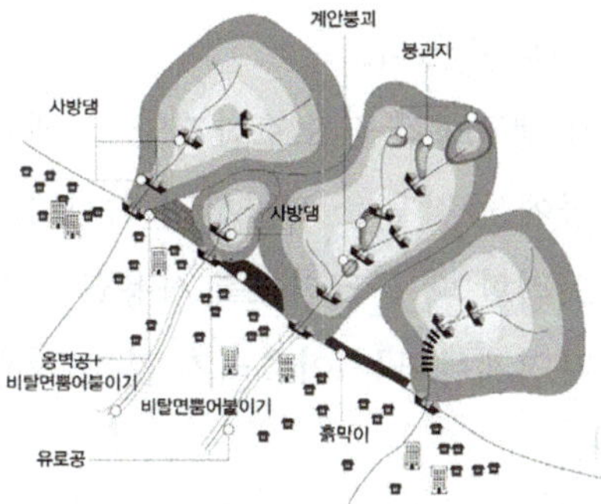

기존의 사방사업 이미지

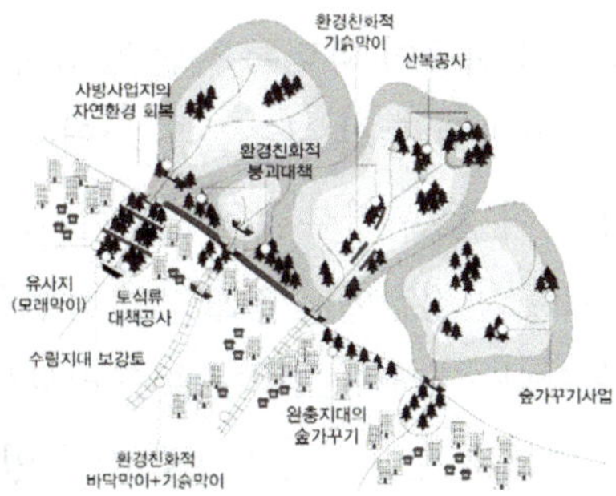

새로운 도시 정원사방사업 이미지

도시 정원사방 계류 조성 모습

도시 정원사방 공작물 내부 모습

도시 정원사방 공작물을 돌로 마감한 외관 모습

주택보호옹벽 설치 사례

[그림 7-19] 도시 정원사방 개념

VII

도시 정원사방의 방향

(1) 구조물 주변 환경과의 조화

도시 정원사방은 주변 자연물 훼손을 최소화하면서 자연 바위 등을 설치해 자연상태 계곡이나 정원인 것처럼 보이는 게 특징이다. 콘크리트를 사용해서 기능적으로 튼튼한 시설물을 만드는 것에서 탈피하여, 사방 시설물의 기능은 유지하면서도 목재와 같은 소재를 사용하여 친환경적인 시공이 되도록 하는 방법이 적용되고 있다.

사방댐 등의 구조물은 지역주민의 생활공간을 보호하지만 그 색깔과 형식 등은 거부감을 조성한다. 계곡에 공작물을 시공하기 위해서는 부득이 안정성이나 강도적인 측면을 고려할 때 콘크리트를 사용할 경우가 있다. 그러나 그러한 콘크리트는 자연계류와는 어울리지 않아 경관을 해치는 요인으로 작용할 수가 있다.

따라서 최대한 콘크리트는 시공 후 밖에서 보이지 않도록 해야 하는데, 야면석이나 주변에서 구한 자연석들을 적절히 사용하여 각종 공작물의 표면에 콘크리트와 부착해 콘크리트를 차폐하는 것이 필요하다.

(2) 사방지의 주변 환경 고려

도시 정원사방 시공지의 경우에는 사방공사를 시행할 때 주변의 식물 및 자연자원을 훼손시키지 않는 것이 중요하다.

재해지역이나 응급복구가 요구되는 곳에서는 공사에 지장이 되는 수목들은 제거하고, 표토나 하층식생의 보전에 대한 생각이 부족했던 것이 현실이다.

자연이라는 것은 협소한 지역에서도 각기 지역마다 특이성을 가진다. 즉 어떤 지역에 사용하는 돌과 다른 지역에 있는 돌들도 형상이나 색 등 다른 것들이 많다. 따라서 타 지역에서 공급된 돌등은 그 지역의 자연환경에 조화되지 않는 모습을 나타낼 수 있기 때문에 현장 여건에 부합되도록 그 지역의 자연자원을 최대한 활용하는 것이 바람직하다.

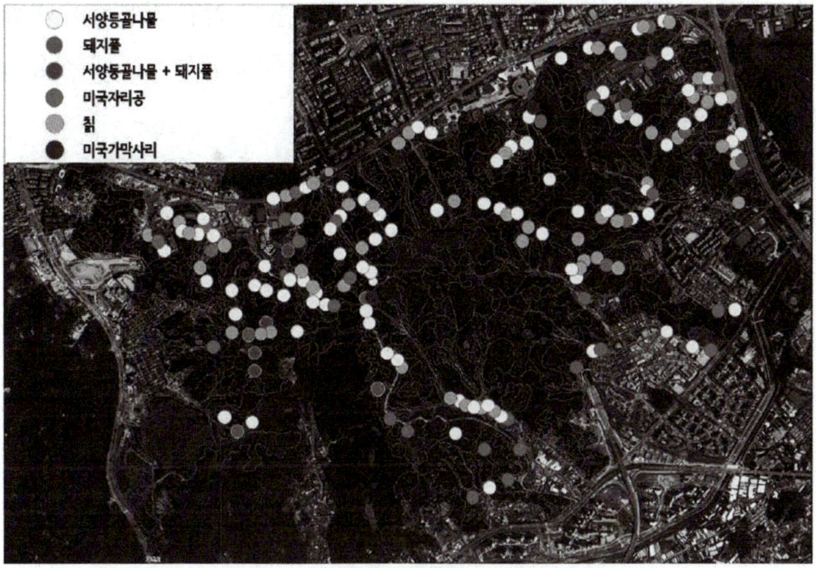

[그림 7-20] 우면산 산사태지 일대의 생태계교란종 분포 조사 결과
(출처: 한국환경복원기술학회. 2016)

VII

(3) 생물다양성 및 야생동물에 대한 배려

도심지내에는 산지의 이용이 많고, 외부에서 외래식물의 유입 가능성이 매우 높다. 최근 조사결과에 의하면 우면산 산사태지 주변에서 생태계교란 식물종의 침입이 급격히 증가한 것으로 나타났다. 따라서 도심지의 사방사업에서는 식물종에 대한 고려가 매우 중요하다. 그리고 산사태 복구나 산사태 예방사업에서도 식물종 선정이 중요하며, 가급적 자생식물종을 활용하는 것이 바람직할 것이다.

도시내 훼손지의 대부분 응급복구의 형식으로 조기에 복구를 하고 녹화를 하는 경향이 있다. 훼손산지에는 방재기능을 고려한 수목을 식재하는 방법도 있지만, 생물다양성을 고려하여 가급적 그 지역에 적합한 자생식물을 이용하는 것이 바람직하며, 식물종도 단일종이 아니라 다양한 식물을 다층구조로 조성해주는 것이 좋다. 또한 이 공간은 식물뿐만 아니라 야생동물도 이용하는 공간이 되므로 동식물의 종다양성 보전 및 증진의 차원에서 검토하는 것이 바람직하다.

산지 훼손지 주변은 대부분 토양이 교란된 상태이므로 토양내 수분

조건이 좋지 않기 때문에 수분요구도가 너무 높지 않은 식물종이 바람직하다. 아교목, 관목, 초화류를 대상으로 복원목표 달성기간 내 적응이 가능한 식물종을 선정하는 것이 좋다.

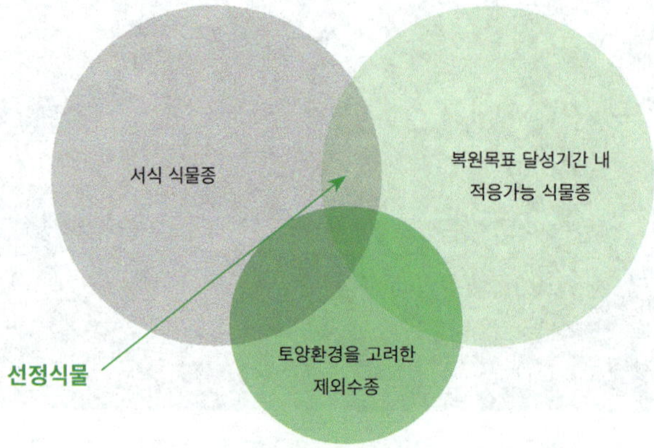

VII

[그림 7-21] 도시 정원사방지에서 훼손지 복구를 위한 식물종 선정 개념
(출처: 한국환경복원기술학회, 2016)

(4) 야생동물 고려

산지에 살고 있는 야생동물은 시설물에 의해 이동로나 서식지가 차단되는 현상이 나타날 수 있으므로, 이들 동물의 이동이나 서식지를 파괴하지 않는 방향으로 설계 및 시공이 이루어지고 있다. 특히 배수로변의 양서파충류 탈출로, 계류를 횡단하는 구조물에 의한 어류의 이동이 차단되지 않도록 하는 어류 이동로, 산지와 계류과 연계되는 곳에서 동물이 이동이 원할해질 수 있도록 하는 재료 및 시공방법이 적용되고 있다.

(5) 경관 개선

도심지에 인접한 산 비탈면에 수림대를 조성하고, 산지 계류변에 양호한 수변환경을 정비, 보전하는 방안이 모색되고 있다. 특히 사람의 출입이 빈번하고, 도로변이나 주택지에서 시각적으로 노출되는 곳은 다채로운 숲을 조성하여 도시림으로서의 역할을 할 수 있도록 하는 것이 바람직하다.

(6) 사후관리

사람의 접근이 쉽지 않은 깊은 산지에서는 방재기능을 주요한 목표로 하기 때문에 사업 시행 후 관리의 필요성이 도심지에서보다 크지는 않다. 반면 도심지에서는 사업 이후 사방 구조물의 기능, 천이 양상, 경관변화 등이 중요한 검토사항이 된다. 사업 지역은 경관 개선이나 천이 유도와 같이 관리 목표를 수립하고, 여기에 맞는 관리계획을 수립하는 것이 바람직하다.

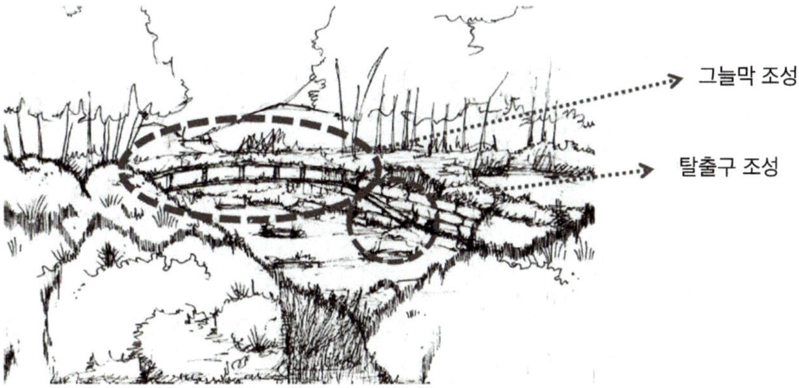

[그림 7-22] 야생동물의 이동을 고려한 사방시설물 설계 예시
(출처: 한국환경복원기술학회. 2016)

VII

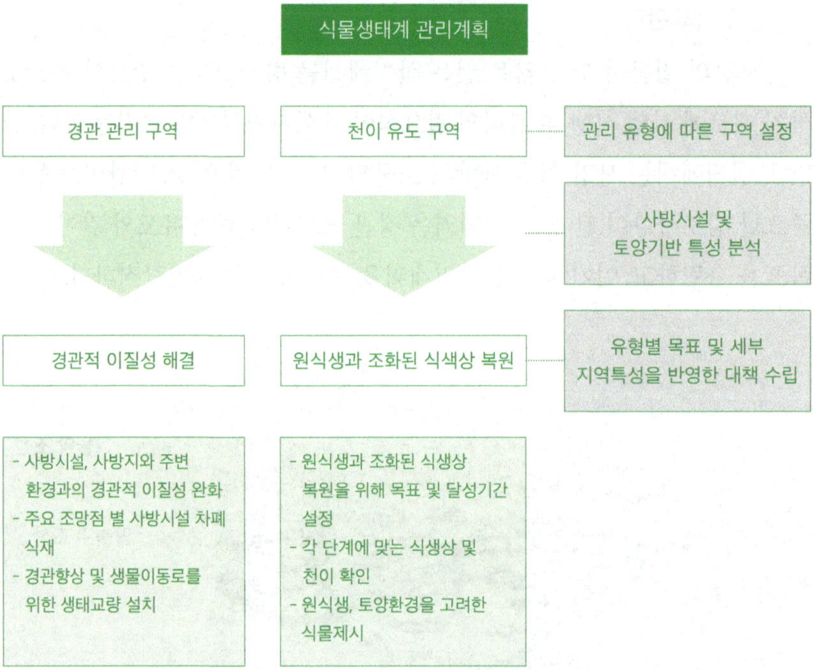

[그림 7-23] 도시 정원사방지에서 식물생태계 관리 계획 예시

(출처: 한국환경복원기술학회. 2016)

▷ 훼손지 복원을 평가할 수 있는 지표를 도출하고, 그 중에서 복원 사업지의 토양과 식생, 생육환경 및 경관에 대한 종합적인 평가를 수행하기 위하여 평가 방법을 개발하였다. 이 평가지표는 생태복원 관리자 및 심루자들이 현장에서 간편하게 확인할 수 있도록 하였다.

○ 종합평가표

생육환경			평가 점수(체크·실측)										
항 목(%)			1	2	3	4	5	6	7	8	9	10	점수
			불량		약간 불량		보통		약간 우수		우수		
식생 피복	목표종	점수	0-10	10-20	20-30	30-40	40-50	50-60	60-70	70-80	80-90	90-100	
		기준	10% 미만		10~40%		40~60%		60~80%		80% 이상		
	유해종	점수	100-90	90-80	80-70	70-60	60-50	50-40	40-30	30-20	20-10	10-0	
		기준	30% 이상		20~30%		10~20%		10% 미만		교란·유해종 없음		
	피복도	점수	0-10	10-20	20-30	30-40	40-50	50-60	60-70	70-80	80-90	90-100	
		기준	10% 미만		10~40%		40~60%		60~80%		80% 이상		
토양	표토 유실·침식	점수	100-90	90-80	80-70	70-60	60-50	50-40	40-30	30-20	20-10	10-0	
		기준	전체면적의 20% 이상에서 관찰됨		10~20%		0~10%		일부 흔적이 있음		없음		
	토양 배수	점수	0-10	10-20	20-30	30-40	40-50	50-60	60-70	70-80	80-90	90-100	
		기준	배수가 매우 불량함		약간 불량함		보통임		상태가 악화될 위험이 있음		양호함		
생육	생육 상태 / 활착용	점수	0-10	10-20	20-30	30-40	40-50	50-60	60-70	70-80	80-90	90-100	
		기준	생육이 거의 이루어지지 않고 있음		목표 상태로 도달할 가능성이 낮음		현 상태로는 중간 정도임		목표 상태로 도달할 가능성이 높음		목표 상태에 도달하였음		
	상·충해/유묘	점수	100-90	90-80	80-70	70-60	60-50	50-40	40-30	30-20	20-10	10-0	
		기준	식물해의 범위가 30% 이상		식물해의 범위가 10~30%		10% 미만		식생 피해는 없으나 향후 약화될 우려가 있음		식생 피해가 없음		

생육환경			평가 점수(체크·실측)										
항 목(%)			1	2	3	4	5	6	7	8	9	10	점수
			불량		약간 불량		보통		약간 우수		우수		
경관	주변 경관과 조화 / 연속성	점수	0-10	10-20	20-30	30-40	40-50	50-60	60-70	70-80	80-90	90-100	
		기준	주변과 이질적인 경관이 형성됨		주변화 이질적인 경관으로 발전될 가능성이 있음		현 상태로는 평가하기가 어려움		향후 주변과 조화롭게 발전될 가능성이 있음		주변과 자연스럽게 조화됨		
	재훼손 가능성	점수	100-90	90-80	80-70	70-60	60-50	50-40	40-30	30-20	20-10	10-0	
		기준	재훼손에 의해 심각한 피해가 발생하였음		경미한 훼손이 발생하였음		일부에서 훼손이 흔적이 보임		향후 재훼손될 가능성이 조금 있음		훼손 가능성 없음		
	친환경 재료 사용	점수	0-10	10-20	20-30	30-40	40-50	50-60	60-70	70-80	80-90	90-100	
		기준	20% 이하		20~50%		50~80%		80~90%		90% 이상		
점수 총계													
평균(총점/10)													

* **각 항목별로 1차로 5개 척도(불량, 약간불량, 보통, 약간우수, 우수)로 구분하며, 그 중에서 평가자가 종합적으로 검토하여 평가 점수를 부여함**

※ 평가표 작성 기준

○ 식생피복

- 목표종 : 복원의 목표를 달성할 목적으로 복원공사에 도입하였거나, 최종 단계에서 복원대상지에 자리 잡기를 바라는 식물의 식생피복도를 평가함
- 유해종 : 복원의 목표를 달성하는데 방해가 되는 식물(칡, 환삼덩굴 등) 또는 생태계유해식물(돼지풀, 가시박 등)의 식생피복도를 평가함
- 피복도 : 조사대상지에 출현한 모든 식물의 식생피복도를 평가함

○ 토양

- 표토 유실·침식 : 복원 대상지에서 토양 유실 및 침식 현상의 유무를 평가함
- 토양 배수 : 복원 대상지에서 토양 배수상태 및 계류의 안정 상태를 평가함

○ 생육

- 생육상태/활착율 : 복원의 목표로 도입한 식물의 활착율과 목표 식생군락으로 성장하고 있는 상태를 평가함
- 상·충해/유묘유실 : 복원의 목표로 도입한 식물과 기존 식물이 상해, 병해, 충해를 입거나 소실된 상태를 평가함

○ 경관

- 주변경관과 조화 또는 연속성 : 복원 대상지가 향후 주변지역과 조화를 이루고 복원 목표대로 발전할 가능성을 평가함
- 재훼손 가능성 : 복원 공사 이후 대상지가 재훼손이 될 가능성을 평가함
- 친환경재료 사용 : 복원 공사에 환경친화적 재료(돌, 흙, 나무)의 사용비율을 평가함

(출처: 산림청, 2017, 산림복원 모니터링 기법 및 체계 연구)

CHAPTER VIII

해안 매립지의 생태복원 녹화

1. 해안매립지의 특성

1.1 일반적 특성

해안 매립이란 해안, 해안가 저습지 등의 공유수면에 제방 등의 구조물을 축조하고 그 내면을 토사로 메워 조성하는 일이다. 우리나라의 경우 1960년대 이후 산업화 정책에 따라 좁은 국토 면적의 확대 및 효율적인 이용을 위하여 해안이용을 적극 검토하게 되었다. 한국의 서해안과 남해안에는 광활한 간석지가 널리 분포하고 있으며, 특히 대규모 용지 조성을 위하여 매립사업이 활발하게 진행되었다.

해안의 매립은 국토확장효과, 관광지개발, 도로이용, 재해예방효과 등 긍정적 측면이 많은 반면에 자연의 균형 상태를 파괴하여 해양생태계 및 지상여건 등의 환경변화가 초래되는 부정적 측면도 있다.

해안매립지의 생태복원녹화는 해안가와 인접한 환경적인 특성상 그 규모가 크고 공사비가 많이 소요되는 특징이 있다. 또한 열악한 해안매립지의 환경 때문에 매립지에 도입한 식물의 생육이 양호하지 못한 경우가 많다.

해안매립지 생태복원녹화를 검토할 때에는 다양한 환경적 특성을 고려해야 하는데 바람에 의한 피해, 이식에 따른 스트레스, 토양하부의 해수와 조풍으로 인한 과잉염류 피해, 부적절한 토양양분 구조에 따른 식물 생장장해, 부적절한 유지관리 등을 복합적으로 검토해야 한다.

해안매립지에서 수목이 정상적으로 생육하는데 저해요인으로는 적정 복토두께 부족, 염분을 함유한 모세관수 상승, 건조피해, 강한 해풍, 높은 지하수위, 이식에 따른 스트레스, 수종선정 오류, 이식시기 부적절,

각종 병충해, 식재기술상의 문제점 및 사후관리 미흡 등 여러 가지 원인이 있으며 이로 인하여 식재된 많은 수목의 생장이 불량하거나 고사하고 있는 실정이다.

따라서 해안매립지 생태복원녹화에 있어서 여러 가지 환경적인 문제점에 대해서 충분히 검토하고 이를 해결하기 위한 대비책 마련이 필요하다.

1.2. 주요 고려사항

- 비사에 의한 영향

바람에 의해서 모래 등이 날리는 것으로서 토양입자에 의한 물리적 손상 외에 손상부위에 염분이 침투해서 피해를 일으키게 된다. 바람에 의해 날리는 모래의 입경, 풍속, 함수율에 따라 이동 형태가 다르지만 일반적으로 토양의 함수율이 7%를 넘게 되면 모래의 이동개시 풍속은 현저하게 증가하게 된다. 비사대책으로는 식물에 위한 피복, 성토와의 혼합, 방충재의 살포 등 비산방지시설의 설치, 염화비닐계 방풍망을 사용한다.

- 조풍해, 물보라에 의한 영향

바람이 내륙을 향해 불 때 물방울이 바람에 운반되어서 식물에 부착하여 염분에 의한 피해를 주는 것이 조풍해이며, 또 물보라가 직접 식물에 닿아서 피해를 받는 것도 있다. 낙엽수는 조풍해에 대한 저항력이 약하고 일반적으로 상록수는 강한 것으로 알려져 있다.

대응책으로는 바람에 의한 영향을 줄이기 위하여 방조풍시설(대나무밭, 갈대밭, 염화비닐계 방풍망)을 설치하는 방법과 제방축조, 살수 등의 방법이 있다.

물보라에 대해서는 피해를 직접적으로 받을 수 있는 장소를 피하여 식물을 도입하는 것이 좋다. 물보라를 막는 어떤 시설이 없는 경우에는 식물을 식재하는 곳을 호안보다 30m 정도 이격시키는 방법이 일반적으로 적용되고 있다.

VIII

- 풍해에 따른 영향

해안가는 계절적인 특성에 따른 태풍, 밤낮의 일교차에 의한 시간적인 바람의 변화 등으로 지속적으로 바람 피해를 받을 수 있는 장소이다. 해안매립지에 적용한 식물은 바람에 의한 부러짐, 하계의 건조, 동계의 온도저하 등에 대한 피해가 발생한다.

대책으로는 방풍시설인 갈대발, 둔덕설치, 네트 등의 설치 방법이 있으며, 유효토양두께를 두껍게 해 식물의 뿌리가 건강하게 성장할 수 있도록 하는 방법이 있다. 또한 보조적인 방법으로 식재 수목에 지주목을 설치하고 관수에 의한 건조피해 방지대책을 수립함과 함께 적절한 수종을 선택하고, 바람에 대한 저항을 적게 받는 식재형태를 취하는 등의 대책이 요구된다.

- 침수 및 건조에 따른 영향

VIII

매립지는 준설토나 입자가 작은 흙으로 조성되는 경우가 많은데, 이것들은 식물 생육 장해의 원인이 된다. 매립지 녹화에 있어서는 토양깊이 약 1.5m까지 배수가 중요하므로 구공법(溝工法), 사구법(砂溝法), 다공관암거(多孔管暗渠) 방법과 함께 경운, 성토, 토양개량 등을 행할 필요가 있다.

또한 침수의 반대개념으로 해안사구나 준설한 모래는 건조하기 쉬워 대책이 필요하며, 그 대응책으로서 살수시설의 설치, 토양개량에 의

바람의 피해를 저감하기 위하여
해안가 조림 수목의 보호망(일본 오키나와)

해안림 조성시 수목 지주목
설치(강원도 경포해안)

[그림 8-1] 해안가의 수목 식재 사례

한 보수력의 증가, 멀칭에 의한 증발의 방지, 건조에 강한 수종의 선정 등이 있다.

- 염류장해

바닷물에는 각종 염류가 있고 매립지를 조성하는 기반토양은 해저에서 퍼 올린 모래일 경우가 있는데, 이곳에 함유된 염분은 우수 등에 의해 용탈이 시작되지만, 자연적으로 염분이 용탈되기 까지는 상당한 기간이 필요하다. 토양의 특성상 투수성이 큰 모래는 염분용탈 속도가 빠르고 점성이 높은 점질토는 상대적으로 속도가 늦다.

사토의 염분용탈은 관수에 의해 상당한 효과를 볼 수 있다. 표층의 염류는 쉽게 제거되지만 제염이 진행될수록 표층토양 중의 염류입자가 분산을 시작하여 담수의 하강을 억제하므로 심토층의 제염이 곤란하게 된다. 표층만이 제염되었을 경우 표면수를 제거하면 모관수의 상승과 더불어 하층의 염분이 다시 표층에 집적하기 때문에 제염할 때는 명거나 암거 배수시설을 해야 한다.

용탈을 빠르게 하기 위해서는 배수를 좋게 하여 살수를 하는 행위 외에 점질토는 사구법이나 사주법으로 배수하는 동시에 경운이나 토양개량을 병행해서 지피식물에는 20cm 이상 정도, 교목에는 1~1.5m 이상의 흙쌓기를 하면 효과적이다.

- 토양 영양분 불균형

매립지 토양은 일반적으로 비료분이 부족하다. 그러나 식물을 도입하기 위하여 토양을 개량하는 경우가 있는데 토양개량이 한곳에 집중되는 경우가 있으며, 비료분이 집중된 곳과 다른 곳에서 비료분의 차이가 크게 나타나게 되어 전체적으로 불균형 현상이 나타나게 된다.

이를 개선하기 위하여 토양개량제를 첨가하는 동시에 비료분이 적은 장소에서도 생육할 수 있는 수종을 선정하는 것이 바람직하다. 토양개량제로서는 화학비료, 유기질비료 등이 쓰이고, 중질소 고정능력이 있는 비료목을 사용하는 것도 방법이 된다.

2. 해안매립지 생태복원녹화 방안

2.1 식물특성 검토

해안매립지 생태복원녹화를 위해서는 토양, 지형, 배수, 급수원, 식생 등에 대한 분석이 필요하다. 간척지 등에서 식물의 생육에 중요한 요인으로 작용하는 것은 식생기반의 염분 조건 및 지하수위라고 볼 수 있다.

VIII

새만금 방조제를 대상으로 한 연구에서 준설해사로 조성된 곳의 토양은, 전기전도도 0.07ds/m 이하, 토양경도지수 11.1~19.4mm, 유기물 함량 0.04~2.28%로 분석되었다. 특히 전기전도도는 위치에 따라 다양한 분포를 보이고 있으며, EC 기준으로 볼 때 염생식물의 분포는 다음과 같다.

[표 8-1] 전기전도도에 의한 염생식물 분포

식물군	EC(ds./m)	염생식물
제1군	1.0~3.5	지채, 퉁퉁마디, 칠면초, 갯질경, 나문재
제2군	0.5~1.5	갯개미취, 갈대, 천일사초, 갯잔디, 비쑥, 갯능쟁이, 버들명아주
제3군	0.2~0.5	강아지풀, 산조풀, 사데풀, 띠
제4군	0.2 이하	벌노랑이, 자귀풀, 토끼풀 등 중성식물

(출처 : 오휘영. 2001. 해안간척지 친환경적 복원·시공)

다음은 준설해사로 조성한 방수제 단면상에서 지하수위, 즉 토양함수량에 따른 분포범위에 대한 자료이다.

[표 8-2] 토양함수량에 의한 염생식물 분포

식물군	함수량	염생식물
제1군	침수지역	부들, 지채 등
제2군	침수~건조지역	갈대, 천일사초, 칠면초, 갯잔디, 퉁퉁마디 등
제3군	중간지역	갯개미취, 모새달, 띠, 갯질경, 비쑥, 산조풀, 강아지풀, 나문재, 사데풀, 자귀풀, 벌노랑이 등
제4군	건조지역	갯능쟁이, 버들명아주, 토끼풀, 좀보리사초 등

(출처 : 오휘영. 2001. 해안간척지 친환경적 복원·시공)

지형고도에 따른 염생식물의 분포에서 갈대, 천일사초, 갯잔디, 칠면초, 퉁퉁마디, 가능갯능쟁이, 갯개미취, 나문재 군락이 최대빈도로 출현하는 고도를 각각 1.7m, 2.0m, 2.4m, 2.2m, 2,4m, 2.6m, 3.0m, 3.2m로, 즉 다년생 초본식물인 갈대, 천일사초, 갯잔디 등은 2.0m 이하의 분포에서, 1~2년생 초본식물은 2,0m 이상의 높이에서 분포한다고 조사되었다.

[그림 8-2] 새만금 간척지의 대표적인 염생식물 군락지

염생식물은 염도가 높은 토양으로부터 삼투압에 의해 수분을 흡수하기 위해서는 어느 정도 염류를 축적해야 하므로 그 식물 자체가 염류를 조절하는 기능을 가지고 있다. 내염성이 강한 염생식물의 식재 및 파종을 통하여 유기물과 염분 흡수를 통한 토양 환경 개선을 유도할 수 있으며, 이를 통하여 다른 식물종의 유입을 유도할 수 있을 것으로 예상된다.

따라서 해안매립지 생태복원녹화시 토양특성, 녹화지역의 위치 등에 따른 차별화 전략 수립이 반드시 필요하다.

2.2 방풍림 조성 방법

해안매립지에 수목을 식재할 경우에는 바람에 대한 영향을 충분히 고려하여야 하며, 이를 위하여 바람의 영향을 저감할 수 있도록 하는 방풍림의 조성이 중요하다. 방풍림을 조성하는데 있어서 바람의 방향에 대한 식생대의 조성방법과 조풍강도에 따라 식재할 수 있는 식물도 개별적으로 검토할 필요가 있다.

방풍림은 개념을 좀 더 확대 해석하면 해안방재림이라고 볼 수 있다. 해안방재림은 "해안의 염풍 아래에서 성립한 산림군락으로 내륙과는 그 조성 및 구조가 다른 산림(산림청, 2006)"이라고 정의할 수 있다. 해안방재림은 성립하고 있는 장소에 따라 기대되는 주요 기능도 방재기능, 생활환경보전기능, 생물다양성보전기능, 보건휴양기능, 경관기능 및 학습장소 제공기능 등과 같이 다양하다.

주목적인 방재기능에는 비사방지기능, 방풍기능, 비염방지기능, 해일방지기능, 방조기능 등이 있다. 결국 해안사지 등에 산림을 조성하여 비사, 조풍, 파도 및 고조 등에 의한 피해를 방지 또는 경감하는 것을 목적으로 한다.

우선 해안에 산림을 조성하기 위해서는 바람의 방향 및 세기에 따라 해안 방풍림을 조성하는 데에서 출발한다.

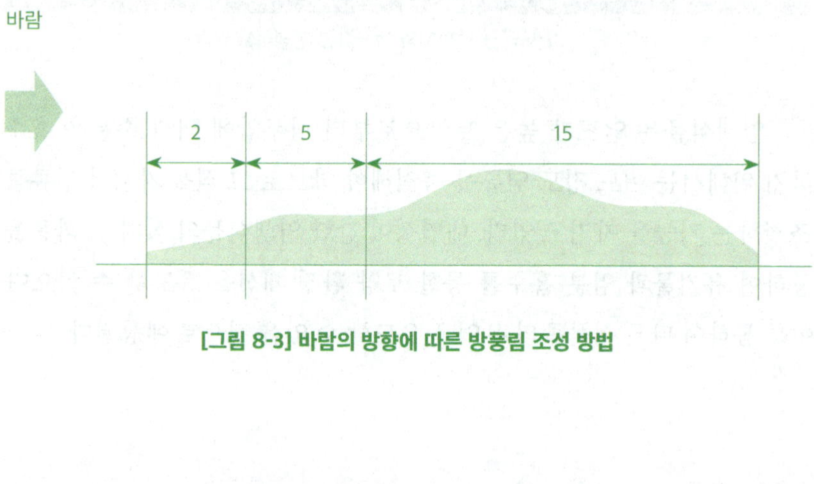

[그림 8-3] 바람의 방향에 따른 방풍림 조성 방법

[표 8-3] 조풍강도에 따른 적용가능 수목

belt구분	A	B	C	D
교목층	곰솔, 향나무, 위성류		곰솔, 히말라야시다, 구실잣밤나무, 은행나무, 음나무	편백, 화백, 삼나무, 노송나무, 전나무, 느티나무, 수양버들
아교목층	향나무, 가이즈카향나무, 주목, 동백나무, 회화나무	주목, 생달나무, 동백나무, 꽝꽝나무, 회화나무, 아까시나무	후피향나무, 목련, 소귀나무, 층층나무, 노박덩굴, 참느릅나무	왕벚나무, 금목서, 산단풍나무,
관목층	돈나무, 사철나무, 보리밥나무, 인동덩굴, 피나무, 다정큼나무, 왕쥐똥나무, 해당화	수국, 순비기나무, 노간주나무, 협죽도, 팔손이, 식나무	회양목, 백량금	개나리, 화살나무
초본층	채송화, 갯국화	맥문동, 덩굴광대	맥문동, 덩굴광대	꽃잔디

* A지역이 가장 조풍강도가 센 곳이고 D지역이 가장 조풍강도가 낮은 내륙 쪽임
(출처 : 산림청. 2006. 해안방재림 조성 및 관리방안에 관한 연구, 저자 일부 수정)

VIII

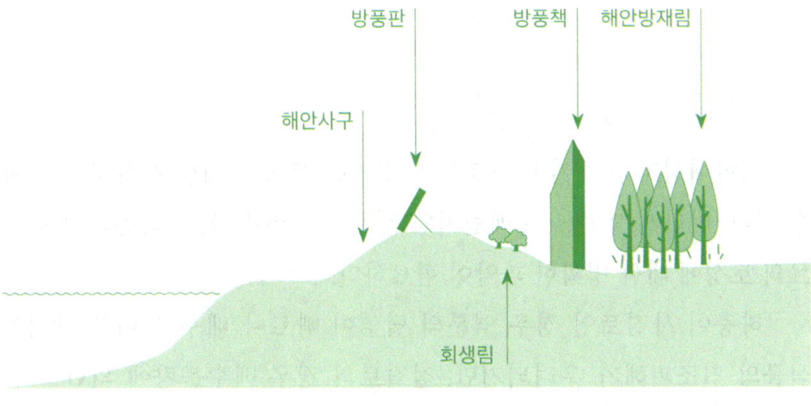

[그림 8-4] 해안방재림 조성 및 배치 개념도
(출처 : 산림청. 2006)

[표 8-4] 해안수림 조성용 식물

구분	특징	식물종
A	바닷물이 튀어 오른 곳의 지피	버뮤다그래스, 잔디, 칡, 조릿대류, 맥문동, 플록스
B	바닷바람을 받는 전방수림	- (특A급)/상록침엽관목 : 누운향나무 - 상록활엽관목 : 다정큼나무, 돈나무 - 상록다년초 : 유카 - 낙엽활엽관목 : 섬쥐똥나무 - 낙엽활엽교목 : 섬음나무, 줄가시나무 - 상록침엽교목 : 흑송
C	적용 장소에 이어지는 전방	- 등수림(A급)/상록활엽관목 : 볼레나무, 사철나무, 유엽도 - 낙엽활엽교목 : 위성류
D	비교적 내조성이 큰 수종(B급) - 전방수림에 이어지는 후방수림	- 상록침엽교목 : 향나무, 해송, 노간주나무 - 상록활엽교목 : 가시나무, 월계수, 구실잣밤나무, 좀굴거리나무, 후박나무 - 상록활엽관목 : 식나무, 꽝꽝나무, 유엽도, 돈나무, 회양목, 광나무, 호랑가시나무, 사철나무 - 낙엽활엽관목 : 쥐똥나무, 무화과나무, 무궁화, 해당화, 명자나무 - 낙엽활엽교목 : 느티나무, 가중나무, 참느릅나무, 팽나무, 검양옻나무, 백합나무 - 낙엽침엽교목 : 은행나무
E	일반조경수목(C급)	- 식재지역 공간별 요구조건에 적합한 수종 흙쌓기 부분은 교목의 경우 150cm내·외로 함이 바람직하다.

(출처 : 산림청. 2006)

VIII

2.3 해안매립지 식재기반 조성 방법

해안매립지 식재기반 구조는 매립기반 토성에 의한 분류로 구분할 수 있다. 따라서 임해(수변)매립지의 경우 원지반층 또는 하층의 매립재료의 토성에 대한 명확한 파악이 필요하다.

하층이 사질토인 경우 염분의 탈염이 빠르나 배수가 너무 잘되어 식물의 건조피해가 우려되지만, 점질토의 경우 배수불량에 의한 과습 및 염분 피해가 우려되므로 관수 및 배수를 동시에 고려해야 한다.

[표 8-5] 식재기반 성토법 구분

<table>
<tr><th colspan="2">구분</th><th>내용</th></tr>
<tr><td rowspan="3">하부층이 사질토인 경우</td><td>성토법</td><td>외부에서 반입한 산흙을 수목생육 적정 깊이에 따라 성토해주는 방법.
하층 매립토가 세립미사질인 경우 배수를 위한 맹암거를 설치함</td></tr>
<tr><td>치환 객토법</td><td>원지반 또는 하부 매립재료를 파내고 외부에서 반입한 산흙으로 교체하는 방법
지하수위가 높아 과습이나 염분상승 위험이 있는 지역은 지양</td></tr>
<tr><td>성토 및 치환 객토법</td><td>성토법의 산흙 요구량이 많은 단점과 치환객토의 지하수위에 따른 제한의 단점을 서로 보완해주는 공법</td></tr>
<tr><td rowspan="2">하부층이 세립 미사질토인 경우</td><td>사주법</td><td>하층 매립토에 6~7m, 40cm 파일을 박아 모래 및 사질양토, 자갈 등을 넣어 배수를 하는 방법
하층 매립토가 세립 미사질토인 경우 사용</td></tr>
<tr><td>사구법</td><td>해안간척지 해저 모래로 준설하여 매립하는 경우 사질토와 세립 미사질토가 같이 준설 매립되므로 세립 미사질토가 많은 중심부에서 외곽부로 모래 배수구를 만든 후 산흙을 넣어 수목을 식재하는 방법</td></tr>
<tr><td>고염도 토양에 식재기반을 조성하는</td><td>1단계 명거 배수법</td><td>신간척지에 적용하는 기법으로 명거를 만들어준 후 갈대, 염생식물을 식재하여 식물에 의한 토양환경을 개선하도록 함
간척지 원지반은 심토경운을 실시하여 산화 및 제염을 촉진 시키도록 함</td></tr>
</table>

(출처 : 오휘영, 최병권, 2001, 해안간척지 친환경적 복원·시공)

식재기반 성토 높이는 식재기반 조성마감 부지정지고와 부토시행 마감 계획고, 인접한 녹지경계 마감계획고를 표기하여야 한다. 수변공간 식재용 토양은 조경용 부토를 포함하여 50cm 이상으로 하는 것을 원칙으로 하며, 식물의 생육에 필요한 토심은 생육최소 토심 이상으로 확보해야 한다.

[표 8-6] 수목 생육에 필요한 토양 심도

구분	토양심도(cm)			비고
	생존최소심도	생육최소심도	수변공간 적용	
잔디, 초본류	15	30	50	수변공간 식재의 경우 최소 50cm 이상
소관목	30	45	50	식재단의 폭 50~100㎝ 이상
대관목	45	60	60~90	
천근성수목	60	90	90	식재단의 폭 120㎝ 이상 옹벽·사면과의 이격거리 $> \frac{\text{뿌리분 직경}}{2}$
심근성수목	90	150	150	

[그림 8-5] 수변공간 식재지 생육토양 심도

(출처 : 한국수자원공사, 2017, 수변공간 식재기반 조성 및 식재설계 가이드라인)

2.4 해안매립지 식재기반 안정화 및 녹화방법

해안매립지는 조수의 영향을 장기간 받아온 결과 토양의 토양산도가 높고 Na, Mg, Cl, SO_4 등이 많으며, K, SiO_2, B 등도 상당히 많은 반면 Ca가 상대적으로 적고, 유기물, P, Fe가 적은 편이다. 일반적으로 임해매립지 토양의 개량을 위해서는 우선적으로 과잉의 염을 제거하는데 목표를 두어야 하며, 황철석의 부족, 인산의 부족, 유기물의 부족 등도 고려해야 한다.

사토가 퇴적해 있는 곳에서는 보수력과 보비력의 증가를 목표로 외부 토양을 객토하여 혼합하는 것이 바람직하며, 해저 준설토로 조성한 경우에는 산화와 제염을 촉진시키기 위해 배수구를 설치해서 강우와 관수를 통해 염분을 속히 씻어내는 것이 좋다.

해안매립지의 토양은 간만의 차나 해풍의 영향, 지형 및, 지질 등에 따라 토성이 달라지며 토양이 성숙함에 따라 침하현상을 일으키게 되고 토양의 삼상도 차차 변하게 되는데 액상과 공극률은 감소되어 가고 기상과 가비중은 증가되어 간다.

해안매립지의 토층은 토양수분의 감소에 따라 그 형태가 급격히 변화하게 되는데 토양수분은 증발산과 배수에 의해서 토층의 상하 두 방향으로 상실되고, 토층의 탈수와 수축, 균열의 발달, 투수성의 증가, 견고도의 변화, 토양구조의 발달, 지반의 침하 등의 변화가 발생한다.

이와 같은 변화과정을 토양의 물리적 성숙과 병행하여 배수성이 양호해 짐에 따라 미생물의 증가, 유기물의 산화 및 부식화, 환원상태 하에서의 토양성분의 산화, 간극수의 이온조성, 농도의 변화 및 광물의 풍화, 흡착이온의 변화, 신광물의 형성 및 침전 등의 생화학적 변화가 발생한다.

해안매립지와 같이 준설해사로 이루어진 곳에서는 표토층의 수분증발에 따른 염류 상승의 높이는 토성에 따라 다른데, 입자가 거칠수록 낮으며 흙의 입자가 작을수록 높게 상승하는데, 거친모래는 2~5cm, 모래는 12~35cm, 고운모래는 35~70cm, 미사는 70~150cm, 점토는 200~400cm 정도 염류가 상승한다는 연구결과가 있다(신공항건설공단, 1995).

또한 녹지지반의 유효토심이 낮거나 녹지의 면적이 좁으면 식물의 뿌리 확장이 제한되어 식물을 지지할 수 없게 되고 바람에 쓰러지는 사례가 발생하며, 가뭄시 토양수분 보유력이 낮을 경우 식물생장이 불량해 지게 된다. 녹지지반 조성시에는 유효토심과 뿌리가 잘 발달할 수 있

완도군 해안림 복원
(퇴사울타리 및 곰솔 식재)

강화군 해안림 복원
(정사울타리 조성)

[그림 8-6] 해안림 복원을 위한 사방사업 적용 사례

VIII

는 최소면적 이상의 녹지면적 확보가 중요하다. 녹지지반의 면적이 같은 면적이라도 여러 개의 조각으로 나대면적의 녹지기반이 좋다.

[표 8-7] 해안사방 기술의 종류 및 특징

항목	내용
퇴사울세우기	- 바다에서 불어오는 바람의 강도를 완화하고 조절하여 날리는 모래를 퇴적시켜 고정 - 퇴사울타리 재료간의 간격, 통풍비율은 대상의 평균최대 풍속을 가진 바람이 불어도 모래가 비산하지 않는 풍속(6m/sec) 이내로 하여 퇴사울타리 앞과 뒤에서 풍속이 완화되어 소용돌이가 발생하지 않도록 함 - 퇴사울타리의 높이는 풍압, 비사량 및 강풍에 의해 넘어지지 않도록 하며 보통 1.0m 내외로 하며, 풍혈이 발생되어 울타리가 파괴되지 않도록 퇴사울타리가 충분히 묻히도록 해야 함
구정바자얽기	- 퇴사울타리 공법 등에 의해 조성된 모래언덕은 때때로 바람에 의해 파괴되는 일이 있으므로 계획된 높이와 단면까지 모래가 쌓이면 구정바자얽기 공사를 하여 사구가 안정되도록 함 - 퇴사울타리 공법으로 조성된 모래언덕이 바람에 의하여 침식되지 않도록 시공 - 사구멀칭공법(사구의 표면이 식생에 의하여 피복될 때까지 갈대발이나 거적, 새, 억새, 섶, 짚 등을 덮어 수분을 유지하고 비사를 방지) - 사초식재공법(사초를 심어 사구를 안정시켜 모래언덕 침식을 방지하는 공법, 해안사방용으로 적당한 사초는 갯보리, 갯쇠보리, 새, 솔새, 보리사초, 갯쑥부쟁이, 자귀풀 등)
모래덮기	- 정사울세우기는 주로 전사구의 육지 쪽에 있는 후방모래를 고정하여 그 지표면 모래를 안정시켜 식생의 활착을 도모하기 위하여 시행하는 공법 - 모래안정공법에는 정사울타리공법과 정사낮은울세우기공법 등이 있음 - 토양고결제나 표면처리제 등을 사용하여 사구 지표면을 고정하고 비사를 방지함 - 풍속을 완화하기 위하여 정사각형이나 직사각형으로 구획하고, 그 한변(직사각형의 경우는 긴 변)을 주풍방향에 직각으로, 높이는 1~2m를 표준으로 하고, 20cm 정도를 모래 속에 묻음

VIII

항목	내용
정사울세우기	- 해안사구는 일반적으로 미리 축설한 정사울타리 안에 산지 사방조림용보다 더 큰 묘목을 혼식하는 것이 유리 - 수목 식재시에는 부식토와 같은 비옥한 흙을 한 구덩이마다 1~3리터씩 넣어 모래와 잘 섞어주고 묘목을 심어야 함 - 묘목을 밀식하면 사구가 조속히 피복되어 바람과 건조의 피해를 방지할 수 있지만 너무 밀식하면 수목의 생장이 불량해지므로 적정 식재본수는 1ha당 10,000본 정도임. 이밖에 주 임목의 성장을 조장하기 위하여 비료목을 혼식하면 좋음 - 묘목 식재시 전면이나 또는 식재목의 뿌리 주위에 볏짚을 덮거나 모래속 깊이 20~30cm로 묻어두면 모래의 이동과 수분의 증발을 방지하기도 함 - 볏짚을 사용할 경우 묘목 1본당 300~400g 정도를 표준으로 하고, 사구 전면에 덮어줄 때에는 1ha 당 6,000~10,000kg을 표준으로 함. - 특히 해안사구에는 강한 해풍에 의하여 묘목이 흔들려 고사하기 쉬우므로 지주를 세우거나 묘목에서 15cm의 거리에 바람 조절시설을 너비 30cm, 높이 40cm 정도로 설치하여 묘목을 보호하는 것이 좋음

2.5 해안매립지 수종 선정 방법

- 교목·관목

수종선정은 자연 환경조건, 도입 대상지의 성격, 기능을 고려하여 선정하며, 수변지역은 환경적 영향으로 인해 내륙지역보다 수목의 스트레스가 가중되므로 수고 평균 1~4m를 선정하도록 하며, 웃자라거나 밀생 재배된 수목, 다간이 밀행하지 못한 수목은 지양 해야 한다.

남부수종(상록활엽 등) 활용시에는 기후조건을 고려하여 신중하게 선택해야 하며, 현지 자생수종 도입으로 고려하고 기능적 이용 및 수형, 꽃, 열매 등 수목의 미적 가치와 구입 용이성 등을 고려하고, 해안지역에서는 환경적응성이 뛰어난 수종을 선정하고, 지방자치단체 및 지역주민 요구 수종은 협의를 통해 별도로 선정해야 한다.

[표 8-8] 지역에 따른 수종별 활착율

지역구분	수종별 활착율
군산국가공단	성목 : 곰솔 99.7%. 은행나무 98.7%, 팽나무 96.3%, 신나무 88.9%. 묘목 : 수양버들 86.7%, 아까시나무 82.2%. 때죽나무 81.7%, 팥배나무 4.14%, 히말라야시다 13.9%
시화공단	성목 : 곰솔 98.7%, 왕벚나무 89.3%, 메타세쿼이어 81.1%, 서어나무 63.7% 묘목 : 곰솔 95.0%, 왕벚나무 89.3%. 메타세콰이어 65.8%, 서어나무 38.3% 가로수: 회화나무 95.6%, 팽나무 89.4%, 은행나무 88.8%, 느티나무 85.0%, ※ 은행나무, 회화나무, 팽나무는 지속적인 고사 발생
포승지구	2년간 고사율: 화백 63.7%,. 상수리나무 45.3%, 느티나무 39.3%, 곰솔 24.4%
통영 무전 해안공원	성목: 곰솔 93.3%, 후박나무 78.7%, 배롱나무 65.4%, 종려나무 56.5%, 아왜나무 87.7%, 꽝꽝나무 89.6%, 동백나무 95.5%, 철쭉 90.1%, 영산홍 80.5%, 해당화 64.2%, 협죽도 78.7%
부산 다대포 해변공원	성목: 곰솔 98.6%, 왕벚나무 89.1%, 녹나무 89.6%, 신나무 56.5%, 느티나무 45.5%, 호랑가시나무 93.3%, 후피향나무 77.1%, 꽃댕강나무 73.3%, 은목서 56.5%,

(출처: 송병용, 1998; 이완주, 1994)

VIII

[표 8-9] 내염성, 내조성 수종

특성	수 종
내조성 강	상록: 주목, 편백, 측백나무, 가이즈까향나무, 녹나무, 태산목, 후박나무, 아왜나무, 동백나무, 사철나무, 가시나무, 회양목, 팔손이나무, 탱자나무 낙엽: 느티나무, 벽오동, 칠엽수, 팽나무, 감나무, 층층나무, 매화나무, 배롱나무, 무궁화, 보리수나무, 자귀나무, 명자나무, 앵도나무, 해당화, 수국, 이대
내조성 약	상록: 독일가문비, 삼나무, 잎갈나무, 히말라야시다, 목련, 오리나무, 중국단풍, 단풍나무, 개나리
내염성	상록: 곰솔, 삼나무(묘목), 잣나무, 비자나무, 눈향나무, 호랑가시나무, 동백나무 탱자나무, 다정큼나무, 광나무 낙엽: 이태리포플러, 느티나무, 양버즘나무, 느릅나무, 팽나무, 자귀나무, 느티나무, 이팝나무, 산딸나무, 계수나무, 물푸레나무, 중국단풍, 수수꽃다리, 조팝나무, 산철쭉, 조릿대, 으름덩굴

(출처: 대한주택공사, 2000, 임해매립지 식재기반 조성에 관한 사례조사 연구)

- 지피·초화류

지피 및 초화류는 식재경관 완성을 위한 주요한 재료로 1계절형 수종보다는 4계절(혼합식재)로 초종을 선정하고, 저관리 및 지속성을 고려하여 다년초 중심으로 선정하며, 종류별로 구근류, 고사리류, 그래스류, 암석원 식물로 구분해야 한다.

화분용, 화단용, 목본식물 하부식재용, 지피식물용, 그리고 다양한 양식과 목적의 정원용으로 이용되며, 토양, 광, 수분, 바람 및 온도별 환경특성에 맞는 식물을 선정해야 한다.

초장은 일반적으로 고·중·저(고: 120cm 이상, 중: 60~120cm, 저: 60cm 이하)로 나뉘며 다년초, 일년초에 따라 분류기준 높이가 달라지고 또 설계의도에 따라 다른 기준을 정할 수 있다.

초폭은 형태와 함께 초화류의 수량을 결정하기 위해 필요한 요소이며, 초화류의 화색은 식재목적을 달성하는 주요요소로 은색, 흰색, 녹색, 노랑, 주황, 빨강, 분홍, 보라, 파랑의 9개 색으로 구분하여 선정하도록 한다.

VIII

[그림 8-7] 일본 하천변 슈퍼 제방 조성 모습

[표 8-10] 지피·초화류 식재시 고려사항

구분	고려사항
초종의 크기	키 큰 초화는 원경이 되도록 배식 설계하고, 지피성 초화는 관목 앞이나 근경이 되도록 배식 설계
광량	음지공간은 잔디 식재를 지양하고 음지성 식물인 맥문동, 수호초, 바위취, 옥잠화, 털머위, 관중, 초롱꽃류 등 식재
바람	상록성과 내침수성이 다소 약한 식물은 건조한 북서풍을 피할 수 있도록 북동쪽에 식재 - 입면 녹화종인 멀꿀나무, 인동나무, 줄사철, 송악, 남천은 북동쪽으로 식재
생장속도	땅속 뿌리줄기에 의해 번식하는 식물종은 빠른 증식 및 다른 식물과 경합하므로 공간을 분리하여 식재 - 사사초, 구절초, 금불초, 노루오줌, 둥글레, 벌개미취, 부처꽃, 석창포, 섬초롱꽃, 수호초, 애기나리, 옥잠화, 은방울꽃, 종지나물, 톱풀 등 수생식물은 대부분 번식력이 왕성하므로 설계면적에 포트를 설치하여 식재하는 등 급격한 증식을 방지할 수 있는 설계요소 반영 - 갈대, 부들, 꽃창포, 노랑꽃창포, 수련, 연꽃 등
겨울철 경관유지	잎이 아름다운 상록성 초화류 및 그래스류를 혼식하되, 식재비율은 상록성 초화류 30%, 그래스류 5% 내외 혼식 - 수호초, 바위취, 맥문동, 상록사초, 흰갈풀, 무늬억새 등
경계부 처리	휴면기에 식재지 인지가 어려우므로 답압 등에 의한 훼손 방지를 위해 경계재 설치

(출처: 한국수자원공사, 2017, 수변공간 식재기반 조성 및 식재설계 가이드라인)

- 잔디류

잔디류는 시설지 주변 녹지, 운동장, 비탈면, 잔디광장 등 부지정지가 완료된 비탈면 또는 피복 조성에 적용한다. 배수가 불량한 평지, 수변지역은 6일 이상의 침수에 저항력이 있는 내침수성 잔디류 피복을 원칙으로 한다.

주요시설물 및 조망지역, 잔디운동장, 조기피복이 필요한 곳, 포장면과 접한 잔디 마감부위, 잔디 생육이 불량한 곳은 평떼식재로 하며, 음지에는 잔디식재를 지양하고 음지성 초화류(맥문동, 수호초, 옥잠화 등)을 대체하도록 한다.

[표 8-11] 잔디류 선정 고려사항

구분		잔디 초종
사용 용도에 따른 선정	사용량이 많은 곳	한국잔디: 중지, 건희, 야지 난지형 : 버뮤다그래스, 톨페스큐
	침수우려	톨페스큐, 버뮤다그래스, 캔터키블루그래스
	염해우려	한국잔디(중지, 건희, 야지), 버뮤다그래스, 톨페스큐
관리 요구도	집중관리 어려운 곳	한국잔디류(중지, 건희, 야지), 톨페스큐, 파인페스큐
	관리요구도 보통	톨페스큐, 버뮤다그래스
	관리요구도 높음	크리핑벤트그래스, 켄터키블루그래스, 퍼레니얼라이그래스
답압	강함	한국잔디류(중지, 건희, 야지), 버뮤다그래스(건우), 톨페스큐
	중간	켄터키블루그래스, 퍼레니얼라이그래스, 파인페스큐
	약함	벤트그래스류

(출처: 한국수자원공사, 2017, 수변공간 식재기반 조성 및 식재설계 가이드라인)

VIII

CHAPTER IX

특수 비탈면의 생태복원 녹화

1. 인공지반

1.1 인공지반 녹화의 필요성

인공지반은 토목, 건축 구조물에서 유래한 것으로, 인공적으로 구축된 지반이다. 인공지반은 건물의 옥상이 주가 되지만, 그 밖에도 주차장 위의 공원, 건물 외벽, 고가도로 교각, 방음벽 등도 대상공간으로 볼 수 있다.

지금까지의 인공지반 녹화는 건축물을 녹화함으로서 얻어지는 냉난방 비용의 절감, 실내온도 저감 등에 우선 관심이 집중되어 왔다. 최근에는 건축물을 녹화함으로써 얻어지는 효과로 도심지에서 생물다양성 증진 및 서식처 복원, 경관개선 등도 중요시되고 있다. 인공지반을 대상으로 "생물다양성 협약"이 발효된 이후에 더 이상의 생물종 소실을 막고, 현존하는 생물종들을 잘 보호하고 복원하기 위한 방법이 다양한 차원에서 나오고 있는데, 인공지반 녹화는 물리적인 생태공간을 확보하기 어려운 도시 및 도로 공간에 생명을 주는 것이라고 할 수 있다.

인공지반이란 자연지반과는 공간적으로 분리된 상태에서 인위적으로 조성된 인공구조물로서 자연적으로는 식물이 서식하기 어려운 공간이다. 인공지반 중에서 대표적인 곳이 옥상인데, 옥상녹화란 인공적인 구조물위에 인위적인 토양층을 새롭게 형성하고 식물을 주로 이용한 식재를 하거나 수공간을 만들어서 녹지공간을 조성하는 것이다. 따라서 옥상녹화를 비롯한 인공지반상의 녹화는 자연적인 식재환경이 아닌 곳에 조성되는 만큼 일반 생태복원녹화와는 달리 식재 시 여러 가지의 보완적인 공법과 기술이 병행되어야만 성공할 수 있으며 지속적인 유지관리가 필요하다. 또한 건축물의 외벽면도 인공지반 녹화의 대상이 되는데, 옥상보다는 식물 생육조건이 상대적으로 더 열악하기 때문에 이를 녹화하기 위해서는 별도의 식재기반 조성 및 특수한 식물의 적용이 필요하게 된다.

[그림 9-1] 식재방법에 의한 인공지반(벽면)녹화 사례

[그림 9-2] 종자파종 방법에 의한 인공지반 녹화 사례

1.2 옥상녹화

옥상녹화의 유형

옥상녹화는 단순히 식물을 도입한다는 측면 외에 경관, 서식처 조성이라 등 다각적으로 검토해야할 사항이 있다. 여기에는 ① 해당 옥상의 환경압 파악, ② 관리방법(유지관리 형태, 내용, 비용 등), ③ 식재상의 문제점 파악과 해결방법의 검토(수분공급, 수분보호, 배수방법 등), ④ 식생기반층 조성 방법(토양의 압력, 토양의 종류, 토양구성의 설정 등), ⑤ 식재방법(수종, 나무높이, 식재위치, 식재구성 등), ⑥ 서식처(동식물 서식처로서의 역할) 등의 사항을 검토하여야 한다.

건축물 녹화 설계기준(국토교통부)에 따르면 옥상녹화는 생태복원녹화 목적과 유지관리 방식에 따라 크게 두 가지 유형으로 구분하고 있다. 사람의 이용보다 건축으로 인해 상실된 생태적 기능의 회복을 우선으로 하는 경량형 녹화(extensive green roof)와 녹화 공간으로 이용할 목적으로 집중적인 관리가 필수적으로 수반되는 중량형 녹화(intensive green roof)로 유형을 나누고 있다.

옥상녹화 시스템은 건물외피로서의 기능과 함께 건축으로 인해 조성된 인공 생태계를 동식물이 살 수 있는 공간으로 재조성하는 것으로서, 자연의 순환 기능(물순환 및 토양 기능)을 회복하고 생물의 서식기반을 제공하는 기능을 가진다. 따라서 옥상녹화에서는 식물생육기반을 조성해주는 것이 중요한데, 생육기반층은 ① 구조부(구조체, 단열층, 방수 방근층), ② 식재기반(배수층, 토양여과층, 토양층), ③ 식생층(생육가능한 식재 피복)으로 일반적으로 구성되어 있다. 그리고 이들 녹화시스템을 구축하는 방법 및 재료 등에 따라서 옥상녹화의 유형이 달라진다.

[그림 9-3] 옥상녹화 시스템을 구성하는 구조부, 식재기반, 식생층

또한 목표로 하는 옥상녹화 유형에 따라 도입할 수 있는 식물의 종류와 식재방법이 달라지며, 이는 다시 옥상녹화시스템의 구성에 중요한 변수로 작용하게 된다. 이와 같은 전형적인 옥상녹화 유형은 우리나라 건축물의 구조적 특성, 현장에서 도입 가능한 식물종 및 식재패턴과 기술 개발 동향을 고려할 때 다음과 같이 3가지로 분류할 수 있다.

[표 9-1] 옥상녹화의 유형구분

구분		중량형/ Intensive greening	혼합형/ Simple intensive greening	경량형/ extensive greening
하중	경량		○	●
	중량	●	●	
토심	20㎝ 이하		○	●
	20㎝ 이상	●	●	
유지관리	무관리			●
	저관리		○	○
	관리	●	●	
식생의 종류	잔디	●	○	○
	세덤류 및 지피식물	●	●	●
	관목	●	●	
	교목	●	○	

범례 : ● : 적용 가능, ○ : 경우에 따라 적용 가능

IX

중량형 녹화

중량형 녹화는 사람이 이용할 수 있는 녹화 공간을 옥상에 조성하고자 할 때 적합한 유형이며, 밀도 있는 관리가 요구된다. 관목류와 초본류를 중심으로 일부 교목류를 포함한 식재패턴이 일반적으로 사용된다. 이 녹화유형은 식생의 높이나 종류를 다양하게 조성할 수 있으며, 이용 및 공간적 다양성을 고려하여 적합한 시설을 갖출 경우 지상 녹지와 유사하게 조성할 수 있다.

도입 식물종과 식재패턴을 고려할 때 최소 20cm 이상의 토양층 조성이 필요하며 기타 수반되는 하부시스템 구성요소를 포함하면 단위면적당 300 kgf/m² 이상의 고정하중을 견딜 수 있어야 한다. 중량형 녹화유형은 이용형 녹화유형으로도 불리며 주기적인 관수, 시비, 전정, 예초 등 집중적 관리를 통해서만 지속적인 유지가 가능하다.

[그림 9-4] 중량형 옥상녹화 사례

혼합형 녹화

혼합형 녹화는 중량형 녹화를 단순화시킨 유형으로 볼 수 있다. 일반적으로 초본류 및 관목류를 이용하는 식재패턴이 교목류도 활용하는 중량형 녹화 유형과 차별화되며, 이용 및 조성 다양성은 중량형 녹화와 비교할 때 제한적이다. 따라서 토양층 조성뿐만 아니라 관수 및 영양공급 면에서 요구조건이 비교적 낮은 편이다.

토양층 조성 등 하부시스템의 설치에 따라 건물에 미치는 하중 부하는 단위면적당 200 kgf/m² 내외이며, 녹화에 투입되는 자원과 비용은 중량형 녹화보다 적고 유지관리는 축소된 범위에서 수행 가능하다.

IX

[그림 9-5] 혼합형 옥상녹화 사례

경량형 녹화

경량형 녹화는 생태형 녹화로도 불리며 자연 상태와 유사하게 관리, 조성되는 녹화 유형이다. 극한적 입지조건에 잘 적응하는 식물로 토양피복에 유용한 이끼류, 다육식물, 초본류 및 화본류 등의 지피식물이 주로 적용된다. 토양층 조성과 하부시스템의 설치가 건물에 미치는 하중부하는 단위면적당 120 kgf/m² 내외이다. 따라서 경량형 녹화에서는 인간의 간섭 없이 자연적인 천이를 거치며 지속가능한 상태를 유지할 수 있도록 토양층을 형성하고 식재계획을 수립하는 것이 중요하다.

경량형 녹화는 일반적으로 이용 목적을 배제하고 최소의 자원과 비용으로 생태적 건물 외피 조성을 추구한다. 녹화의 목표, 기후조건 및 조성 방식에 따라 영양공급과 같은 최소한의 유지관리 방안이 필요할 수도 있다.

최근에는 녹화 기술의 발전과 현장 수요에 따라 녹화 하중이 120 kgf/m² 이하인 초경량 녹화 공법이 개발되고 있다. 이는 녹화 유형의 관점에서 경량형 녹화 유형에 속하지만 녹화 대상인 구조물의 강도를 고려하여 녹화 하중을 40~60 kgf/m² 내외로 최소화한 것이다.

[그림 9-6] 경량형 옥상녹화 사례

옥상녹화용 식물

인공지반 녹화에 사용하는 식물은 특수한 조건에서 살아야 하기 때문에 일반적으로 산야에서 볼 수 있는 형태가 아닌 특수한 조건에 부합되어야 한다. 우선 식물체의 키가 가능한 한 작은 것이 좋은데, 키가 작으면 관리가 용이하고 지하부의 규모도 적다. 또한 수관부에 미치는 바람의 저항도 줄일 수 있다.

옥상에 적용하는 식물은 식재기반 조성의 한계가 있기 때문에 천근성 뿌리 일수록 유리하며, 지하부 깊숙이 뿌리가 발달하는 심근성보다는 얕게 옆으로 퍼지는 식물종이 바람직하다.

도입된 식물은 조밀한 피복을 보이는 것이 좋은데, 일사의 차단과 토양 표면의 보호는 물론 경관조성을 위해 잎과 가지가 조밀하여 견고한 피복 상태를 나타내는 것이 바람직하며, 전지·전정이 필요 없고 관리가 용이한 식물이 바람직하다. 또한 내건성 및 내광성, 내습성, 내한성, 내서성이 고루 강하여 옥상과 같은 악조건 하에서 생육이 가능하여야 할 것이다.

옥상녹화에 식물을 식재할 경우에 조성해 주는 흙의 토심에 따라서 적용하는 식물 종류가 달라진다. 식물은 각각의 특성에 따라서 생육하는데 필요한 최소한의 토양 두께가 있다.

[표 9-2] 식물의 종류에 따른 필요한 흙의 최소 두께(cm)

필요한 흙의 최소 두께 (cm)	필요한 흙의 최소 두께 (cm)	비고
잔디종류	15	세덤류, 잔디. 각종 채소, 화초 종류
키 작은 나무	30	진달래, 철쭉, 회양목 등
중간 키 나무	45	등나무, 수수꽃다리 등
키가 크게 자라는 나무	60	단풍나무, 향나무, 주목, 소나무 등
키가 아주 크게 자라는 나무	90 이상	느티나무, 은행나무, 상수리나무 등

경량형 녹화는 자연에 가깝게 조성된 식생형태로 전반적으로 스스로 유지되고 발전하는 유형으로 정의되며, 이 유형에 적합한 식물은 극단적인 대상지 조건에 적응력이 뛰어나고 재생 능력을 가져야 한다. 경량형 녹화는 특별히 식물환경에 대한 조건이 까다롭기 때문에 적용된 식물들이 강한 일사, 바람노출, 건조, 영양결핍, 동해 이외에도 뿌리생육공간이 축소되어 많은 어려움을 극복해야 한다. 경량형 녹화는 식생형태로 볼 때 이끼, 다육식물, 초본류 등으로 구성될 수 있다.

혼합형 녹화는 중량형 녹화에서 경량형 녹화로 전이되는 중간적인 식생형태로 화본류, 초본류, 다년생 초화, 수목 등으로 구성될 수 있다.

중량형 녹화는 녹지계획 시 모든 식생형태가 가능하며 따라서 식물 선정과 조성이 다양하고 자유롭다. 그러나 대상지 상황에 따라 교목이나 관목형 수목의 사용이 제한되는 경우가 발생할 수 있다. 강한 일사 및 바람 노출이 심한 지붕일 경우 식재 식물이 일사에 강하고, 강풍에 저항력이 강한 성질을 지녀야 한다.

인공지반 녹화에 사용하는 식물종은 외래종이 많이 사용되고 있는데, 최근에는 자생식물을 이용한 인공지반 녹화가 꾸준히 진행되고 있다.

1.3 입면녹화

입면녹화 개요

입면녹화란 건축물의 벽면, 각종 울타리, 방음벽, 콘크리트옹벽, 교각하부 등의 수직면과 비탈면 등 인공적으로 만들어진 입면에 대하여 식물을 도입하여 피복하는 것을 말한다. 이것은 특히 도시에서 부족한 녹지공간 해소의 한 방안으로 매우 유용하며 녹지공간의 제공을 통한 생물서식공간의 형성, 경관향상 및 녹지공간 확보 등 도시공간에서 생태적 가치를 향상시킬 수 있는 대안으로 검토되고 있다.

도로 공간에 적용할 수 있는 입면녹화는 벽면녹화, 옹벽녹화, 방음벽녹화 등을 들 수 있다. 벽면녹화는 생태복원의 관점에서는 벽면의 생물서식공간화라고 할 수 있다. 옹벽녹화는 콘크리트 구조물로 옹벽의 안정성을 확보하던 것에서 벗어나 옹벽구조물을 식재가 가능한 형태로 변경하여 녹화하는 것이고, 방음벽녹화는 도로변에 위치한 방음벽을 자연적인 소재로 조성하거나 식재가 가능한 구조를 조성하고 이곳에 녹화를 하는 것이다.

이러한 입면녹화는 주로 수직적인 공간을 생물서식처로 조성한다는 의미 외에도 녹화를 통한 대기오염 감소 및 방음 효과 증대를 기대할 수 있다. 녹화의 유형은 담쟁이덩굴, 인동, 송악 등을 이용한 덩굴식물녹화, 식재가 가능한 구조체를 부착하여 덩굴식물 외에 다양한 식물을 도입하는 부착형 녹화 등으로 분류할 수 있다.

[그림 9-7] 방음둑, 방음벽 등 입면녹화 사례

입면녹화용 식물 유형

입면녹화는 적용식물, 식재기반의 위치, 조성방식에 따라 녹화 유형을 구분하며, 이에 따라 식물 선정 및 피복형태가 결정되며, 등반부착형, 등반감기형, 하수형, 탈부착형으로 크게 구분할 수 있다.

(1) 등반부착형

식물이 벽면을 따라 등반하면서 스스로 부착 생장하는 유형이다. 원칙적으로 벽면에 직접 부착하기 때문에 별도의 보조재가 필요치 않으나, 녹화 효과를 높이기 위하여 벽체 표면을 식물의 부착이 용이하게 처리하기도 한다. 벽면녹화 유형 중 가장 저렴하고 일반적인 형태로 장기간의 건축물 녹화 피복에 시간이 요구되나, 식물의 하자가 적고 자연스러운 형상이 연출된다. 흡착형 식물에는 담쟁이덩굴, 줄사철, 송악, 능소화, 모람, 마삭줄 등이 있다.

(2) 등반감기형

네트 또는 지주 등의 등반보조재를 설치하여 식물이 이를 감아가면서 벽면을 피복하는 유형이다. 원칙적으로 식물이 벽면에 직접 부착되지 않고, 등반보조재의 설치를 통해 피복면을 조절하여 경관성을 강조하거나 랜드마크적인 효과를 기대할 수 있다. 감기형 식물에는 다래, 포도, 청미래덩굴, 머루, 계요등, 으아리, 으름덩굴 등이 있다.

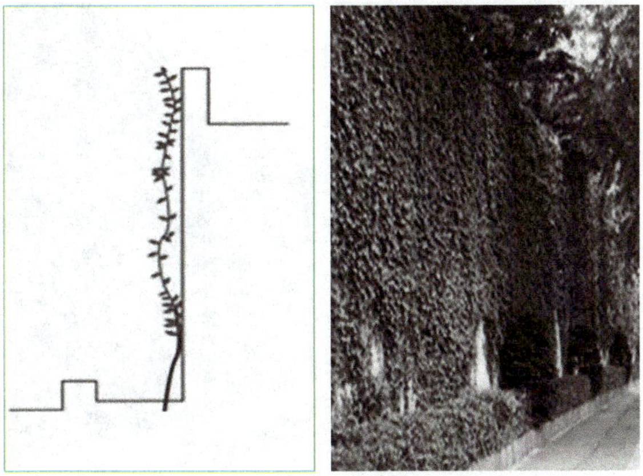

[그림 9-8] 등반부착형 벽면녹화 시스템 및 적용 사례

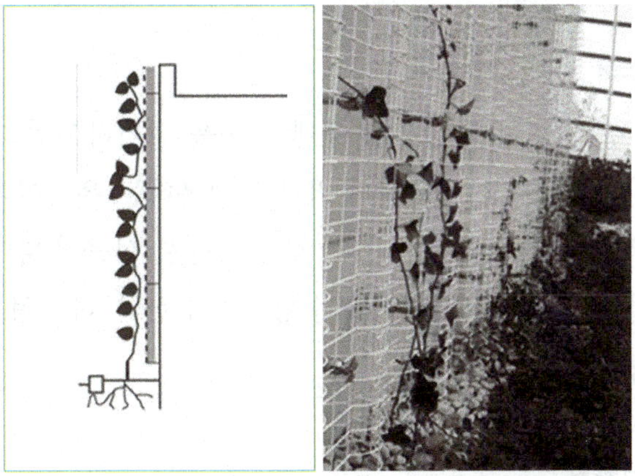

[그림 9-9] 등반감기형 벽면녹화 시스템 및 적용 사례

(출처 : 한국도시녹화; http://www.biotope.co.kr/)

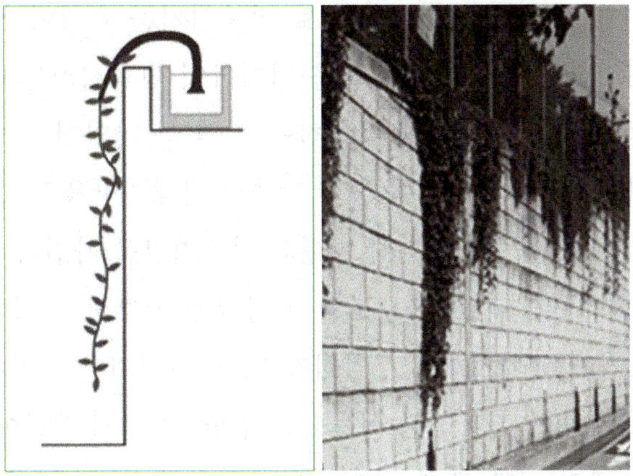

[그림 9-10] 하수형 벽면녹화 시스템 및 적용 사례

IX

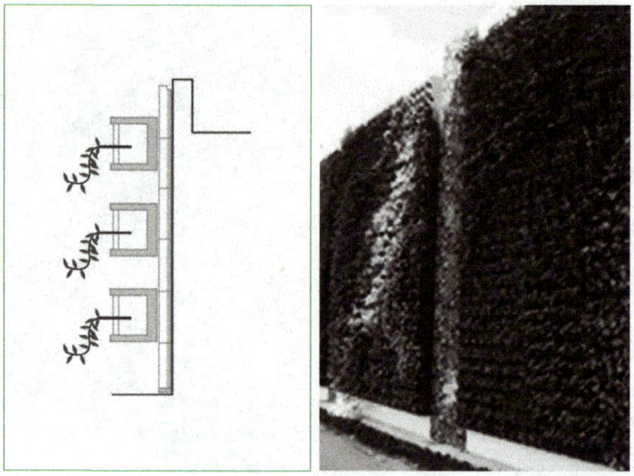

[그림 9-11] 등반감기형 벽면녹화 시스템 및 적용 사례

(3) 하수형

벽면의 상부 또는 옥상부에 플랜트 등을 설치하고 여기에 식물을 식재하여 지상방향으로 생육시켜 벽면을 피복하는 유형이다. 원칙적으로 벽면에 직접 부착시키지 않는다. 적용 가능한 식물이 다양하지 않고, 옥상부에 설치 시 구조안전진단을 수행하여야 한다. 하수형으로는 인동덩굴 등이 주로 사용된다.

IX

(4) 탈부착형

탈부착형은 식재 모듈, 플랜트, 식재 유니트, 식생판 등에 식물을 식재하여 벽면을 전면 또는 부분적으로 피복시키는 유형이다. 이 유형은 벽면에 식재기반을 설치하고 식물을 식재하여 생육시키는 방식과 식물이 식재된 식재기반을 벽면에 부착하는 방식 등 다양한 방식으로 제품화되고 있다. 이 중 플랜트형은 중력 방향의 식재기반을 가지며, 다른 유형은 중력방향 또는 중력과 직각 방형의 식재기반을 가진다.

탈부착형은 일반적으로 구조적 안정성을 확보하기 위해 시스템에 적합한 보조자재를 설치하여 부착하게 된다. 식재기반을 벽체의 다양한 위치에 설치 가능하고 다양한 식물을 도입할 수 있기 때문에 디자인 및 초기 피복 효과가 크다. 또한 식재기반 단위로 탈착이 가능한 경우 효과적인 유지관리가 가능하다.

이 방식에서는 다양한 종류의 식물을 사용할 수 있으며, 속성 생장을 하지 않고 잎이 풍성하여 녹화효과를 기대할 수 있는 식물이 주로 사용된다.

입면녹화 사례

현재 전 세계적으로 다양한 수직면에 입체녹화가 이루어지고 있다. 건물의 벽면 뿐 만아니라 다리의 난간에서부터 구조물의 기둥, 기타 조형물에까지 식물이 적용되어 녹화가 이루어지고 있다.

기존에 개발된 제품은 건축물이나 구조체의 입면에 설치가 가능한 제품들이다. 입면녹화는 크게 3가지의 형태를 가지고 있다.

첫 번째는 페드릭블랑 방식으로 식생부직포를 이용한 녹화시스템이다. 이 시스템의 경우 설치가 용이하고 비용이 저렴한 장점이 있으나 지속적으로 부직섬유포에 관수와 영양분이 공급되면서 부직포에 녹조나 곰팡이가 발생하기도 하며, 부직섬유망이 느슨해지기도 한다. 또한 식물이 성장하면서 하중이 늘어나 부직섬유망이 쳐지는 경우도 발생한다.

두 번째 형태는 일정한 크기의 단위 모듈형태이다. 이는 수평면에 키운 식물을 수직으로 세워 도입한 형태로 토양의 유실을 막기 위해 모듈 내부에 처짐을 방지하는 구조가 있으며, 모듈 외부 또한 개구부가 상부로 뚫려 있는 구조를 취하고 있다. 이 시스템의 경우 관수시스템이 일체화되어 쉽게 설치가 가능하다는 장점이 있으나, 일정한 크기의 모듈 구성으로 적용 대상지가 제한이 있다. 곡선처리가 불가능하며, 디자인

원기둥 녹화 모형 녹화 난간 녹화

[그림 9-12] 수직면 입체녹화 유형

설치전경　　　　　　　　식생부직포에 양치류가 설치됨

[그림 9-13] 페트릭블랑 방식 설치전경 및 양치류 식재

이 식물에 의존하는 구조이다.

세 번째로는 최근에 개발되고 있는 형태로 철골구조물에 포트를 결합함으로써 벽면녹화를 완성하는 시스템이다. 이 제품들의 경우 적용 대상지가 다양하며, 시공 및 유지관리가 편리하며, 철골구조물을 통해 다양한 디자인이 연출가능하다. 그러나 실외환경에 지속적으로 노출됨에 따른 철골구조물의 재료적 한계로 인해 내구성이 낮은 약점을 동시에 지니고 있다.

[그림 9-14] 단위모률 형태 설치전경

설치전경　　　　　　　　식생부직포에 양치류가 설치됨

[그림 9-15] 포트결합형 설치전경 및 세부사진

수직옹벽 녹화 식생옹벽 녹화 식생방음벽 녹화

[그림 9-16] 주변환경과의 조화를 고려한 수직구조물의 녹화

상기에서 나열한 3가지 방식은 주로 건축물의 외벽면에 적용하는 기술이다. 이와 함께 도로 외부공간인 비탈면이나 주변 옹벽, 방음벽 등의 인공구조물 위에 식생을 도입하는 경우가 있는데, 덩굴성 식물에 의한 차폐와 경관개선 효과가 있다. 특히 도로변이나 고속도로 주변에서 방음벽이나 옹벽 등의 구조물을 녹화하는 사례도 많다.

[그림 9-17] 도로변 비탈면의 경관개선 사례

도로나 철도변을 대상으로 비탈면에 식재 및 조형물을 이용하여 다양한 패턴을 넣어 경관을 개선한 사례가 있다. 또한 옹벽소단부에 식재를 하거나 목재모양 구조물을 설치를 한 사례, 계단식 옹벽 전면부에 경관개선 구조물을 설치한 사례들이 있다.

IX

[그림 9-18] 콘크리트 계단식 옹벽위의 식생녹화

계단식 옹벽의 경우 지반을 안정시킬 수는 있지만 도로 경관을 악화시킨다. 따라서 이러한 계단식 옹벽에 연속섬유보강토공법을 이용하여 주변 사림과 식생이 연속된 경관을 형성한 사례이다.

다음은 폐철도부지를 대상으로 한 경관개선 사례이다. 옹벽으로 인해 경관적으로 불량할 뿐만 아니라 식생의 단절을 초래하며 주변경관과 이질적인 경관을 보여주고 있다. 추후에 생태옹벽을 설치함으로써 주변의 경관과 조화를 이룰 뿐만 아니라 동물의 이동통로를 조성한 사례이다.

IX

[그림 9-19] 경춘선(폐철도 구간) 조종천 부근 옹벽의 녹화

2. 숏크리트 비탈면

콘크리트 블록격자공이나 보강토 옹벽 등의 토목구조물에 의한 비탈면 안정화 및 보강 공법들이 많이 시공되고 있으나 완성된 형상이 주변지형 및 경관과 조화를 이루지 못하는 단점이 있다. 또한 강성부재의 특성상 기초지반의 부등침하나 소성변형에 대응하지 못하는 문제점이 있고, 시공성과 공사비 측면에서도 효율적이지 못하다. 또한 이들 공법은 제한된 위치(보강격자틀 내부)에만 부분적으로 식생이 가능하며 조성된 식생기반도 유효토심(식물의 뿌리가 지장 없이 뻗어 내릴 수 있는 토양층의 두께)이 낮아 초본위주의 식생이 조성되고 강우에 쉽게 유실되는 등 식생녹화 및 내구성 측면에서도 여전히 많은 문제점들을 안고 있다.

비탈면 보강공법 중 식생녹화가 가장 어려운 곳은 콘크리트구조물이 외부에 노출된 곳이라고 볼 수 있다. 콘크리트 구조물은 계단식 옹벽, 기대기 옹벽 등과 시멘트 모르타르를 부착시킨 것으로서, 시공면은 식물이 직접 정착할 수 있는 토양 기반이 없는 곳이며, 또한 시멘트 모르타르에 의해 토양의 pH가 알칼리성을 띠게 되는 문제점도 있다.

숏크리트 시공면은 시멘트모르타르가 경사면에 피복된 후 시간이 경과함에 따라서 숏크리트 표면의 열화, 풍화와 같은 여러 가지 문제점이 발생하며, 이는 비탈면의 안정성을 크게 저하하고 미관상으로도 좋지 않다.

[표 9-3] 비탈면 보강공법 특성과 적용 사례

공 법	특성
앵커	- 고강도 강재를 앵커재로 하여 보링공 내에 삽입하고 그라우트 주입과 강재의 인장에 의해 앵커재를 지반에 정착시켜 앵커재 두부에 작용한 하중을 정착지반에 전달하는 공법 - 대단위 파괴가 우려되는 암비탈면 - 불연속면이 연속적으로 발달된 비탈면
	- 두꺼운 붕적층 또는 풍화잔류토 지역에서 원호파괴 활동이 우려되거나 지층간 경계가 뚜렷하여 활동이 우려되는 지역에 사용하는 공법(수압판 설치) - 토사 및 붕적층이 두꺼운 토사비탈면
록볼트	- 원지반을 착암기 등으로 천공하여 볼트를 삽입한 후 정착시킴으로써 뜬돌 등을 원지반에 고정시키는 공법. 록볼트 자체가 강도를 발휘하여 지반을 보강하는 것보다 지반자체가 강도를 발휘하도록 도와줌. - 예상 활동면이 깊지 않거나 낙반이 예상되는 암비탈면 - 암반의 균열과 절리를 따라 발생하는 활동방지
네일링	- 보강재를 프리스트레싱 없이 좁은 간격으로 지반에 삽입하여 전체적인 전단강도를 증대시킴으로써 지반을 보강하는 공법 - 토사 또는 풍화가 심한 대규모 깎기비탈면 - 평면활동이 우려되고 얕은 활동이 예상되는 비탈면
버트리스	- 비탈면 하부 지지력 상실 공간의 콘크리트재 등에 의한 채움으로 깎기비탈면의 지지력 확보 - 소규모의 특정 구간에 사용 가능 - 적은 재원으로 큰 효과 발휘 가능
기대기 옹벽	- 비탈면에 기댄 형상 - 자립하지 않고 원지반 또는 뒤채움 흙에 기댄 자중에 의해 토압에 저항 - 비탈면 하부 지지력 상실 공간의 채움과 그 외 깎기비탈면 표면에 대한 보호 기능 - 비탈면 활동 블록의 억제 효과 - 앵커 등에 의한 옹벽의 지지력 확보 및 깎기비탈면 보강가능
	- 계단형의 단면 형상 - 비탈면하부 지지력 상실구간의 채움과 그 외 깎기비탈면 표면에 대한 보호 기능 - 비탈면 활동 블록의 억제 효과 - 앵커 등에 의한 옹벽의 지지력 확보 및 깎기비탈면 보강가능 - 충분한 이격거리 확보시 효율성 증대

기존에는 숏트리트 면을 녹화하기 위해서는 시멘트모르타르를 제거한 후 녹화공을 시공하는 방법을 적용해 왔다. 그러나 비탈면의 안정성이나 시공성 등의 여러 가지 이유로 시멘트모르타르의 제거 없이 녹화재료를 숏크리트 표면상에 그대로 뿜어붙여서 녹화하는 경우가 있다. 숏크리트로 피복된 면은 기반토양으로부터 식생기반재료의 수분공급을 차단하는 수분차단층으로 역할을 하게 되므로 녹화시 식재한 식물의 수분부족을 야기하고, 결국 생육불량과 성공적인 녹화의 장애요인으로 작용하는 현상이 나타난다.

지금까지 널리 사용되는 방법으로는 덩굴식물 등을 이용하여 비탈면을 차폐시키는 방법이 있다. 여기에는 담쟁이덩굴이나 등나무 등을 올려서 피복시키는 방법이 이용되는데, 공사비는 적게 소요되지만 초기에 식물을 식재한 이후에 전체가 피복하게 될 때까지 시간이 많이 필요하다.

또한 식물을 전면부에 직접 도입하는 것으로써, 식물이 생육할 수 있는 식생기반을 일정두께로 조성해 주고, 이곳에서 식물이 자라도록 하는 방법이 있다.

식생기반을 숏크리트면 위에 인공적으로 부착해 주더라도 식물을 식재할 경우 매끈한 면에는 식물이 잘 자라지 못하므로 일정 크기의 요철을 인위적으로 형성해 주는 방법으로 개선되어 적용되고 있다. 식생기반재를 뿜어붙일때 기반조성을 등고선 방향으로 굴곡이 생기게 하는 방

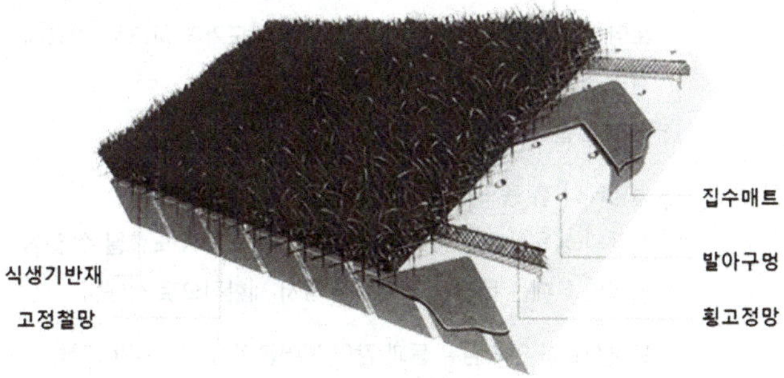

[그림 9-20] 숏크리트면 녹화를 위하여 집수매트를 설치하고 식생기반재를 두텁게 조성해주는 방법
(출처: http://www.nihon-shokusei.co.jp)

법이 있으며, 또한 자루에 흙과 보습제 등을 담아서 숏크리트면에 횡으로 고정하고 그 위에 전면적으로 식생기반재를 뿜어붙이는 방법이 있다.

일반적인 식생기반재뿜어붙이기 공법은 시공두께가 15cm를 넘기 어렵기 때문에 열악한 숏크리트면 조건에서 추가로 조성된 식생기반층 내에서 식물이 자라기에는 부족한 조건이므로 이를 해결하기 위하여 사질토와 연속섬유를 혼합하여 식생기반을 30cm 이상으로 두껍게 조성해 주는 방법이 적용되고 있다. 이 방법은 숏크리트면 외에 안정공법이 적용된 계단식옹벽, 격자틀붙이기 등에서도 경관 개선을 목적으로 적용하는 사례가 늘어나고 있다.

홍콩에서는 경사도에 따른 녹화기준을 제시할 때 식생기반을 안정적으로 조성해 주기 위한 매트류 방법과 식물 도입시 목본류의 식재를 위한 식혈식재 방법을 제시하고 있다. 반면 한국에서는 홍콩과 유사한 개념으로 경사도가 낮은 곳에서는 얇은층 식생기반뿜어붙이기공법을 사용하며, 경사도가 높은 곳에서는 두꺼운층 식생기반재뿜어붙이기공법을 적용하고 있다. 두 나라의 공법적용 기준은 큰 차이가 없으나 홍콩에서는 강우빈도 및 강우강도가 높기 때문에 매트류 보강방법과 식혈식재 방법을 선호하고 있는 추세이다.

[표 9-4] 홍콩의 hard cover(그룹 1) 분류 비탈면 녹화기술

분류	특징
멀칭 공법	- 콘크리트로 조성된 비탈면에 토양 등을 혼합한 1~2층의 멀칭층 조성 - 토양이 혼합된 멀칭층은 인장력, 전단강도가 약하므로, 필요에 따라서는 철망을 보강하기도 함 - 표면 균열이나 멀칭재료의 탈락 문제가 있음
다공시스템 공법	- 돌망태나 흙 등의 재료를 채운 패널 등을 설치함 - 식생의 생육상태가 양호하지 못하여 철망 등이 노출될 수 있음 - 패널의 두께는 비탈면 조건에 따라서 제한적으로 적용됨
보강토 공법	- 토양재료를 연속섬유 등과 같이 뿜어붙여서 식생기반 조성 - 급경사지에 두꺼운 보강토체의 조성 가능 - 식생기반이 두껍기 때문에 목본류 생육에도 효과적임 - 비탈면 하부의 공간에 따라 시공두께가 제한됨

분류	특징
생물공학적 공법	- 콘크리트 등으로 덮인 비탈면에 식생혈을 조성하고 식물 식재 - 긴 뿌리(4m 깊이까지 생육)를 가진 Vertiver grass (*Vetiveria zizanioides*, 香根草) 등 이용 - 면적 녹화보다는 점적 녹화에 이용됨 - 규칙적인 유지관리가 필요함

숏크리트로 처리한 비탈면

기존 수목을 살린 상태에서 숏크리트(하드커버) 시공

옹벽을 설치하여 식재공간을 확보하고 목본류를 식재

석축처럼 표면을 처리하여 자연성 및 경관성을 높여준 사례

연속섬유보강토공법에 의한 도로 비탈면의 녹화

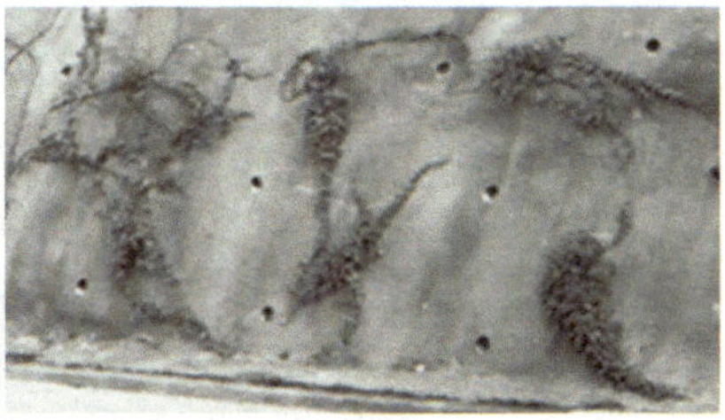

식생혈을 비탈면 중간에 조성하여 담쟁이덩굴을 식재

[그림 9-21] 무토양 비탈면을 대상으로 한 녹화시공 사례(홍콩)

콘크리트면 위의 녹화

EPS 성토블럭위의 녹화

[그림 9-22] 콘크리트나 블록구조물 위의 녹화시공 사례

3. 산성배수 비탈면

국내에는 금속광산, 석탄광산 및 비금속광산을 포함하여 총 1,800개소의 크고 작은 광산들이 있으며, 이들 중에서 약 80%가 휴광 또는 폐광된 광산으로서 적절한 환경복원시설이 설치되지 않아 주변 생태계가 위협받고 있다. 특히 폐금속광산에서는 과거 채광이나 선광·제련과정 등의 광산활동으로 인하여 배출된 광산폐기물들(폐석, 광미, 광석광물, 광산폐수 등)이 광산주변에 그대로 방치되어 있어 집중 강우나 강풍에 의해 하부로 분산되어 광산하부의 농경지와 수계의 환경오염을 계속적으로 일으키고 있다. 이렇게 오염된 토양이나 하천수는 농작물의 성장에도 영향을 미쳐 궁극적으로는 이를 섭취하는 인간의 건강에 심각한 문제를 야기한다.

한편 폐석탄광산에서는 폐갱구들로부터 유출되거나 주변 폐석더미로부터 지속적으로 배출되는 다량의 산성광산배수(AMD, acid mine drainage)로 인해 주변 지하수와 지표수가 오염되어 수중 생태계의 파괴뿐만 아니라 인간 생활에도 악영향을 주고 있다.

[표 9-5] 기반의 토양산도에 따른 초본류의 생육 특징

pH	초본류의 생육 특징
pH 3 미만	종자가 거의 발아하지 않는다. 일부가 발아하여 성장해도 피복도는 40% 이하로 낮다.
pH 3 이상~4 미만	종자는 발아하지만 생장후의 피복도는 35~70%로 전반적으로 낮다.
pH 4 이상~5 미만	발아하여 성장 후의 피복도는 35~100% 이며 편차가 크다.
pH 5 이상	특수한 경우를 제외하고는 발아 성장후의 피복도는 70~100% 이며 성장이 양호하다.

(출처 : 서경원. 2007. 일본의 폐금속광산 산림녹화 기술동향을 토대로 재편집함)

산성토양이란 pH가 7 미만인 토양을 말한다. pH 4.5 이하면 초강산성, pH 4.5~5.0이면 극강산성, pH 5.1~5.5는 강산성, pH 5.6~6.0이면 중산성, pH 6.1~6.5이면 약산성으로 세분된다. 산성의 원인은 염기성분의 세탈, 유기산, 강산 등에 있다. 이 때문에 습윤지역의 토양과 유기물이 집적하는 토양(포드졸)은 강한 산성을 띤다. 산성이 강하면 식물에 피해를 주게 된다.

산성배수는 지하에 안정하게 존재하던 황화광물이 광업활동과 건설사업 과정의 지반굴착에 의하여 지표에 노출되어 산화되면서 생성된다. 생성환경에 따라 다양한 종류의 황화광물이 존재하며 황철석(F_eS_2)은 가장 흔한 황화광물로서 산성배수 발생의 주 광물로 알려져 있다.

일본의 6개 광산의 폐석장 녹화시험에서 토양 pH와 초본의 생육에 관한 실험결과, pH3 미만에서는 종자가 발아하지 않으며, pH3~4에서는 종자는 발아하지만 생장 후 피복도는 35~70%로 전반적으로 낮았다. 또한 pH4~5 미만에서는 발아성장 후 피복도의 편차가 35~100%로 크며, pH5 이상에는 피복도가 70~100% 비교적 성장이 좋았다. 따라서 산성지역의 토양개량은 pH 개량 목표치를 pH5 이상으로 하여야 식물생장이 유리할 것이다.

비탈면 식생 피해　　비탈면 불안정 및 구조물 훼손　　토양오염 및 농작물 피해

[그림 9-23] 강산성토양에서 나타나는 피해 현상

[표 9-6] 토양의 산도에 따른 생육가능 식물 및 특징

구분	생육가능 식물	특징
중성 토양 (pH 5.6~6.5)	대부분의 침엽수 및 피나무, 단풍나무, 참나무류	비교적 대부분의 식물 생육이 가능함
약알칼리성 토양 (pH 6.6~7.3)	활엽수, 특히 호두나무, 양버즘나무, 백합나무 등이 잘 생육하며, 침엽수의 경우 알칼리성에 잘 적응하는 측백나무 등	미생물의 활성도가 높아 낙엽낙지의 토양 내 분해가 원활하게 이루어져 양분의 이용률이 비교적 높은 토양임
알칼리성 토양 (pH 7.4~8.0)	개오동나무, 물푸레나무, 오리나무, 사시나무, 호두나무류, 개암나무류, 서나무류, 너도밤나무류, 느릅나무류, 회양목류, 단풍나무 등	칼슘, 마그네슘의 양이 너무 많고, 철분이 부족하여 침엽수의 생육이 어려움
강알칼리성 토양 (pH 8.1~8.5)	염생식물	포플러 몇 종을 제외한 대부분의 수목은 생육이 불가능함

(출처 : 박미호 등. 2010. 숲과 삶)

휴폐광산과 건설현장의 산성배수 발생 비탈면은 산성배수에 의한 토양의 산성화 및 높은 유해원소(중금속, Al, Mn) 농도, 낮은 점토함량, 낮은 영양분 함량으로 인해 식물성장에 매우 불리한 조건을 갖추고 있으며, 식생피복이 실패하는 사례가 빈번히 발생하고 있다.

산성배수가 발생되고 있는 비탈면에서는 식생을 보호하고 성공적인 식생피복을 위해서 비탈면에 최소 30cm 이상의 양질의 토양으로 복토를 한 후 식생피복을 실시하는 것이 일반적이다.

비탈면의 복토재로 사용되는 토양은 산성수에 대한 중화능력이 낮으며 복토층 하부에서 다량의 산성배수가 발생될 경우 모세관 현상에 의하여 산성배수가 상승하여 식생에 피해를 주는 사례가 빈번하다. 또한 비탈면에 두꺼운층의 복토를 실시할 경우 복토층이 강우에 의한 토사유실을 유발하고 안정성을 저해시킬 우려가 있다.

따라서 복토에 사용하는 토양은 산성수가 모세관 현상으로 올라와 식물에 피해를 주지 않도록 하기 위하여 산성배수를 중화할 수 있는 토양기반 조성이 필요하다. 또한 유기물 함량이 높은 토양을 조성해 주어

야 토양 자체의 기능이 회복되면서 식물 생육에 유리하게 된다.

이러한 비탈면의 녹화를 위해서는 산성수 중화 및 차단 효과가 있는 산성중화제를 적절히 사용하는 것이 중요하며, 산성토양 중화 효과가 있는 식생기반재를 뿜어붙여서 녹화하는 방식이 적용되고 있다. 또한 사용하는 식물종도 산성에 강한 식물종 위주로 선정하는 것이 바람직하다.

일반적으로 산성토양에 잘 견디는 수종으로는 소나무, 잣나무, 편백, 가문비나무, 리기다소나무, 사방오리나무, 버드나무, 싸리나무, 상수리나무, 진달래, 철쭉 등이 있으며, 중성토양에는 피나무, 단풍나무, 참나무, 그리고, 알칼리성토양에는 조팝나무, 물푸레나무, 호두나무, 백합나무, 사시나무, 서어나무, 회양목 등이 있다.

잔디조성 토양은 보통 토양산도가 중성 혹은 약산성이 좋으며 사양토가 가장 좋다.

IX

[표 9-7] 토양산도와 잔디의 생육 관계

구분	들잔디	금잔디	Bermuda Grass	Bent Grass	Fescue Grass	Kentucky Grass	Rye Grass
PH	3.5~6.0	4.6~7.6	5.2~7.2	5.4~7.6	5.4~7.6	6.0~7.8	5.5~8.3
토 양	사토 사양토	사토 사양토	사양토	습윤한 토양	메마른 토양	습윤한 점질토	

비탈면에서의 산성토를 중화하는 방법으로 현지 발생재료를 재활용하는 녹화공법이 있다. 대표적인 공법에는 벌채목, 발근재, 퇴비 등을 주재료로 해서 이것에 패각 분쇄물이나 해체 목재의 목탄 등을 첨가하는 공법이 있다.

산성토양의 녹화를 위하여 토양을 개량하는데 토양의 pH3.5 이하의 경우에는 다른 성분이 식물의 생육에 적당하여도 pH 때문에 생육이 곤란한 경우가 많다. 이러한 경우 석회석을 이용하여 지반을 개량하는 경우가 많다. 이때 필요한 석회석의 양을 중화석회석이라 하며, 반드시

[그림 9-24] 임목 뿌리 등을 파쇄하여 산성 비탈면에서의 중화능력이 뛰어난 식생기반재를 조성하는 현장 사례

[표 9-8] 토양산도에 따른 폐석장의 복토두께 기준(일본)

<table>
<tr><th colspan="2">폐석장</th><th rowspan="2">입지조건</th><th rowspan="2">목표 복토 두께(cm)</th><th rowspan="2">녹화기초공</th></tr>
<tr><th>pH</th><th>물리성</th></tr>
<tr><td>3.5 미만</td><td></td><td></td><td>30</td><td rowspan="2">- 초강산성의 경우는 표류수, 지하수의 차단도 포함한 방법의 병용을 검토한다.
- 폐석장의 표층부의 물리성 및 pH 개량을 향하는 것으로 복토두께를 감소시킬 수 있다.</td></tr>
<tr><td rowspan="4">3.5이상~
5.0미만</td><td rowspan="2">불량</td><td>냉온대
아한대</td><td>30</td></tr>
<tr><td>난온대</td><td>20~10</td><td>- 복토 10cm 정도에서는 폐석장 표층부의 물리성 및 pH의 개량을 병행하면 효과적이다.</td></tr>
<tr><td rowspan="2">양호</td><td>냉온대
아한대</td><td>20~10</td><td rowspan="2">- 복토의 두께가 냉온대 및 아한대에서 10cm, 난온대에서 5cm로 하한의 경우는 pH의 개량이나 시비 등을 병행하면 한층 효과적이다</td></tr>
<tr><td>난온대</td><td>15~5</td></tr>
<tr><td rowspan="4">5.0이상
~7.5</td><td rowspan="2">불량</td><td>냉온대
아한대</td><td>15~5</td><td>- 쌓여져 있는 물질의 표층부의 물리성 개량을 병행하면 한층 효과적이다.</td></tr>
<tr><td>난온대</td><td>15~5
또는 0</td><td rowspan="3">- 토양개량제, 토양안정제, 시비 등으로 표층부를 개량하면 복토를 하지 않고 녹화는 가능한 경우가 있다.</td></tr>
<tr><td rowspan="2">양호</td><td>냉온대
아한대</td><td>15~5
또는 0</td></tr>
<tr><td>온난대</td><td>0</td></tr>
</table>

(출처 : 서경원. 2007. 일본의 폐금속광산 산림녹화 기술동향)

pH7까지 중화하는데 필요한 석회석의 양이 아니라 식물의 생육에 적당한 pH까지 개량하여도 무방하다.

폐탄광에서 폐석으로 조성된 비탈면의 녹화에서는 식물이 생육할 수 있도록 식생기반을 두껍게 조성해주는 것이 중요하며, 활엽수 칩을 이용한 폐탄광 비탈면 복구가 진행된 사례가 있다.

포항, 울산 지역은 이암 비탈면이 다수 발생한다. 이암 비탈면은 토양산도 4.0 이하인 곳이 많아 녹화식물의 생육이 부진하다. 특히 이암토사비탈면에 거적덮기를 시공하면 식물의 발아와 생육을 기대하기 어렵다. 시험시공을 통해 토질별로 식생기반재 뿜어붙이기 공법을 적용하여야 한다.

IX

이암비탈면 거적덮기 공법 시공지의 녹화실패사례

이임절토토사비탈면 식생기반재뿜어붙이기 시험시공사례(거적덮기 보다 생육이 양호한 모습)

[그림 9-25] 이암 비탈면의 녹화공법 적용사례

4. 화강암질풍화토 비탈면의 생태복원녹화

4.1 화강풍화토 비탈면 녹화공법의 적용

화강풍화토란 화강암질 암석(화강암, 화강섬록암 등)의 결정성 심성암 및 이와 동질의 편마암이 풍화되어 그곳에 잔류하는 잔적토(residual soil) 및 이로부터 발생된 붕적토(colluvial soil) 등을 말한다. 화강풍화토(마사토)의 특징은 토양 조성 입자가 상대적으로 크고, 토양내 점토질 함량이 적기 때문에 상대적으로 영양분 집적 상태가 매우 빈약하다고 볼 수 있다. 또한 통기성이 뛰어나고 배수가 잘 되기 때문에 비탈면에서 수분 보유력이 낮다.

IX

화강풍화토는 대부분 석영, 장석, 운모와 유색광물로 구성되어 있으며, 조성광물의 함유량과 풍화정도에 따라 그 공학적 성질이 크게 달라진다. 그 외에 물리적 성질로서 큰 특징의 하나는 물과 접촉하면 안정성이 저하되어, 함수비가 많아짐에 따라 전단강도 등이 급격히 감소되는 경향을 보인다.

그 외에 물리적 성질로서 큰 특징의 하나는 물과 접촉하면 안정성이 저하되어, 함수비가 많아짐에 따라 전단강도 등이 급격히 감소되

경향을 보인다. 또한 토양 내 유기물함량, 전질소량, 양이온 치환용량 등이 극히 낮아 식물의 안정적인 생장을 기대하기는 어려운 특징이 있다.

각종 건설공사 등으로 불가피하게 발생하는 화강풍화토 비탈면은 점착성분이 적어 우기 시 세굴 및 침식이 심각하게 발생하고 있으며, 토질이 척박하고 쉽게 건조해지므로 식물생육이 매우 불량하다.

식물의 생육은 뿌리의 지지기반 확보, 수분 및 양분의 공급 상태에 따라서 영향을 받게 된다. 마사토 비탈면의 경우에는 수분보유력이 낮고 양분 저장능력이 떨어지기 때문에 식물의 초기 활착도 어렵고, 또한 활착된 식물도 생육이 어렵게 된다.

특히 최근 기후변화에 따른 강수패턴의 변화를 볼 때 집중강우가 내리고, 또한 가뭄이 오랜 기간 반복되는 양상으로 변화함에 따라서 식물 생육 조건은 더욱 열악해 진다고 볼 수 있다.

화강풍화토(마사토) 비탈면의 녹화가 어려운 것은 공사 현장에서 토사, 즉 "흙"으로 분류되기 때문이며, 녹화지침에 근거하여 종자뿜어붙이기나 얇은 식생기반재뿜어붙이기 공법 등이 적용되는 경우가 대부분이다. 마사토로 구성된 성토비탈면의 경우 토양경도가 낮지만 모래기반과 유사한 특성을 보이게 되며, 마사토 토질로 이루어진 절토비탈면(현장에서는 강마사라고 불림)의 경우 토양경도지수(산중식토양경도계)가 23mm를 넘는 곳이 많으므로, 거의 풍화암과 같은 암반 조건과 유사하다고 볼 수 있다. 결국 토목 공사의 측면에서는 토사이지만, 식물의 생육조건을 볼 때는 모래나 암반층과 유사한 조건이라고 할 수 있는 것이다.

IX

또한 비탈면 유실과 보수작업의 반복으로 인해 시공자 관리비용이 증가하고 지속적인 설계변경 발생으로 현장관리에 어려움이 많다. 건설공사 준공시기에 시행한 부실 보수작업이 공용 중 비탈면 유실로 이어져 인명피해, 교통차단 등의 대형 재난사고로 연계 된다. 그래서 풍수해 비탈면의 피해 복구를 위한 재해손실비가 과다 투입되는 사례도 있다.

피해원인을 조사한 결과 대부분 화강풍화토, 붕적토 지반의 표면유실로 녹화공이 미흡한 것으로 확인되고 있다. 화강풍화토 비탈면에 지속적으로 발생하고 있는 피해는 녹화공법 선정 시, 일반 토사비탈면의 설계기준과 공법(Seed-spray)이 그대로 적용되는 것이 가장 큰 원인으로 판단된다.

4.2 화강풍화토 비탈면 녹화관련 설계기준

화강풍화토 관련 기준 검토

- 고속도로 설계실무 지침서

비탈면 녹화공법의 선정은 「도로비탈면 녹화공사의 설계 및 시공 지침(국토해양부, 2009)」의 비탈면 녹화공법 선정절차를 기준으로 한다. 토사 비탈면은 종자 뿜어붙이기공법(Seed-spray)의 적용을 원칙으로 하되, 특별한 경우 기타공법이나 거적덮기를 적용한다. 화강풍화토 깎기비탈면의 경우 일반 종자뿜어붙이기 공법 적용으로는 녹화가 불가능하여 통상 시험시공을 통해 적합한 공법을 선정하는 것이 바람직하다(강태복, 2017).

특히 화강풍화토 비탈면은 거적덮기로는 녹화가 불가능하므로 시험시공 결과에 따라 식생기반재 뿜어붙이기공법을 시행한다.

[표 9-9] 일반적인 도로비탈면의 녹화공법 적용방법

구분		녹화공법
토사 비탈면	쌓기	- 보통토사 : Seedspray - 화강풍화토 등 세굴예상 구간 : Seedspray + 거적덮기
	깎기	- 보통토사 : Seedspray - 심각한 세굴예상 구간 : Seedspray + 거적덮기 - 건조 척박한 토양, 견고한 점토질 : 식생기반재 뿜어붙이기공법 • 지질조건 : 모래, 실트질모래, 화강풍화토 지역

녹화공사 관련 기준

- 도로비탈면 녹화공사의 설계 및 시공 지침(국토해양부, 2009)

“비탈면 녹화공법 선정절차”에 따라 녹화공법을 선정하며, 토질과 경사도에 따른 일반적인 녹화공법을 예시하고 있다. 설계 시에는 지역 특성에 부합되는 다양한 녹화공법을 검토하여 적합한 공법으로 설계하여야 한다. 쌓기 비탈면은 "비탈면 녹화공법 선정절차"에서 제시한 일반적인 공법을 설계에 적용하는 것을 원칙으로 한다.

[표 9-10] 비탈면의 토질 특성과 경사도에 따른 녹화공법 적용

구분		토질특성	경사도	녹화공법
토사 비탈면	쌓기	점질토사 사질토사	1:1.5 이상	잔디식재, 거적덮기, 종자뿜어붙이기, 식재
			1:1.5 이하	잔디식재, 거적덮기, 종자뿜어붙이기, 얇은 식생기반재뿜어붙이기
	깎기	토사 견질토사 풍화토	1:1.2 이상	잔디식재, 거적덮기, 종자뿜어붙이기, 얇은 식생기반재뿜어붙이기(1㎝)
			1:1.2 이하	잔디식재, 거적덮기, 종자뿜어붙이기, 얇은 식생기반재뿜어붙이기(1~2㎝) 시험시공결과에 따라 식생기반재 뿜어붙이기(3~5cm)로 적용이 가능하다.

- 조경설계기준(한국조경학회, 2013)

- 비탈면의 식물생육적합도 판정기준(토양경도)

화강풍화토 등 식물의 생육을 어렵게 하는 토양은 토양 자체를 개량하거나 식생기반재를 적정한 두께로 부착하여 녹화를 해야 한다.

비탈면의 토양 조건이 식생의 도입이 부적합하다고 판정되는 경우, “중급”이상의 식재용토를 붙여 설계하는 것을 전제로 한다.

[표 9-11] 비탈면의 토양경도에 따른 식물생육적합도 판정기준

판정기준		식물생육특성
토양경도	10mm 미만	건조하기 쉽기 때문에 종자 발아 저조의 가능성, 정착생물의 생육은 양호
	점성토 10~23mm 사질토 10~25mm	지상부, 지하부 모두 생육양호, 수목에 의한 식재에도 적합
	점성토 23~30mm 사질토 25~30mm	일반적으로 토양속 식물 뿌리의 신장에 장해

- 토양의 화학적 특성 평가항목과 평가기준

[표 9-12] 토양의 화학적 특성 평가항목과 평가기준

평가항목	평가등급				
	단위	상급	중급	하급	불량
토양산도(pH)	-	6.0~6.5	5.5~6.0 6.5~7.0	4.5~5.5 7.0~8.0	4.5 미만 8.0 이상
전기전도도(E.C.)	ds/m	0.2 미만	0.2~1.0	1.0~1.5	1.5 이상
염기치환용량(C.E.C)	cmol/kg	20 이상	20~6	6 미만	-
전질소량(T-N)	%	0.12 이상	0.12~0.06	0.06 미만	-
유효태인산함유량(Avail, P_2O_5)	mg/kg	200 이상	200~100	100 미만	-
치환성 칼륨(K^+)	cmol/kg	3.0 이상	3.0~0.6	0.6 미만	-
치환성 칼슘(Ca^+)	cmol/kg	5.0 이상	5.0~2.5	2.5 미만	-
치환성 마그네슘(Mg^+)	cmol/kg	3.0 이상	3.0~0.6	0.6 미만	-
염분농도	%	0.05 미만	0.05~0.2	0.2~0.5	0.5이상
유기물함량(O.M.)	%	5.0 이상	5.0~3.0	3.0 미만	-

IX

화강풍화토 녹화공법 적용시 고려사항

현행 도로비탈면 설계기준에는 지질조건에 따라 식생기반재 뿜어붙이기 공법을 적용할 수 있도록 되어있으나, 구체적인 토양 평가등급이나 판정기준이 제시되지 않아 시험시공을 통해 적합한 공법을 선정하는 것이 바람직하다.

- 현행 종자뿜어붙이기공법 단순 적용시 예상되는 문제점

종자뿜어붙이기 공법이란 기계화 시공으로 종자, 비료, 피복제, 침식방지안정제, 색소를 물과 혼합 후 고압펌프를 사용하여 비탈면에 뿜어붙이는 녹화공법을 말한다.

토양수분 보유력이 낮고, 침식 저항성이 낮은 비탈면에서는 종자만 표면에 부착된 상태로 종자 발아를 기대하기 어렵고 생육도 불량하다.

- 비탈면 입지조건별 녹화공법 선정기준

[표 9-13] 비탈면의 입지조건별 녹화공법 선정기준

구분	기울기	토양의 비옥도	도양 경도	녹화공법	
				초본에 의한 녹화 (외래초종+재래초종)	목본·초본의 혼파에 의한 녹화(목본+외래+재래초종)
토사 비탈면	45° 미만	높음	23mm 미만 (점성토)	종자 뿜어붙이기, 떼 붙이기, 식생매트공법 등	종자 뿜어붙이기, (흙쌓기에 사용) 식생기반재 뿜어붙이기
		낮음	27mm 미만 (사질토)	종자 뿜어붙이기, 떼 붙이기, 식생매트공법, 잔디포복경심기, 식생자루 심기(이상 추비 필요), 식생기반재 뿜어붙이기 (두께 1~5cm)	식생기반재 뿜어붙이기 (두께 1~5cm)
	45°~ 60°	-	23mm 이상 (점성토) 27mm 미만 (사질토)	식생구멍심기(추비 필요), 식생기반재 뿜어붙이기 (두께 3~5cm)	식생혈공, 식생기반재 뿜어붙이기 (두께 3~5cm)

침식방지안정제

침식방지안정제는 피복제를 토양과 결집시켜 피복을 형성하는 접착제를 말한다. 종자, 비료 및 피복제의 유실방지, 토양의 유출 및 침식방지 등의 목적으로 사용된다.

피복제는 침식방지안정제와 함께 토양을 결집시켜 자재의 유실을 방지하고, 식물의 착생이 용이하게 되도록 첨가하는 자재를 말한다. 비료는 질소(N), 인산(P_2O_5), 칼리(K_2O)의 성분이 혼합된 복합비료를 주로 사용한다.

공법의 한계점

현재까지 종자 뿜어붙이기공법의 침식방지안정제로 사용하고 있는 CMS(Carboxy methyl-Starch)는 화학적 전분으로 침식방지 성능이 매우 낮으며, 과다하게 사용할 경우 식물생장에 악영향을 미친다. 또한, 침식방지 성능을 확인하기 위한 시험방법 및 품질기준이 없다.

속효성인 복합비료는 강우시 비료 유실량이 크며, 장기간 지속효과가 낮으므로 화강풍화토와 같이 건조 척박한 토양에서는 식물이 고사 되는 문제점이 있다. 그리고, 저가하도급 공사로 인한 품질저하로 재시공이 반복되며, 작업인부의 숙련도에 따라 품질변동이 크다.

• 화강풍화토 비탈면의 녹화 방향

화강풍화토(마사토) 비탈면의 녹화를 위해서는 2가지 측면에서 검토할 필요가 있다. 첫째는 비탈면에서 수분이 급격히 유실되지 않도록 토양수분함유량을 늘려주는 것, 둘째는 식물이 뿌리를 내리고 살 수 있는 충분한 식생기반층을 조성해 주는 방법이 있다.

과거에 마사토 비탈면의 녹화를 위해서 두꺼운 식생기반재를 붙여주는 방식이나 절토 비탈면에 식물이 살 수 있는 구멍을 조성하고 그 안에 양질의 흙과 비료, 종자를 채워넣어주는 방식이 적용된 바 있다. 식혈방법으로 분류될 수 있는 것으로 인력으로 구멍을 뚫어 주는 방식에서 발전하여 기계력(굴삭기 형태를 응용)을 이용하여 구멍을 만들고 "종·비·토"를 채워주는 방식까지 발전하였다.

IX

수분 유지 방법

비탈면에서 수분을 유지시켜주는 방법으로는 멀칭 방법이 있는데, 볏짚 거적이나 jute net를 사용할 수 있다. 그러나 이들 재료는 두께가 얇

[그림 9-26] 화강암질 풍화토의 다양한 모습

고 내구성이 떨어져서 토양수분 유지 능력이 우수하지는 않다. 또한 coir net를 사용하는 경우가 있는데, coir net의 경우 거칠고 비탈면에 잘 밀착하지 않는 문제점이 있다. 따라서 네트를 사용하더라도 부직포 등이나 보습제 등을 사용하여 기능을 개선해주는 방법이 필요하다.

식생기반층 조성 방법

식생기반층 조성 방법으로 전면적에 식생기반재를 두껍게 조성해주는 방법이 있는데, 이 방법은 비용이 많이 소요 된다. 또한 전면적으로 다 덮어 주더라도 고르게 식물이 피복되지 않는 경우가 있을 수 있다. 따라서 부분적인 개선으로 통해서 비탈면의 미세한 환경의 차이를 조성해줌으로서 부분녹화를 우선 도모하고, 점진적으로 비탈면 전체가 녹화가 되도록 하는 방법이 있다. 비탈면에 인위적으로 요철을 형성해 주는 방법도 효과적이다.

부분녹화 방법

여기에는 점적 녹화와 선적 녹화가 있다. 선적 녹화는 수평방향으로 골을 파주고 이곳에 혼합재료를 채우는 방식, 인력으로 채우는 방식과, 얇은 롤 식의 식생자루에 혼합재료를 채워넣는 방식이 있다. 점적 녹화에서는 일정 규격의 구멍을 파주고 그 안에 재료를 채워 넣는 방법이 있다. 기존에 여러차례 연구가 진행된 바 있는데, 구멍을 파주고 채운 재료가 유실된다거나, 초기에 발아된 식생이 정상적으로 생육하지 못하고 고사하게 되는 경우 등의 문제가 나타나기도 한다.

고려사항

녹화의 방향에서는 부분녹화에서 시작하여 전면녹화로 확산되도록 하며, 초기 식생활착에 의해 비탈면의 생육조건을 개선하고, 장기적으로 녹화가 되도록 하는 단계별 전략이 필요하다, 녹화의 방법론에서는 미세환경 개선을 위한 수평 구나 구멍을 파는 장비의 개발, 홈 속에 채워 넣을 수 있는 재료(종자가 포함된 유기블럭), 그리고 재료가 유실되지 않고 비탈면 수분을 유지시켜 줄 수 있는 멀칭방법의 조합이 필요하다.

▷ 화강풍화토 비탈면에 적용할 수 있는 효과적인 녹화방법을 찾기 위하여 고속도로를 대상으로 시험시공을 실시한 사례가 있다.

▷ 현장 시험시공 대상지의 토성분석 결과에서와 같이 화강풍화토의 토성은 양질사토(LS)와 사토(S)로 분석되었으며, 유기물, 전질소 함량 등이 매우 낮아 녹화식물의 생육에는 부적합한 토질특성을 보이고 있었다.

비탈면 토양의 토성 및 양료 분석 사례

<table>
<tr><th colspan="2" rowspan="2">평가항목</th><th rowspan="2">적정함량</th><th>충주제천</th><th colspan="2">담양성산 3공구</th><th>음성충주</th></tr>
<tr><th>5공구 쌓기부</th><th>깎기부</th><th>쌓기부</th><th>1공구 깎기부</th></tr>
<tr><td rowspan="4">입도
분석
(%)</td><td>모래(0.05~2.0㎜)</td><td>-</td><td>91.0</td><td>87.9</td><td>83.8</td><td>84.6</td></tr>
<tr><td>미사(0.002~0.05㎜)</td><td>-</td><td>8.68</td><td>8.9</td><td>9.8</td><td>8.7</td></tr>
<tr><td>점토(0.002㎜이하)</td><td>-</td><td>0.32</td><td>3.2</td><td>6.4</td><td>6.7</td></tr>
<tr><td>토성</td><td>-</td><td>S(사토)</td><td>S(사토)</td><td>LS(양질사토)</td><td>LS(양질사토)</td></tr>
<tr><td colspan="2">산도(pH)</td><td>6.0 ~ 8.0</td><td>7.28</td><td>6.8</td><td>7.2</td><td>7.7</td></tr>
<tr><td colspan="2">유기물OM(%)</td><td>3.0 이상</td><td>0.02</td><td>0.17</td><td>0.06</td><td>0.04</td></tr>
<tr><td colspan="2">전질소TN(%)</td><td>0.06 이상</td><td>0.019</td><td>0.030</td><td>0.025</td><td>0.020</td></tr>
<tr><td colspan="2">유효인산(mg/kg)</td><td>100 이상</td><td>13.7</td><td>17</td><td>11</td><td>30</td></tr>
<tr><td colspan="2">CEC(cmol/kg)</td><td>6 이상</td><td>4.14</td><td>2.31</td><td>3.44</td><td>5.72</td></tr>
<tr><td rowspan="3">치환성
양이온
(cmol/kg)</td><td>K^+</td><td>0.6 이상</td><td>0.07</td><td>0.07</td><td>0.06</td><td>0.09</td></tr>
<tr><td>Ca^{2+}</td><td>2.5 이상</td><td>3.67</td><td>1.89</td><td>2.62</td><td>5.18</td></tr>
<tr><td>Mg^{2+}</td><td>0.6 이상</td><td>0.60</td><td>0.32</td><td>0.51</td><td>0.67</td></tr>
<tr><td colspan="2">EC(dS/m)</td><td>1.0 미만</td><td>0.15</td><td>0.18</td><td>0.18</td><td>0.22</td></tr>
<tr><td colspan="2">NaCl(%)</td><td>0.5 미만</td><td>0.002</td><td>0.005</td><td>0.005</td><td>0.008</td></tr>
<tr><td colspan="2">화학적 평가등급</td><td>-</td><td>“하급”</td><td>“하급”</td><td>“하급”</td><td>“하급”</td></tr>
</table>

IX

■ **시험시공(1차)**

▷ 충주~제천간 고속도로 제5공구 제천Jct R-E 0+420~0+500에 2012년 8월 2일에서 8월 3일(2일간)까지 시험시공을 실시하였으며, 조건은 기존의 Seed-spray 공법과 동일한 방법(장비, 인원 등)으로 시공하고, 침식방지안정제와 비료를 조정하여 비교 시험시공을 하였다.

▷ 토사유출량은 모니터링 기간 중(8.4 ~ 10.16) 강우량은 465mm(일 최대 87.5mm)로 태풍 3개(볼라벤, 덴빈, 산바)의 영향을 받았다.

▷ 토사유실량 측정은 자연생태복원전문가에 의해 시험시공 전면적에 대하여 세굴 및 유실지점을 조사하여, 단위면적당 유실량(kg)으로 산정하였다.

비탈면 시험 녹화공법에 따른 토사유실 현황

구 분		1구역(개선공법①)		2구역(개선공법②)		3구역(기존공법)	
실험 조건	면적	200㎡		150㎡		150㎡	
	침식 방지 안정제	식물섬유소 (40g/㎡)	식물섬유소 (40g/㎡)	식물섬유소 (40g/㎡)	식물섬유소 (40g/㎡)	CMS (100g/㎡)	CMS (100g/㎡)
	비료	복합비료 (100g/㎡)	복합비료 (100g/㎡)	유기질비료 (250g/㎡)	유기질비료 (250g/㎡)	복합비료 (100g/㎡)	복합비료 (100g/㎡)
	거적덮기	유	무	유	무	유	무
토사유실량 (kg/㎡)		7	15	4	11	57	65

▷ 모니터링 결과 개선공법이 기존공법(종자뿜어붙이기) 대비 토사유출량이 77~83% 감소하는 우수한 침식방지 효과를 보였다.

■ **시험시공(2차)**

▷ 담양~성산간 고속도로 제3공구 본선 Sta. 4+380~470(대구방향) 외 1개소와 음성~충주간 고속도로 제1공구 본선 Sta. 2+400~600(평택방향)에 2차 시험시공을 하였다. 시공은 2013년 4월 9일에서 4월 12일(4일간)까지 실시하였다.

▷ 시험시공의 조건은 기존의 종자뿜어붙이기공법과 동일한 방법(장비, 인원 등)으로 시공하고, 침식방지안정제와 비료를 조정하여 비교 시험시공을 하였으며, 균일한 취부 및 피복두께 확보를 위해 분사방식을 개선하여 적용하였다.

▷ 당초 기존 종자뿜어붙이기에서 사용하는 소방호스 노즐을 개선하여 변경된 에어스프레이 건(회전판+압축공기)을 사용하여 시공하였다.

▷ 모니터링 및 평가 결과는 모니터링 기간 중(4월 9일 ~ 10월 17) 강우량은 담양성산간 3공구는 1,006mm(일 최대 178mm), 음성충주간 1공구는 830mm(일 최대 118.5mm)의 영향을 받았다.

비탈면 시험 녹화공법에 따른 식생피복도

구분		담양~성산간 3공구						음성~충주간 1공구	
		쌓기부			깎기부			깎기부	
		1구역	2구역	대조구	1구역	2구역	대조구	1구역	대조구
실험 조건	면적	400㎡	400㎡	200㎡	400㎡	400㎡	200㎡	1,000㎡	200㎡
	침식방지 안정제	식물 섬유소	식물 섬유소	CMS	식물 섬유소	식물 섬유소	CMS	식물 섬유소	CMS
	비료*	복합 + 유기질	복합	복합	복합 + 유기질	복합	복합	복합 + 유기질	복합
식생피복율(%)		95	90	35	90	85	65	95	40
출현종수(종/㎡)		15	17	4	17	16	5	16	3

* 비료 혼합량 : 복합(100g/㎡) /복합(50g/㎡)+유기질(200g/㎡)

▷ 개선공법을 적용한 구역의 전체 식생피복율은 85~95%로 생육효과가 우수한 것으로 조사되었으나, 기존공법(종자뿜어붙이기+거적덮기 공법)을 적용한 대조구에서는 식생피복율이 35~65%로 낮게 조사되었다.

▷ 초본 및 목본의 출현종수는 15종/㎡ 이상으로 생육효과와 종다양성이 우수했으나, 대조구에서는 3~5종으로 낮게 조사되었다.

▷ 유기질비료와 복합비료를 혼합하여 사용한 구간과 복합비료만 사용한 구간을 비교하면 식생피복율, 출현종수 등에서 큰 차이는 없었으나, 장기적으로 안정적인 식생을 위해서는 완효성 비료인 유기질 비료를 혼합하여 사용하는 것이 바람직 할 것으로 판단된다.

CHAPTER X

비탈면 생태복원 녹화와 유지관리

1. 유지관리 개요

1.1 비탈면에서 식생천이 개념의 이해

비탈면 생태복원녹화는 식물에 의해 비탈면을 피복·보호하여 안정을 도모하고 도로 주행자에게 쾌적한 경관을 제공하기 위하여 실시하는 것이다. 녹화공사를 실시한 곳에서는 비탈면이 안정되면 주위에서 여러 가지 식물이 침입하여 식생천이가 진행된다. 식생천이는 일반적으로 나지가 생기면 그곳에 1~2년생 초본이 침입하며, 시간이 흐름에 따라 다년생 초본에서 관목으로, 그리고 교목림으로 변화되는 자연현상이다. 녹화는 이러한 자연 현상을 따라가는 것으로서 비탈면의 조성은 식생천이의 장을 만들어내는 것이기도 하다.

X

그러나 비탈면의 식생천이가 자연 상태와 다른 점은 1) 식물의 생육환경이 인공적으로 조성되었다는 점, 2) 초기 녹화공법에 의해 녹화용 식물이 생육해 간다는 점, 3) 인위적인 관리가 행해지는 경우가 있다는 점이다.

비탈면에서의 식생천이는 비탈면을 둘러싼 외적 환경 조건, 비탈면의 조성에 의해 생기는 내적 환경조건, 시간적 요인, 생육하는 종의 성질, 인위적 요인 등에 의해 규정 된다. 비탈면을 둘러싼 외적 환경조건은 식생지역이나 종의 분포지역에 관한 것과 도로 주변에서 종자의 공급에 관한 것이 있다. 비탈면의 조성에 의해 생기는 내적 환경조건은 비탈면 구조에 관한 것으로서 비탈면의 토질조건, 경사, 방위, 식생기반의 이화학적 특성 등 식물생육 환경의 직접적인 요인이 된다. 시간적 요인은 식물의 성장과 쇠퇴에 관한 시간 요인과 비탈면에 침입하는 전후 관계에서 볼 수 있는 시간 요인으로서 생각해 볼 수 있다. 인위적인 요인은 예초 및 제초작업, 시비 등으로 비탈면의 식생을 바꾸는 요인이 된다. 이들 요인이 상호 작용에 의해 비탈면에서 식생의 천이를 진행시킨다.

따라서 비탈면 녹화공법 적용 현장에서 비탈면 및 식생관리를 위해서는 이와 같은 식생천이의 개념을 파악하고 관리 계획을 수립하는 것이 바람직하다.

1) 비탈면의 생태복원녹화 공사를 시행한 이후 안정화 과정 및 성공도 평가를 위해 사후 모니터링을 포함한 유지관리 방법을 적용하는 것이 좋다. 녹화 대상지는 자연적인 적응과정을 거쳐서 복원되도록 하는 것이 원칙이지만, 모니터링 결과를 통해 복원목표 달성이 어렵다고 판단되는 경우에는 관수, 잡초관리, 멀칭, 보식, 파종 등의 방법을 적용할 수 있다.
2) 유지관리를 수행함에 있어서 당초의 목표대로 복원이 이루어지지 않을 경우에는 다양한 대안을 검토하고 관리방향을 재수립하도록 한다.

[그림 10-1] 복원목표에 맞는 관리 방안 수립이 요구됨

복원된 생태계의 유지 및 관리나 기타 운영에 있어서의 기본방향은 인위적인 노력을 최대한 지양하는 순응적 관리를 원칙으로 하며, 적응 관리와 함께 실행한다.

- 순응적 관리 : 복원 후 모니터링을 통해서 얻은 피드백 자료를 바탕으로 관리능력을 향상시키는 접근 방식이며, 생태계의 형성과정에 순응하여 관리하는 방식이다. 복원지역의 모니터링과 동시에 인위적 교란을 원천적으로 방지하는 것이며, 특히 생태적으로 예민하고 훼손가능성이 높은 지역일수록 순응적 관리를 할 필요가 있다.
- 적응 관리 : 인위적인 관리를 통하여 생태계 형성 과정을 촉진시키고, 생물종다양성을 증진시키는 개념으로, 모니터링 시 퇴행적 진행 과정을 보일 때 실시한다.

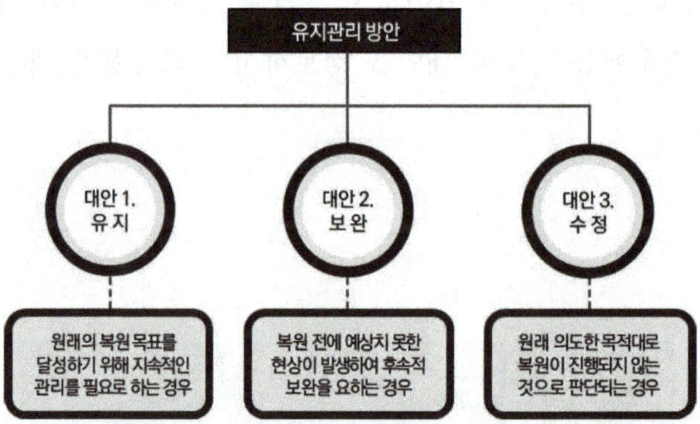

[그림 10-2] 유지관리의 방향 및 대안 검토
(출처 : 환경부. 2016. 생태복원사업 모니터링 및 유지관리 가이드라인)

1.2 비탈면 유지관리 기준

비탈면 생태복원녹화는 식생을 조성해 내는 기술로서 조성된 식생이 자연에 방치되면 천이가 진행되어 다양한 식생군락으로 변해간다. 그 변화는 오랜 시간을 필요로 하는 것이기 때문에 녹화공 적용시 식생천이를 고려한 장기적인 계획을 수립하여야 한다.

녹화는 흔히 비탈면에 식물을 도입하는 행위만을 범위로 보고 있으나, 비탈면 생태복원녹화라는 개념에서 녹화기초공, 식생공(파종공, 식재공, 식생유도공), 식생유지관리공의 3가지가 조합된 것으로 보는 것이 바람직하다. 비탈면 녹화는 살아 있는 생명체를 이용하는 것이므로 초기에 시공하였던 상태가 영원히 지속되는 것이 아니라 환경의 변화에 따라서 계속 변화된다는 특징을 가지고 있다. 즉 주변에서의 식물천이를 통한 안정적인 식물환경의 조성을 기본목표로 추구하는 것이므로 시공 후 식생관리는 적절한 시기에 수행 되어야 하며, 점검, 유지관리 등의 일련의 작업이 적절하게 진행되어야 한다.

비탈면 식생관리는 생태복원 목표를 달성할 때 까지 시행하는 육성관리와 생태복원 목표를 달성한 이후에 수행하는 유지관리 단계로 구분할 수 있으며, 목표년도 및 목표식생은 비탈면 조건이나 녹화공사별로 다르기 때문에 현장의 특성을 고려하여 정하는 것이 바람직하다.

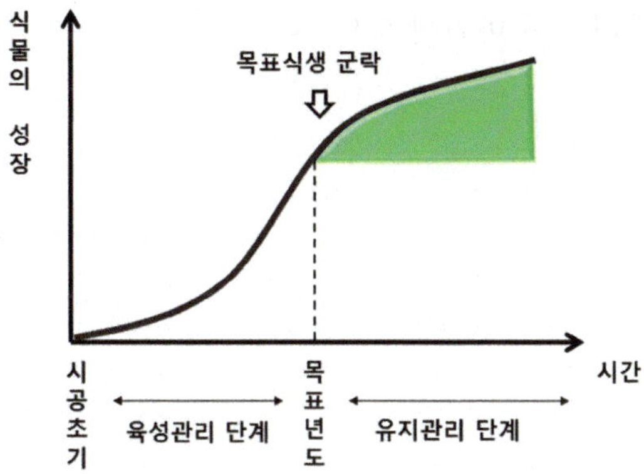

[그림 10-3] 식생관리 계획의 시간적 단계 개념도

녹화공사를 시행한 곳에서는 생태계 교란종에 의해 녹화식물이 피압되고 고사되는 피해를 입지 않도록 유지관리기간 중에 순응적 관리 등의 방법으로 관리하고, 녹화품질이 저해되거나 기반재가 이탈되는 등의 경우에는 별도의 조치를 취한다. 또한 생태복원 목표가 달성되도록 비탈면의 환경특성, 지역, 기후특성 등을 고려하여 멀칭, 관수, 시비, 생태계 교란종(칡, 덩굴류 등)의 제거 등의 유지관리 작업을 계속적으로 시행할 필요가 있다.

비탈면에서는 안정이 우선이지만 장기적인 도로유지관리와 경관 향상에 대한 검토가 필요하다. 주변부지의 경우는 기본적으로 대규모 땅깎기 상황으로 인해 토층붕괴와 교란, 지하수 차단, 식생파괴 등이 발생된 상태이므로 이를 고려하여 적절한 복구설계와 대책, 주변생태계에 대한 사전조사 등이 선행되어야 한다.

현장조사는 다양한 방법으로 수행할 수 있는데 주로 간단한 장비를 가지고 조사한 후 기록하는 방식을 취하거나 정밀계측에 의한 방법으로 하기도 한다. 이러한 조사는 주변 환경과 훼손환경의 연계성과 천이특성을 밝히고 기준을 수립하는데 매우 유용한 자료가 될 것이다. 이러한 현장조사가 수행되지 못할 경우는 선행 자료나 연구결과에 의존할 수밖에 없는데 이러한 방법은 매우 제한적이고 국부적인 자료에 한 할 수 있다.

비탈면의 효율적인 유지관리를 위해서는 사후평가를 실시하고, 평가에 기초한 관리 방안 마련이 필요하다(김태국, 2013).

X

2. 유지관리 고려사항

땅깎기 비탈면의 보호 및 녹화공의 유지관리는 크게 다음과 같은 사항을 고려해야 된다. 이 공법들은 주로 비탈면의 특성에 따라 많이 좌우되지만 시공시의 기후상황에 의해서도 많이 고려된다. 또한, 녹화공의 유지관리를 위해서는 다양한 기후환경과 녹화특성도 고려해야 한다.

일반적으로 보호 및 녹화공은 식생재료를 포함하여 시공되는 경우가 많으므로 시공시기 및 시공특성에 따라 그 효과가 차이가 크기 때문에 다음과 같은 사항을 고려하여야 할 것이다.

2.1 재료의 배합과 사후검사

시공재료는 일반적으로 토양, 상하수 슬러지, 임목폐기물, 토탄, 펄프 및 식품 슬러지, 톱밥과 수피, 화강토 재료, 연소재 및 기타재료를 사용하며, 여기에 다양한 유무기물 재료를 혼합한다. 재료의 배합비는 공법에 따라 다르지만 재료의 성분과 배합특성, 배합비에 따라 녹화효과는 큰 차이를 보이게 된다.

특히 특수지역(이암, 사암 및 산성암 등) 비탈면의 경우는 강우에 의한 침식 및 식생기반층 유실의 우려가 있으므로 이를 방지하고 장기적인 유지관리를 위해서는 재료의 배합과 시공, 그리고 사후관리가 철저해야 한다.

사용되는 재료는 반드시 공법별 사용재료의 기준에 부합되어야 하며, 재료의 부숙이 충분하고 토양소독이 잘된 상태의 배합을 한 후 사용해야 한다. 일부 현장에서 원하지 않는 식물들이 나타나는 경우가 많으며, 이들은 충분히 부숙되지 않은 녹화재료나 기타 첨가재료에서 이입된 것으로써 향후 녹화품질을 저하시킬 수 있다.

녹화용 재료는 품질기준에 맞는 제품 중에서 인증허가가 있는 것을 사용하도록 하며, 현장에서 부득이 하게 배합할 경우는 전문가의 자문, 감독자의 인가와 현장의 주변 환경을 고려하여 시공한다.

2.2 식생의 선발과 시공 후 유지관리

녹화공에서 사용하는 식물은 지역특성과 기후환경 등을 고려하여 선발해야 한다. 재래종의 경우는 외래종에 비해 초기발아 및 생육이 늦기 때문에 될 수 있으면 발아력이 우수하고 초기생장과 경쟁력이 왕성한 초종을 선발하는 것이 녹화와 생태적인 천이를 위해 바람직하다. 외래종의 경우는 대부분 발아율이 90% 이상으로 높고, 초기생장력이 우수하여 초기피복도가 높으므로 이러한 특성을 충분히 감안하여야 한다.

재래종의 경우는 외래종과의 배합에 의한 초기경쟁이 떨어지므로 이러한 상황을 고려하여 배합비를 선정하는 것이 중요하며, 초종의 종류에 따라 초기 경쟁의 차이가 있으므로 식물의 선정과 배합 등에 대한 적절한 관리지침과 방법이 필요하다.

[표 10-1] 비탈면 녹화공사의 점검 내용

구분	점검시기	내용
일상 점검	- 비탈면 아래로의 낙석 혹은 토사유출 흔적 - 식생기반재 균열 후 이탈한 현상 - 흙쌓기 상부의 균열, 침하 - 식생기반 유실 흔적 - 식생 쇠퇴, 고사, 변색, 이상 번성 - 측구, 소단배수구, 종배수구에 토사, 낙엽, 마른 나뭇가지의 퇴적 및 배수구의 이상 - 구조물과 비탈면 녹화공의 경계부의 이상 - 비탈면 주변의 변화 상태, 특히 비탈면 상부 쪽의 나무의 쓰러짐	상시

구분	점검시기	내용
이상 점검	- 비탈면 주변을 포함한 지표수, 용수 위치, 그 양과 탁도 - 식생기반의 미끄러져 내림, 유실 발생위치, 규모, 상태 및 확대 예측 범위 - 해충상황과 병충해 예측범위 - 해수에 의한 염해상황 - 예상외의 식물 이상번성이나 동물에 의한 피해상황 - 이상기상에 의한 식생기반 박리, 비산 등의 변화 상태나 식생 쇠퇴 상황 - 붕괴장소에 대해서는, 그 규모와 확대 유무, 하방으로의 영향을 파악	특이사항 발생시
정기 점검	- 비탈면 녹화식생의 평가와 식물의 추적조사를 하며 식생의 상태를 파악 - 복원목표에 부합되도록 진행되는지 확인 - 주구성종이 파종식물 중에서 우점할 때까지 조사하며, 주변에서 자연 천이가 진행되어 비탈면과 주변 자연 상태가 변화가 없을 때까지 점검	분기 또는 일정 시기별 실시

비탈면 녹화에서 식물이 영속적으로 생육하기 위해서는 식물이 뿌리를 내리고 살아가는 식생기반환경이 매우 중요하다.

비탈면에서의 시공 하자는 식생기반이 탈락되거나 식물에 의한 녹화가 이루어지지 않는 것을 하자로 본다. 단 시공 후 발아가 지연되거나 발아된 식물의 생장이 느리거나 하는 현상은 시공시기 및 강우조건과 밀접한 관계가 있으므로 섣불리 판단하지 말고 전문가와 상의하여 복합적으로 검토하도록 한다.

또한 집중강우 및 기타 요인에 의하여 녹화를 위해 조성한 식생기반층 하부에서 발생하는 원지반 붕괴 또는 쐐기형 파괴에 의해 녹화층이 유실되었을 경우는 녹화공사의 하자로 볼 수는 없다. 일반적으로 녹화공사는 안정성이 확보된 비탈면을 대상으로 식생으로 피복하는 것이므로 원지반 자체에서 일어나는 현상과 녹화층에서 일어나는 현상을 분리해야 한다.

따라서 녹화의 하자는 녹화를 위하여 시공한 녹화기초공의 붕괴,

X

식생기반층의 탈락 및 유실, 종자의 유실 및 발아불량, 식생피복률 저하 등을 하자현상으로 구분하여 판단하여야 할 것이다.

녹화 후 생육불량

식생피복 불량에 따른 원지반 노출

식생기반의 갈라짐 현상

녹화기반 유실에 따른 기초철망의 노출

[그림 10-4] 녹화부분에서의 하자 유형

시공 후 초기 단계에서의 관리는 도입식물의 정착에 유리하다. 식물형성의 원활함이 기본이 되므로 식물구성에도 주의하면서 녹화목표의 주체가 되는 주구성종이 확실히 정착될 수 있도록 한다.

비탈면이 식물에 의해서 피복이 된 후에는 생태계 교란종에 의한 피해가 발생하지 않도록 주의 한다. 녹화목표의 달성에 대한 판단은 주구성종으로 도입된 식물이 군락의 우점종인 경우, 혹은 그에 가까운 상태로 되었을 경우를 기준으로 한다.

또한 비탈면 녹화 후 식생은 천이에 의해 변해가므로, 변화 양상을 평가함으로써 향후 관리방안을 모색하도록 한다.

쐐기형의 부분 파괴

상부에서부터 원지반 붕괴

하부 토층의 붕괴

대규모 산사태 발생

코이어네트 하부 토양의 유실

큰크리트 격자블럭 하부 토양의 유실

[그림 10-5] 원지반의 붕괴 및 토양유실에 따른 피해
(녹화공법의 하자라고 볼 수는 없음)

[표 10-2] 비탈면 식생기반의 관리 방법

구분	내용
일반사항	- 식생기반의 기능이 저하된 경우는, 식생복원 목표 군락이 성립되도록 적절한 조치를 취하도록 함 - 비탈면에 균열, 함몰, 빠져나옴, 붕괴 같은 이상이 보일 경우에는 그 원인 조사를 하여, 급속히 침식방지 대책이나 붕괴방지 대책을 시행함 - 비탈면 종배수구 및 소단배수구에 퇴적된 토사나 낙엽, 마른 나뭇가지가 보일 경우에는, 흘러넘친 물에 의해 비탈면 침식을 유발할 우려가 있으므로, 배수구 청소를 하여 제거함
특기사항	- 뿜어붙이기에 의해 조성된 식생기반이나 식생자루 등이, 강우, 동상, 용수에 의해 손상 또는 유실된 경우에는 그 부분을 보수함 - 철망이 뜨는 경우에는, 앵커핀으로 철망을 고정함. 단, 시공 후 세월이 흘러, 식물이 충분히 생육되어 전면적으로 비탈면을 피복함으로서 뿌리가 고정되어 앵커핀의 필요성이 없어진 경우에는 별도의 조치가 필요 없음 - 콘크리트틀 설치공법에서 균열, 함몰 같은 이상 변형이 보일 경우에는 그 원인 조사를 하여, 조속히 콘크리트 틀의 부분 보수나 붕괴방지 대책을 시행함

[표 10-3] 비탈면 식생의 관리 방법

항목	내용
예초	- 비탈면 식생의 높이를 조절하여 구성종을 균일화하고 천이의 진행을 억제하기 위해 시행함. 또한 목본종을 혼파하였거나 묘목을 식재하였을 경우 목본 생육이 지장을 받지 않도록 하기 위하여 묘목 주위 또는 키가 큰 풀만 선택적으로 제거하는 방법이 있음
제초	- 목표로 하지 않은 식물(잡초, 생태계위해종 등)을 제거하기 위하여 실시하며, 인력 시행방법과 제초제 살포 방법이 있음
시비	- 비탈면의 식물생육기반인 토양 조건이 열악하므로 적정한 비료를 살포함. 녹화용 초본을 유지하기 위해 예초를 하는 비탈면에서는 식생의 쇠퇴를 방지하기 위해 시비가 필요함
벌목	- 초본 군락을 유지하거나 비탈면의 안정을 저하시킬 위험성이 있는 수목을 제거하기 위하여 실시함
병충해 방제	- 비탈면의 초본이나 수목에 병충해가 발생하여 식생피해가 생기거나 주변에 영향을 줄 경우에 약제 산포 등의 병충해 방제를 실시함. 병충해 발생은 초기 단계에서 시행하는 것이 중요함
관수	- 수분이 부족하여 비탈면에서 식물이 쇠퇴할 경우에 식물의 생장을 도모하기 위하여 전면관수와 부분관수를 시행함

항목	내용
추가파종 또는 식재	- 식생복원 목표에 도달하지 못하였을 경우 추가적으로 종자를 파종하거나 묘목을 식재함

비탈면녹화공은 지반의 특성과 암반특성에 의해 좌우되는 경우도 있으므로 비탈면 보강공 시공 후의 비탈면표층의 침식과 세굴을 방지하는 방법이 필요하다. 안정 및 보강공법은 다양한 방법에 의해 시공되지만 이러한 것은 대부분이 녹화와 동시에 시공하는 경우가 많다.

보호 및 녹화공이 보강공과 동시에 시공될 경우 비탈면의 안정과 녹화가 종합적으로 완비되어 땅깎기 비탈면의 관리에 효과적일 것이다.

[그림 10-6] 비탈면 계단식옹벽과 식생공의 시공 현황

3. 생태복원녹화 시공지 관리방안

3.1 단기적인 유지관리

생태복원 녹화 시공지의 유지관리는 도로비탈면의 경관과 미관향상, 주행자의 안전을 위해 반드시 필요하다. 고속도로 땅깎기 비탈면의 경우, 대규모로 조성 되어 암반 상태, 토질 특성 등이 불규칙한 경우가 많고 대부분 암반비탈면으로 조성되고 토양은 매우 적다. 또한 비탈면의 환경특성 즉, 경사도, 암종, 절리 및 균열특성에 따라서도 시공효과의 차이가 다르게 나타나므로 장단기적인 유지관리를 위해서는 반드시 필요한 제반사항이 충족되어야 할 것이다.

비탈면 환경의 단기적인 관리를 위해서는 비탈면의 배후환경, 산지, 골짜기 등의 선행조사와 함께 주변의 토지이용상태 등에 대해 기초조사가 선행되어야 한다.

두꺼운 층으로 시공되는 녹화공의 경우, 뿜어붙이는 재료의 양이 많고 철망 부착 후 그 위에 시공하므로 초기의 관수와 식생관리는 필수적이다. 대상비탈면의 특성과 환경에 따라서 차이가 나지만 초기 1~2년 정도 재료의 유실방지와 식생관리에 주의를 한다면 두꺼운층 녹화공의 유지관리에 큰 문제는 없을 것으로 생각 된다. 뿜어붙이기 재료의 부분유실과 배합불량 등에 따른 문제해결 방안은 현장에서 시공전 조사와 품질검사 후 시공함으로써 유지관리에 필요한 최소한의 품질조건을 확보하는 것이다.

재료의 검사방법은 여러 가지 방법이 있으나 현장에서 반입되는 재료 샘플을 채취하여 공인된 시험기관에 의뢰하여 재료의 부숙 정도나 오염정도 등을 검사하거나 재료시험성적서를 제출케 한 후 시공하는 방법도 있다.

일반적으로 두꺼운층 뿜어붙이기류는 최근에 다양하게 공법이 개발되어 시공되고 있어 그 특성과 유형 및 환경관리를 위한 별도의 기준 마련이 시급한 실정이다.

그러나 이러한 공법을 모두 검토하고 단기적인 유지관리 방안을 마련하는 것은 시공성과도 연계되므로 장기적으로 시공성과 시공후의 변화 등을 추적조사 후 종합적으로 검토하는 것이 필요하다.

일반적으로 녹화공의 경우 종자뿜어붙이기류(Seedspray류)는 시공되는 재료가 얇고 대면적으로 시공되는 특성을 갖고 있으므로 초기침식과 재료유실을 막는다면 단기적인 유지관리는 큰 문제점이 없을 것이다. 그러나 시공당시의 기후특성, 재료배합상태, 식생의 발아와 생육상태 등에 따라서 장기적인 유지관리와도 연계가 되므로 반드시 단기적인 유지관리에 만전을 기해야 한다.

3.2 장기적인 유지관리

장기적인 유지관리는 일반적으로 공사 준공 또는 도로개통 후의 유지관리를 말한다. 장기적인 유지관리는 단순한 유지관리차원을 넘어 다년간의 유지관리가 시행되어야 하나 아직까지 이에 대한 방법은 정립되어 있지 않다.

장단기적인 비탈면관리를 위한 주요 항목을 요인별로 정리하면 [표 10-4]와 같다. 기본적으로 비탈면보강과 관련해서는 별도의 지침과 관리방법이 있겠지만 향후 지속적인 연구를 통해 정립해야 될 분야이다.

비탈면 녹화와 관련하여 우선 단기 조사(기초), 장기 관리조사로 구분한다. 배후 환경지형과 주변 토지이용상태와 식생 등은 기초조사를 통해서 자료로 활용하며, 지하수 및 지중수 등의 유출량을 조사하고 배수종류와 환경을 조사하여 장단기적인 관리항목을 설정하고 유지관리에 활용할 수 있다.

초기의 녹화식생의 정밀조사는 향후 비탈면 주변의 생태적인 변화와 천이상태를 조사하고 관리하는데 매우 중요한 요인이라 할 수 있으며, 장기적으로 기후환경과 함께 유지관리에 지속적으로 활용하는 것이 효과적이다. 강우량과 강우빈도 등은 지질과 토질, 비탈면의 유실에 미치는 영향과 관련이 있는데 이러한 요인은 장기적으로 비탈면 환경을 개선하고 관리하는데 필요한 요인이라 판단된다.

장기적인 관점에서의 녹화공의 유지관리는 기본적으로 식생관리에 초점을 맞추는 것이 일반적이다. 시공 후에 여름철 하고시 또는 식생의 고사시에는 관수 등의 유지관리를 해 주어야 한다.

가장 기본적인 관리작업인 관수는 식생의 발아와 생장에 필수적인 요소이므로 공법의 시공에는 항상 염두에 두어야 할 것이다.

도로비탈면의 경우, 이용 고객의 시야를 확보하기 위한 식생관리는 기본적으로 예초나 하예작업이 있다. 도로비탈면의 중하부에는 교목성 목본을 사용하지 않는 것이 좋으며, 충분한 시야를 확보할 경우에만 관목성 목본을 도입하는 것이 효과적이다.

주변지역이 농작물이나 주거지역일 경우에는 별도의 약제와 병충해 방제가 필요하다. 병충해 방제를 위해서는 수입된 종자의 소독과 배합에 대해 적절한 약품처리가 요구된다. 특히 이러한 약품처리는 시공후의 장기적인 유지관리에 까지 영향을 주므로 이에 대한 처리과정의 체계화 및 합리적인 관리시스템이 도입되어야 한다.

녹화에 사용하는 종자는 수입한 종자를 사용하는 경우가 많은데 외래종의 경우 정식 수입검역조치를 취한 종자만을 사용하여야 한다.

[표 10-4] 장단기적인 비탈면녹화공 유지관리 항목

관리항목		단기적 조사(개통시)		장기적 관리(개통 후)	
		유무	내용	유무	내 용
비탈면 배후 환경 지형	산지지형	○	대규모 산악지형		
	골자기형	○	계곡 연한지형		
	구릉지형	○	낮은 산지 지형		
	도심지 및 주거지형	○	도심지 및 마을		

관리항목		단기적 조사(개통시)		장기적 관리(개통 후)	
		유무	내용	유무	내 용
주변 토지 이용	산림	○	산림에 연한 지형		
	전답(과수원)	○	경작지 이용지역		
	도로	○	국도 및 지방도		
	택지 및 주거지	○	주거지역		
지하수 용수 상태	용수무(건조상태)	○	지하수 유출 없음	⊙	배수로 규모 및 종류 조사
	용수(1~2개소)	○	비탈면 영향 적음	⊙	설계시부터 고려함
	용수(3개소 이상)	○	별도 대책 필요	⊙	용수배출관 및 배수로 시공(보수)
보호 및 녹화공	암반 녹화	○	두꺼운 식생기반재 뿜어붙이기	⊙	3~5년 단위 조사
	식생기반재 뿜어붙이기	○	두꺼운 식생기반재 뿜어붙이기, 얇은 식생기반재 뿜어붙이기	⊙	〃
	종자, 네트공법류	○	얇은 식생기반재 뿜어붙이기, 코아네트, 쥬트네트 등	⊙	〃
	초식공법류	○	떼붙이기, 덩굴식물식재	⊙	〃
식생 피복도 (공법 시공 후)	피복상태 불량(50% 이하)		식생불량으로 경관 저해 (재시공 검토)	⊙	3~5년 단위조사 (식생종류, 천이상황)
	피복도 양호(50~80%)		보완으로 경관 회복	⊙	3~5년 단위조사
	피복도 우수(80% 이상)		유지관리	⊙	3~5년 단위조사
보수 여부 (녹화공)	소규모 보수 (200㎡ 이하)	○	유실부위 정리만으로 해결 가능	⊙	보수규모 및 관리
	중규모 (200~1,000㎡)	○	보수 필요	⊙	〃
	대규모 (1,000㎡ 이상)	○	보수 보강 필요	⊙	〃

관리항목		단기적 조사(개통시)		장기적 관리(개통 후)	
		유무	내용	유무	내 용
기후	기온	○	월평균 기온 기록	⦿	장기적 관리조사
	강수량	○	월평균, 필요시 일강수량 기록	⦿	〃
	습도, 풍속 등	○	월평균 습도, 풍속 등	⦿	태풍 및 호우시 별도 조사
식생 관리 요인	병충해방제			⦿	병충해 종류, 예산
	하예			⦿	작업 규모, 예산
	기타 관리			⦿	별도 추가관리요인

준공 후에는 별도의 관리지침이 나와 있지는 않으나 기본적으로 강우 등에 의한 재료의 유실과 침식 등에 의한 피해를 검토해야 한다. 비탈면의 대규모 붕괴에 대해서는 안정공과 연계한 종합적인 검토가 있어야 하나 그렇지 않은 경우에는 녹화공에 대한 부분검토가 선행 되어야 한다.

3.3 자료 수집방안 및 입력

현장에서 데이터의 수집은 비탈면의 유지관리를 위해서 매우 중요한 일이며, 이러한 자료는 사후에 분석을 통해 비탈면의 관리 및 지침의 마련과 도로비탈면 유지관리 시스템의 설계 및 관리에 기초자료로 제공된다. 과거에는 단순히 육안 관찰에 의해 비탈면붕괴와 유실을 확인하여 보강 및 복구계획을 세워 시공하였어도 이에 대한 사후관리와 이력관리가 전산화되어 있지 않아 추가적인 붕괴나 유실이 일어나도 체계적인 비탈면관리가 어려웠다.

특히, 비탈면녹화공의 경우는 응급복구시나 붕괴시에 추가적으로 시공하는 경우가 많으므로 이에 대한 이력관리는 장기적인 도로비탈면의 체계적 관리를 위해서는 매우 중요하다.

비탈면 생태복원 녹화 대상지의 자료수집

비탈면 생태복원 녹화 대상지의 자료는 현장조사를 통해서 얻는 것이 가장 일반적이다.

현장의 지질이나 토질특성은 땅깎기 비탈면이 붕괴나 유실이 없는 한 그 변이가 거의 없고 지속적인 반면에 식생환경은 매월, 계절별, 매년 변하는 특성을 가지고 있어 이를 변화빈도에 맞게 조사하고 자료를 수집하는 방법은 매우 어려운 실정이다.

그러나 전체현황을 조사하기 위해서는 현장조사원을 투입하여 전국적인 식생현황이나 땅깎기부 주변 생태계를 체계적으로 조사하여 이를 DB화하는 것도 중요하다고 판단된다. 이러한 조사는 식생에 국한된 것이 아니고, 지질, 암종, 토양, 식생, 야생동물 등 종합적인 현장기초조사가 이루어져야 하나 이러한 기초조사는 단시일 내에 이루어지는 것은 어렵다.

따라서 땅깎기 비탈면과 흙쌓기 비탈면의 전체현황에 대한 공학적 기초조사를 바탕으로 지질특성, 암종, 녹화공, 배수환경 및 생태환경에 대한 현장조사를 수행하여 이러한 자료를 바탕으로 전산화할 필요가 있다.

식생 조사방법

현장조사는 조사 후 분석을 하는데 가장 기본적인 자료가 되는 항목이므로 현장조사 없이는 모든 비탈면자료의 축적과 DB화가 어렵다. 기존에는 주로 대규모 땅깎기 비탈면의 현황조사, 즉 높이, 녹화공, 경사도 등의 땅깎기 비탈면의 현황조사에 의해 현장조사가 이루어 졌다. 이러한 조사는 전국 도로에 분포하는 땅깎기 비탈면의 분포현황과 규모 등을 파악하는데 효과적이었으며, 이 자료를 바탕으로 추가적인 현장조사를 수행하여 자료를 확보한다면 상당히 유용한 자료로 활용할 것이다.

땅깎기 비탈면의 현장조사는 붕괴 및 유실지역을 제외하고는 지상부의 지표조사에 의해 수행되고 있다. 우선 식생환경의 조사는 단순히 식생의 조사만을 뜻하는 것이 아니라 아래와 같은 항목을 모두 조사해야 한다.

기본적인 조사항목은 지형, 지질, 경사도, 울폐도, 수관폭, 흉고직경, 수종 및 식생대 등을 조사한다. 이러한 조사항목은 초기조사는 상당한 시간과 노력이 투자되어 장기적이고 많은 소요인력이 투입되어야 하겠지만 도로의 노선설계와 건설에 기초적인 자료의 제공으로 인해 환경영향평가에 대한 자료와 함께 많은 연구에 기본자료로 활용될 것이다.

[표 10-5] 식생군락 조사표(예)

<table>
<tr><td colspan="8">조사지 도 군(시) 면(구) 리(동)</td><td>도폭</td></tr>
<tr><td colspan="8">지형 산정상 ( ), 산능선( ), 산계곡( ), 평지( )</td><td>표고</td></tr>
<tr><td colspan="7">토양</td><td>지질</td><td>방위</td></tr>
<tr><td colspan="7">전체피도</td><td>우점종</td><td>경사도</td></tr>
<tr><td colspan="7">Ⅰ. 교목층</td><td>수관폭</td><td>기온</td></tr>
<tr><td colspan="7">Ⅱ. 아교목층</td><td>수관폭</td><td>강수량</td></tr>
<tr><td colspan="7">Ⅲ. 관목층</td><td>흉고직경</td><td>고사율</td></tr>
<tr><td colspan="7">Ⅳ. 초본층</td><td>초폭</td><td>울폐도</td></tr>
<tr><td colspan="7">Ⅴ. 이끼층</td><td>피도</td><td>식생대</td></tr>
<tr><td>조사구</td><td>종수</td><td colspan="5">군락도</td><td colspan="2">수종</td></tr>
<tr><td>1</td><td></td><td>S</td><td>L</td><td>D</td><td>S</td><td>V</td><td colspan="2"></td></tr>
<tr><td>2</td><td></td><td></td><td></td><td></td><td></td><td></td><td colspan="2"></td></tr>
<tr><td>3</td><td></td><td></td><td></td><td></td><td></td><td></td><td colspan="2"></td></tr>
<tr><td>4</td><td></td><td></td><td></td><td></td><td></td><td></td><td colspan="2"></td></tr>
<tr><td>5</td><td></td><td></td><td></td><td></td><td></td><td></td><td colspan="2"></td></tr>
<tr><td>6</td><td></td><td></td><td></td><td></td><td></td><td></td><td colspan="2"></td></tr>
<tr><td>7</td><td></td><td></td><td></td><td></td><td></td><td></td><td colspan="2"></td></tr>
<tr><td>8</td><td></td><td></td><td></td><td></td><td></td><td></td><td colspan="2"></td></tr>
<tr><td>9</td><td></td><td></td><td></td><td></td><td></td><td></td><td colspan="2"></td></tr>
</table>

식생환경은 반드시 토양환경과 함께 기후환경요인의 영향을 받는다. 토양환경은 현재 수목이나 식생의 지지 역활과 함께 각종 양분의 공급원역할을 함으로서 식생의 생육에 많은 기여를 하며, 장기적인 식생환경의 조성에도 결정적인 역할을 한다. 여기에 관련하여 산지의 지형과 계곡 및 능선 등의 굴곡 등도 식생군락과 관련이 있다.

식생군락의 조성은 토양요인과 함께 강수량과 산지유출량, 강우빈도, 습도 등 기후환경의 영향도 받는다. 강우는 대기 중에서 지상에 내려 토양중의 지중수로 머물러 식생에 수분공급역할을 하기도 하며, 토양속의 각종 무기이온과도 결합하여 양분저장과 공급 기능을 맡기도 한다. 강우환경과 함께 기온도 조사하여 기록한다.

식생항목조사는 조사구별로 종수와 수종을 조사하고 수관폭과 수고 등을 부수적으로 조사하여 공란에 추가적으로 기입하여 기록한다.

식생조사는 피복도가 그 지역에서의 식생이 차지하는 면적과 비율을 분석하여 차후에 식생의 천이속도나 침입정도를 분석하는데 사용한다. 식생조사는 지역별로 다양한 환경을 보이므로 이에 대한 조사는 현장의 조사구 및 상황에 따라 야장에 별도로 기입한다.

식생항목은 식생조성상태나 밀도, 출현빈도 등을 분석하여 종구성정도, 우점도 등을 분석하여 그 지역에서의 식생의 구성 상태를 분석하는데 사용된다.

이 분석은 향후 도로주변 및 식생환경의 조성과 관리에 장기적으로 활용이 가능하다.

자료입력 및 관리

비탈면보호 및 녹화공의 조사자료는 야장에 의한 현장조사 기입방식을 주로 택하기 때문에 자료의 정리와 동시에 전산화 작업을 실시하는 것이 좋다. 전산화 시스템이 완비되었을 경우에는 이러한 작업이 동시에 이루어지므로 큰 문제가 없으나 그렇지 못할 경우 자료입력의 지연이 이루어지거나 지속적인 자료조사와 입력에 장애가 발생된다. 이러한 점을 고려하여 녹화에 대한 자료의 입력은 현장조사와 시기에 따라 크게 달라질 수 있으며, 비탈면붕괴와 유실에 의한 복구작업 등에 의해 차이가 있을 수 있다.

기본적으로 식생과 관련된 항목은 크게 공법과 식생, 주변식생, 기후환경 등으로 구분할 수 있는데 건설현장에서 1차적인 종합조사가 완비되면 다양한 식생환경의 조사에 많은 자료로 활용될 수 있다. 식생환경과 관련된 조사와 관리는 건설 중에는 단기적으로 1~2회 조사한 후 기초자료를 입력하여 DB화한 후 개통 후에 지속적으로 식생의 변화상태에 따라 매년조사는 어려우므로 5년 단위로 기본조사를 하고, 중간에 간이조사와 변화에 대한 세부항목을 별도로 조사한다. 그러나 현실적으로 이러한 조사는 예산과 인력 등으로 인해 지속적으로 하기 어려우므로 장기적인 계획을 가지고 조사방침을 수립해야 한다.

도로주변의 생태환경의 종합조사는 최소 3~5년 이상 소요되는 장기적인 조사로 이러한 조사가 완료되면 상기에서 언급한 간이조사 등은 생략하고 10년 이상 단위조사를 통해 장기적인 플랜을 만들 수 있다. 그러나 이러한 조사는 예산과 인력, 주변여건, 인지도 등에 따라 많이 좌우된다.

부득이 하게 비탈면의 붕괴와 유실이 일어날 경우는 반드시 보강방법과 녹화공 등에 대한 설계, 지질특성, 암종, 보강공, 녹화공, 시공면적, 식생종류, 감독자 등의 자료를 입력한다. 추가적인 붕괴나 유실이 발생되어도 항상 이에 대한 자료를 입력 관리 한다.

이러한 종합적인 기초자료의 조사가 어려울 경우, 신설되는 도로나 확장도로의 경우는 기존 건설전의 환경영향평가자료나 보고서를 이용해서 기초자료를 확보할 수 있으며, 이러한 자료를 기반으로 하여 계획노선상의 지형, 지질, 토양, 식생 및 생태환경에 대한 종합적인 자료를 얻을 수 있다. 이 자료를 바탕으로 건설 중에는 다양한 환경평가자료를 얻을 수 있으며, 각종 다양한 안정공, 녹화공 또는 자연훼손정도 등을 종합적으로 검토할 수 있다.

사후관리

식생조사는 기본적으로 인력을 동원하여 현장조사 하는 것을 기본으로 하기 때문에 시간과 노력이 많이 투자된다.

상기의 현장조사 표에서와 같이 조사항목은 다양하게 조성되어 있지만 이에 대한 자료의 정리와 분석을 통해서 전국의 각 지역에 대한 식생현황과 앞으로 장기적인 변이 상태 등을 추적 조사하여 기초자료로 활용할 수 있다. 이 자료는 한번 조사가 끝난 후에는 복구 및 설계에 대한 기초자료로 활용 된다. 이러한 자료를 보관하고 종합적인 관리방안을 마련하는 것이 무엇보다 중요하다.

X

부록. 녹화용 식물

끈끈이대나물	학명	*Silene armeria Linne*
	과명	석죽과

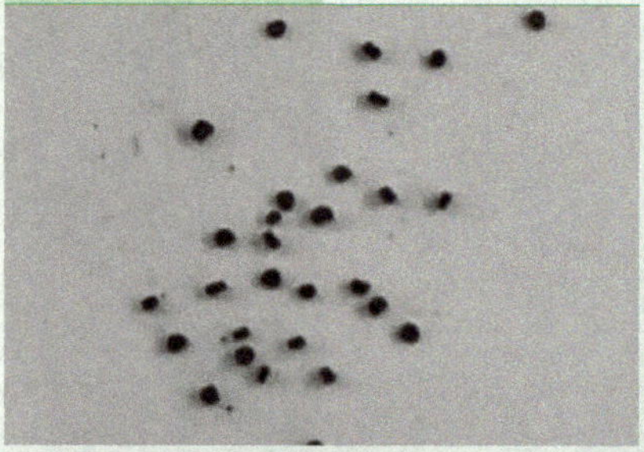

자생지		유럽 원산	성상분류	쌍떡잎식물 석죽과의 한해 또는 두해살이풀
생육적 특징	화색	붉은색	개화기간	6~8월
	지상부	1년초 또는 이년초이고. 키는 50cm 정도이다. 전체가 분을 뒤집어쓴 것같이 흰빛이 나고 털이 없으며 줄기 윗부분의 마디 밑에서 점액을 분비한다.		
내성		내건성 및 내염성이 강하다.		
종자의 특성 및 모양		열매는 삭과, 긴 타원형, 자루가 있으며 6개로 갈라진다.		
사용경험 기록		관상용으로 심고 있으며, 바닷가 건조한 곳에서 잘 자란다.		
일반적 특징		유럽 원산으로 정원과 해변에 나고, 키는 50cm 정도이다. 전체가 분을 뒤집어쓴 것 같이 흰 빛이 나고 털이 없으며 줄기 윗부분의 마디 밑에서 점액을 분비한다. 잎은 대생이며, 난형의 넓은 피침형이다. 길이 3~5cm 이며 끝이 뾰족하고 잎자루는 없다. 꽃은 줄기 끝이나 가지 끝에 모여서 달리고 홍색 또는 흰색 화관의 지름 1cm 정도이다. 꽃받침은 곤봉 모양으로 길이 15㎜, 끝이 5갈래이다. 가장자리가 흰색이고 막질이고, 꽃잎은 5장이며, 수평으로 퍼지고 부수체가 있으며 끝이 갈라진다. 화관통 안쪽에 작은 비늘 조각이 있고 수술 10개, 암술대 3개이다.		

도라지	학명	*Platycodon grandiflorum A. DC.*
	과명	초롱꽃과

자생지		한국 · 일본 · 중국	성상분류	쌍떡잎식물 초롱꽃과의 여러해살이풀
생육적 특징	화색	하늘색, 백색	개화기간	7~8월
	지상부	높이 1m 정도이다. 전체에 털이 없고 뿌리는 비대하며 줄기는 1개 또는 모여 나며 곧게 선다. 잎은 어긋나거나 돌려나며, 거의 잎자루가 없고 긴 알 모양 또는 타원 모양이다.		
내성		내한성, 내건성이 강하며 생육적온은 20~28℃ 범위이다.		
종자의 특성 및 모양		삭과는 달걀을 거꾸로 세운 모양이고 위 끝은 5갈래로 벌어진다. 립수(g당) : 1,700립		
사용경험 기록		주로 식용이며, 꽃은 절화용으로 이용된다.		
일반적 특징		높이 40~100cm이고 뿌리가 굵으며 원줄기를 자르면 흰 유액이 나온다. 잎은 윤생, 대생 또는 호생하고 장란형 또는 넓은 피침형이며 끝이 뾰족하고 밑 부분이 넓은 예저 또는 원저이다. 표면은 녹색, 뒷면은 회청색이고 가장자리에 예리한 톱니가 있다. 꽃은 7~8월에 피고 하늘색 또는 백색이며 원줄기 끝에 1개 또는 여러 개가 위를 향해 달린다. 꽃받침은 5개로 갈라지고 꽃받침 잎은 3각상 피침형이며 꽃부리는 끝이 퍼진 종모양이고 끝이 5개로 갈라진다. 삭과는 도란형이고 꽃받침잎이 달려 있으며 포간으로 갈라진다.		

달맞이꽃	학명	*Oenothera biennis Linne*	
	과명	바늘꽃과	

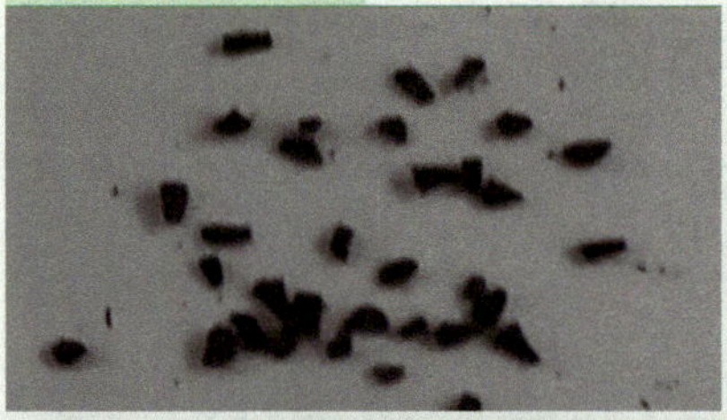

자생지		칠레 원산으로 전국 각지에 분포	성상분류	쌍떡잎식물 바늘꽃과의 두해살이풀
생육적 특징	화색	노란색	개화기간	7~8월
	지상부	키가 50~90cm이고. 굵고 곧은 뿌리에서 여러 개의 대가 나와 곧게 자란다.		
내성		생명력이 우수하고 생육이 빠르다		
종자의 특성 및 모양		열매는 삭과로 긴 타원모양이고 길이가 2.5cm이며 4개로 갈라지면서 종자가 나온다. 종자는 여러 개의 모서리각이 있으며 젖으면 점액이 생긴다. 립수(g당) : 2,100립		
사용경험 기록		생명력이 좋고 생육이 빨라 토사유출 방지를 위한 비탈면 녹화용으로 적합하다. 한방에서 뿌리를 월견초(月見草)라는 약재로 쓰는데 감기로 열이 높고 인후염이 있을 때 물에 넣고 달여서 복용하고 종자를 월견자(月見子)라고 하여 고지혈증에 사용한다.		
일반적 특징		칠레 원산으로, 국내 각처에 나는 두해살이풀이며 키는 50~90cm 정도이다. 굵고 곧은 뿌리에서 여러 개의 대가 나와 곧게 자란다. 잎은 호생이며 선상 피침형이며, 끝이 뾰족하고 가장자리에 얕은 톱니가 있다. 근생엽은 로제트형이다. 꽃은 노란색이며 잎겨드랑이에 1송이씩 붙고, 저녁때 피었다가 아침에는 조금 붉은 빛을 띠며 시든다. 꽃받침은 4장이며, 2장씩 합쳐져 있고, 꽃이 피면 뒤로 젖혀진다. 꽃잎은 4장이며, 끝이 갈라지고, 수술은 8개, 암술머리는 4갈래, 자방은 원추형이며 털이 있다. 북미산으로 키는 약 1.5m이고, 잎이 타원상, 피침형인 것을 큰 달맞이꽃이라 한다.		

비수리	학명	*Lespedeza cuneata* G. Don
	과명	콩과

자생지		한국 · 일본 · 타이완 · 인도 및 오스트레일리아	성상분류	쌍떡잎식물 콩과의 반관목
생육적 특징	화색	백색	개화기간	8~9월
	지상부	줄기는 곧게 서며 가지가 많다. 잎은 어긋나고 작은 잎이 3장씩 나온 겹잎이며 뒷면에 털이 있다.		
내성		척박한 토양도 가리지 않는다.		
종자의 특성 및 모양		열매는 넓은 타원형 또는 원형으로 표면에 털이 있고 10월에 암갈색으로 익는다. 립수(g당) : 700개		
사용경험 기록		싸리와 함께 사방녹화용으로 널리 쓰인다.		
일반적 특징		산기슭 이하에 자라는 초본성으로 높이가 1m에 달하고 가늘며 짧은 가지는 털이 있다. 잎은 호생하고 소엽은 3개이고 좁은 도피침형으로 절두 또는 요두이며 예저이고 길이 1~2cm로서 표면에 털이 없으며 뒷면에 잔털이 있고 잎자루는 길이 5~15mm이다. 꽃은 8~9월에 피며 백색이고 잎겨드랑이에 모여 달리고 기판 중앙부에 자주색 줄이 있다. 꽃받침 잎은 좁은 피침형이며 거의 밑 부분 까지 갈라지고 각 열편은 1맥과 명주실 같은 털이 있다. 열매는 난형이며 짙은 갈색으로 익고 잔털이 있으며 종자는 신장형에 가깝고 황록색 바탕에 적색 반점이 있다.		

벌노랑이	학명	*Lotus corniculatus* var. *japonica* Regel
	과명	콩과

자생지		한국 · 일본 · 중국 · 타이완 · 히말라야산맥	성상분류	쌍떡잎식물 콩과의 여러해살이풀
생육적 특징	화색	노란색	개화기간	6~8월
	지상부	키가 30~50cm이고 전체에 털이 없으며, 밑부분에서 가지가 많이 갈라져 옆으로 눕거나 비스듬히 자란다.		
내성		지피력이 뛰어나고 생명력이 강하며 내염성이 강하다.		
종자의 특성 및 모양		협과는 길이 3cm이며 곧고 두 조각으로 갈라져서 많은 흑색종자가 나온다.		
사용경험 기록		건조한 척박지에서 성장이 빠르고 뿌리가 깊어 토사유실방지 효과가 크며 콩과식물의 특성상 토양개량 효과와 지피 피복력이 뛰어나고 생명력이 강하며 내염성이 강하다. 간척지 녹화에 최적이며, 대표적인 비탈면 녹화용 식물이다. 립수(g당) : 800립		
일반적 특징		우리나라 중부 이남의 풀밭이나 밭둑에서 자라며, 키는 30~50cm 정도이다. 전체에 털이 없고, 밑 부분에서 가지가 많이 갈라져 옆으로 눕거나 비스듬히 선다. 잎은 호생이며 작은 잎은 5장, 밑의 2장은 원줄기에 밀접하여 턱잎처럼 보이고, 도란형이며 길이 7~15mm이다. 끝이 둔하게 뾰족하고, 가장자리는 밋밋하며, 턱잎은 작거나 없다. 꽃은 노란색, 연한 주황색이며 길이 6~7mm로서, 잎겨드랑이에서 나온 긴 화축 끝에 1~4송이씩 산형화서로 달리고, 나비 모양이다. 열매는 협과이며, 길이 3cm로 선형이다. 서양벌노랑이는 길이 5~6㎝의 긴 꽃자루 끝에 3~7개의 꽃이 산형화서를 이룬다		

산국	학명	*Dendranthema boreale* Ling ex Kitam.
	과명	국화과

자생지		한국 · 일본 · 중국 만주	성상분류	쌍떡잎식물 국화과의 여러해살이풀
생육적 특징	화색	노란색	개화기간	9~10월
	지상부	키가 60~90cm정도이다. 전체에 짧은 털이 있고 줄기는 곧게 서며 윗부분에서 분지한다. 잎은 어긋나고 넓은 달걀꼴이며 길이 5~7㎝, 나비 4~6㎝로서 깃꼴로 갈라지고, 갈라진 조각은 크기가 거의 비슷하며 긴 타원형이고 가장자리에 예리한 톱니가 있다.		
내성		내건성과 내한성이 강하다.		
종자의 특성 및 모양		여윈열매(수과)는 길이가 1mm이다. 립수(g당) : 9,000개		
사용경험 기록		관상용, 공업용으로 쓰이고, 한방에서 전초와 꽃을 강심, 명안, 거담제, 빈혈, 현기증, 습비 등에 약재로 쓴다.		
일반적 특징		가지가 많이 갈라지며 흰털이 많다. 잎은 호생하고 밑부분의 것은 꽃이 필 때 쓰러지며 중앙부의 것은 장타원상 난형이고 밑부분이 다소 심장저이거나 절저이며 깃처럼 갈라지고 열편은 크기가 거의 비슷하며 장타원형이고 둔두이며 가장자리에 예리한 결각상의 톱니가 있다. 측열편은 2쌍으로 열편 사이가 넓으며 표면에 털이 약간 있고 뒷면에 중간에서 붙는 털이 있다. 꽃은 9~10월에 피며 가지 끝과 원줄기 끝에 산형 비슷하게 달리고 총포는 길이 4mm, 지름 8mm이며 포편은 3~4줄로 배열되고 외편은 선형 또는 장타원형으로서 겉에 털이 있다. 내편은 장타원형이고 가장자리가 얇다. 설상 꽃부리는 길이 5~7mm로 황색이며 통상 꽃부리는 끝이 5개로 갈라진다.		

샤스타데이지	학명	*Chrysanthemum × superbum* Makino
	과명	국화과

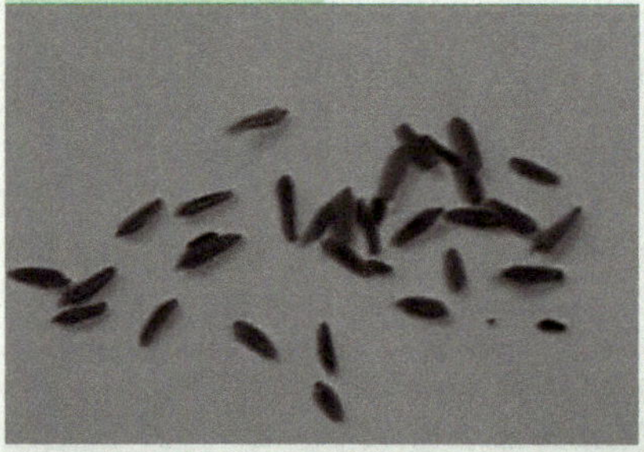

자생지		미국	성상분류	쌍떡잎식물 국화과의 여러해살이풀
생육적 특징	화색	흰색	개화기간	5~7월
	지상부	샤스타국화라고도 한다. 줄기는 밑에서 갈라져서 곧게 자라고 높이가 60~90cm이며 털이 없다.		
내성		내한성 강하다.		
종자의 특성 및 모양		종자는 수과이다.		
사용경험 기록		내한성이 매우 강하며, 배수가 양호하고 유기질이 풍부한 토양이면 적응성이 넓어 관리가 어려운 도로변, 정원, 골프장 등에 이용된다.		
일반적 특징		잎은 어긋나고 넓은 바소꼴이며 가장자리에 둔한 톱니가 있다. 꽃은 5~7월에 피고 두상화가 가지 끝과 줄기에 1개씩 달린다. 두상화는 지름이 8cm이고 가장자리에 흰색의 설상화가 있으며 가운데에 노란색의 관상화가 있다. 설상화는 보통 한 줄로 달리지만 여러 줄로 달리는 것도 있다. 번식은 종자를 심거나 포기나누기로 한다. 종자를 9월에 심어 모종을 가꾸고 10월에 옮겨 심으면 다음해에 꽃이 피고 포기를 나눌 수 있다. 겨울에 꽃이 피는 종류는 봄에 포기를 나누고, 여름에 꽃이 피는 종류는 가을에 포기를 나눈다.		

수레국화	학명	*Centaurea cyanus* Linne
	과명	국화과

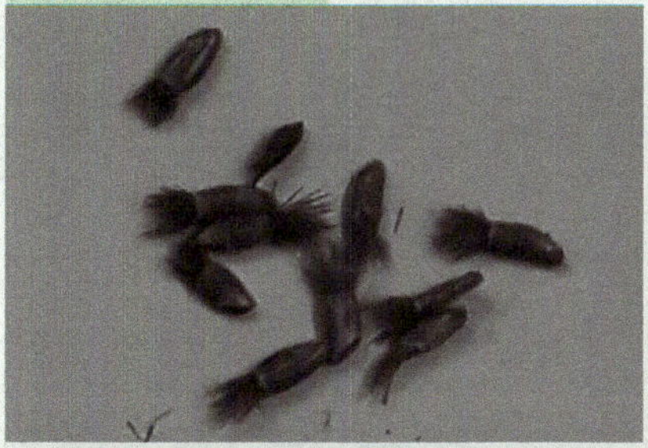

자생지		유럽 동부와 남부	성상분류	쌍떡잎식물 국화과의 한해살이풀 또는 두해살이풀
생육적 특징	화색	청색, 백색, 자홍색, 홍색	개화기간	6~10월
	지상부	높이 30~90cm이고 가지가 다소 갈라지며 흰 솜털로 덮여 있다. 잎은 어긋나고 밑부분의 것은 거꾸로 세운 듯한 바소꼴이며 깃처럼 깊게 갈라지지만 윗부분의 것은 줄 모양이며 가장자리가 밋밋하다.		
내성		최저 생육온도는 10℃이며 15~25℃에서 잘 생육한다.		
종자의 특성 및 모양		수과이다. 립수(g당) : 200립		
사용경험 기록		절화와 화단용으로 가꾸며 발아가 좋고 성장이 대단히 빨라 비탈면 녹화에 적합하다.		
일반적 특징		꽃은 여름에서 가을까지 피지만 온실에서 가꾼 것은 봄에도 핀다. 두화는 가지와 원줄기 끝에 1개씩 달리고 많은 품종이 있으며 색깔이 다양하다. 꽃 전체의 형태는 방사형으로 배열되어 있고 모두 관상화이지만 가장자리의 것은 크기 때문에 설상화같이 보인다. 총포조각은 4줄로 배열하며 날카롭고 긴 타원형 또는 타원형 줄 모양으로 가장자리는 파란색을 띤다.		

쑥	학명	*Artemisia princeps* var. *orientalis* Pamp	
	과명	국화과	

자생지		한국 · 일본 · 중국	성상분류	쌍떡잎식물 국화과의 여러해살이풀
생육적 특징	화색	연한 자주색	개화기간	7~9월
	지상부	잎은 어긋나며 잔 톱니가 있고 뒷면에 회백색의 부드러운 털이 빽빽이 나 있다. 가을에는 줄기 윗부분의 작은 가지에 황백색의 작은 두화가 아래로 향해 많이 핀다.		
내성		추위에 견디는 힘이 대단히 강하여 겨울 재배시 약간의 시설로도 온도가 영하로 내려가지 않는 한 잘 자란다.		
종자의 특성 및 모양		10월에 열매가 성숙되며, 수과는 길이 1.5mm, 지름 0.5mm로서 털이 없다. 립수(g당) : 3,500립		
사용경험 기록		발아가 좋고 생육이 빨라 지피력이 뛰어나 급속녹화에 좋다. 척박한 토양에서도 생명력이 좋다.		
일반적 특징		높이가 60~120cm에 달하며 원줄기에 세로줄이 있으며 전체가 거미줄 같은 털로 덮여 있고 근경이 옆으로 뻗으면서 군데군데 싹이 나와 군생한다. 뿌리에서 돋은 잎과 밑부분의 잎은 후에 쓰러지며 줄기에 달린 잎은 헛턱잎이 있고 타원형이다. 열편은 2~4쌍으로서 장타원상 피침형이고, 둔두 또는 예두이며 뒷면에 흰 털이 밀생하고, 가장자리가 밋밋하거나 결각상이며 위로 올라갈수록 잎이 작아지고 3개로 갈라진다. 꽃은 7~9월에 피며 꽃자루가 거의 없고 원줄기 끝의 원추화서에 한쪽으로 치우쳐서 달린다. 총포는 장타원상 종형이며 거미줄 같은 털로 부분적으로 덮여 있다. 수과는 털이 없다.		

쑥부쟁이	학명	*Aster yomena* Honda
	과명	국화과

자생지		한국 · 일본 · 중국 · 시베리아	성상분류	쌍떡잎식물 국화과의 여러해살이풀
생육적 특징	화색	연한 보라색	개화기간	7~10월
	지상부	뿌리줄기는 길게 땅 속으로 뻗는다. 줄기의 높이는 40~150cm이며 윗부분에서 가지가 갈라진다.		
내성		내건성과 내한성이 강하다.		
종자의 특성 및 모양		열매는 수과로서 달걀 모양이고 털이 나며 10~11월에 익는다. 관모는 길이 약 0.5mm로서 붉은색이다. 번식은 종자나 포기나누기로 한다. 립수(g당) : 1,700립		
사용경험 기록		생명력이 강하고 지피효과가 뛰어나며 관목류 및 기타 초본류와의 혼용에 적합하다. 화기가 길며 꽃이 크고 화려해 관상가치가 대단히 높아 도로변, 공원, 정원, 수변녹화, 골프장 등에 이용되며. 대면적 조경에 적합하다. 어린 잎은 나물로 무쳐먹고 지상부는 진해, 거담, 천식에 유효하다.		
일반적 특징		잎은 어긋나고 잎몸은 길이 8~10cm, 폭 2.5cm 정도로서 가장자리에 굵은 톱니가 있고 잔털이 있다. 두상화는 지름 3~3.5cm로서 긴 자루가 있으며, 7~10월에 줄기나 가지 끝에 산방꽃차례를 이루어 핀다. 총포조각은 3줄로 배열한다. 혀꽃은 길이 약 1.8cm이며 자주색이고, 중앙부의 통꽃은 황색이고 꽃부리는 5개로 갈라져 뒤로 심하게 젖혀지며, 암술대와 꽃밥이 길게 뻗어 나 있다.		

새(안고초)	학명	*Arundinella hirta* Tanaka	
	과명	벼과	

자생지	한국 · 일본 · 중국 · 우수리강 유역 등	성상분류	외떡잎식물 벼과의 여러해살이풀
생육적 특징 / 화색	녹색, 자주색	개화기간	8~9월
생육적 특징 / 지상부	뿌리줄기는 비늘 조각이 덮이고 길게 옆으로 뻗으며 번식한다. 줄기는 곧게 서고 여러 개가 뭉쳐나며 높이가 30~120cm이다. 잎은 길이가 15~40cm, 폭이 5~15mm이고 털이 있다. 잎집은 마디 사이의 길이보다 길고 위를 향한 털이 있으며, 잎혀는 짧고 긴 털이 있다.		
내성	토양 결집력이 우수하며, 생육이 빠르다.		
종자의 특성 및 모양	영과로 10월에 열매가 성숙한다. 립수(g당) : 2,000립		
사용경험 기록	지하경이 뻗으면서 번식하고 뿌리가 매우 깊어 토양 결집력이 우수하다. 척박지에서도 생육이 우수한 녹화용 초종으로 최근 환경친화적인 건설공사에 대한 요구가 높아지면서 자생초종인 새의 역할이 더욱 커지는 대표적인 사방공사, 비탈면 녹화용 초종이다.		
일반적 특징	지하경이 뻗으면서 번식한다. 잎과 줄기 사이에는 털이 있고 껄끄럽다. 꽃줄기는 높이 30~120cm로서 곧추서고 잎은 길이 15~40cm로서 퍼진 털이 다소 있다. 꽃은 8~9월에 피며 화수는 길이 8~30cm로 원추형이고 가지는 길이가 불규칙하며 겨드랑이에 흔히 털이 있고 껄끄럽다. 소수는 흔히 2개씩 달리며 대가 있고 녹색, 자주색 또는 흰 다갈색이다. 포영은 길이가 다르며 첫째 포영은 길이 3~5mm로서 3맥이 있지만 1~2쌍의 잔맥이 있는 것도 있고 둘째 포영은 가장 길며 5~7맥이 있고 2개의 꽃이 들어 있으며 안쪽 것은 수꽃이다. 호영은 5맥이 있고 내영은 2개의 능선이 있으며 밑부분에 흰털이 있다.		

자주개자리 (알팔파)	학명	*Medicago sativa* Linne
	과명	콩과

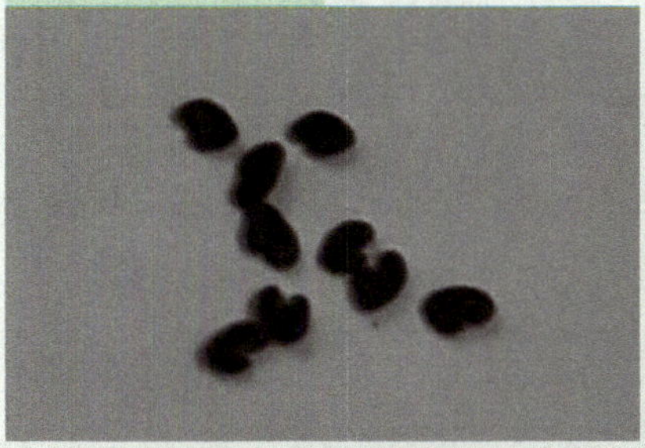

자생지		지중해연안	성상분류	쌍떡잎식물 콩과의 여러해살이풀
생육적 특징	화색	자주색	개화기간	7~8월
	지상부	원줄기는 곧게 30~90cm까지 자라서 가지가 갈라진다. 잎은 어긋나고 작은 잎이 3장씩 나온 잎이다. 작은 잎은 긴 타원형 또는 바소꼴이고 끝이 뭉툭하거나 움푹하게 들어가 있으며 가장자리에 톱니가 있다.		
내성		염기성 토양에 강하다.		
종자의 특성 및 모양		10월에 열매가 성숙되며 꼬투리는 나선상으로 2~3회 말리고 털이 있으며 여러 개의 종자가 들어 있다. 종자는 신장 모양이다. 립수(g당) : 500립		
사용경험 기록		뿌리가 깊고 염기성 토양이나 건조한 사질토양에서의 생육이 좋아 목초로 이용되며, 비탈면 및 인공 토양 공사 등에 이용되나 우점하므로 사용량은 소량이어야 한다.		
일반적 특징		목초로 재배하고 있으며, 곧추 자라며 털이 거의 없거나 속이 비어 있다. 잎은 호생하며 소엽은 3개이고 장타원형 또는 도피침형이며 끝이 절두 또는 요두이고 주맥의 끝이 뾰족하며 밑부분이 예저이고 윗 가장자리에 잔 톱니가 있으며 턱잎은 피침형이고, 가장자리가 밋밋하다. 총상화서는 액생하며 꽃자루가 있고 꽃은 7~8월에 피며 길이 7~8mm로서 연한 자주색이고 포는 침형이다. 꼬투리는 나선상으로 2~3회 말리며 털이 있고 여러 개의 종자가 들어 있다.		

춘차국(기생초)	학명	*Coreopsis tinctoria* Nutt.
	과명	국화과

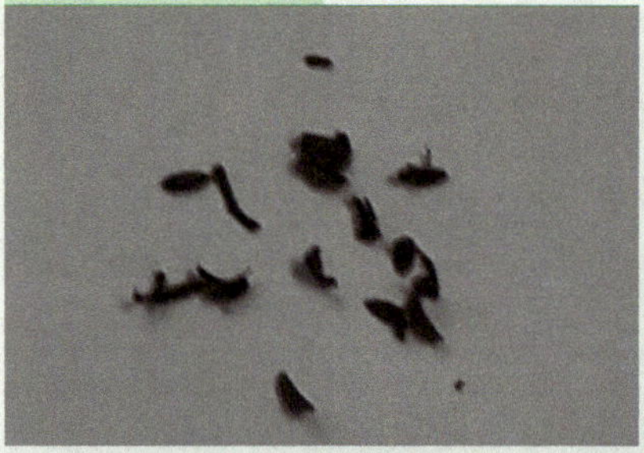

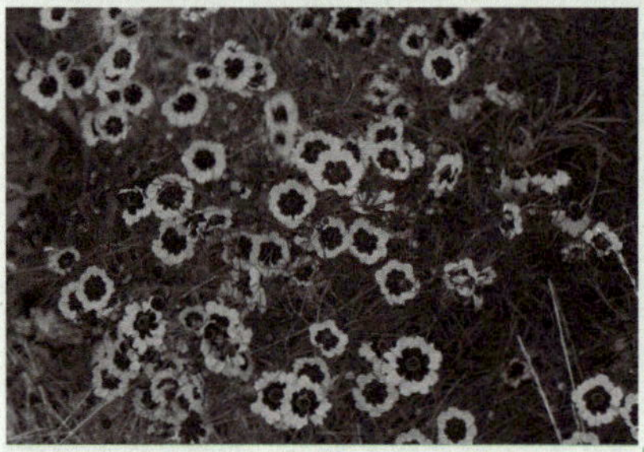

자생지		북아메리카 원산	성상분류	쌍떡잎식물 국화과의 한해 또는 두해살이풀
생육적 특징	화색	노란색, 적색	개화기간	7~10월
	지상부	관상용으로 재배하나 흔히 야생하여 철도변이나 도시 주변의 냇가, 빈터에 무리를 이루기도 한다. 줄기는 가늘고 높이 60~120cm, 윗부분에서 여러 갈래로 가지가 갈라지며 털이 없다.		
내성		햇볕이 잘 들고 배수가 잘되는 곳이 적당하다.		
종자의 특성 및 모양		10월에 열매가 성숙되며, 종자는 긴 타원형으로서 안으로 굽고 날개가 없으며 종자는 검정색이다. 립수(g당) : 1,600립		
사용경험 기록		토양적응력과 번식력이 뛰어나 비탈면 녹화에 다른 식물과 혼합해서 사용하며, 도로변 등에도 이용된다.		
일반적 특징		잎은 마주나고 잎자루가 있다. 잎몸은 2회 깃모양으로 갈라지며 선모양이다. 줄기나 가지 끝에 지름 3~4cm의 머리 모양꽃이 1개씩 달리며, 6~7월에 위를 향해 핀다. 총포는 길이 6~7mm, 총포조각은 위는 황색, 아래는 적자색, 통상 8개가 1줄로 배열한다. 대롱꽃은 자갈색이다. 열매는 가는 긴 타원형이며 갓털이 없다. 많은 원예 품종이 있다.		

큰금계국	학명	*Coreopsis lanceolata* Linne
	과명	국화과

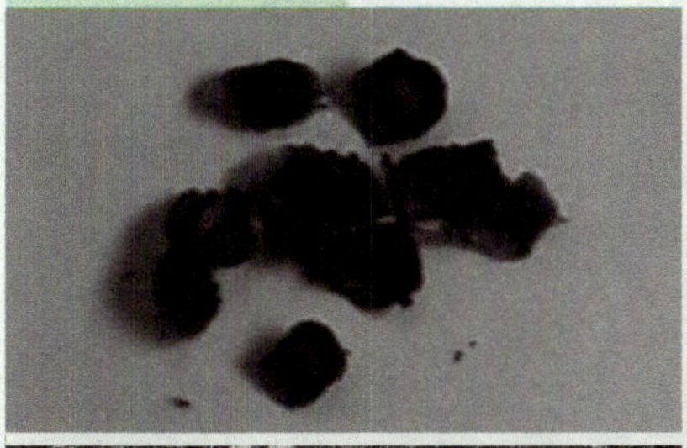

자생지		북아메리카	성상분류	쌍떡잎식물 국화과의 여러해살이풀
생육적 특징	화색	황색	개화기간	6~8월
	지상부	줄기의 높이가 30~100cm에 이르며. 관상용으로 재배하였으나, 일탈하여 야생화한 것이 많아 때로는 철도가, 강변, 산기슭 등에 대군락을 이루는 것을 볼 수 있다.		
내성		내한성과 내건성이 강하다.		
종자의 특성 및 모양		9월에 열매가 성숙되며, 꼬투리는 가장자리가 두껍고 계란형이다. 립수(g당) : 250개		
사용경험 기록		개화기간이 길고 뿌리가 깊어 척박한 토양에서도 생육이 가능해 도로공사, 사방공사 등에 적합하다.		
일반적 특징		잎은 마주나나 뿌리에서 나는 잎은 뭉쳐나며, 잎몸은 피침형 또는 선모양이나 때로는 3~5개의 작은 잎으로 갈라지는 것도 있다. 양면에 거친 털이 있어 껄끄럽다. 줄기 밑부분의 잎은 잎자루가 있으나, 대부분은 잎몸 밑부분이 좁아지면서 줄기로 흐른다. 꽃은 6~8월에 핀다. 줄기 끝에 지름 5~7cm의 진황색의 머리모양 꽃차례가 1개씩 달린다. 8~10개의 진한 녹색의 총포조각이 1열로 배열한다. 혀꽃은 통상 8개, 꽃부리 끝이 4~5개로 일정하지 않게 갈라진다. 금계국은 큰금계국에 비해 전체적으로 작고 잎이 난형이며, 대롱꽃이 자갈색이므로 식별하기 쉽다.		

갈대	학명	*Phragmites communis* Trin.
	과명	벼과

자생지	전세계 온대·한대지방	성상분류	벼과의 외떡잎 식물 물가에 군생하는 여러해살이 풀

생육적 특징	화색	자갈색 또는 황갈색	개화기간	8~10월
	지상부	높이 1~3m로서, 엽신은 길이 20~50cm, 너비 2~4cm이다. 엽초는 구부에 긴 털이 나며, 엽설은 길이가 낮고 가장자리에 긴 털이 줄지어 난다.		

내성	물가에서 잘 자라며, 염습지에서 자란다. 하천의 모래톱이나 사니질(모래와 진흙이 섞인 토질) 토양의 퇴적층에 식물을 식재하여 정화 효율을 높일 수 있는 식물이다.
종자의 특성 및 모양	꽃은 개방원추화서이다. 꽃은 8~10월에 줄기의 끝에 자갈색 또는 황갈색의 20~50㎝ 크기의 원추형으로 생겨 모여서 달린다.
사용경험 기록	번식력이 매우 강해 대개 군락을 이뤄 자라며, 종자나 유묘 이식 방법으로 적용한다.
일반적 특징	주로 물가에 자라며, 키가 1~3m까지 자란다. 지하경은 다수의 마디가 있고, 약 지하 30~100㎝ 깊이에서 옆으로 뻗으며, 마디에서 가지와 수염뿌리가 나온다. 가운데가 빈 기둥 형으로 표면에 털이 있거나 없다. 잎은 두 줄로 어긋나며 끝이 길게 뾰족해지고 길이 20~50㎝, 폭 2~4㎝이며, 줄기와 거의 수평을 이루나 끝이 아래로 처진다. 근경은 굵고 길게 뻗으며 줄기는 높이 1~3m, 마디는 털이 없다. 달뿌리풀(P. *japonicus*)에 비해 땅위로 포복지가 뻗지 않고, 제1포영의 길이는 최하위 호영의 1/2이하이다.

달뿌리풀	학명	*Phragmites japonica* Steud.
	과명	벼과

자생지		한국	성상분류	외떡잎식물 벼과의 여러해살이 풀
생육적 특징	화색	자주색 또는 자갈색	개화기간	9~11월
	지상부	높이 2m까지 자라며, 엽신은 길이 10~30cm, 너비 2~3cm, 가장자리가 꺼끌거린다. 주로 포복경에 의해서 뻗어나가며, 하천 상류의 모래땅, 화원에 물의 흐름이 약한 부분이나 지하수위가 0~30㎝ 정도 되는 곳에 많이 생육한다.		
내성		하천 상류에 많이 분포하며 모래땅, 자갈땅에 잘 자란다. 염습지에서는 자라지 못한다.		
종자의 특성 및 모양		개방원추화서이며, 화서는 길이 25~35cm, 가지는 반윤생상으로 마디에 붙고 기부근처부터 끝까지 소수가 밀착한다. 꽃자루는 어긋나서 자라며, 열매는 영과이다. 8~10월에 자주색으로 개화하고, 가지는 거의 돌려나기하고 긴 털이 있음. 나중에 자갈색으로 변한다.		
사용경험 기록		물가에 자연적으로 번식하는 경우가 많으며, 포복경에 의해 확산속도가 매우 빠르다. 종자파종 또는 포복경, 유묘 이식방법으로 번식한다.		
일반적 특징		근경은 가늘고 길게 지상으로 3~4m 길게 뻗으며 각 마디에서 뿌리가 내린다. 줄기는 원주형이고 높이는 2m 안팎이며, 속이 비어있고 마디가 짧으며 연한 털이 나있다. 잎은 어긋나기하며 끝이 길게 뾰족해지고 폭은 2~3㎝, 회록색이고 단단하다. 윗부분에 자줏빛이 돌며 엽설은 털이 줄로 돋아난 것 같으며, 위를 향한 잎의 상부에 탁한 자색의 띠를 형성한다. 갈대(P. australis)에 비해 땅위로 포복지가 뻗고, 제1포영의 길이는 최하위 호영의 1/2~3/5이다.		

억새	학명	*Miscanthus sinensis* var. *purpurascens*(Andersson) Rendle
	과명	벼과

자생지		한국·일본·중국	성상분류	외떡잎식물 벼과의 여러해살이풀
생육적 특징	화색	금색이 도는 백색	개화기간	9~11월
	지상부	높이 1~2m까지 자라며, 엽신은 길이 20~60cm, 너비 6~20mm, 가장자리는 날카롭게 깔끔거린다.		
내성		산지나 평지 초원에 잘 자란다.		
종자의 특성 및 모양		수십개의 총이 짧은 증축에 배열하며 총의 길이 15~30cm이다. 화서는 길이 20~30cm, 10~25개의 총이 장상으로 배열되어 있고, 중축은 총보다 짧다. 종자는 물억새보다 크다.		
사용경험 기록		산지나 초원에 잘 생육하며, 건조지에도 비교적 강하다. 뿌리가 발달하여 비탈면에서 토양억지력이 뛰어나다. 종자파종 또는 유묘 이식방법으로 마디에서 발아하여 생육하거나 촉으로 자라서 번식한다.		
일반적 특징		높이 1~2m로, 뿌리줄기는 모여서 나고, 굵으며 원기둥 모양이다. 잎은 줄 모양이며 길이 40~70㎝, 나비 1~2㎝이며, 끝으로 갈수록 뾰족해지고 가장자리는 까칠까칠하다. 뒷면은 연한 녹색 또는 빛을 띠고 잎혀는 흰색 막질이며 길이 1~2㎜이다. 꽃은 9월에 줄기 끝에 부채꼴이나 산방꽃차례로 달리며 작은 이삭이 촘촘히 달린다. 꽃차례 길이는 10~30㎝이고 가운데 축은 꽃차례 길이의 절반 정도이다. 굵고 짧은 근경이 있으며 줄기는 총생하여 큰 포기를 이루고, 직립, 높이 1~2m이다. 참억새(M. *sinensis*)에 비해 소수 기반의 털은 자주색이며 제1포영은 4맥이 있다.		

물억새	학명	*Miscanthus sacchariflorus* (Maxim.) Benth		
	과명	벼과		

자생지		한국·일본· 중국북부·아무르	성상분류	외떡잎식물 벼과의 여러해살이풀
생육적 특징	화색	은색이 도는 백색	개화기간	8~10월
	지상부	엽신은 길이 20~80cm, 너비 1~3cm이며, 가장자리는 깔끔거린다. 엽초는 대개 털이 없으나 아래쪽의 것은 가끔 성긴 털이 있다.		
내성		하천변이나 물가에 자란다.		
종자의 특성 및 모양		꽃은 수십개의 총이 짧은 증축에 배열하며, 먼지떨이 모양이다. 열매는 영과이다.		
사용경험 기록		가는 모래-모래진흙토양의 수변의 따뜻한 곳에서 잘 자란다. 강가 언덕 지하수위 10~30㎝ 부근에 생육한다. 종자를 파종하거나 마디에서 발아하여 생육하거나 근경이 자라서 줄기를 내어 번식한다.		
일반적 특징		줄기는 단단하고 두꺼우며 마디가 있으며, 근경은 길고 옆으로 뻗는다. 잎은 선형이고 길이는 40~80㎝, 폭 1~3㎝로 줄기에서 바로 나온다. 중앙맥이 백색으로 굵고 뚜렷하며 꽃이 필 때에는 기부의 잎은 말라죽는다. 줄기 상단의 길이 30㎝ 가량의 꽃차례에 다수의 가지가 조밀하게 달리며, 잔 이삭은 까락이 없고 자루가 긴 것과 짧은 것이 쌍을 이룬다. 근경은 길게 뻗으며 대 군락을 이루고 줄기는 직립하며, 높이 1~2.5m로 갈라지지 않는다. 참억새(Mi. *sinensis*)에 비해 근경은 가늘고 길며 소수 기반의 털은 소수 길이의 2~3배 길고, 소수는 까락이 없다. 또한 가는잎물억새(M. *sachariflorus* var. *gracilis*)에 비해 잎의 폭은 1~3cm이다.		

참억새	학명	*Miscanthus sinensis* Andersson
	과명	벼과

자생지		한국 · 일본 · 중국	성상분류	외떡잎식물 벼과의 여러해살이풀
생육적 특징	화색	흑자색	개화기간	9월
	지상부	굵은 뿌리줄기가 옆으로 퍼지며 높이 1~2m이다. 잎은 모여 나고 밑부분이 원줄기를 완전히 감싼다. 또한 나비 1~2cm로 줄 모양이며 표면은 녹색이고 가장자리에 딱딱한 잔 톱니가 있어 날카롭다. 잎의 주맥은 흰색으로 뚜렷하고 털이 있는 것도 있다.		
내성		추위와 건조에 강하나, 내습성이 약하다.		
종자의 특성 및 모양		작은 이삭은 각 마디에 자루가 있는 것과 없는 것이 1쌍씩 달리고 길이 7~12mm의 털이 다발로 나 있다.		
사용경험 기록		근경이 굵으며 옆으로 뻗고, 뿌리가 깊어서 토양침식 방지효과가 매우 뛰어난 초본으로 건조지 척박지에서의 생육이 양호하고 화서가 아름다워 최근 환경 친화적인 건설공사 요구에 따라 사용빈도가 높아지고 있는 사방공사용의 대표적인 초종이다. 원예용으로도 사용되며 최근 들어 골프장 건설에 있어서 파종 및 식재가 검토되고 시공되어지고 있는 초종이다.		
일반적 특징		잎은 밑부분이 원줄기를 완전히 둘러싸고 선형이며 가장자리의 잔톱니가 딱딱하고 표면은 녹색이며 주맥은 백색이고 털이 있는 것도 있다. 꽃은 9월에 피며 화수는 길이 20~30cm이고 중축은 꽃차례 분지 길이의 1/2 이하이다. 소수는 자주색으로 대가 있는 것과 없는 것이 1마디에 1쌍씩 달리고 길이는 5~7mm이며 다발털은 길이 7~12mm이다. 포영은 약간 딱딱하고 끝이 뾰족하며 가장자리와 끝이 얇고 내영은 끝이 2개로 갈라지며 길이 8~15mm 의 까락이 돋는다.		

낭아초	학명	*Indigofera pseudotinctoria* Matsum.
	과명	콩과

자생지		한국(경남 · 경북 · 전북) · 일본 · 중국	성상분류	쌍떡잎식물 콩과의 낙엽활엽 반관목
생육적 특징	화색	연한 분홍색	개화기간	7~8월
	지상부	가지를 많이 쳐서 옆으로 자라며, 작은 가지에는 털이 있고 가늘다. 높이는 2m 정도이다. 잎은 어긋나고 홀수1회 깃꼴 겹잎이다. 작은 잎은 5~11개이고 거꾸로 선 달걀 모양의 타원형 또는 긴 타원형이며, 길이 6~25mm, 나비 5~10mm이고 잎자루는 1~3cm이다.		
내성		내염성이 강하고, 건조 척박지에서도 잘 자란다.		
종자의 특성 및 모양		열매는 삭과로 3cm 정도 되는 원기둥 모양이다.		
사용경험 기록		꽃은 화초로 심을 수 있고 뿌리는 약제로 쓴다.		
일반적 특징		경상도 및 전북의 해안지대와 제주도에 자라는 낙엽 반관목으로 길이가 2m에 달하며 가지가 많이 갈라져서 옆으로 자라고 잔가지는 누운 털이 있으며 가늘다. 잎은 호생하고 홀수 1회 우상복엽이며 소엽은 5~11개이고 타원상 도란형, 타원형 또는 장타원형이며 길이 6~25mm로 둔두 원저이지만 끝에 작은 돌기가 있고 양면에 누운 털이 있으며 잎자루는 길이 1~3cm이다. 총상화서는 액생하고 길이 4~12cm로서 많은 꽃이 달리며 꽃은 7~8월에 피고 연한 홍색이며 꽃받침은 5개로 갈라지고 기판은 장타원상 도란형이다. 열매는 원주형이고 길이 3cm 정도로 잔털이 있거나 없다. 9월에 익고 5~6개의 종자가 들어 있다.		

붉나무(오배자나무)	학명	*Rhus javanica* Linne
	과명	옻나무과

자생지		한국 · 일본 · 중국 · 인도	성상분류	쌍떡잎식물 옻나무과의 낙엽관목
생육적 특징	화색	황백색	개화기간	7~9월
	지상부	높이가 7m에 달하고 굵은 가지가 드문드문 나오며 소지는 황색이고 털이 없다.		
내성		내한성, 내건성		
종자의 특성 및 모양		10월에 열매가 성숙되며, 종자는 원형이고 색깔은 황색이며, 황갈색의 잔털로 덮혀 있고, 익으면 신맛과 짠맛이 난다.		
사용경험 기록		뿌리가 깊고 생육이 좋아 내한성, 내건성 등 척박지 녹화에 이용되며, 단풍이 아름다워 공원 조성용으로도 이용된다.		
일반적 특징		국내 각처의 산기슭 및 산골짜기에 자라며 키는 6~8m에 달한다. 잎은 호생이며 깃꼴겹잎으로 길이 40cm이며 엽축에 날개가 있다. 작은 잎은 7~13장으로 난형이며, 난상 긴 타원형이다. 끝이 뾰족하며 길이 5~12cm로서 양면에 털이 있고 가장자리에 거친 톱니가 있다. 꽃은 암수딴그루이며 황백색이며, 줄기 끝에 원추화서로 화서의 길이는 15~30cm이며, 털이 밀생한다. 5수성이며 암꽃은 퇴화된 수술 5개, 암술대는 3개, 자방은 1실이다.		

싸리	학명	*Lespedeza bicolor* Turcz.
	과명	콩과

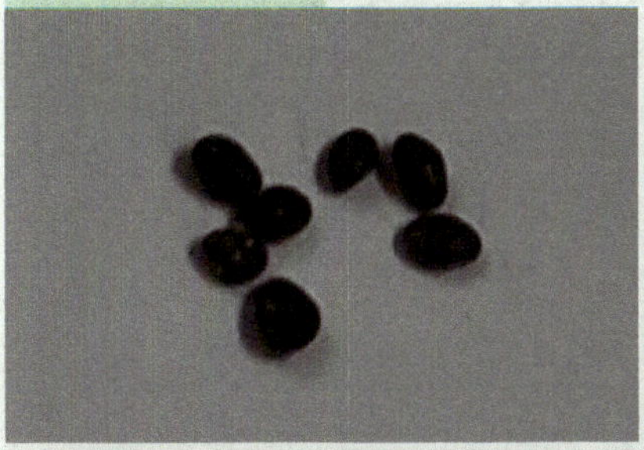

자생지		한국 · 일본 · 중국	성상분류	쌍떡잎식물 콩과의 낙엽관목
생육적 특징	화색	홍자색	개화기간	7~8월
	지상부	높이 2 m 내외이고 가지가 많이 갈라진다. 잎은 어긋나고 삼출엽이다. 작은 잎은 난형 또는 도란형이고 표면은 짙은 녹색이며 뒷면에 눈털이 있고 가장자리가 밋밋하다.		
내성		맹아력이 강하다.		
종자의 특성 및 모양		종자는 신장형과 비슷하고 갈색 바탕에 짙은 색깔의 반점이 있다.		
사용경험 기록		잎은 사료, 줄기에서 벗긴 껍질은 섬유자원으로 이용되기도 한다. 새로 자란 줄기는 농촌에서 여러 가지 세공을 하는데 활용하고 싸리비도 만든다.		
일반적 특징		잔가지는 능선이 있고 짙은 갈색이며 털이 있으나 점차 없어지고 목재는 연한 녹색이며 골속은 희다. 잎은 삼출엽이며 넓은 난형 또는 도란형이고 끝이 둥글거나 파지며 뾰족하고 짧은 돌기가 있고 표면은 짙은 녹색이며 뒷면에 누운 털이 있다. 총엽병은 길이 2.5~5cm로 털이 없거나 약간 있고 소엽병은 길이 5mm 정도이다. 총상화서는 잎겨드랑이 또는 가지 끝에 달리며 가지 끝에 원추화서를 형성하기도 하고 꽃은 7~8월에 피며 홍자색이다. 꽃받침통은 명주실 같은 털이 있으며 얕게 4개로 갈라지고 뒤의 것이 다시 2개로 갈라진다. 꼬투리는 넓은 타원형이며 끝이 부리처럼 길고 누운 털이 약간 있다.		

소나무(적송)	학명	*Pinus densiflora* Siebold & Zucc.
	과명	소나무과

자생지		한국·중국북동부, 우수리 강 유역·일본	성상분류	겉씨식물 소나무과의 상록침엽 교목
생육적 특징	화색	노란색	개화기간	5~6월
	지상부	높이 30m, 지름 1.5m까지 자라며, 수피는 붉고 박편처럼 떨어진다.		
내성		내한성이 강하다.		
종자의 특성 및 모양		꽃이 핀 다음해 9월에 성숙되며, 솔방울은 난형이고 길이 4.5cm, 지름 3cm로 황갈색이며, 종자는 타원형이고 흑갈색이며, 날개는 연한 갈색 바탕에 대개 흑갈색 줄이 있다. 립수(g당) : 30립		
사용경험 기록		내한성이 강하고 나무모양이 아름다워 관상수로 많이 쓰인다.		
일반적 특징		높이 30m, 지름 1.5m까지 자란다. 침엽은 2개씩 나오고 길이 6~12cm, 너비 1mm이며 엽초는 2년에 걸쳐 떨어진다. 수꽃 화서는 타원형으로 길이 1cm이며 20~30개가 새가지에 달리고, 암꽃 화서는 난형으로 길이 6mm이며 6월에 개화한다. 구과는 난상 원추형으로 길이 3~5.5cm, 너비 2.5~4.5cm이고 암갈색이며 실편은 70~100개이다.		

자귀나무	학명	*Albizzia julibrissin* Durazz.
	과명	콩과

자생지		한국(황해도 이남)· 일본·이란·남아시아	성상분류	쌍떡잎식물 콩과의 낙엽소교목
생육적 특징	화색	윗부분은 붉고 밑은 흰색	개화기간	6~7월
	지상부	정원수로 심기도 한다. 수피는 회갈색이고 매끄러우며 가지는 털이 없고 넓게 옆으로 퍼진다.		
내성		토심이 깊고 건조한 곳에서도 잘 자라며 공해에는 약하나 맹아력이 크다.		
종자의 특성 및 모양		열매는 10cm 가량이며, 꼬투리가 맺힌다.		
사용경험 기록		척박한 토양에서 잘 자라기 때문에 도로변이나 토사유실방지용에 적합한 식물이다. 내한성이 비교적 약하기 때문에 간혹 동해를 받는 경우가 있으나, 꽃과 잎, 수형이 아름다워 관상수로 가로수, 공원, 정원 등에 적합하며 비탈면 녹화에도 사용이 적합한 가치가 뛰어난 목본이다.		
일반적 특징		한라산과 황해도, 대관령 이남 산지의 볕이 잘 드는 기슭이나 중턱에서 자라는 높이 6~8m에 이르는 낙엽 소교목이나 흔히 3~4m 정도로 자란다. 정원수로 심기도 한다. 잎은 자루와 함께 길이 20~30cm인 2회 짝수우상복엽이고 우편은 7~12쌍이고 길이 5~15㎜, 폭 2.5~4㎜이며, 가장자리가 밋밋하고 뒷면에 잔털이 있으며 분백색이다. 가지 끝에 10~20개의 꽃이 두상화서를 이루어 총상으로 달린다. 화관은 길이 7~9㎜이며 끝이 5개로 갈라지고 잔털이 있다. 수술은 20~30개이고 수술대는 담홍색이며 길이 3~4cm로서 길게 화관 밖으로 뻗어있다. 꼬투리는 납작하고 길이 10~13cm이며 10~15개의 갈색종자가 있다.		

족제비싸리	학명	*Amorpha fruticosa* Linne
	과명	콩과

자생지		북아메리카	성상분류	쌍떡잎식물 콩과의 낙엽관목
생육적 특징	화색	자주빛이 도는 하늘색	개화기간	5~6월
	지상부	높이 3m 내외이다. 나뭇가지에 털이 있으나 점점 없어진다. 잎은 어긋나고 1회 깃꼴겹잎이다. 작은 잎은 11~25개씩이고 달걀 모양 또는 타원형이며 가장자리가 밋밋하다.		
내성		내공해성이 강하다.		
종자의 특성 및 모양		9월에 열매가 성숙되고, 꼬투리는 약간 굽으며 대개 1개의 종자가 들어 있으며, 종자는 콩팥모양이다. 립수(g당) : 85립		
사용경험 기록		척박지에서도 생육이 좋고 공해에 강하기 때문에 토양안정을 위한 피복용, 전국의 사방지나 황폐지의 복구목적으로 식재한다.		
일반적 특징		잎은 호생하며 홀수 1회 우상복엽이고 소엽은 11~25개씩이며 난형 또는 타원형이고 끝이 둥글지만 주맥 끝은 뾰족하며 밑부분이 원저이고 길이 1.5~3cm로서 뒷면에 잔털이 없거나 약간 있다. 수상화서는 가지 끝에 달리며 꽃이 배게 달리고 5~6월에 피며 자줏빛이 도는 하늘색이고 향기가 강하다. 꽃받침에 선점이 많으며 꽃받침잎은 뾰족하고 털이 없거나 있으며 기판은 6mm로 난상 원형이고 익판과 용골판이 없다. 열매는 약간 굽으며 9월에 익고 대개 1개의 종자가 들어 있다.		

참싸리	학명	*Lespedeza cyrtobotrya* Miq.
	과명	콩과

자생지		한국·일본·중국	성상분류	쌍떡잎식물 콩과의 낙엽 관목
생육적 특징	화색	홍자색	개화기간	7~8월
	지상부	높이 2m 정도이다. 많은 가지가 갈라지는데, 작은 가지에는 능선과 털이 있으며 늙은 가지는 밑으로 처진다. 잎은 어긋나기하며 3개의 작은 잎으로 구성된 삼출엽이고, 작은 잎은 원형 또는 도란형으로 끝이 오목 파이고 가장자리가 밋밋하다.		
내성		맹아력이 매우 좋고 발아력이 뛰어나다.		
종자의 특성 및 모양		열매는 협과로서 길이 8㎜ 정도의 달걀꼴이며, 털이 있고 1개의 종자가 들어 있다. 립수(g당) : 150개		
사용경험 기록		토양적응력이 좋고 생육이 뛰어나기 때문에 비수리와 함께 비탈면 녹화 및 사방공사용으로 가장 많이 쓰이고 기타 야생화 종자 및 잔디 종자와 혼파해도 좋다.		
일반적 특징		높이가 2m에 달하고 가지가 많이 갈라져서 원형으로 되며 노목의 가지는 밑으로 처지고 잔가지에 능선과 더불어 털이 있다. 잎은 삼출엽이며 원형, 타원형 또는 도란형이고 끝이 대개 요두이지만 원두도 있으며 밑부분이 원저이고 표면에 털이 있으나 점차 없어지며 뒷면은 회록색으로 잔털이 있고 잎자루는 짧으며 털이 있다. 꽃차례는 총상이지만 짧기 때문에 둥글게 보이고 꽃대축에 털이 밀생하며 꽃은 7~8월에 피고 홍자색이다. 꽃받침은 중렬되고 털이 있으며 점첨두이고 기판은 원두 또는 요두이며 열매는 10월에 익는다. 꼬투리는 난형이고 털이 있다.		

캔터키블루그라스 Kentucky blue grass (왕포아풀)	학명	*Poa pratensis* Linne
	과명	벼과

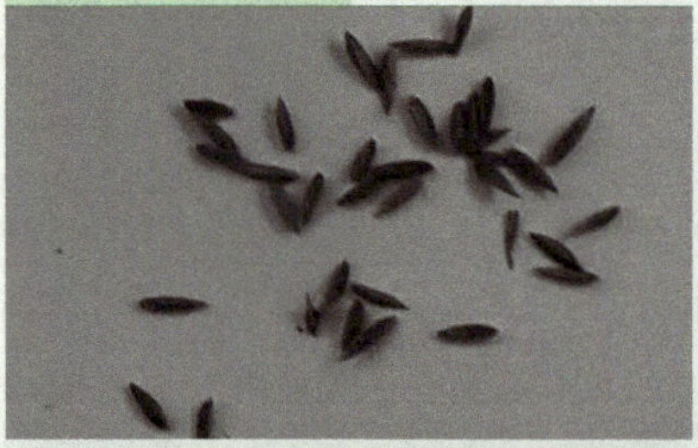

자생지		한국·중국· 시베리아·중앙아시아· 히말라야·카프카스	성상분류	외떡잎식물 벼과의 여러해살이풀
생육적 특징	화색	연한 녹색	개화기간	6~7월
	지상부	4~6월 초에 곧은 줄기를 내고, 초장은 60~90cm 정도로 초장이 짧은 편이다. 잎은 부드럽고 진한 녹색의 하번초로서 45°각도로 퍼지며, 끝이 뱃머리 모양으로 되어 있고 엽설은 짧고 끝이 뾰족하다.		
내성		내한성과 지속성이 우수하고 고온과 가뭄에는 약하다.		
종자의 특성 및 모양		종자량은 많고 종자 기부에는 거미줄 같은 털이 있다. 립수(g당) : 3,000립, 순도 : 95%, 발아율 : 80%		
사용경험 기록		절개지, 사방공사, 골프장, 잔디밭 등에도 많이 이용한다.		
일반적 특징		높이가 30~80cm에 달하며 총생하고 근경이 옆으로 뻗으면서 퍼진다. 잎은 편평하거나 다소 오그라들며 길이 7~20cm이며 털이 없으며 잎혀는 절두로서 길이 1~2mm이다. 꽃은 6~7월에 피고 원추화서는 길이 8~15cm로서 좁은 난형이며, 가지가 2~5개씩 반윤생하며 작은 돌기가 있고, 소수는 난형이며 3~5개의 꽃이 들어 있다. 호영은 길이 3mm 정도로서 끝이 뾰족하고 주맥이 뚜렷하며 능각과 측맥 밑부분에 누운 털이 있고 밑부분에 솜털이 있다. 내영은 길이 3mm 정도로서 능각부에 작은 돌기가 있다.		

크리핑레드페스큐 Creeping red fescue (왕김의털)	학명	*Festuca rubra* Linne
	과명	벼과

자생지		울릉도, 백두산 부근	성상분류	외떡잎식물 벼과의 여러해살이풀
생육적 특징	화색	연한 녹색	개화기간	4~5월
	지상부	높이가 30~60cm이며 근경이 짧고 총생한다. 새싹에서 나오는 잎은 길이 10~20cm이고, 지름은 1~2mm정도이다.		
내성		내서성, 내음성이 강하다.		
종자의 특성 및 모양		영과이다. 립수(g당) : 700립, 순도 : 95%, 발아율 : 85%		
사용경험 기록		단파용으로는 잘 쓰이지 않으며 일반종은 주로 톨페스큐와 페레니얼라이그라스 등과 혼합하여 주로 경사지 도로변 등 척박지의 녹화에 주로 쓰인다.		
일반적 특징		꽃은 4~5월에 피고, 원추화서는 길이 5~12cm이고 가지는 적으며, 위로 향하며 소순은 장타원이며 길이 5~10mm이며 3~4개의 소화가 들어있다. 잔디길이가 길고, 뿌리가 길게 내리며, 어떠한 조건에서도 적응력이 강하다. 잎이 가늘고 수평으로 성장하며 섬세한 잔디밭 조성이 가능하다.		

톨페스큐 Tall fescue (큰김의털)	학명	*Festuca arundinacea* Schreb.
	과명	벼과

자생지		유럽	성상분류	외떡잎식물 벼과의 여러해살이풀
생육적 특징	화색	녹색, 보라색	개화기간	6~8월
	지상부	높이 40~180cm까지 자라며, 잎은 길이 10~60cm, 폭은 3~10mm로 털이 없다. 엽초에 털이 있고 엽설은 1~2mm이다.		
내성		내한성과 내건성이 강하다.		
종자의 특성 및 모양		영과이다. 립수(g당) : 500립, 순도 : 95%, 발아율 : 85%		
사용경험 기록		비탈면 녹화에 널리 이용한다.		
일반적 특징		줄기는 뭉쳐나며 높이 40~180cm로 곧게 자란다. 잎은 길이 10~80cm로 털이 없다. 엽초는 기부까지 길게 갈라지며 둥글고 피침형의 엽이 줄기를 감으며 성긴 털이 줄지어 난다. 6~8월에 꽃이 피며 원추화서는 곧게 서거나 조금 기울어 졌다. 한 마디에 2개의 가지가 있으며 하나는 길고 하나는 짧다. 소수는 1~1.5cm, 5~9개의 소화로 이루어지며 녹색 또는 보라색이다. 제 1포영은 길이 3.5~6mm로 1맥, 제 2포영은 5~7mm로 3맥이 있다. 호영은 5맥이며 중앙맥 끝에 길이 1~3mm의 까락이 있거나 드물게는 없다. 내영은 호영과 같은 길이이며 끝쪽 능선에 털이 줄지어 나서 거칠다.		

퍼레니얼라이그라스 Perennial ryegrass (호밀풀)	학명	*Lolium perenne* Linne
	과명	벼과

자생지		유럽	성상분류	외떡잎식물 벼과의 두해 또는 여러해살이풀
생육적 특징	화색	담녹색	개화기간	6~9월
	지상부	무더기로 나와서 30~60 cm 자라고 전체에 털이 없다.		
내성		발아속도와 잔디조성률이 빠르며, 내한성은 비교적 강한 편이나 내서성이 약하며, 내답압성이 강하다. 초기 발아세와 생육속도가 빨라 조기녹화에 유리하나 내습성이 떨어져 장마철에 매우 약한 단점이 있다.		
종자의 특성 및 모양		영과이다. 립수(g당) : 500립, 순도 : 98%, 발아율 : 80%		
사용경험 기록		토양침식이 우려되는 사방공사 경사지 등의 녹화에 이용되며, 골프장, 경기장 등의 덧뿌리기용으로 이용된다		
일반적 특징		잎은 나비 2~6 mm이고 어릴 때는 접힌다. 꽃은 5월에 피고 꽃이삭은 길이 13~25 cm로서 작은 이삭이 어긋나게 달린다. 작은 이삭은 길이 15~18 mm이고, 10~16개의 꽃이 들어 있으며 밑에 달린 포영은 가시처럼 길게 자란다. 첫째 포영은 끝에 달린 작은 이삭 이외는 없으며 둘째 포영은 길이 9.5 mm로 5맥이 있다. 호영에 5맥이 있고 수술은 3개이며 씨방에 털이 있다.		

※ 사진출처 : 종자관련 사진은 "원우코퍼레이션"에서 제공받았음.

참고문헌

강태복. 2017. 토양 토질 특성을 고려한 비탈면 녹화기준 개선연구-강원지역의 화강풍화토를 중심으로-. 단국대학교 박사학위 논문.

건설교통부 서울지방국토관리청. 1998. 공사시방서.

건설교통부. 1997. 환경친화적 도로건설지침.

경기도시공사. 2018. 광주 역세권 생태형공원 조성모델 연구 용역보고서.

경기도 광주시청. 2009. 통계연보.

고정현, 吉田寬, 김남춘. 2006. 일본의 비탈면 녹화공법 발전과정과 전망. 한국 환경복원기술학회지 9(1):112-120.

구본학. 2009. 습지생태학. 도서출판 조경.

국립공주대학교. 2011. 국립생태원내 한반도 숲 조성을 위한 식물종 공간분포도 제작.

국토해양부. 2009. 기후변화에 대비한 도시계획적 대응방안 연구.

국토해양부, 환경부. 2006. 환경친화적인 도로건설지침 개정.

국토해양부. 2009. 도로비탈면 녹화공사의 설계 및 시공지침.

국토해양부. 2011. 건설공사 비탈면 설계기준.

국토해양부. 2011. 경관도로 정비사업 업무편람.

국토해양부. 2012. 건축물 녹화 설계기준.

권오준. 1994. 도로조경의 변천과정과 새로운 방향 모색.

권오준. 2013. 도로 비탈면 자연경관복원형 녹화공사의 식생구조. 단국대학교 석사학위논문.

길승호, 이동근, 안동만, 구미현, 김태연. 2012. 토양경도에 따른 비탈면 식생 특성에 관한 연구. 한국환경복원기술학회지 15(5):115-127.

김경훈, 김남춘, 남상준, 윤기수. 2002. 유럽지역의 광산복구·복원 사례 연구. 한국환경복원 기술학회지 5(5):76-84.

김경훈, 김학성. 2012. 백두대간에 인접한 석회석 광산의 식생복구연구(2) -묘목식재 방법에 의한 옥계 광산복구 시험시공 사례-. 한국환경복원기술학회지 15(2):117-125.

김경훈, 성현찬, 최재용, 허영진. 2017. 자생식물을 이용한 식생복원녹화. 넥서스환경디자인연구원.

김경훈, 우보명. 1999. 비탈면녹화용 재료로서 산림 표층토의 적정 채취시기 및 이용방법. 한국환경복원기술학회지 2(2):53-61.

김경훈, 주백, 김학성. 2011. 백두대간에 인접한 석회석 광산의 식생복구 연구(1) -종자파종에 의한 옥계 광산복구 시험시공-. 한국환경복원기술학회지 14(4):55-66.

김경훈, 허영진, 박종철. 2015. 자생식물을 이용한 훼손지 녹화 가이드라인 -각종 건설사업에서 자생식물을 이용한 생태적인 녹화-. 한국환경복원기술학회 학술대회발표집:129-130.

김경훈, 허영진, 주백, 강인규. 2008. 홍콩의 자연지형 복원 및 비탈면 녹화기술. 산림공학기술 6(2):140-151.

김경훈. 2010. 비탈 훼손지의 생태적 식생복원 방향(4)-미래지향적 녹화기술-. 조경생태시공.

김귀곤, 조동길. 2004. 자연환경생태복원학원론. 아카데미서적.

김귀곤. 2003. 습지와 환경. 도서출판 아카데미서적.

김남춘, 강진형, 이준우, 남상준, 이원한. 2001. 마사토 비탈면의 생태복원 녹화기술 개발 연구. 한국환경복원기술학회지 4(3):84-93.

김남춘, 김도희. 2010. 가치공학분석을 통한 비탈면 녹화공법 비교에 관한 연구. 한국환경복원기술학회지 13(1):93-102.

김남춘, 김호연, 최미연. 2015. 원식생복원을 위한 산림표토내의 매토종자 적정 활용방안 연구. 한국환경복원기술학회지 18(6):201-214.

김남춘, 남언정, 신경준. 2008. 백두대간 절토 비탈면의 생태복원녹화 모델에 관한 연구. 한국환경복원기술학회지 11(1):72-84.

김남춘, 박보신, 조민환. 2011. 자연재생. 도서출판 보문당.

김남춘, 손원주, 정성철, 정지준, 남상준. 2004. 비탈면 녹화시 표층토 내 잠재종자의 활용 방안에 관한 연구. 한국환경복원기술학회지 7(1);30-39.

김남춘, 송호경, 박관수, 전기성, 이상화, 이병준. 2007. 고속도로 절·성 토비탈면 녹화공법의 적용 실태 연구. 한국환경복원기술학회지 10(2):1-15.

김남춘, 안필균, 남상준. 2012. 준설토 파종식물의 생육경향 및 관리방안 연구-낙동강 14공구 중심으로-. 한국환경복원기술학회지 15(1):144-156.

김남춘, 안필균, 노수대, 김도희. 2012. 콘크리트 폐도의 생태복원 방안 모색에 관한 연구. 한국환경복원기술학회지 15(14):119-132.

김남춘, 윤정서, 배선우, 손원주, 정성철. 2002. 비탈면 조기수림화를 위한 녹화용 식물의 활용에 관한 연구. 한국환경복원기술학회지 5(6):72-85.

김남춘, 허영진, 김정훈. 2005. 환경친화적인 도로 비탈면 훼손지 복원을 위한 적정 식물배합에 관한 연구-생육보조재 취부공법을 중심으로-. 한국환경복원기술학회지 8(4):81-90.

김남춘. 1990. 도로비탈면 녹화에 사용되는 주요 초본식물의 지하부 생육이 토양안정에 미치는 효과에 관한 연구. 한국조경학회지 18(2):45-55.

김남춘. 1991. 녹화식생의 생육이 사면녹화 및 경관조성에 미치는 효과에 관한 연구. 서울대학교대학원 박사학위 논문.

김남춘. 1997a. 사면 녹화공사용 자생목본식생의 파종적기에 관한 연구. 한국조경학회지 25(1):73-78

김남춘. 1997b. 주요 초본식물의 비탈면 파종적기에 관한 연구. 한국조경학회지 25(2):62-72.

김남춘. 1998. 경관훼손지의 생태적 복구방안에 관한 연구. 한국환경복원기술학회지 1(1):28-44.

김남춘. 2016. 화강풍화토 흙 깍기 비탈면 녹화공법 선정방안 연구. 한국환경복원기술학회지 19(2):121-133.

김은범, 김남춘, 신지훈, 송원경, 김도희. 2017. 도시 내 가로수의 광선투과량에 따른 온도저감 효과. 한국환경복원기술학회지 20(3):45-54.

김재수, 김남춘, 이헌호. 2000. 천층 산사태에서의 물리 모델의 적용. 한국환경복원기술학회지 3(1):62-69.

김재준. 2009. 수변구역 생태복원을 위한 수림대조성기법연구. 단국대학교 박사학위논문.

김정완, 정태건, 김남춘, 권병성. 2006. 얇은 식생기반재 취부공법에 의한 비탈면 녹화 식 생배합 및 적용시험 연구. 한국환경복원기술학회지 9(6):143-151.

김태국. 2013. 도로비탈면 녹화공사의 사후환경평가 항목 도출방안 연구. 단국대학교 박사학위 논문.

김창현. 2015. 기후변화를 고려한 도시공원 외곽수림대 식생구조 개선 및 종다양성 증진 연구;서울시를 중심으로. 단국대학교 박사학위논문.

김혜선. 2016. 자연환경보전사업의 개선방안연구. 단국대학교 석사학위 논문.

남상준. 2005. 훼손비탈면의 생태복원녹화연구. 단국대학교 박사학위논문.

농림수산식품부, 한국농어촌공사. 2009. 준설토를 활용한 방수제 단면축조 및 사석대체재료 연구.

농업기반공사. 2003. 환경친화적 토석채취장 개발 실무요령. 농어촌연구원.

박미호, 오충현, 박찬열. 2010. 숲과 삶. 한국방송통신대학 출판부.

문석기, 이동군, 김남춘, 이규석, 남상준, 강명수, 윤소원, 예경록. 2004. 생태공학. 도서출판 보문당.

민영욱. 2014. 폐도로의 친환경적 복원을 위한 최적설계방안. 단국대학교 박사학위 논문.

박병관. 2012. 생태하천저수호안의 식재기반에 따른 식생복원 모델에 관한 연구-경기도 국가하천의 저수호안을 중심으로-. 단국대학교 박사학위 논문.

박소현, 노백호, 전진형, 김남춘, 조수현, 조공길, 김상욱, 차진열, 2016. 생태복원 사업의 계획과 관리. 넥서스환경디자인연구원 출판부.

박재현, 전기성, 김경훈. 2014. 고속도로 비탈면의 기반 조건별 녹화효과 분석. 한국환경복원기술학회지 17(5):79-89.

박현경. 2018. 생태복원 사업지 식생변화와 관리방안 연구-소규모 생태계보전협력금 반환 사례를 중심으로-. 단국대학교 석사학위 논문.

박현심. 2016. 생태놀이터 조성과 관리방안연구-운영프로그램을 중심으로-. 단국대학교 석사학위 논문.

변영철. 2011. 하천호안 설계 및 녹화공법. 조경생태시공 64:92-105

산림청, 2017. 산림복원 모니터링 기법 및 체계 연구.

산림청. 2006. 해안방재림 조성 및 관리방안에 관한 연구.

산림청. 2009. 기후변화와 산림.

산림청. 2009. 산림복원 업무처리 지침.

산림청. 2017. 산림생태복원 활성화를 위한 제도개선 연구.

산림청. 2017. 주요 산줄기 생태축 복원 활성화를 위한 제도개선 연구.

서경원. 2007. 일본의 폐금속광산 산림녹화 기술동향. 광해방지기술 1(1):53-66.

서울시. 2014. 서울, 도시생물다양성과 미래 심포지움 자료.

서울지방국토관리청. 2007. 생태도로 건설을 위한 환경친화적인 도로 건설 지침 등의 현장적용 평가 연구.

손진관, 강동현, 이시영, 윤성욱, 김남춘, 김창현, 공민재. 2017. 한국환경복원기술학회지 20(1):35-53.

손희정. 2017. 근린공원의 생태적 지속 가능성 평가를 위한 지표 선정 및 적용에 관한 연구. 서울대학교 환경대학원 석사학위 논문.

송호경, 박관수, 이준우, 이미정, 김효정, 권오원. 2004. 화강암질 풍화토 절토비탈면의 식생구조 분석-경상도와 전라도 임도를 중심으로-. 한국환경복원기술학회지 7(1):59-67.
송호경, 전기성, 김남춘, 박관수, 권혜진, 이지혜. 2007. 백두대간 도로 절토비탈면의 녹화수종 선정. 한국환경복원기술학회지 10(3):52-59.
송호경, 전기성, 이상화, 김남춘, 박관수, 이병준. 2005. 고속도로 절토비탈면의 식생구조와 천이. 한국환경복원기술학회지 8(6):69-79.
신경준. 2010. 한국의 아파트 옥외공간 변천과 조경의 시대별 특성. 단국대학교 박사학위 논문.
오구균 외. 2008. 자연재생과 환경정비를 위한 생태조경공학.
오휘영. 2001. 해안간척지 친환경적 복원 시공. 도서출판 조경.
우보명 등. 1997. 산림공학. 광일문화사.
우보명, 권태호, 김남춘. 1993. 임도비탈면의 자생식생침입과 효과적인 비탈면 녹화공법 개발에 관한 연구. 한국임학회지 82(4):381~395
우보명, 김경훈. 1997. 고속도로 절개비탈면에서 녹화공법 선정기준 설정에 관한 연구. 한국임학회지 86(4):476-488.
우보명. 1997. 도입초종이 주변식생에 미치는 영향에 관한 연구. 한국도로공사.
우보명. 2003. 훼손지 환경녹화공학. 서울대학교 출판부.
우효섭, 정진호, 김정규, 남경필. 2017. 생태공학 원리와 응용, 청문각.
유병옥. 1997. 암반절취면의 안정성 평가 및 대책에 관한 연구. 한양대학교 대학원 박사논문.
이동근, 이명균, 정태용. 2014. 생물다양성, 경제로 논하다. 도서출판 보문당.
이상진, 박관수, 이동근, 장성완, 이항구, 박환우. 2015. 국내 저관리 경량형 옥상녹화용 식생기반재의 이화학적 특성 및 탄소고정량 비교분석. 한국환경복원기술학회지 18(1):115-125.
이우성. 2011. 지속가능한 도시공간 조성을 위한 녹지환경 평가 및 계획방향 설정. 경북대학교 박사학위 논문.
이준우, 김남춘, 남상준, 박종민, 차두송. 2003. 석회석 광산의 식생녹화

방법에 관한 고찰. 한국환경복원기술학회지 6(6):72-85.

이정. 2005. 고속도로 비탈면 경관의 법면공법에 따른 시각적 이미지와 조화성 분석 -대전~진주간 고속도로를 대상으로-. 한국조경학회지 33(1):33-48.

이지혜, 권혜진, 전기성, 김남춘, 박관수, 송효경. 2008. 백두대간 도로 사면의 생태적 녹화를 위한 자생수종 선정. 한국환경복원기술학회지 11(4):67-74.

이천용. 2000. 한국의 폐탄광지 복구현황과 자연친화적 복구공법 개발 (1). 월간 임업정보 115:18-21.

이태옥. 2008. 생태도로 평가지표 선정과 적용. 단국대학교 박사학위 논문.

일송환경복원. 2005. 원지반식생정착공법 모니터링 보고서.

일송환경복원. 2012. 도시 폐자원 순환기법을 활용한 도시입체녹화기술 개발. 환경부 차세대에코이노베이션기술개발사업 1차년도 보고서.

임병흠. 2014. 도심지 생태하천의 환경친화적 관리 방안. 단국대학교 박사학위 논문.

장진, 김용훈, 오충현. 2010. 저관리 경량형 옥상녹화에 적합한 식물 선발. 한국환경생태학회 학술대회논문집 20(2):89-92.

정광배. 2015. 공동주택 외부공간의 활성화 방안 연구;서울시를 중심으로. 단국대학교 박사학위 논문.

전기성, 김남춘, 이태옥. 2007. 비탈면녹화 설계 및 시공 잠정지침. 한국환경복원기술학회지 10(1):100-113.

전기성. 1999. 사면녹화용 외래초종과 재래 목초본식물의 적정 파종량 및 혼파비에 관한 연구. 서울대학교 대학원 산림자원학과 박사학위 논문.

전기성. 2002. 비탈면녹화공법의 유형분석과 개선방안 연구. 한국환경복원기술학회지 5(5):22-29

전기성. 2004. 도로비탈면의 환경인자를 고려한 식생구조분석에 관한 연구. 한국환경복원기술학회지 7(2):12-20.

전기성. 2005. 고속도로 건설공사에서 비탈면 녹화공사의 시방기준. 도로 녹화설계 및 시공에 관한 한·일워크샵:1-11

정경선, 최윤환, 김경일, 강문식, 김낙릉, 이상돈. 2010. 도로와 환경, 넥서스환경디자인연구원 출판부.

정용호, 임주훈, 이임균, 김혜수. 2009. 무복토 직파에 의한 석탄 폐광지의 생태적 복원 기술 개발. 한국환경복원기술학회지 12(6):76-85.

정태건. 1999. 비탈면 녹화현황의 문제점과 대책. 환경과 조경 130:106-113.

조동길. 2004. 소택형 습지의 복원 및 창출을 위한 생태적 식재 설계 모델;생물다양성 증진을 중심으로. 서울대학교 협동과정 조경학전공 박사학위 논문.

조동길, 김상욱, 조수현, 박소현, 노백호, 차진열. 2015. 생태복원:떠오르는 전문 분야로서의 원칙, 가치 그리고 체계. 넥서스환경디자인연구원 출판부.

조동길. 2011. 생태복원계획·설계론. 넥서스환경디자인연구원 출판부.

조동길. 2013. 바람직한 자연환경의 복원 방향, 2013년 자연환경복원 세미나. (사)한국환경복원기술학회.

지병윤, 정도현, 전권석, 김종윤. 2006. 임도사면 녹화식물뿌리의 인발강도특성에 관한 연구. 한국임학회지 95(1):45-49.

진현오, 이명종, 신영오, 김정제, 전상근. 1994. 삼림토양학

최미연. 2016. 도시 공원녹지의 지속성 향상을 위한 생물다양성 평가 지표 연구-URBIO INDEX 지표를 중심으로-. 단국대학교 석사학위 논문.

추갑철, 박재현, 마호섭. 2014. 임도시공 후 경과년수에 따른 비탈면 식생침입 및 식물상 분석. 한국임학회지 103(3):408-421.

한국건설기술연구원. 1999. 환경친화적 암사면 녹화공법 개발연구.

한국건설기술연구원. 2011. 하천복원 통합매뉴얼.

한국도로공사 도로교통연구원. 2008. 고속도로 수질오염처리 시범시설 모니터링 용역 보고서.

한국도로공사. 2010. 경기 광주 나들목 다기능 생태습지 조성공사 실시 설계.

한국도로공사. 1989. 한국도로공사 20년사.

한국도로공사. 1995. 고속도로 절토비탈면 녹화공법 연구 용역보고서.

한국도로공사. 2005. 도로 생태환경편람.

한국도로공사. 2007. 고속도로 절성토사면의 환경녹화기준 설정 연구 용역보고서.

한국도로공사. 2009. 고속도로 경관설계 매뉴얼.

한국산지보전협회. 2016. 2016 백두대간 산림생태복원 포럼 자료집.

한국수자원공사. 2004. 댐저수지 비탈면 수위변동구간의 생태복원을 위한 실험적 연구 용역보고서.

한국수자원공사. 1997. 조경설계기준.

한국수자원공사. 2017. 수변도시 식재기반 최적화 설계시공기술 개발 용역보고서.

한국조경학회. 1999. 조경설계기준.

한국환경복원기술학회. 2005. 고속도로 절·성토사면의 식물생태환경 조사분석 연구 용역 보고서.

한은미. 2013. 생태계보전협력금제도 개선에 따른 반환사업의 활성화 방안. 단국대학교 석사학위 논문.

함경식, 심상렬. 2015. 수크령 파종량에 따른 주요녹화식물의 혼파가 비탈면 녹화에 미치는 영향. 한국환경복원기술학회지 18(1):25-35.

행정안전부. 1999. 소하천 시설기준.

허영진, 안태영. 2006. 훼손 비탈면의 생태복원녹화를 위한 종자배합량의 계절별 가중치에 관한 연구. 한국환경복원녹화기술학회지 9(1):41-54.

환경부. 2008. 비점오염저감시설의 설치 및 관리·운영 매뉴얼.

환경부, 한국환경공단. 2011. 생태하천복원 기술지침서.

환경부. 2004. 훼손된 비탈면의 종다양성 확보를 위한 식생구조 복원용 녹화재 및 시공기술의 개발. 환경부 차세대 핵심환경기술개발사업 연구 보고서.

환경부. 2006. 자연공원도로의 환경친화적 개선방안 연구.

환경부. 2007. 수생태 건강성 회복을 위한 하천복원 모델과 기준, 조사계획 수립 연구.

환경부. 2014. 생태계보전협력금 업무편람 및 반환사업 가이드라인.

환경부. 2015. 자연환경보전사업 가이드라인 연구 보고서.

환경부. 2016. 제3차 자연환경보전 기본계획(2016~2025).

환경부, 국립생태원. 2017. 생물서식(대체서식지) 제고를 위한 가이드라인 마련 연구 보고서.

황영철 등. 1999. 암절토부 녹화방법 연구. 한국도로공사 도로연구소.

UNEP. 2014. 제4차 지구생물다양성 전망; 생물다양성 전략계획 2011-2020 이행결과 중간평가.

홍태식. 2006. 환경보전을 위한 자연환경 복원 전문업 도입. 단국대학교 박사학위 논문.

한국환경복원기술학회. 2001. 생태복원녹화기술의 개발방향에 관한 세미나.

한국환경복원기술학회. 2014. URBIO 한국총회 자료집.

高橋美香, 杉山二郎, 小畑秀弘. 2005. 表土シードバンクを吹付けた活用した施工事例. 日本録化工学会誌 30(3):582−585.

龜山章 編. 2002. 生態工學. 朝倉書店. 168p.

吉田寛, 古田智昭. 2004. 切土法面における厚層基材吹付工斜面樹林化工法)による 木本植物群落の造成事例. 日本録化工学会誌 29(4) : 482− 494.

大貫真樹子, 谷口伸二, 小畑秀弘. 2005. 表土シードバンクを吹き付けに活用した施工事例−切土のり面における施工後2年3ヶ月の植生調査結果−.日本録化工学会誌 30(3):586−588.

兵庫利勇, 前田俊一, 佐藤厚子. 2012. 植生基材に生チップを混入した法面綠化工 の北海道にぉける適用性. 日本綠化工學会誌 38(1):168-171.

兵庫利勇, 佐藤厚子, 山田充. 2013. 生物多様性に配慮した法面綠化の

試み. 日本緑化工學会誌 39(1):182-185.

福田尙人. 2013. 法面綠化用種苗の現地採取. 日本綠化工學会誌 38(4):418-421.

山瀨敬太郎, 關岡裕明今, 藤堂千景. 2013. 土壤シードバンクの種子密度と種類, 種子組成の7年間の變化. 日本綠化工學会誌 39(1):56-61.

山田守. 2013. 自然侵入促進工の植生モニタリングと評價. 日本綠化工學会誌 38(3):367-370.

細木大輔, 中村勝衛, 亀山章. 2005. 切土のり面録化における植生基材吹付工を応用した森林表土の利用. 日本録化工学会誌 30(3):561-571.

日本録化工学会, 斜面録化研究部会. 2004. のり面録化における自然回復化の基本的な考え方のとりまとめ. 日本録化工学会誌 29(4):509- 520.

日本録化工学会. 2005. 環境綠化の事典. 朝倉書店.

入山義久. 2014. 地域性種苗の活用にぉける最先端の取り組み. 日本綠化工學会誌 39(4): 464-467.

中村剛, 中村彰宏. 2003. 表土シードバンクを利用した施工事例の報告. 日本録化工学会誌 29(1):197-200.

Allison S.K. 2012. Ecological Restoration and Environmental Change. Routledge.

Armstrong A., Roberts T.C. and Christians R.. 2011. Current and innovative solutions to roadside revegetation using native plants; A domestic scan report. FHWA-WFL/TD-11-001. Federal Highway Administration. U.S. Department of Transportation.

Balmori D. and Benoit G. 2007, Land and Natural Development(LAND) Code;Guidelines for Sustainable Land Development, John Wiley & Sons, INC.

Bradshaw A.D., Goode D.A. and Thorp E.O. 1986. Ecology and Design in Landscape, Blackwell Scientific Publications.

Bradshaw A.D. 1993. Restoration ecology as a science. restoration Ecology/June : 71-73.

Campbell C.S. and Ogden M.H. 1999, Constructed Wetlands in the Sustainable Landscape, John Wiley & Sons, INC.

Connell J.H. and Slatyer R.O. 1977. Mechanisms of succession in natural communities and their role in community stability and organization. American Naturalist Ⅲ(982):1119-1143.

Clewell A.F. and J. Aronson, 2012, Ecological Restoration;Principles, Values and Structure of an Emerging Profession, Island press.

David E.S., Riley S.A., Wilkinson K.M., Landis T.D. and Riley L.E.. 2007. A manager's guide to roadside revegetation using native plants. FHWA-WFL/TD-07-006. Federal Highway Administration. U.S. Department of Transportation.

Elmgvist T., Parnell S., Fragkias M., Schewenius M., Goodness J., Sendstad M., Guneralp B., Seto K.C., Marcotullio P.J., Wilkinson C. and McDonald R.I. 2007. Urbanization Biodiversity and Ecosystem Services;Challenges and Opportunities. Springer.

Greipsson S. 2011. Restoration Ecology. Johns & Bartlett Learning.

Henry, M., Manlay P., Bernoux M., Albrecht A. and Vanlauwe B. 2009. Biodiversity, carbon stocks and sequestration potential in aboveground biomass in small holder farming systems of western Kenya. Agriculture, Ecosystem and Environment. 129:238-252.

Hirose T. and Kikkawa J. 2010, The Restoration of Nature in Japan; A Challenge to Ecological Engineering, Tokai University Press.

Howell E.A., Harrington J.A. and Glass S.B. 2012. Restoration Ecology. Island Press.

Kim K.H. 2015. Development of ecological methods using native species in DMZ Vicinities. Proceedings of international symposium of "Seed treatment and use for ecological restoration on degraded areas near DMZ"

Matlock M.D., Morgan R.A. 2011. Ecological Engineering Design. John Wiley & Sons, INC.

Minnesota Board of Water & Soil Resources. 2015. Native Vegetation Establishment and Enhancement Guidelines.

Mitch J. W. and Jorgensen S.E. 2004, Ecological Engineering and Ecological Restoration, John Wiley & Sons, INC.

Morrison D.G. 1981. Vegetation and Iron Ole Tailings: Short-term conclusions. Landscape Architecture/July:47-48.

Morrison D.G. 1985. Tallgrass prairie in the landscape. Landscape Architectural Review/May:5-11.

Morrison D.G. 1996. Design, Restoration and Management. Dept. of Landscape Architecture. University of Georgia. Athens.

Műller N., Elsner K. and Wittman A. 2014. Der URBIO index-ein Bewertungssy tem zur Nachhaltigkeit von Grunflachen, In; Feit, U&Korn H,(Hrsg):Treffpunkt biologische Viefalt 13. BfN Skripten: S181-190.

Műller, N. and Kamada M. 2011. URBIO ; An introduction to the international network in Urban Biodiversity and Design. Landscape Ecological Engineering 7:1-8

Műller N., Werner P. and kelcey J.G. 2009, Urban Biodiversity and Design, Wiley-Blackwell.

Native Plant Society of Saskatchwan. 2008. Saskatchwan guidelines for Use of Native Plants in Roadside Revegetation Reference Manual. Saskatchewan Ministry of Highways and Infrastructure.

Perrow M.R. and Davy A.J. 2004. Handbook of Ecological Restoration. Cambridge University Press.

Society for Ecological Restoration. 2016. International Standards for the Practice of Ecological Restoration – Including Principles and Key Concepts. Standards Reference Group,

Society for Ecological Restoration Australasia. 2017. National Standards for the Practice of Ecological Restoration in Australia

Tyler R.W., Marks A, and Faucette B. 2010, The Sustainable Site; The Design Manual for Green Infrastructure and Low Impact Development, Forester Press.

Yoshida H. 2015. Practice of nature restoration on engineered slopes and the problem using native plant seeds in Japan. Proceedings of International Symposium of "Seed Treatment and Use for Ecological Restoration on Degraded Areas near DMZ"

Zhang Yo, Duan B., Xian J., Korpelainen H., Korpelainen H. and Li C. 2010. Links between plant diversity, carbon stocks and environmental factors along a successional gradient in a subalpine coniferous forest in Southwest China.

▸ 웹사이트 자료

http://asis.rda.go.kr 한국토양정보시스템

http://www.moleg.go.kr 법제처

http://www.molt.go.kr 국토교통부

http://www.naver.com

http://www.nimr.go.kr 국립기상연구소 홈페이지

http://www.sustainablesites.org

http://www.usgbc.org/leed

http://www.urbionetwork.org

찾아보기

저자 소개

김남춘

- 서울대학교 조경학 학사
- 서울대학교 조경학 석사
- 서울대학교 산림자원학 박사
- 단국대학교 녹지조경학과 교수
- 한국환경복원기술학회 회장, 국제생태경관공학회(ICLEE) 회장, URBIO 사무총장 역임

이태옥

- 대전대학교 토목공학 학사
- 명지대학교 토목공학 석사
- 단국대학교 환경조경학 박사
- 도로및공항기술사
- (주)평화엔지니어링 부사장

전기성

- 강원대학교 임학 학사
- 서울대학교 산림자원학 석사
- 서울대학교 산림자원학 박사
- 한국도로공사 도로교통연구원 책임연구원

허영진

- 서울대학교 산림자원학 학사
- 단국대학교 녹지조경학 석사
- 단국대학교 환경조경학 박사
- 자연환경관리기술사
- 일송지오텍(주) 대표이사

김경훈

- 서울대학교 산림자원학 학사
- 서울대학교 산림자원학 석사
- 서울대학교 산림자원학 박사
- 자연환경관리기술사
- 일송지오텍(주) 전무이사